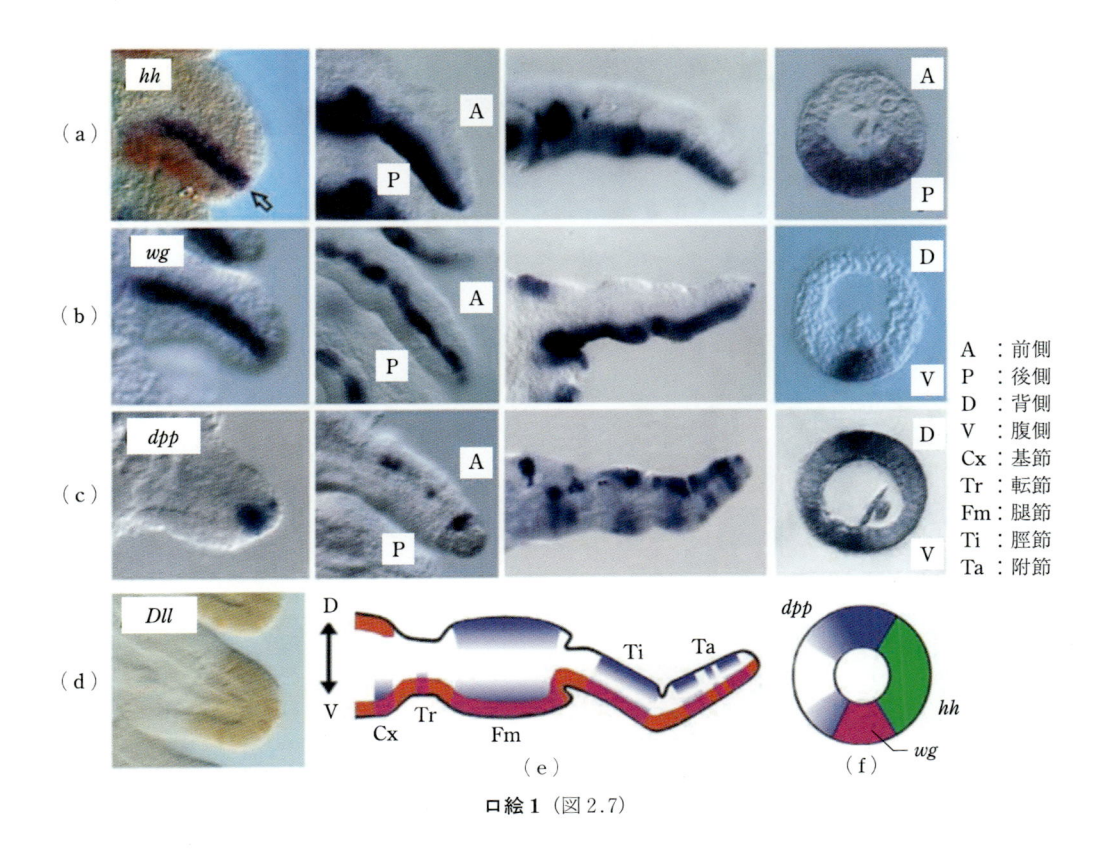

		A：前側
		P：後側
		D：背側
		V：腹側
		Cx：基節
		Tr：転節
		Fm：腿節
		Ti：脛節
		Ta：附節

口絵1（図2.7）

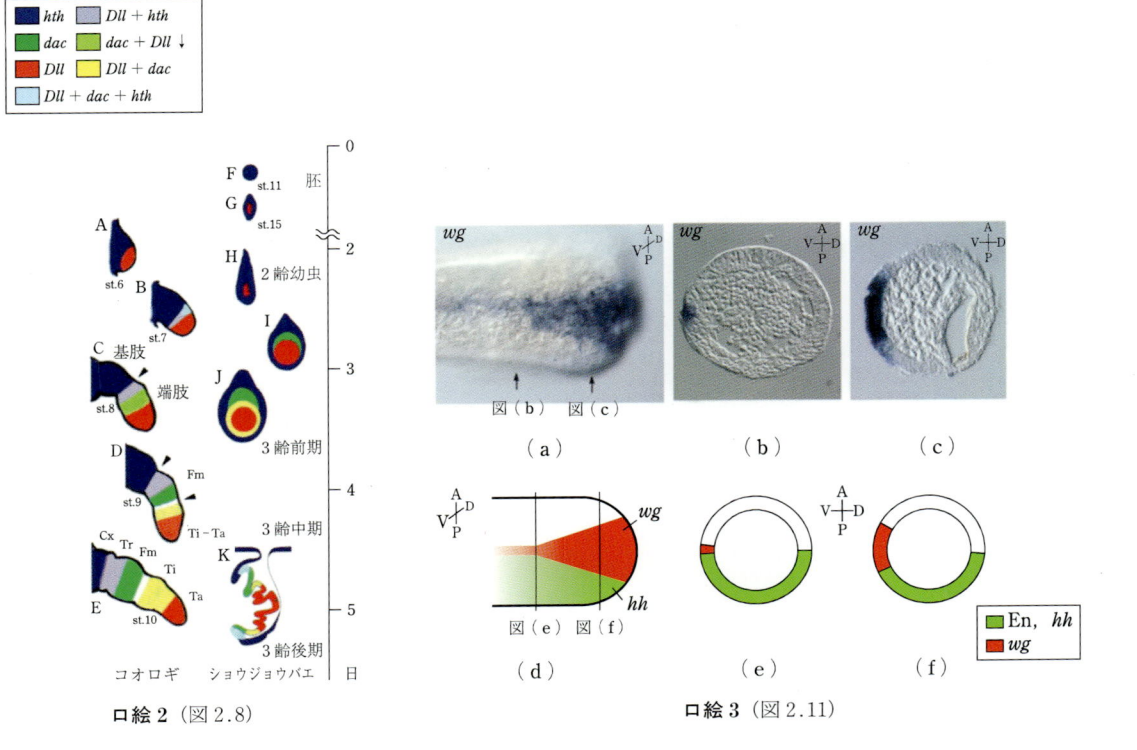

口絵2（図2.8）

口絵3（図2.11）

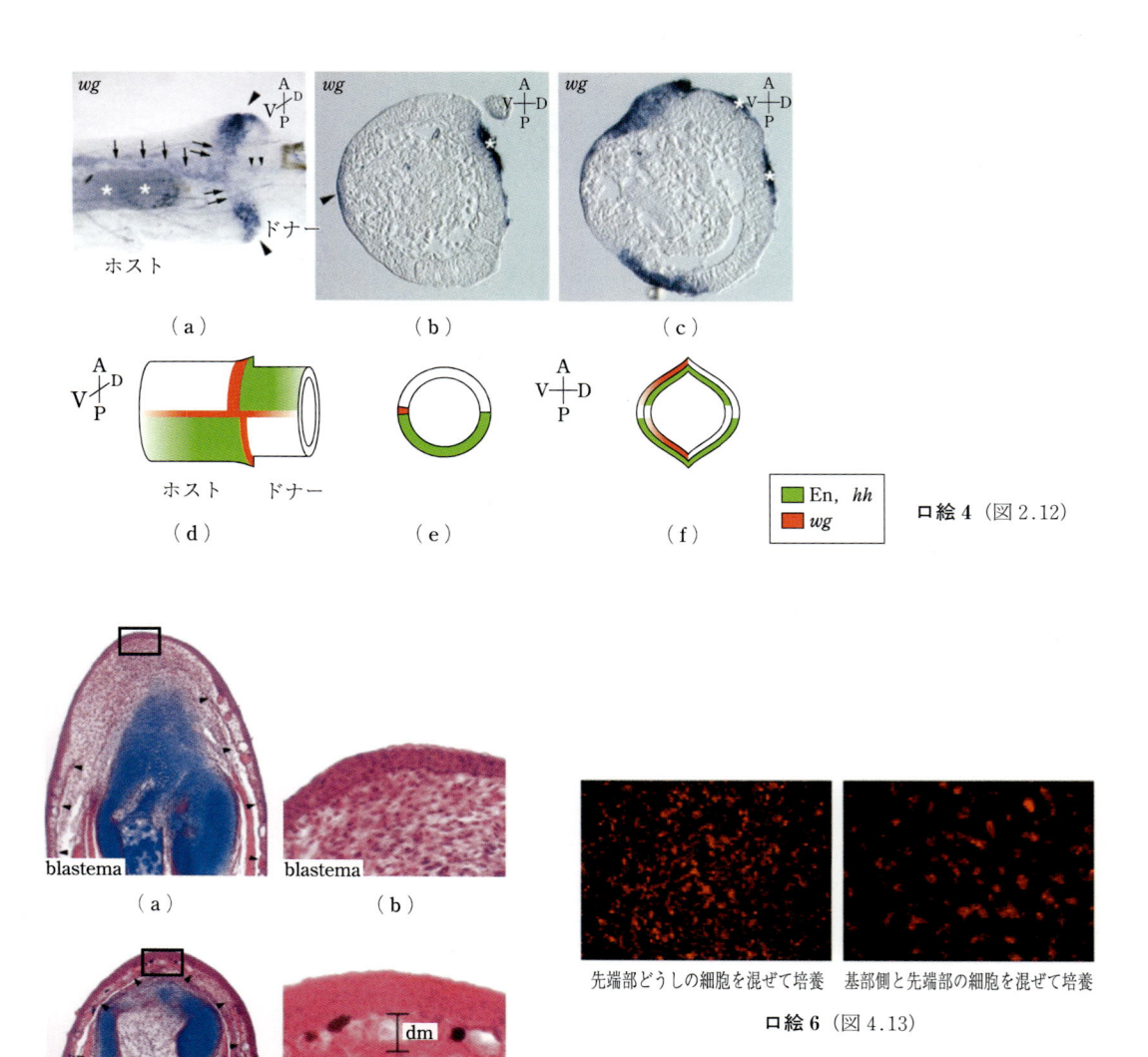

(a) wg A/V/D/P ホスト ドナー
(b) wg
(c) wg

(d) ホスト ドナー
(e)
(f)

■ En, hh
■ wg

口絵 4 (図 2.12)

(a) blastema
(b) blastema
(c) denervated
(d) denervated dm

先端部どうしの細胞を混ぜて培養　　基部側と先端部の細胞を混ぜて培養

口絵 6 (図 4.13)

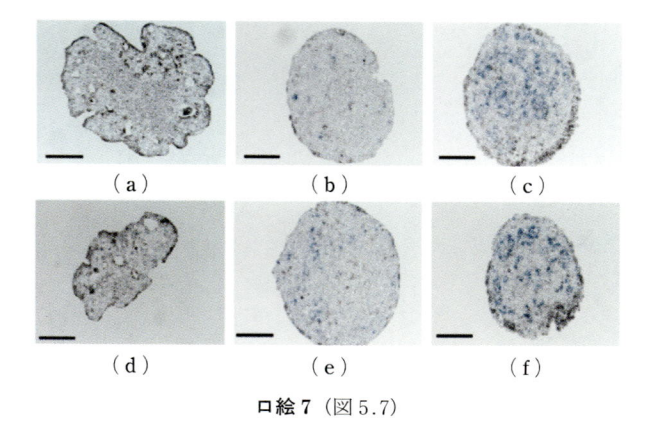

口絵 5 (図 4.5)

(a) (b) (c)
(d) (e) (f)

口絵 7 (図 5.7)

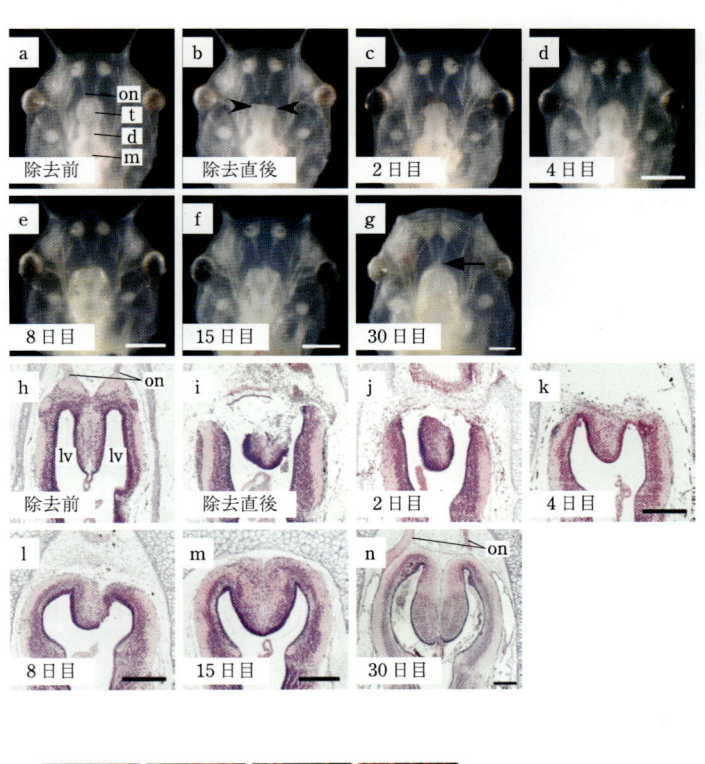

口絵8（図6.13）

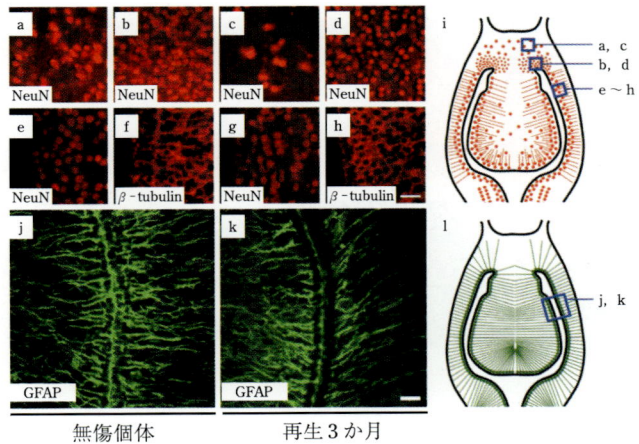

口絵9（図6.16）

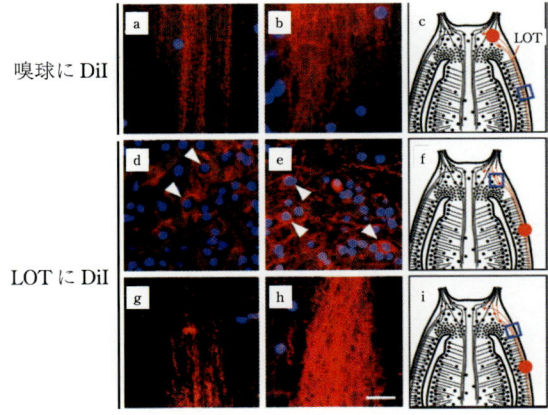

口絵10（図6.17）

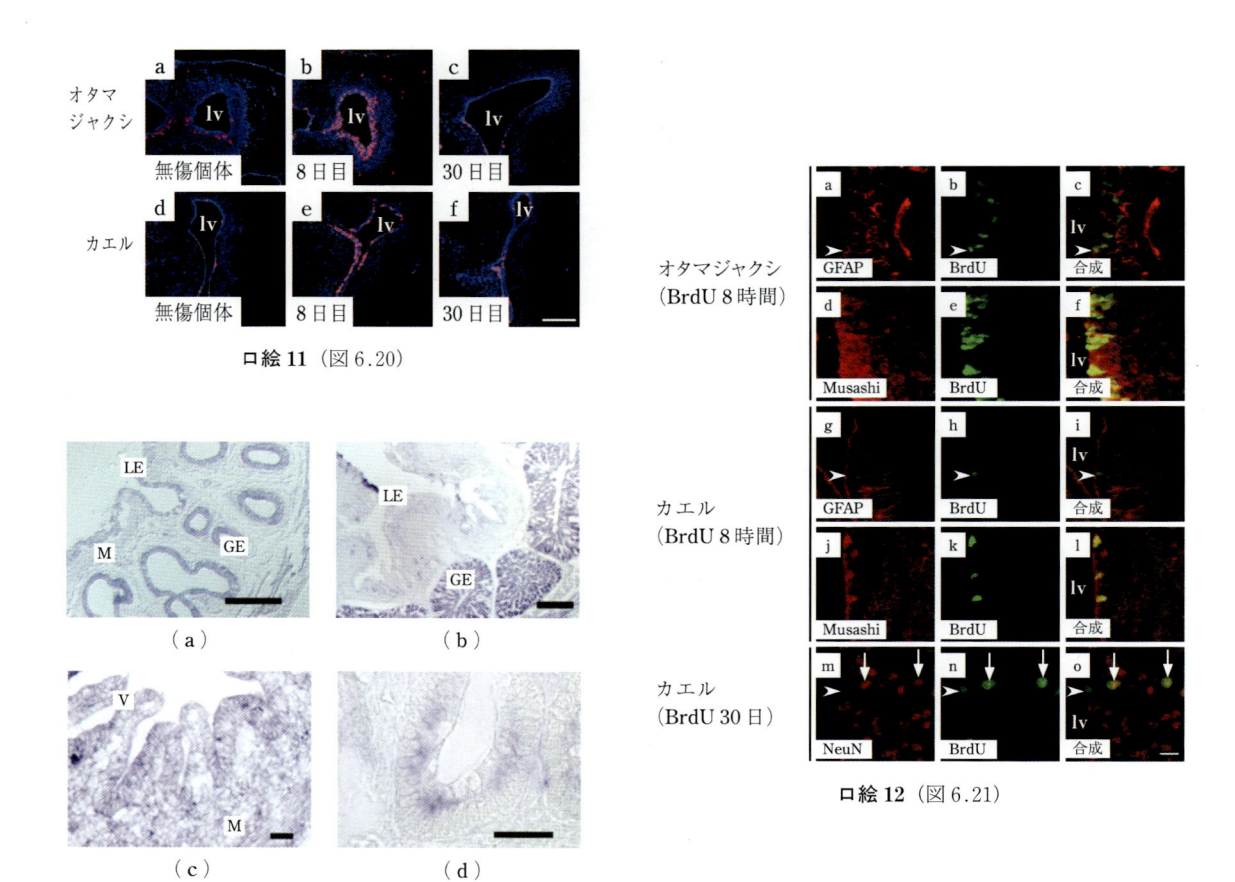

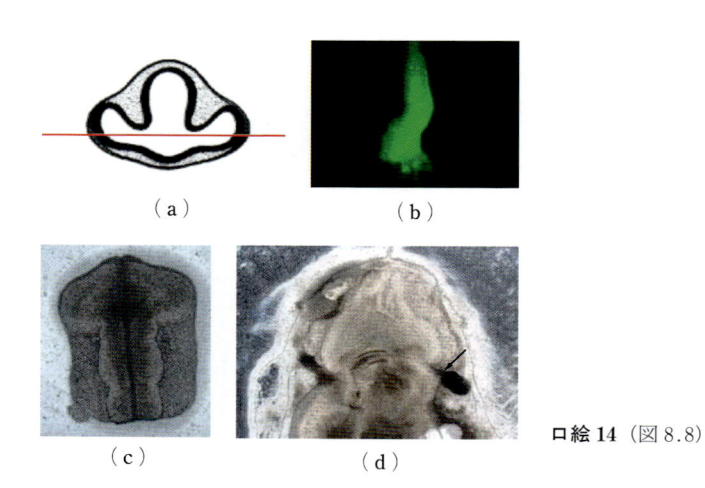

オタマジャクシ
a 無傷個体
b 8日目
c 30日目

カエル
d 無傷個体
e 8日目
f 30日目

口絵 11（図 6.20）

オタマジャクシ（BrdU 8 時間）
a GFAP
b BrdU
c 合成
d Musashi
e BrdU
f 合成

カエル（BrdU 8 時間）
g GFAP
h BrdU
i 合成
j Musashi
k BrdU
l 合成

カエル（BrdU 30 日）
m NeuN
n BrdU
o 合成

口絵 12（図 6.21）

(a) LE, M, GE
(b) LE, GE
(c) V, M
(d)

口絵 13（図 7.7）

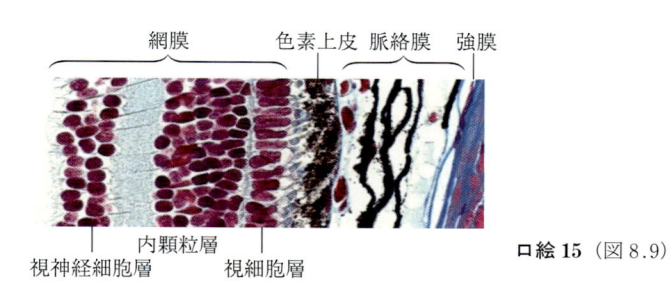

(a) (b) (c) (d)

口絵 14（図 8.8）

網膜　色素上皮　脈絡膜　強膜
視神経細胞層　内顆粒層　視細胞層

口絵 15（図 8.9）

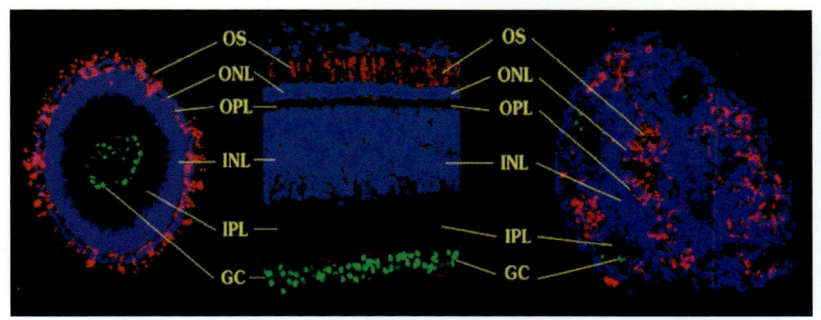

層構造形成　　　　正常網膜　　　　ロゼッタ様構造形成

口絵 16（図 8.10）

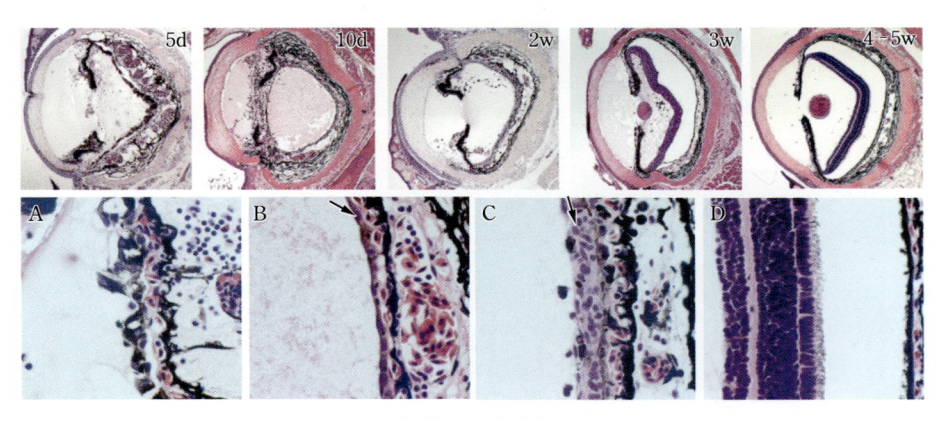

口絵 17（図 8.12）

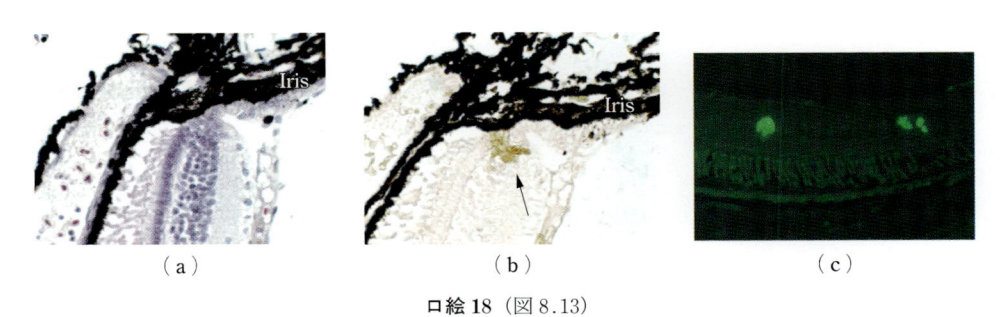

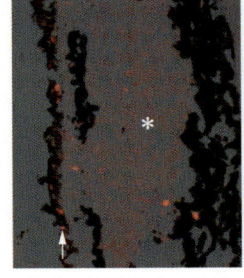

(a)　　　　　(b)　　　　　(c)

口絵 18（図 8.13）

(a) 網膜除去 4 日後　　(b) 網膜除去 5 日後

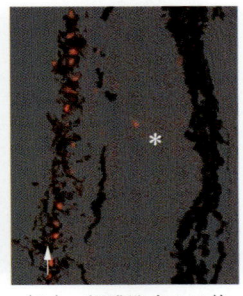

口絵 19（図 8.14）

(a) (b)
(c) (d)
(e) (f)

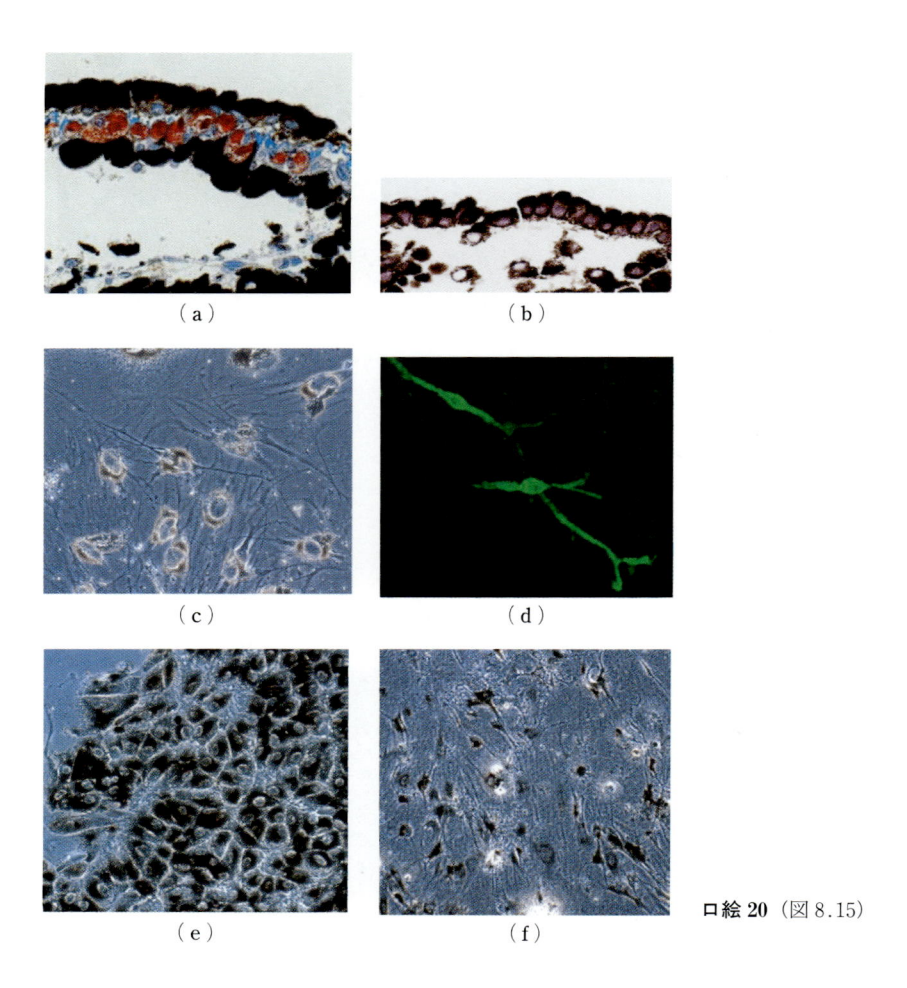

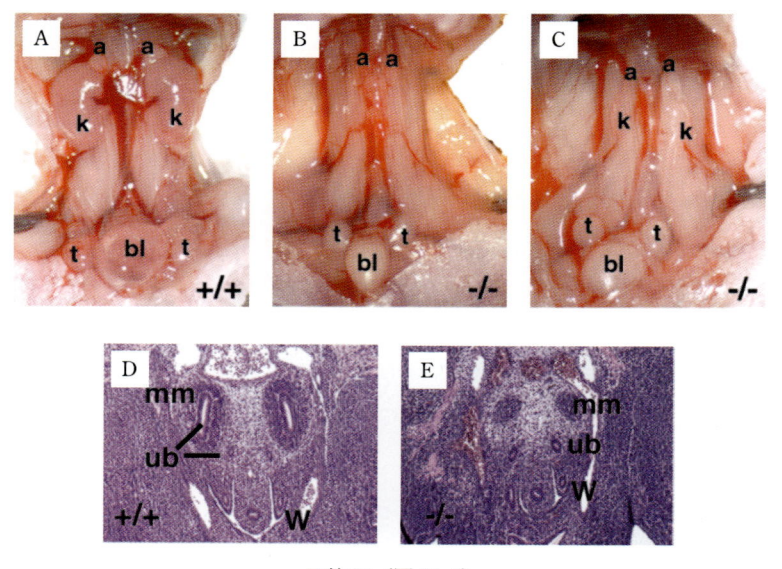

口絵 20（図 8.15）

A +/+ a a k k t bl t
B −/− a a t bl t
C −/− a a k k t bl t
D +/+ mm ub W
E −/− mm ub W

口絵 21（図 10.8）

5日 | 71日

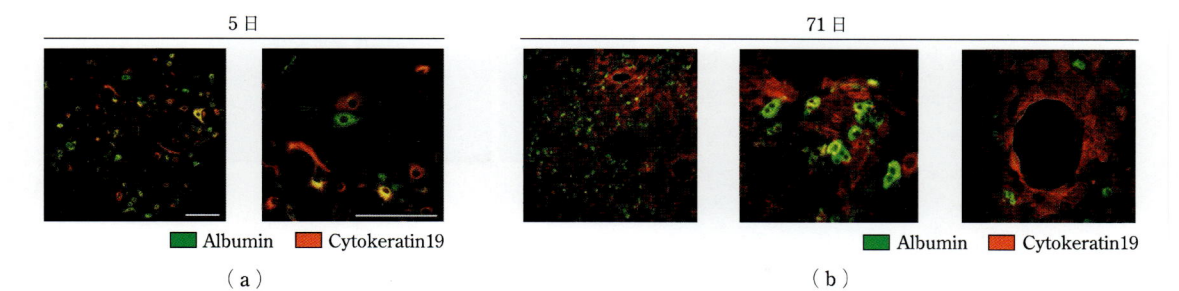

■ Albumin ■ Cytokeratin19
（a）

■ Albumin ■ Cytokeratin19
（b）

口絵 22（図 11.4）

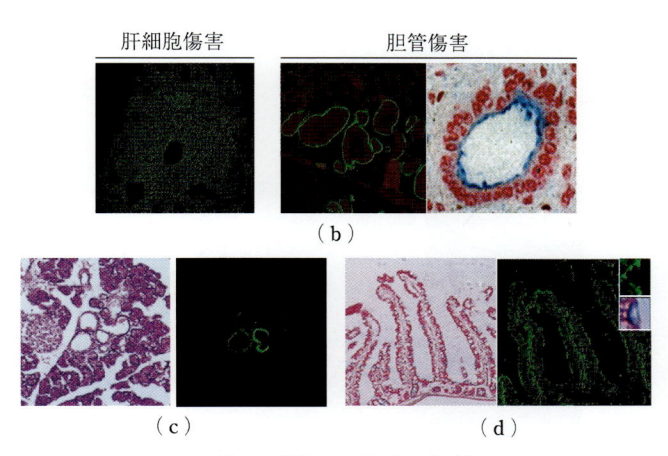

肝細胞傷害 | 胆管傷害
（b）

（c） （d）

口絵 23（図 11.7（b）〜（d））

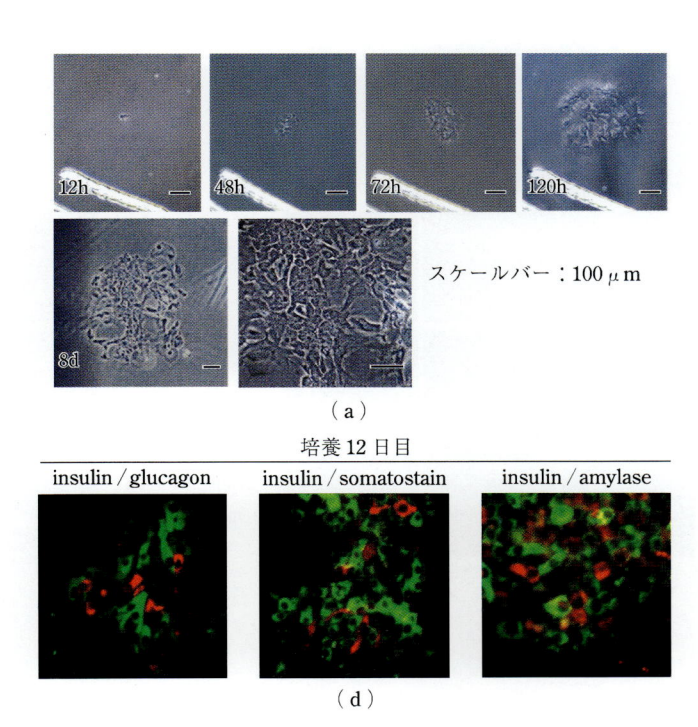

12h 48h 72h 120h

8d

スケールバー：100 μm

（a）

培養 12 日目

insulin / glucagon | insulin / somatostain | insulin / amylase

（d）

口絵 24（図 11.9（a），（d））

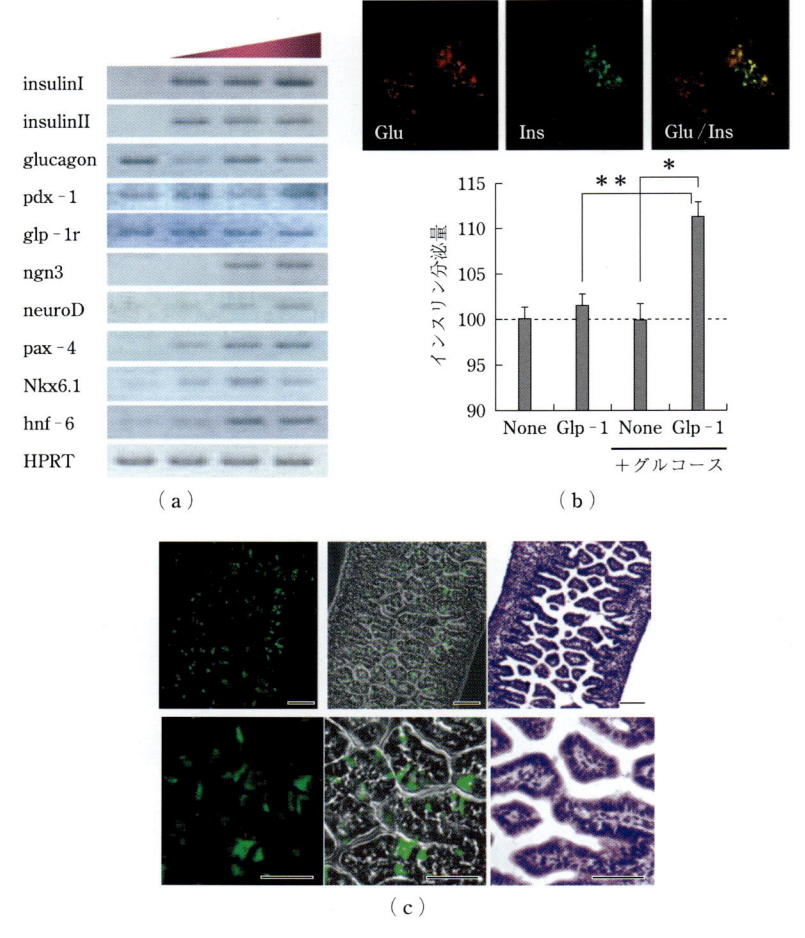

口絵 25（図 11.12）

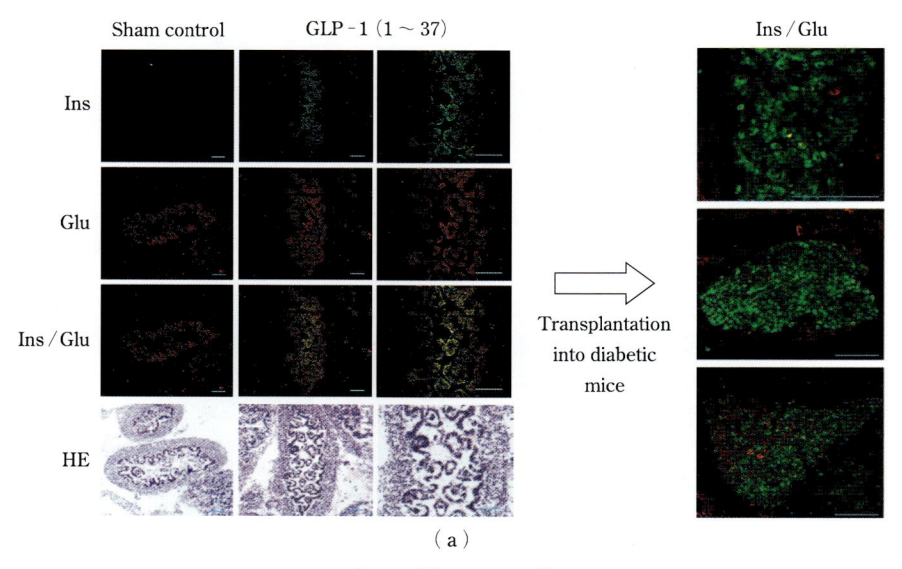

口絵 26（図 11.13（a））

コロナ社創立80周年記念出版

再生医療の基礎シリーズ **1**
―― 生医学と工学の接点 ――

再生医療のための
発生生物学

理学博士 浅島 誠 編著

コロナ社

再生医療の基礎シリーズ―生医学と工学の接点―
編集委員会

編集幹事　赤池　敏宏（東京工業大学）
　　　　　　浅島　　誠（東京大学）
編集委員　関口　清俊（大阪大学）
（五十音順）田畑　泰彦（京都大学）
　　　　　　仲野　　徹（大阪大学）

（所属は初版第1刷発行当時）

編著者・執筆者一覧

編著者
浅島　　誠（東京大学）

執筆者（執筆順）

織井　秀文（兵庫県立大学，1章）	伊藤　弓弦（科学技術振興機構，5章）
三戸　太郎（徳島大学，2章）	浅島　　誠（東京大学，5章）
中村　太郎（徳島大学，2章）	栃内　　新（北海道大学，6章）
宇田　知弘（徳島大学，2章）	吉野　　潤（北海道大学，6章）
大内　淑代（徳島大学，2章）	八杉　貞雄（首都大学東京，7章）
野地　澄晴（徳島大学，2章）	近藤　寿人（大阪大学，8章）
吉里　勝利（広島大学，3章）	荒木　正介（奈良女子大学，8章）
鈴木　賢一（広島大学，3章）	中尾　啓子（慶應義塾大学，9章）
佐藤　　伸（東北大学，4章）	西中村隆一（熊本大学，10章）
井出　宏之（東北大学，4章）	小林千余子（熊本大学，10章）
有泉　高史（福岡県立大学，5章）	谷口　英樹（横浜市立大学，11章）
髙橋　秀治（科学技術振興機構，5章）	

（所属は初版第1刷発行当時）

刊行のことば

　近年，臓器の致命的な疾患や損傷に対して臓器移植が実施されてきたが，移植手術の進歩に伴い，移植を希望する患者は激増している．その一方で，臓器のドナーは相変わらず少数のままであり，移植医療はいわば絵に描いた餅の状況で，デッドロックに陥っている．このような背景のもとで，工学的にプロセッシングあるいは再構成した細胞さらには組織を移植し，レシピエント（患者）側の再生能力を発揮させ治癒させようとするアプローチへの期待が高まっている．

　日常的に繰り返される小腸壁粘膜の摩耗と再生，創傷の治癒，肝炎状態や部分切除された肝臓の再生の例にみられるように，体は壊れた組織の再生力（復原力）をもつ．したがって，臓器移植や人工臓器埋入が必要となるような不可逆的な重症疾患の場合でも適切な細胞やサイトカインか，またはその遺伝子を移植してやれば組織を治癒・再生の方向に向かわせることが可能になる．こうして組織再生を助ける医療，すなわち再生医療へのチャレンジが活発化している．火傷による重篤な皮膚損傷，交通事故などによる脊髄損傷による下半身不随，心筋梗塞，重症肝疾患，重症糖尿病など，臓器組織再建の医療技術を待ち望む患者は数多い．

　このような再生医療のニーズは高まりつつあり，それに応えようとする研究は年々活発化している．ところが，再生医療の現状はES細胞や間葉系幹細胞，羊膜細胞などの臓器・組織形成のための"種さがし"すなわち細胞のハンティング（狩）と，各種サイトカインの振りかけ実験によるそれらの"手品的変換"ともいえる分化誘導すなわち"錬金術"に終始している状況にある．個体の発生や臓器の形成過程に関する分子シナリオすなわち発生に関する時間的・空間的情報がきわめて不十分にしかわかっていないというのが，再生医療分野における"細胞の狩人"や"錬金術師"の言い訳となっていた感がないわけではない．

　生体組織の大半を占める中胚葉組織（筋肉，骨，血管，間質細胞，腎など）を筆頭に，各種胚葉組織の発生に関する分子生物学的かつ時間的・空間的情報の解析と蓄積は年々高まっている．例えば，脊椎動物初期胚の尾芽領域中胚葉に存在する幹細胞システムを再生のためのリソースとして利用していくための，発生的，細胞生物学的あるいは分子生物学的進展は急速であり，その応用に向け，準備状況はしだいに整いつつある．

　一方，人工臓器，血液適合性材料の開発とともに，生体機能材料（バイオマテリアル）設計が急速に進歩するなど細胞や組織をプロセッシングする工学，エレクトロニクス，レーザ

―技術など理工学サイドの進展ぶりも目を見張るものがある．器官形成の本質をその応用を志す工学サイドの入門者や組織工学研究者に適正に伝達することが不可欠である．一方，その反対に発生生物学や臨床に近い立場の再生医学研究者に，前述の工学の進展ぶりをきちんと理解してもらうことも重要な作業である．再生医療という前人未踏の学際領域を発展させるためには，発生生物学・細胞分子生物学から，ありとあらゆる臨床医療分野，基礎医学，さらには材料工学，界面科学，オプトエレクトロニクス，機械工学などいろいろな学問の体系的交流が決定的に不足している．

　以上のような背景から私たちは再生医療の基礎シリーズと銘打ち生医学（生物学・医学）と工学の接点を追求しようと決意した．すなわち，① 再生医療のための発生生物学，② 再生医療のための細胞生物学，③ 再生医療のための分子生物学，④ 再生医療のためのバイオエンジニアリング，⑤ 再生医療のためのバイオマテリアルの五つのカテゴリーに分けて生医学側から工学側への語りかけ，そして工学側から生医学側への語りかけを行うことにした．すなわち両者間のクロストークが再生医療の堅実なる発展に寄与すると考え，コロナ社創立80周年記念出版として本企画を提起した．

　2006年1月

再生医療の基礎シリーズ　編集幹事
赤池　敏宏，浅島　誠

まえがき

　受精卵はES細胞（胚性幹細胞）と同様，全能性の細胞である．しかし，同じ全能性の細胞といえども，その性質は著しく異なる．未受精卵は一つの細胞であり，精子が入って受精すると卵のなかにある発生プログラムに従って卵割を行い，原腸形成期，神経胚期を過ぎ，四肢形成，器官形成を通して形づくりを行っていく．この発生プログラムは非常に規則正しく進行する．このような正常な発生過程における肢や種々の器官形成と，未分化なES細胞や体性幹細胞からの器官形成とはどこが同じで，どのように違うのであろうか．また，各個体において，発生過程が進むにつれて再生能力を失う動物と，成体になっても再生能力をもつ動物とは，細胞レベルまたは修復システムにおいてどのような差をもっているのであろうか．成体になって損傷を受け，その後再生する場合，古くから"再生の場（regeneration field）"といわれている概念がある．これは現代生物学的にどのようにとらえていけばよいのであろうか．本書ではこれらの視点のもと，脳，眼，腎臓，肝臓，消化管などの再生に焦点を当てながら概説していく．

　また，現在さまざまな方面でヒトやマウスのES細胞や幹細胞，ほかの脊椎動物の未分化細胞を用いた試験管内での器官形成の研究がなされている．それらの器官形成はどこまで可能であるのだろうか．このような人工的な器官形成系のしくみについても考えてみたい．各生物種にみられる多様な再生能力と方法から，新しい再生の概念を展望することもできるであろう．基礎生物学と応用科学への橋渡しとして，良いモデルを提示したいと思う．

　最近，再生科学の分野は大きく進歩し，分子生物学的な知識や方法の発展に伴って，さまざまなおもしろい生命現象がつぎつぎと明らかになっている．

　その第1は組織幹細胞の存在である．これまでは再生能力をもつ生物は比較的下等な動物と考えられており，その再生能力は再生能をもつ幹細胞を多くもっていることに由来すると考えられていた．ところが本書でも明らかなように，私たちヒトを含めた脊椎動物の生体のさまざまな器官のなかにもそのような幹細胞または未分化細胞が存在することが明らかになってきた．そのような組織幹細胞は，単に骨髄や脂肪組織のなかのみならず，筋肉，肝臓，骨，皮膚，脳のなかにまでも存在することがわかってきている．その幹細胞がどの程度未分化であるか，すなわちどの程度多様な種類の細胞へ分化できる能力をもっているかは必ずしも一定ではない．今後はこのような幹細胞がどの程度未分化であり，また，間葉系細胞はすべて幹細胞といえるかなど，未分化性の指標となる因子のはたらきやプロファイルを分子レ

ベルで解明し，その未分化性の程度を明らかにしていく必要があるだろう．

その第2は発生のプログラムにおいて，個体の発生を器官形成や組織分化としてとらえた場合に，どのような器官にどのようなプロセスで未分化細胞を残しながら，一方で分化を確立する方向にもっていくのか，そしてそのしくみはいかなるものであるか，という点である．例えばカエルの発生を例にとれば，オタマジャクシ幼生の時期に肢を切断した場合には肢を再生するが，その後，変態期を通して肢の再生能力を著しく失っていく．これは肢にどのような質的変化が生じたのだろうか．単に軟骨から硬骨への変化だけでなく，肢そのものに何らかの大きな変化が起きており，発生プログラムの時間軸に沿って肢全体の細胞で，それを支えている細胞外基質も含めて大きな変化がみられるものと考えられる．これらの現象も少しずつ，分子レベルで理解されつつある．一方，イモリやサンショウウオなどの肢は成体になっても強い再生能力をもつ．単にそれらは幹細胞が多いというだけのものではない．ここにつぎの問題がある．

その第3は分化細胞の脱分化（de-differentiation）である．これについては古くから研究され，特にイモリの肢や眼の再生などにおいてよく知られており，膨大な先行研究がある．そのような研究の流れから，分化転換（trans-differentiation）という新しい概念も導き出されている．これは再生という現象のもつ，生物学的な大きな意味の一つである．

その第4は細胞は位置情報（positional information）をもつということである．再生における細胞の位置情報の存在を示す例としてはゴキブリが挙げられる．ゴキブリの足を足の先端を円の中心とした極座標空間と見立て，そこに基部から足端に向かって位置を示すとそれぞれの細胞は明確な位置情報のなかに置かれることになる．実際に足をさまざまな部位で切断して別の切断足とつないだり，足の位置情報の一部が逆になるように入れ替えると，ゴキブリの足はその接触面の位置情報を正しく認識し，位置情報の連続性を回復するように中間部位を形成し，元の足に再生（修復）したり，延長肢（長い肢）等を生ずる．このような位置情報が生物のなかにあることを示すことができたのも再生研究ならではといえよう．

以上のように，さまざまな生物にみられる発生過程における再生能力の変化や成体における再生現象は，まさに「最も生物らしい生物現象」である．いろいろな生物を使うことによって初めて見いだしうる現象を解析することで，単にヒトのみを研究するよりはるかに広い視点から生命そのものを理解し，ヒトの再生科学ひいては再生医療へとつながる知的基盤の構築が可能になる．生物の多様性と進化はこの再生科学のなかでも重要なキーワードとして残り，それこそがヒトを本当の意味でより良く理解するための基盤であるといえよう．本書がヒトの再生医療における基礎研究の必要性を改めて理解する一助となれば幸いである．

2006年2月

浅島　誠

目次

1. プラナリアの再生

1.1 プラナリアとは ……………………………………………………………… 1
1.2 プラナリアの体のつくり ……………………………………………………… 2
1.3 プラナリアの生殖 ……………………………………………………………… 3
1.4 プラナリアの分化全能性幹細胞 ……………………………………………… 4
 1.4.1 プラナリアの幹細胞とは ………………………………………………… 4
 1.4.2 プラナリア幹細胞で発現する遺伝子 …………………………………… 8
 1.4.3 プラナリア幹細胞はすべて同じなのか ………………………………… 9
 1.4.4 幹細胞はどこからくるのか ……………………………………………… 11
1.5 プラナリアの体づくりのルール ……………………………………………… 11
 1.5.1 前後軸 ……………………………………………………………………… 11
 1.5.2 背腹軸 ……………………………………………………………………… 14
 1.5.3 組織の分化をコントロールする因子 …………………………………… 15
1.6 プラナリアの再生能力から再生を考える …………………………………… 16
引用・参考文献 ………………………………………………………………………… 18

2. コオロギの脚の再生メカニズム

2.1 はじめに ―歴史的背景― …………………………………………………… 20
 2.1.1 再生実験について ………………………………………………………… 20
 2.1.2 再生現象に関する基本的な法則 ………………………………………… 23
 2.1.3 再生メカニズムのモデル ………………………………………………… 24
2.2 コオロギの脚の発生 …………………………………………………………… 26
 2.2.1 コオロギの特徴 …………………………………………………………… 26
 2.2.2 脚の発生過程 ……………………………………………………………… 28
 2.2.3 脚の発生過程における遺伝子発現 ……………………………………… 28
 2.2.4 RNA干渉法による解析 …………………………………………………… 30
2.3 コオロギの脚の再生 …………………………………………………………… 31
 2.3.1 脚の再生過程 ……………………………………………………………… 31
 2.3.2 脚の再生過程における遺伝子発現 ……………………………………… 32
 2.3.3 RNA干渉法による解析 …………………………………………………… 37

2.4 おわりに ―脊椎動物との関係― ……………………………………………… 39
引用・参考文献 ……………………………………………………………………… 39

3. 組織再構築過程としての無尾両生類の変態

3.1 は じ め に …………………………………………………………………… 42
3.2 変態とはなにか …………………………………………………………………… 42
3.3 変態を誘導する物質 ―甲状腺ホルモン― …………………………………… 45
3.4 変態スイッチとしての TR ―TR による遺伝子発現の制御機構― ………… 46
3.5 変態遺伝子プログラム …………………………………………………………… 49
3.6 変態における表皮幹細胞の振る舞い …………………………………………… 52
3.7 消化管の変態における上皮幹細胞の振る舞い ………………………………… 57
3.8 お わ り に …………………………………………………………………… 59
引用・参考文献 ……………………………………………………………………… 60

4. 両生類の四肢の再生

4.1 は じ め に …………………………………………………………………… 63
4.2 四肢再生過程 ……………………………………………………………………… 64
　4.2.1 再 生 の 開 始 ……………………………………………………………… 64
　4.2.2 再生芽細胞の由来 ………………………………………………………… 69
　4.2.3 四 肢 の 再 形 成 …………………………………………………………… 73
4.3 再生研究の応用 …………………………………………………………………… 81
　4.3.1 アフリカツメガエルにおける再生は，高等脊椎動物の四肢再生への道筋を開く鍵
　　　　となりうるのか ………………………………………………………………… 81
　4.3.2 そのほかの動物における再生能の検討 ………………………………… 84
　4.3.3 幹細胞を用いた組織工学の発展は再生への道筋なのか ……………… 84
4.4 お わ り に …………………………………………………………………… 85
引用・参考文献 ……………………………………………………………………… 85

5. 両生類の器官形成

5.1 は じ め に …………………………………………………………………… 90
5.2 アニマルキャップの多分化能と試験管内での組織や器官の誘導 …………… 90
5.3 濃 度 勾 配 説 …………………………………………………………………… 92
5.4 中胚葉誘導のメカニズム ………………………………………………………… 94
5.5 試験管のなかで再現する幼生の形づくり ……………………………………… 96

5.6 試験管のなかでの心臓形成と生体への移植実験 ················· 98
5.7 Activin とレチノイン酸による腎臓および膵臓の誘導 ················· 100
5.8 Activin と Angiopoietin による血管内皮細胞の誘導 ················· 103
5.9 お わ り に ················· 104
引用・参考文献 ················· 105

6. 脳形成と再生

6.1 は じ め に ················· 109
6.2 脊椎動物の脳形成 ················· 110
   6.2.1 神 経 誘 導 ················· 110
   6.2.2 神 経 管 形 成 ················· 111
   6.2.3 神 経 管 の 分 化 ················· 115
   6.2.4 中枢神経系の組織構築 ················· 117
6.3 脳 の 再 生 ················· 121
   6.3.1 神経再生の種類 ················· 121
   6.3.2 脊椎動物の脳の再生 ················· 122
   6.3.3 脳 の 再 生 過 程 ················· 123
   6.3.4 終脳再生と嗅神経の関係 ················· 126
   6.3.5 再生した脳は正常に機能するのか ················· 127
   6.3.6 オタマジャクシとカエルの再生能力の差 ················· 131
6.4 哺乳類の脳再生の可能性 ················· 135
引用・参考文献 ················· 137

7. ニワトリの消化器官形成

7.1 は じ め に ················· 139
7.2 脊椎動物の消化器官 ················· 139
   7.2.1 消化器官の概観と構造 ················· 139
   7.2.2 消化器官の発生 ················· 140
   7.2.3 消化器官の発生と上皮-間充織相互作用 ················· 141
7.3 消化器官形成の分子機構 ················· 143
   7.3.1 消化器官発生に伴う遺伝子発現の変化 ················· 143
   7.3.2 消化器官形成における成長因子の機能解析 ················· 146
   7.3.3 前胃腺形成に対する Notch-Delta シグナルの作用 ················· 148
   7.3.4 前胃上皮の形態形成と細胞分化における sonic hedgehog の機能 ················· 149
   7.3.5 前胃腺上皮細胞における特異的遺伝子発現の機構 ················· 150
   7.3.6 初期胚における胃と腸の領域化の分子的解析 ················· 151
7.4 消化器官の発生と再生医療 ················· 152

7.4.1 ニワトリ胚消化器官の発生と幹細胞……………………………… 152
7.4.2 発生研究が再生医療に資すること………………………………… 155

引用・参考文献……………………………………………………………………… 155

8. 脊椎動物の眼の形成と再生

8.1 眼の器官形成の概略………………………………………………………… 158
8.2 水晶体の発生………………………………………………………………… 159
8.3 水晶体分化の開始機構……………………………………………………… 159
8.4 分化転換による水晶体分化 ―下垂体と網膜から―……………………… 161
   8.4.1 下垂体原基からの水晶体分化……………………………………… 161
   8.4.2 網膜原基からの水晶体分化………………………………………… 162
   8.4.3 網膜色素上皮からの水晶体分化…………………………………… 163
8.5 カエルの角膜からの水晶体再生…………………………………………… 163
8.6 イモリの虹彩背側からの2段階による水晶体再生……………………… 165
   8.6.1 水晶体再生の第1段階……………………………………………… 165
   8.6.2 水晶体再生の第2段階……………………………………………… 167
8.7 網膜の発生…………………………………………………………………… 167
   8.7.1 眼胞から眼杯形成へ………………………………………………… 168
   8.7.2 眼胞の発生と背腹の問題…………………………………………… 169
   8.7.3 網膜の層構築形成…………………………………………………… 171
8.8 網膜の再生…………………………………………………………………… 172
8.9 両生類における網膜の再生………………………………………………… 173
   8.9.1 網膜の成長と網膜幹細胞…………………………………………… 174
   8.9.2 色素上皮細胞の分化転換と網膜再生……………………………… 174
   8.9.3 培養下での色素上皮分化転換と神経分化………………………… 176
8.10 トリにおける網膜の再生…………………………………………………… 178
   8.10.1 ニワトリ初期胚でみられる色素上皮の分化転換………………… 178
   8.10.2 網膜幹細胞…………………………………………………………… 178
8.11 魚類における網膜の成長と再生…………………………………………… 179
   8.11.1 毛様体辺縁部の幹細胞と網膜内幹細胞…………………………… 179
   8.11.2 網膜の再生…………………………………………………………… 180
8.12 哺乳類の網膜再生…………………………………………………………… 180
8.13 網膜再生研究の今後………………………………………………………… 181

引用・参考文献……………………………………………………………………… 182

9. マウス神経の発生と再生

- 9.1 はじめに ……………………………………………………………… 185
- 9.2 発生過程における神経幹細胞 ………………………………………… 185
- 9.3 グリアと神経幹細胞 …………………………………………………… 190
  - 9.3.1 神経前駆細胞としての radial glia ………………………… 190
  - 9.3.2 神経前駆細胞としてのアストロサイト …………………… 191
- 9.4 培養条件下での神経幹細胞 …………………………………………… 192
- 9.5 マウスとほかの脊椎動物の神経前駆細胞の比較 …………………… 194
  - 9.5.1 radial glia …………………………………………………… 194
  - 9.5.2 アストロサイト ……………………………………………… 195
  - 9.5.3 網膜神経幹細胞 ……………………………………………… 195
- 9.6 マウス成体における神経新生および神経再生 ……………………… 196
- 9.7 神経幹細胞を用いた神経治療 ………………………………………… 197
- 9.8 おわりに ………………………………………………………………… 198
- 引用・参考文献 ……………………………………………………………… 199

10. 腎臓形成のメカニズムと再生への挑戦

- 10.1 はじめに ……………………………………………………………… 204
  - 10.1.1 腎臓をめぐる現在の状況 …………………………………… 204
  - 10.1.2 慢性腎疾患に対する今日の治療法 ………………………… 205
- 10.2 腎臓の発生 …………………………………………………………… 205
  - 10.2.1 腎発生の概要 ………………………………………………… 205
  - 10.2.2 Zinc フィンガータンパク Sall1 の単離 …………………… 208
  - 10.2.3 ノックアウトマウスの作製方法 …………………………… 210
  - 10.2.4 Sall1 は腎臓発生に必須である ……………………………… 211
  - 10.2.5 そのほかの Sall ファミリーの機能 ………………………… 212
- 10.3 腎臓発生の分子機構 ………………………………………………… 213
  - 10.3.1 腎発生開始シグナル ………………………………………… 213
  - 10.3.2 尿管芽の分岐 ………………………………………………… 215
  - 10.3.3 間葉の上皮化 ………………………………………………… 217
  - 10.3.4 糸球体形成 …………………………………………………… 218
- 10.4 尿の流れが発生を制御する ………………………………………… 220
- 10.5 腎臓は再生できるか ………………………………………………… 221
  - 10.5.1 ES 細胞からの誘導 ………………………………………… 221
  - 10.5.2 骨髄幹細胞からの誘導 ……………………………………… 224

  10.5.3 成体腎からの腎臓前駆細胞単離 …………………………………… 224
  10.5.4 胎児腎臓からの腎臓前駆細胞単離 ………………………………… 225
  10.5.5 細胞工学を用いた移植可能なバイオ人工腎臓 …………………… 225
  10.5.6 ブタからの腎臓移植 ………………………………………………… 227
10.6 お わ り に ……………………………………………………………………… 228
引用・参考文献 ……………………………………………………………………………… 228

11. 消化器領域における幹細胞分離と医療応用

11.1 は じ め に ……………………………………………………………………… 234
11.2 幹 細 胞 と は ……………………………………………………………………… 234
11.3 フローサイトメトリーを用いた幹細胞分離法 ……………………………………… 235
11.4 肝臓における幹細胞システム ……………………………………………………… 237
11.5 肝臓における組織幹細胞の分離・同定 …………………………………………… 238
11.6 肝幹細胞の純化と自己複製 ………………………………………………………… 240
11.7 膵臓における組織幹細胞の分離・同定 …………………………………………… 244
11.8 消化器官における幹細胞システムの階層性 ……………………………………… 246
11.9 腸管細胞を用いたインスリン産生細胞の分化誘導 ……………………………… 247
11.10 再生医学の方法論 ………………………………………………………………… 251
  11.10.1 幹 細 胞 移 植 ………………………………………………………… 251
  11.10.2 内在性幹細胞/前駆細胞の分化増殖の誘導 …………………… 251
  11.10.3 幹細胞の可塑性を利用した再生誘導 …………………………… 252
  11.10.4 胚性幹細胞の分化誘導 …………………………………………… 252
11.11 将 来 の 展 望 …………………………………………………………………… 253
11.12 お わ り に ……………………………………………………………………… 254
引用・参考文献 ……………………………………………………………………………… 254

索　　　引 …………………………………………………………………………………… 256

1 プラナリアの再生

　再生とは，組織が失われた際，残された組織から失われた組織を元通りにする現象であり，きわめて興味深い生命現象であるが，別段珍しいというものではない。動物界全体を見わたしてみてもさまざまな動物群において広くみられる。しかし，さまざまな動物でみられる現象とはいえ，体の一部分からでも再生し，完全な一個体を作ることができるプラナリアの再生能力は際立っているといえよう。しかも，この再生能力が個体を増やす戦略として使われているのである。われわれヒトは卵と精子を利用した有性生殖でしか個体の数を増やすことはできないが，プラナリアは「ちぎれて，再生」を繰り返すことによって個体数を増やすことができるのである。このプラナリアの再生について，プラナリアの体の構造も含めて最新の研究成果まで概説する。

1.1 プラナリアとは

　プラナリアは日本中の比較的きれいな河川，湧水に一般的にみられる動物であり，強い再生能力をもつことから，中学，高校の生物の授業でも取り上げられている身近な動物である。しかし，プラナリアが日本全国でおよそ20種もいることはあまり知られていない。つまり，プラナリアとは淡水産の扁形動物三岐腸類の総称であり，個別の種を指すものではないのである。

　プラナリアとひとくちにいっても，すべて強い再生能力をもつわけではなく，再生しないもの，しっぽ（尾部）のみ再生するもの等，さまざまである。以前は各研究者が自分の裏山，裏庭から採集した，このようなプラナリアを材料に研究をしていたため，そこから得られた研究結果を一概に比較できないということがあった。また，プラナリアは扁形動物三岐腸類の総称であるが，プラナリアの属する扁形動物門という動物グループ自体，一般にはあまりなじみがないかもしれない。これは，このグループに属する動物の多くが寄生虫の仲間であることに原因があるのかもしれない（もちろん，プラナリアは自由生活をする動物であって寄生性はない）。しかし，この扁形動物に属する寄生虫の仲間の形態，生理，遺伝子，生活様式等の研究から得られる知見は，プラナリアの再生を理解するうえで非常に重要にな

ると思われる。実際，病気の克服の目標のもと，住血吸虫の遺伝情報の充実には目を見張るものがある。

1.2 プラナリアの体のつくり

プラナリアとは総称であるが，ここでいうプラナリアは広く世界に分布し，これまでに多くの研究に使われてきたナミウズムシ（*Dugesia japonica*）あるいは，その近縁種を指すことにする。ここで，プラナリアの体の概略について簡単に説明したい。プラナリアは，三角形の頭部に1対のかわいらしい眼，体の中心に見える咽頭以外にこれといった外見的に特徴のない単純な体制をもつ動物であるが，その体のつくりは意外にもしっかりしている（図1.1）。

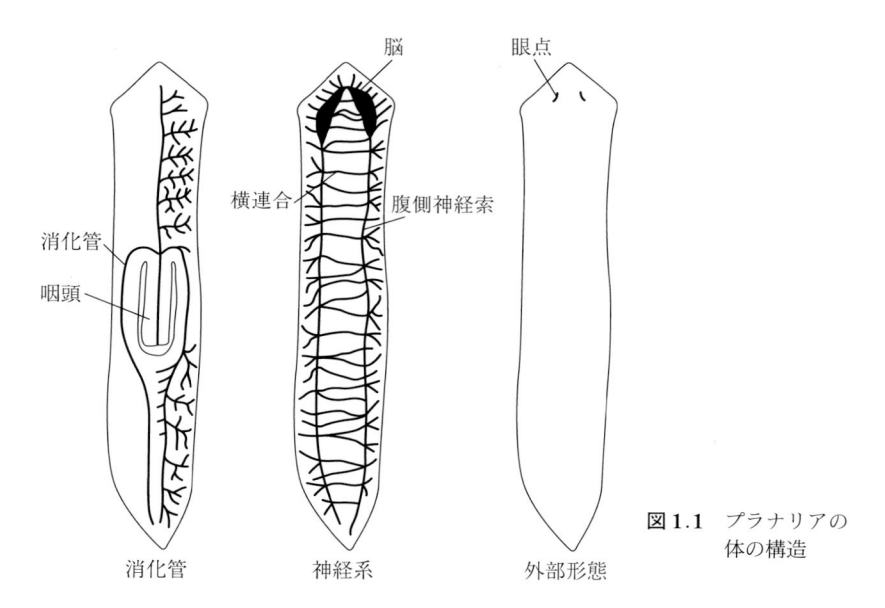

図1.1 プラナリアの体の構造

頭部には，脳と呼んでもよいほどの発達した神経節があり，そこから尾部に向かって対になった腹側神経索が伸びており，さながらわれわれの脳脊髄神経系を連想させるほどである。さらに腹側神経索のところどころに神経節が存在し，対となる腹側神経索間が横連合で結ばれており，梯子状神経系と呼ばれるゆえんとなっている。その特徴的な眼からは視神経が伸び，脳の内側の決まった位置に投射している。加えて，表皮直下には細かい網目状に神経系が存在し，腔腸動物のかご状神経系と比較される。

筋肉細胞は，表皮（単層上皮）の直下に輪走筋，縦走筋，さらには背腹をつなぐ筋肉等が体の全体にわたり存在し，内骨格，外骨格をもたない多くの動物と同様に，これら筋肉が体

を支えている。体の中心には咽頭と呼ばれる食物を摂取するための変形自在の管状器官があり，摂食時には腹側にある咽頭口より外部へ突出する。

消化管は咽頭の根元で咽頭とつながり，根元のすぐ前方において前方と左右の合計3本に分岐している。これが，「三岐腸類」の名の由来となっている。左右へ分岐した消化管は咽頭腔の両側を通り後方へと伸びている。各消化管はさらに細かく分岐し，摂取した食物が消化されると同時に体中へ行きわたるようになっている。消化管の上皮直下にも筋肉が管を取り囲むように存在し，消化管の蠕動運動を支えている。プラナリアには肛門がなく，そのことが系統学的に原始的な（primitive）動物とされる理由の一つとなっている。

1.3　プラナリアの生殖

プラナリアは無性的に増える。えさが十分に与えられていれば，2～3週間に1回，咽頭の前あるいは後ろ（後ろであることが多い）で自らちぎれて（横切断し）2片になる。咽頭の後ろで自切した場合は，前片からは尾部が，後片からは頭部と咽頭が再生し，完全な2個体になる。すなわち，プラナリアの再生は通常の生殖戦略の一つとして利用されているといえる。このように無性的に増えるため，プラナリアは遺伝子レベルでの変異が大きく同種内といえども，染色体の形，数の変異が数多く観察されている。

一方，長期間飢餓状態におかれてもプラナリアは数か月間生き続け，死ぬことはない。この間，体が徐々に小さくなり最終的には体長が1mm以下にまでなる。これはdegrowthと呼ばれ，おそらく自己消化によるものと考えられている。興味深いことにdegrowthしたプラナリアでも基本的には体の構造，形態，プロポーションは維持される。

また，プラナリアは，この再生による無性生殖とは別に有性生殖によって個体を増やすこともできる。無性的に増えているプラナリアをある条件下（十分なえさ，低温等）に置くと卵巣，精巣，交接器官等が発達してくる（有性化）。卵巣は脳の後方の腹側の間充織に1対存在する。精巣は個々が球状で，背側の間充織に左右1対の条として並んで存在する。これら個々の精巣には，周囲に精原細胞，精母細胞が存在し精子がその中心に存在する。交接器官は咽頭口の後部に分化する。有性化したプラナリアは雌雄同体であるが，けっして自家受精することはなく，有性生殖するには有性化した個体間の交接が必要であるという。有性化したプラナリアは，自切による無性生殖は抑制されるが，カミソリで人為的に切断すると精巣が消失し無性化し再生する。

1.4 プラナリアの分化全能性幹細胞

1.4.1 プラナリアの幹細胞とは

以上，外見的には単純そうにみえるプラナリアでも，じつは，われわれヒトと同じような機能をもった細胞・組織からできていることがわかっていただけたと思う。プラナリアの体はこのように高度に組織化されているにもかかわらず，体のどの断片からでも完全な一個体にまで再生するのはなぜだろうか。その鍵となるのが，幹細胞である。

プラナリアの幹細胞が体中に存在することを示したのは Wolff らの一連の実験である。当時としては斬新な彼らの代表的な実験は，以下のようなものである。当時，プラナリアに X 線を照射すると再生できなくなることが知られていた。これは X 線照射により，再生にあずかる細胞が死滅するからであると考えられていた。彼らは体の前端部よりさまざまな位置まで X 線を照射したのち，同じレベルで断頭し頭部の再生を観察した。すると頭部が完全に再生するまでにかかった時間は，照射した領域が広いほど長いという傾向が認められたのである（**図 1.2**）。

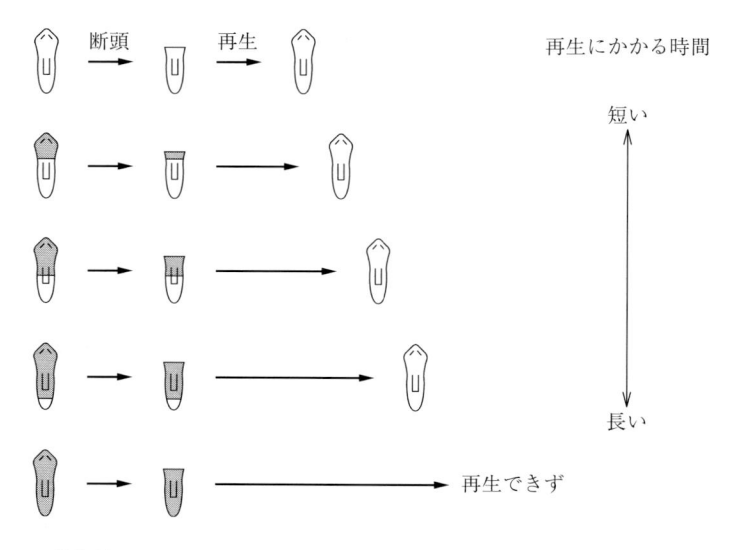

前後軸に沿ってさまざまな範囲に X 線を照射（図の灰色の部分）したプラナリアを同一レベルで断頭し，頭部再生にかかる時間を比較した。照射領域が広いほど再生に時間がかかる。

図 1.2 プラナリアにおける幹細胞の概念を確立した Wolff らの実験

この結果から Wolff らは，断頭後，非照射部位に残っていた幹細胞が照射領域を越えて切断面に向かって移動すると考えた。そして照射領域が広いほど幹細胞の移動に時間がかか

るため，再生するのに時間がかかったと考えたのである。では，そのような切断面に移動してくる幹細胞はどのような細胞なのだろうか。多くの観察がなされ議論されたにもかかわらず，残念ながら，現在において信頼されるに足るそのような細胞の報告は皆無といってもよい。当時の組織学のレベルでは小型の比較的大きな核をもつ細胞という以外に，そのような細胞を捉えることはほとんど不可能であったのである。それはプラナリアの内部にはさまざまな種類の細胞が込み入って存在しているため，個々の細胞を同定することがきわめて困難であったことによると思われる。すなわち，当時のプラナリアの幹細胞の存在は，きわめて概念的なものであったといえるのかもしれない。

事実，プラナリアの幹細胞の実体を捉えるには電子顕微鏡技術が確立されるまで待たねばならなかった。プラナリアの幹細胞の電子顕微鏡による観察の報告は，手元の文献によれば1970年ごろのことである。切断面近くに多く観察される細胞は，小型で細胞質が少なく小胞体やゴルジ体等の細胞内小器官が発達していない，いわゆる未分化細胞の特徴をもった細胞であった。特筆すべきは，この電子顕微鏡の観察によって幹細胞特異的構造物が発見されたことである。それは，プラナリアの幹細胞の細胞質，とりわけ核の周辺でミトコンドリアが密に存在する領域にみられる電子密度の高い構造物でクロマトイド小体（chromatoid body）と呼ばれるものである。逆にいえば，この発見により初めてプラナリアの幹細胞の同定が可能となったのである。クロマトイド小体を指標に電子顕微鏡による幹細胞の詳細な観察が行われ，いくつかの重要な知見が得られた。

一つは，再生芽（切断面に形成される色素の少ない組織で，これが徐々に大きくなり失われた部分を作るようにみえる）には幹細胞が含まれていないということである。再生芽には，むしろ幹細胞から分化した，あるいは分化しつつある細胞（クロマトイド小体が退化しつつあり，小胞体等の細胞小器官が発達しつつある細胞）が多く含まれているという。すなわち，再生芽は切断後，残った旧組織にあった幹細胞が増殖後，移動することにより成長するのであって，再生芽のなかで幹細胞が活発に増殖しているわけではないのである。

もう一つは，プラナリアの分裂細胞を数多く観察すると，例外なくその細胞質にクロマトイド小体がみられるということである。このことはプラナリアにおいて増殖能力をもった細胞は幹細胞のみであり，「幹細胞は幹細胞から生じる」という self renewal のシステムが存在することを示唆している。すなわち，プラナリアのさまざまな種類の細胞は「分化した細胞から脱分化して生じる」（脱分化説）のではなく「幹細胞から生じる」ことを示している。

では，本当にプラナリアのあらゆる種類の細胞はすべて幹細胞から生じるのだろうか。このことを完全に証明することは，一見簡単そうであるが，じつは非常に難しい。しかし，1989年に Baguñà らによって行われた実験によって，一応，プラナリアの再生研究の歴史において長い間論争のあった脱分化説は否定されたといってよいかもしれない。それは，X

線を照射してできた再生不能のプラナリアに幹細胞を移植することにより，再生能を回復させることに成功したというものである（図1.3）。プラナリアの幹細胞がほかの細胞より小さいことから，X線非照射の正常なプラナリアから集めた小さな細胞に富む分画を幹細胞として移植しており，コントロール実験では分画していない細胞を移植しているという問題点はあるものの，小さな細胞集団に多く含まれる幹細胞が補充されたことにより再生能が回復したとの考察が可能である。しかしこの実験については，追試とともに標識した幹細胞を移植するなどして，再生したプラナリアを構成する細胞の由来を明らかにすることが必要であることはいうまでもない。

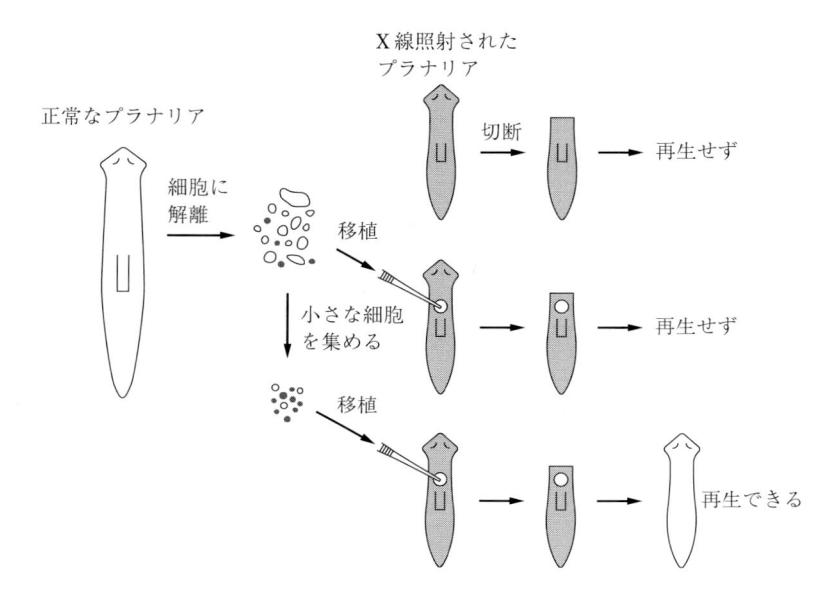

X線を照射し再生不能にしたプラナリアに非照射プラナリアからの細胞を移植する実験。非照射プラナリアの細胞のうち，小さい細胞を分画し（幹細胞分画）移植すると再生能は回復するが，分画しない雑多な細胞を移植しても再生能は回復しない。再生したプラナリアを構成する細胞はすべて移植された小さい細胞に由来することを示唆している。

図1.3　プラナリアのあらゆる細胞は幹細胞から分化することを示した実験

プラナリアの幹細胞は電子顕微鏡で観察する限りにおいてはクロマトイド小体の有無でその判別が可能となったが，光学顕微鏡レベルでは長い間なかなか困難であった。よく使われたのがメチルグリーンピロニンという染色色素であるが判別は経験によるところが大きい。

前述のように，プラナリアの幹細胞が唯一増殖能をもつ細胞であるという仮定から，チミジン標識等が試みられたが，取り込み効率がきわめて悪く増殖細胞の同定はほとんど不可能であった。しかし，2002年に報告されたブロモデオキシウリジン（BrdU）でプラナリアの増殖細胞を標識する方法は，細胞増殖時に合成されるDNAを標識するという原理でそれま

で試みられたチミジン標識と同様ごくありふれたものであるが，その取り込ませ方がおもしろい．えさに BrdU をまぶしてプラナリア与えるというユニークなものである．この方法で従来より取り込み効率が良くなり，DNA 合成した増殖細胞が検出できるようになったのである．

また，DNA 複製に関与する遺伝子の発現を利用して増殖細胞すなわち幹細胞を同定する試みもなされている．われわれは，DNA 合成酵素付随タンパク質 PCNA（proliferating cell nuclear antigen）の遺伝子をクローニングし，そのタンパク質に対する抗体を作製した．その抗体を使って免疫組織化学染色を行うことにより，初めて光学顕微鏡レベルでのプラナリアの増殖細胞，すなわち幹細胞の分布を明らかにした．プラナリアの無性個体では，幹細胞は頭部と咽頭を除く間充織に分散して存在するが，それに加えて，背側には塊状の幹細胞が左右1対の条として並んで存在していた（**図1.4**）．プラナリアを細胞レベルまで解

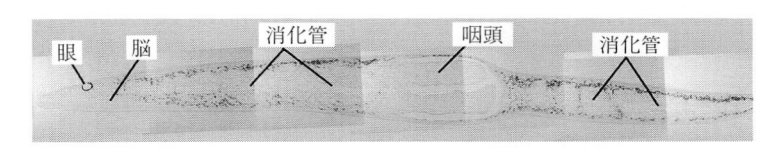

（a）抗 PCNA 抗体での増殖分布

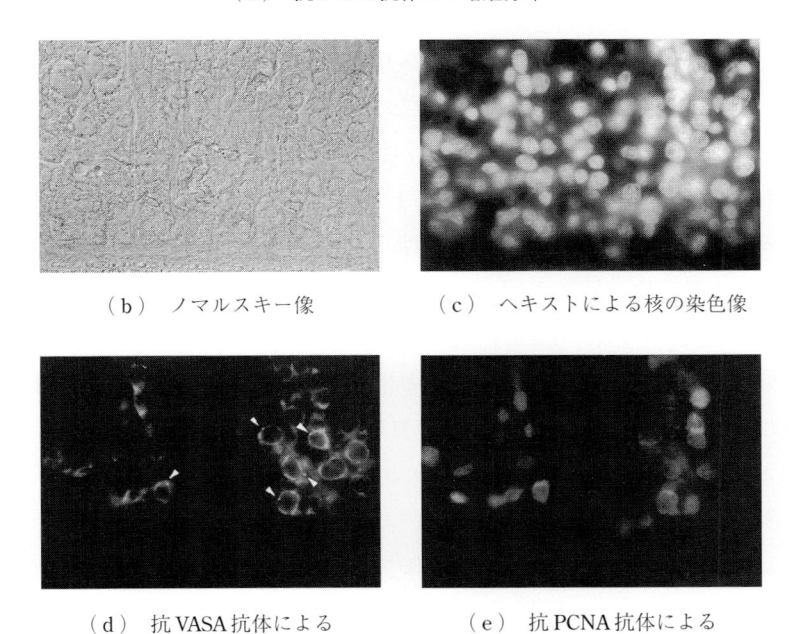

（b）ノマルスキー像

（c）ヘキストによる核の染色像

（d）抗 VASA 抗体による染色像

（e）抗 PCNA 抗体による染色像

図（b）〜（e）は間充織に存在する幹細胞を同一視野で示す．図（d）は斑点状に強く染色される（矢印）．図（d）〜（e）は各陽性細胞が一致することに注意．

図1.4　プラナリアの幹細胞の分布

離しPCNA陽性細胞を数えることで，幹細胞は全細胞数の約20〜30％と予想された。

1.4.2 プラナリア幹細胞で発現する遺伝子

前述のように，プラナリアの幹細胞の細胞質にはクロマトイド小体という特徴的な構造が観察される。これは，当初から線虫，カエル，ハエ等，さまざまな動物の卵に観察される生殖顆粒との類似性が指摘されていた。生殖顆粒とは，ショウジョウバエでは卵の後極に存在するため極顆粒とも呼ばれ，この極顆粒を取り込んだ細胞が将来生殖細胞へと分化することが知られている。すなわち，極顆粒には生殖細胞へと分化させる生殖細胞決定因子が含まれているのである。

この類似性が指摘どおりであるならば，ショウジョウバエですでに明らかになっている生殖細胞特異的遺伝子の相同遺伝子がプラナリアにも存在し，幹細胞特異的に発現しているはずである。また，ショウジョウバエの極顆粒は，その構成成分としてRNAとタンパク質を含むことが知られていたが，プラナリアのクロマトイド小体もRNA分解酵素で標識されることからRNAを含むことが示唆されていた。以上のことから，われわれはプラナリアからショウジョウバエ生殖細胞特異的遺伝子であるvasa, nanos, bruno相同遺伝子のクローニングを行うと同時にその発現を解析した。

vasaは，ハエの極顆粒に局在するRNAヘリカーゼで始原生殖細胞の分化に必須の遺伝子である。プラナリアvasa類似遺伝子は少なくとも4種存在するが，最もハエのvasaに類似していた*Plvas 1*について調べたところ，幹細胞で特異的に発現していることが明らかになった。さらに，その遺伝子産物PLVAS 1を特異的に認識する抗体を作製し，細胞内局在を調べてみるとPLVAS 1は幹細胞の細胞質全体に分布しているのに加えて，斑点状に分布していた。この斑点状の分布はPLVAS 1タンパク質がクロマトイド小体の構成成分の一つであることを示唆している（図1.4参照，織井，未発表）。

ショウジョウバエではVASAタンパク質と相互作用するタンパク質としてbruno遺伝子産物が知られている。また，brunoタンパク質はRNA結合タンパク質であり，翻訳制御にかかわることが明らかにされている。プラナリアにおいてbruno遺伝子を単離し，その発現を調べてみると，予想どおり幹細胞で発現していた。

われわれは，プラナリアのbruno遺伝子についてRNA干渉法による遺伝子ノックダウンを行った。RNA干渉とは，標的とする遺伝子に対する二本鎖RNAを体内に入れることにより，そのmRNAを特異的に破壊し，遺伝子の機能阻害を起こす方法である。当初，線虫で発見されたこの現象はプラナリアにも応用できることがわかり，プラナリアで唯一，遺伝子の機能解析の手段となっている。RNA干渉法でbruno遺伝子をノックダウンしたところ，外見上は何の変化も起きることなくそのまま生き続けた。しかし，二本鎖RNAで処理

した10日後に，そのプラナリアの頭部を再び切断したところ，半数以上の個体がほとんど再生できず死に至った（図1.5）。このとき増殖細胞特異的に発現するPCNA量を調べてみると激減していた。すなわち，bruno遺伝子のノックダウンにより幹細胞が減少し，その結果，切断後再生できず死に至ったと考えられた。bruno遺伝子のはたらきは幹細胞の維持に必須であると考えられる。

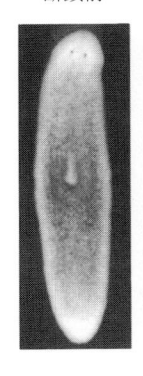

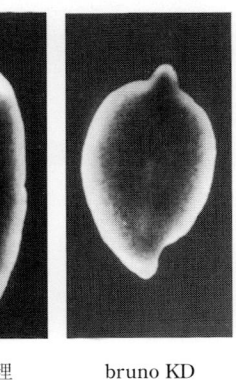

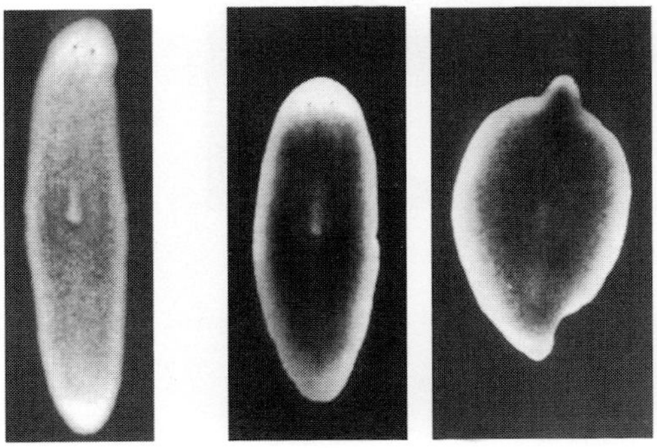

断頭前　　　断頭5日後

無処理　　　bruno KD

RNA干渉法によりノックダウンしたのち，断頭しても頭部は再生しない。

図1.5 bruno遺伝子のノックダウンの効果

以上述べてきたように，プラナリアの幹細胞では，vasa，bruno等，さまざまな動物の卵に観察される生殖細胞質に特異的な遺伝子が発現していることが明らかになってきた。これはプラナリアの幹細胞特異的にみられるクロマトイド小体が形態学的観察だけでなく，その構成成分においても生殖細胞質に類似していることを示唆している。

一般的に，生殖細胞質をもつ動物では，その細胞質を取り込んだ細胞が始原生殖細胞へと分化する。始原生殖細胞は将来，精子や卵子へと分化する細胞であるが，それまでは未分化のまま保たれた細胞ということもできる。また，受精を介して完全な一個体に発生することから，分化全能性を秘めた細胞という見方もできよう。生殖細胞における未分化状態の維持機構とプラナリア幹細胞の未分化状態維持機構，あるいは両者の分化全能性の分子的基盤になんらかの共通点があるのかもしれない。生殖細胞質やクロマトイド小体の構成成分と，そこで起きている現象を明らかにすることでその共通点は明らかになるであろう。

1.4.3　プラナリア幹細胞はすべて同じなのか

プラナリアが再生するときには，切断によって失われたあらゆる細胞はすべて分化全能性幹細胞から分化すると考えられている。それではいったい，プラナリアの幹細胞は単一の細胞種なのだろうか。それとも神経細胞に分化するように決められた神経幹細胞，筋肉細胞に分化する筋幹細胞というように，さまざまな種類の幹細胞が存在するのだろうか。われわれ

は，生殖細胞質特異的遺伝子としてショウジョウバエ nanos 遺伝子に着目し，その相同遺伝子をプラナリアから単離し発現を調べた。この実験は，卵巣や精巣，交接器官をまったくもたない無性個体を材料に行った。おもしろいことに，プラナリア nanos は左右1対の条として前後に並んで存在する塊状の幹細胞と，脳の後方の腹側にある左右1対の小さな幹細胞集団で発現していたのである（**図1.6**，佐藤ら，未発表）。

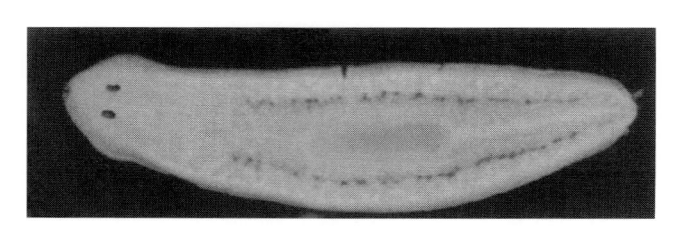

（a）ホールマウント *in situ* ハイブリダイゼーション（背側）

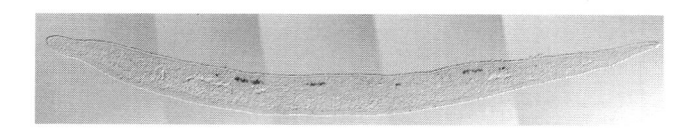

（b）縦断面の *in situ* ハイブリダイゼーション像

図1.4（a）と比較すると背側の幹細胞の塊に発現していることがわかる。

図1.6 nanos 遺伝子の発現

　これらの細胞の位置から nanos を発現している細胞は，有性化したときに発生する卵や精子の細胞のもととなる，いわゆる始原生殖細胞であると考えられた。実際，有性化の過程における nanos の発現を調べてみると，有性化に伴って分化してくる卵原，精原細胞で発現していることが明らかになり，このことが裏づけられた。すなわち，プラナリアの無性個体には，通常の幹細胞（体細胞系幹細胞）と始原生殖細胞（生殖細胞系幹細胞）の少なくとも2種類の幹細胞が存在しているのである。幹細胞は単一細胞種ではないのである。しかし，いずれの幹細胞も形態的にはまったく区別できない。

　それでは，これら2種類の幹細胞は相互に変換することができるのだろうか。生殖細胞系幹細胞のみをもつプラナリアを作ることはできないが，その逆は容易に可能である。nanos 陽性細胞は頭部より後方にだけ分布しているので，プラナリアの頭部断片には nanos 陽性細胞，すなわち生殖細胞系幹細胞はまったく含まれない。そこで，頭部断片の再生過程において nanos 陽性細胞が出現してくるかどうかを調べたところ，再生10日以降，初めて nanos 陽性細胞は出現したのである。このことは，生殖細胞系幹細胞は体細胞系幹細胞から分化してくることを示している。さらに，卵からの個体発生においても孵化後に初めて

nanos陽性細胞が出現することから，このことは支持された（佐藤ら，未発表）．

1.4.4 幹細胞はどこからくるのか

プラナリアの幹細胞は幹細胞から生じることは説明した．しかも，生殖細胞系幹細胞は体細胞系幹細胞から生じることが明らかになった．では，個体発生，すなわち卵から発生した場合，幹細胞はどこからくるのだろうか．海産のプラナリアでは，初期発生においてすでにクロマトイド小体が観察されるという．クロマトイド小体は，将来生殖細胞を生じる割球以外の割球にも認められることから，発生初期からすでに体細胞系幹細胞が存在していることを示唆している．ここでいう淡水産のプラナリアにおいても発生初期にこのような細胞が存在しているのか否か，始原生殖細胞との関係等，幹細胞の由来は今後の研究課題であろう．

1.5 プラナリアの体づくりのルール

プラナリアの体中には，あらゆる細胞に分化可能な（分化全能性）幹細胞が散在していることが明らかになった．しかし，体の一部分を失ったとき，その失った部分を正確に再生するためには，幹細胞が適材適所に分化しなければならない．すなわち，幹細胞がなんらかのシグナルを周囲から受け取り，その結果，正確に増殖・分化すると考えられる．それではそのシグナルとは何であろうか．そのようなシグナルの存在は，かなり昔からさまざまな移植実験によって示唆されてきた．しかし，いまだそのシグナルの実体は不明である．

1.5.1 前　後　軸

プラナリアの頭を切り離すと必ずその切り口から頭が，尾を切り離すと必ずその切り口から尾が再生する．この現象は磁石のNS極になぞらえて極性と呼ばれる．棒磁石はどこで折れても，折れた面にN極とS極が生じるからである．この極性は，古くは生理的勾配（physiological gradient）と呼ばれる概念で説明されてきた．すなわち，頭部から尾部に向かってある勾配が存在し，切断された横断片では，勾配の高いほうでは頭部が勾配の低いほうから尾部が再生するというわけである．このようなプラナリアでの勾配の概念は，その後，発生における誘導の概念と一緒になり，形態形成の概念として位置情報モデルへと発展した．

プラナリアの再生において，勾配の概念の確立に貢献した移植実験の最も単純なものは以下のようなものである（**図1.7**）．頭部片を尾部に移植すると移植した尾部前後に新たな咽頭が形成される．本来の咽頭を含めて三つの咽頭をもつことになるが，このとき移植片前に新たに形成された咽頭は本来の咽頭と逆向きになる．頭部は体の別の部分に移植すると咽頭を誘導する能力があるというのである．

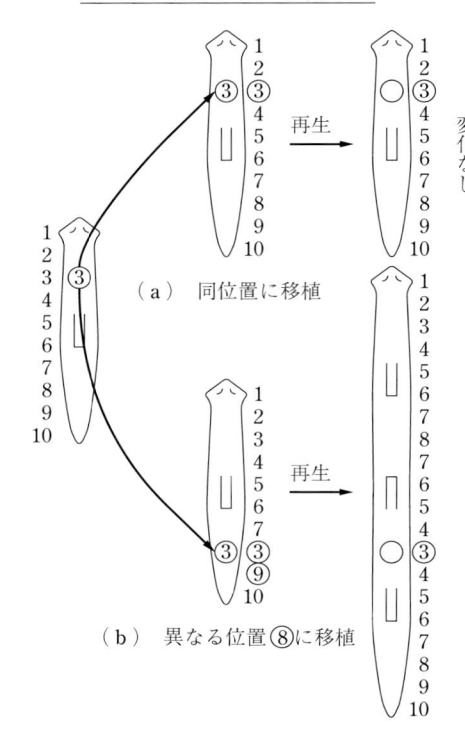

咽頭前部を別のプラナリアの同位置（a）あるいは異なる位置（b）に移植する。同位置に移植しても何も起きないが、異なる位置に移植すると移植片の前後に逆向きの咽頭が形成される。前後軸に沿ってレベル1〜10まで位置情報を与える。異なった位置情報が接するとその間の位置情報を埋めるように再生が起こる。

図1.7 プラナリアの前後軸に沿った移植実験と位置情報モデルによる説明

　同様の能力は頭部と咽頭の間の領域にもあることがわかり、プラナリアの切断後の再生について以下のような説明がなされてきた。すなわち、頭部の切断後、表皮が伸張し傷口がふさがれる。そしてまず、表皮直下に前先端が形成される。その前先端部が旧組織にはたらきかけ、その間の組織ができる。このように、頭部をいわゆるオーガナイザーとして捉え、オーガナイザーが旧組織にはたらきかけ、失われた組織を漸次誘導し再生が進行するという説明である。しかし、頭部に限らず尾部を再生する場合や尾部を頭部に移植する実験においても、尾部にオーガナイザー活性が認められることが明らかにされ、上述のような漸次誘導説は無理があるように思われる。

　また、プラナリアの再生をその位置情報モデルでうまく説明することが可能である（図1.7（b））。詳しい説明は省くが、位置情報モデルでは、位置情報にギャップが生じた場合、失われた位置情報は最短で挿入されるように再生が起こるとされる。かりに、前後軸に沿って1〜10までの位置情報を置いてみよう。前述の頭部片を尾部に移植する場合、例えばレベル3の頭部をレベル8の尾部に移植した場合を考えてみると、移植片の後方ではレベル3とレベル9が接触することになる。その結果、そのギャップを埋めるべくレベル4〜8が形成されるのである。

　一方、移植片の前方ではホストのレベル7と移植片のレベル3が接触した結果、そのギャップを埋めるべくレベル6〜4が形成される。咽頭の形成領域はレベル5〜6であるとすると

移植片の前方では逆方向に，後方では順方向に合計二つの余分な咽頭が再生することになるのである．このような位置情報の間隙を埋めるような再生は intercalary regeneration と呼ばれる．

以上のような移植実験の数々から現在までにプラナリアの再生はつぎのように進行すると考えられている．例えば，位置情報5と6の間レベルで切断されたとしよう．後方断片は，まず，その切断面に位置情報レベル1ができる．レベル1とレベル6が相互作用し，その間のレベル2～5が再生する．

しかし，このようなルールが明らかになっても，何も本質が明らかになったわけではない．位置情報の実体とは何か．位置情報の異なるレベルの相互作用の実体とは何か．何も明らかにされていないのである．頭部を切断するとまず，前先端（位置情報レベル1）ができることが前提になっているが，どのようにして前先端が形成されるのか，まったくわかっていない．

プラナリアには極性があることは述べた．では，この極性が逆転することはないのだろうか．古くからこの極性を転換させる試みがなされているが，なかでもデメコルチン処理による両頭個体の作出は再現性が高い．プラナリアをそのままデメコルチン（0.1～0.2 mM）で1～2日間処理したのち，短い横断片に切り分けると咽頭前後に由来する断片から比較的高頻度（5割前後）で両頭個体が再生する．これは，本来尾部が再生するべき断片の後の切り口から頭部が再生した結果であり，尾部から頭部へと極性が転換したことを意味する．興味深いことに，この方法では頭部から尾部への転換は起こらない．いまでは，デメコルチンの作用機作はチューブリンに結合し，微小管の重合を阻害することが明らかにされている．そこで，ほかの微小管重合阻害剤の効果を試したところ，効果の強弱はあるものの両頭個体を形成することが明らかになった（織井，未発表）．しかし，微小管の重合阻害と極性の転換の関係については明らかでない．

また，前後に短い横断片を作成するときの切断のタイミングを変えることによっても極性の転換が起こるという．プラナリアの横断片を切り出す際，最初の切断と2度目の切断を半日ずらして行う．まず前方を切断し，半日後に後方を切断して作成した横断片からは両頭個体が再生する．一方，まず後方を切断し，半日後に前方を切断して作成した横断片からは両尾個体が再生する．これは切断直後から断片全体で前後軸に沿った位置情報の再編が起こっていることを示唆している．

プラナリアの極性はどのようにして決まるのであろうか．ショウジョウバエの前後軸に沿った形態を運命づける遺伝子として HOM/Hox 遺伝子群が発見されて以来，この遺伝子群は，線虫から哺乳類まで広く存在し，ハエと同様の機能をもつことが明らかになってきた．プラナリアにおいてもこれらの遺伝子群が存在していることが明らかにされた．そのうちの

いくつかについて発現を調べたところ，前後軸に沿って勾配をもった発現がみられ，尾部先端で最も強く発現していた。また，切断後早い時期に発現パターンの変化が起こる。切断前では発現していない前方片では，その後端で新たな発現がみられる。一方，切断前から発現がみられる後方片では，発現の後端への集約がみられる（図1.8）。

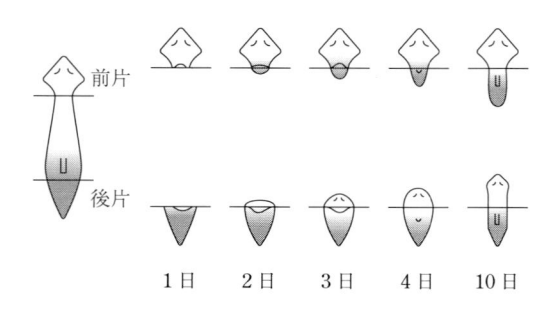

前後に沿って勾配をもった発現を示す。仮想の生理的勾配あるいは位置情報に一致した発現パターンを示す。

図1.8　プラナリア再生過程におけるHOM/Hox遺伝子の発現

このような発現パターンは，前述したような前方と後方で時間をずらして切断したときに極性の転換した再生が起こる実験とあわせて，HOM/Hox遺伝子がプラナリアの極性の決定あるいは勾配の形成に関与していることを示唆している。注目すべきはHOM/Hox遺伝子が切断後の再生過程のみで発現しているわけではなく，正常なプラナリアにおいても発現していることである。このことは，プラナリアは体の形態を維持するべくパターン形成をつねに行なっていることを示しており，飢餓条件下において体が小さくなった（degrowth）際においても，一定のプロポーションを保っていることと符合している。

1.5.2　背腹軸

背腹軸に沿った体づくりのルールにしても，同様な移植実験がなされている。パスツールピペットの先を使ってくり抜いたプラナリアの断片を，背腹についてひっくり返して（裏表をひっくり返して），同様の穴をあけた別のプラナリアに埋め込む，という実験である（図1.9）。すなわち，移植片をひっくり返すことにより，同一面状に背と腹が接触するようにするのである。おもしろいことに，移植後しばらくすると，背と腹の境界において隆起がみられ，数週間後にはラッパ状の突起が形成された。突起はホストの背，腹のいずれの側にも形成された。さらに，この突起の開いたラッパの状の縁において通常の体の縁に存在する腺細胞が異所的に形成されていた。このことは，背と腹の表皮が接触することで新たな縁ができ，隆起が形成されることを示している。これは，プラナリアの頭部や尾部を切断した場

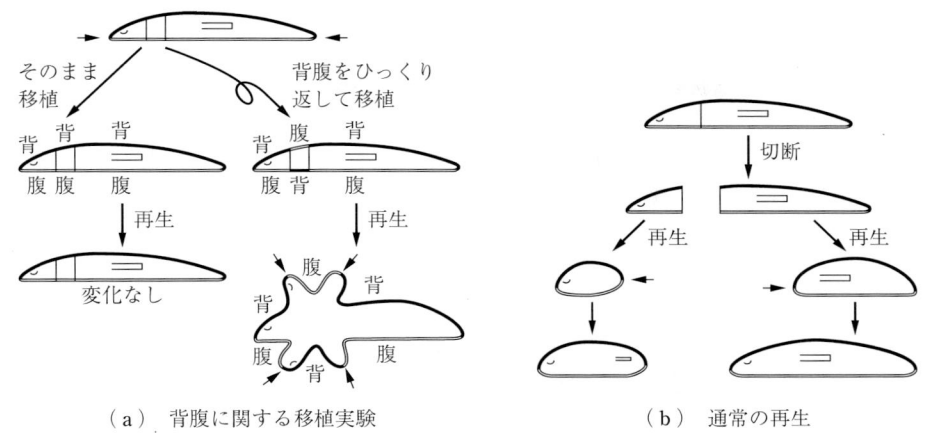

(a) 背腹に関する移植実験　　(b) 通常の再生

プラナリアをくり抜き背腹を逆さにして埋め込むと，その境界が伸長しラッパ状の突起が形成される（逆さにしないとなにも起きない）。これは通常の切断後に，再生芽が伸長することになぞらえて考えることができる。すなわち，突起あるいは再生芽の形成・伸長には背腹上皮の接触が必要であると考えられる。図はいずれも縦断面を示す。矢印は再生芽の形成部位を示す。

図1.9 背腹軸に沿った体づくりのルール

合，切断面で最初に背腹上皮が接触し，その後再生芽（隆起）が形成され伸長し，再生芽の辺縁部に縁が形成されるという通常の再生に当てはめることができる。通常の再生でも，性質の異なる背腹上皮の接触が再生の引き金となっていることが考えられるのである。

では，背腹の性質を決めているメカニズムは何であろうか。脊椎動物や節足動物では背腹形成に BMP（bone morphogenetic protein）が関与していることは広く知られている。プラナリアにも BMP 分子をコードする遺伝子が存在し，背側正中線を中心に発現していることが明らかになっている。予備的な実験ではあるが，この遺伝子の機能阻害をすることで背腹形成異常が起こることからプラナリアの背腹形成に BMP がかかわっていることが推察されている（未発表）。

1.5.3 組織の分化をコントロールする因子

最近，プラナリアの再生研究においてきわめて興味深いはたらきをする遺伝子が見つかった。この遺伝子はプラナリアの脳領域で発現しており，機能が阻害されると体中のいたるところに脳が形成されることから，nou-darake（脳だらけ，ndk）と命名された。ndk 遺伝子は FGF（fibroblast growth factor，繊（線）維芽細胞増殖因子）受容体と類似の構造をもつが，FGF が結合したあとにそのシグナルを細胞内へ伝達する役割をもつ機能領域が欠けているという。カエル卵を使った実験において，この ndk 遺伝子は FGF の効果を打ち消す効果が確認されている。

プラナリアにおいてFGFに相当すると考えられるNDKのリガンドは，いまだ同定されていないが，リガンドがNDKに結合しても，結合したというシグナルは細胞のなかに伝達されないわけである。すなわち，NDKは脳形成を促進するリガンド（FGF？）を脳領域にとどめておき，その結果，脳以外の領域で脳形成を抑制していると考えられるが，詳細はリガンドの同定をはじめ，今後の研究展開を待たねばならない。おもしろいことに，プラナリアと系統的に大きく離れた脊椎動物にも *ndk* 類似遺伝子が存在し，脳領域で発現しているという。

1.6 プラナリアの再生能力から再生を考える

プラナリアはきわめて強い再生能力をもつ動物である。この強い再生能力は，体中に散在する全細胞数の20〜30％をも占める幹細胞によって支えられている。プラナリアの体はえさが十分に与えられていれば成長を続け，ある一定の大きさを超えると自切する。自切後は前後片はそれぞれ完全に再生し，二個体になり個体数が増える。そう考えると，プラナリアの再生とは連続的な無性生殖の一環であり，個体の成長と連続していると考えられよう。言い換えれば，たえず幹細胞の増殖と分化がその幹細胞の与えられた環境に応じて起きているということである。自切にせよカミソリで切断されたにせよ，再生の開始は明確に決めることはできても再生の終了はないといえるかもしれない。そのように捉えると，プラナリアの形態形成に関与するであろう遺伝子群（前後軸の形成でいえばHOM/Hox遺伝子，背腹軸の形成でいえばBMP等）が，一見，再生が終了している通常の個体においても発現していることにも合点がいく。

プラナリアの話をすると，「プラナリアに寿命はあるのですか？」としばしば聞かれる。おそらくプラナリアには個体としての寿命はないと思われる。もちろん，プラナリアの細胞には寿命がある。分化した細胞には当然寿命があり，しばらくすると死に至り，個体から離脱していく。その代わりとなる細胞は，幹細胞から分化し補われる。幹細胞はself renewalの機構により自ら増殖すると考えられる。

プラナリアの個体としての死は，このバランスがくずれたときに起こると考えられる。例えばプラナリアにX線を照射した場合，幹細胞は消失し最終的に死に至るものの，照射後20日間くらいは外見上何の変化もみられずそのまま生き続ける。この間，すでに幹細胞が死滅しているにもかかわらず個体は生きているのである。これは幹細胞自身が個体の生存に直接関与していないことを示している。一方，幹細胞の数を減少させるようX線を弱く照射した場合，外見上何の変化もなくそのまま生き続け，けっして死に至らない。しかし弱い照射後切断すると，プラナリアは再生できずにやがて死ぬ。これは，切断後再生するには一

度に多数の幹細胞が必要になるが，照射によって幹細胞が減少したため再生に必要な幹細胞の供給が間に合わなくなり，最終的に個体を維持できなくなり死に至るものと考えられる。すなわち，プラナリアの「生」は，「体を作る分化した体細胞の死」と「幹細胞からの新たな細胞分化」の動的平衡状態の上に成り立っているといえよう。おそらく，幹細胞そのものは，栄養状態に依存した self renewal システムによってその増殖がコントロールされているのであろう。

以上，プラナリアの再生について概説した。プラナリアの強い再生能力が多くの幹細胞の存在によること，そしてその幹細胞が生殖系細胞あるいは始原生殖細胞とよく似ていることを示してきた。始原生殖細胞とは，多くの動物において発生初期にほかの体細胞から隔離・温存され，将来，精子あるいは卵へと分化する細胞である。動物の個体を構成する細胞のなかで生殖系細胞に着目すれば，生殖細胞（始原生殖細胞も含めて）は生殖細胞から生じるということであり，世代を越えて維持されているのである（生殖細胞連続説，図 1.10）。

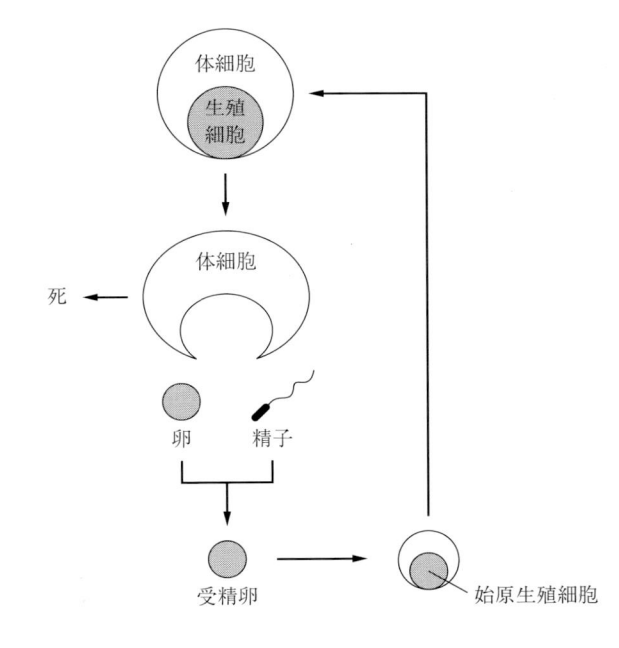

生殖細胞は世代を越えて連続して生き続けるが，それから派生する体細胞は世代ごとに死に至る。

図 1.10　生殖細胞と体細胞の関係

体細胞は，生殖細胞を生かすための入れ物とみなすこともできよう。プラナリアの再生を考えるとき，生殖系細胞類似の幹細胞が体中に散在し，それが周囲の環境に応じて分化することで個体としては永久に成長・増殖を続けると考えられる。これまでにさまざまな細胞に分化できる細胞株がマウスから樹立されている。これらの細胞は，その由来によって EC 細胞，ES 細胞，EG 細胞，GS 細胞等と呼ばれ，おのおのの遺伝子発現プロファイルも多少異なっているというが，いずれも初期胚に戻してやると分化全能性を示す点では同じである。

これらの細胞株の多くが初期胚（始原生殖細胞として体細胞から隔離される以前）の細胞あるいは始原生殖細胞由来であるということとプラナリアの再生にかかわる幹細胞が生殖系細胞と似ているということは，まったく偶然とは考えにくい。プラナリアの再生，なかでもプラナリアの幹細胞の性質を詳しく調べることで，動物を問わず分化全能性の幹細胞の本質が明らかになるに違いない。さらに，そのことが「生殖細胞とは何か」という生物学の大きな問いに対する一つの答を与えてくれるものと期待している。

引用・参考文献

プラナリア再生全般に関する総説
1) Newmark, P. A. and Alvarado, A. Sánchez.：Not your father's planarian：a classic model enters the era of functional genomics, Nat. Rev. Genet., **3**, pp.210-219 (2002)

体の構造に関する文献
1) Agata, K. et al.：Structure of the planarian central nervous system (CNS) revealed by neural cell markers, Zool. Sci., **15**, pp.433-440 (1998)
2) Orii, H. et al.：Anatomy of the planarian Dugesia japonica I. The muscular system revealed by antisera against myosin heavy chains, Zool. Sci., **19**, pp.1123-1131 (2002)

体づくりのルールに関する文献
1) Agata, K. et al.：Intercalary regeneration in planarians, Dev. Dyn., **226**, pp 308-316 (2003)
2) Kato, K. et al.：The role of dorso-ventral interaction in the onset of planarian regeneration, Development, **126**, pp.1031-1040 (1999)
3) Orii, H. et al.：The planarian HOM/HOX homeobox genes (Plox) expressed along the anterior-posterior axis, Dev. Biol., **210**, pp.456-486 (1999)

幹細胞に関する文献
1) Baguñà, J., et al.,：Regeneration and pattern formation in planarians. III. that neoblasts are totipotent stem cells and the cells, Development, **107**, pp.77-86 (1989)
2) Morita, M. and Best, J. B.：Electron microscopic studies of planarian regeneration. IV. Cell division of neoblasts in Dugesia dorotocephala, J. Exp. Zool., **229**, pp.425-436 (1984)
3) Newmark, P. A. and Sánchez Alvarado, A.：Bromodeoxyuridine specifically labels the regenerative stem cells of planarians, Dev. Biol., **220**, pp.142-153 (2000)
4) Orii, H. et al.：Distribution of the stem cells (neoblasts) in the planarian Dugesia japonica, Dev. Genes Evol., **215**, pp.143-157 (2005)
5) Wolff, E.：Recent researches on the regeneration of planaria, In Rudnick D (ed) Regeneration. 20th growth symposium, Ronald Press, New York, pp.53-84 (1962)

プラナリアの有性生殖に関する文献

1) Kobayashi, K. and Hoshi, M.：Switching from asexual to sexual reproduction in the planarian Dugesia ryukyuensis：change of the fissiparous capacity along with the sexualizing process, Zool. Sci., **19**, pp.661-666 (2002)

プラナリアのRNA干渉法

1) Orii, H. et al.：A simple 'soaking method' for RNA interference in the planarian Dugesia japonica, Dev. Genes Evol. **213**, pp.138-141 (2003)
2) Sánchez Alvarado, A. and Newmark, P. A.：Double-stranded RNA specifically disrupts gene expression during planarian regeneration, Proc. Natl. Acad. Sci. USA, **96**, pp.5049-5054 (1999)

プラナリアの組織形成因子に関する文献

1) Cebria, F., Kobayashi, C., et al.：FGFR-related gene nou-darake restricts brain tissues to the head region of planarians, Nature, **419**, pp.620-624 (2002)
2) Orii, H. et al.：Molecular cloning of bone morphogenetic protein (BMP) gene from the planarian Dugesia japonica, Zoolog. Sci., **15**, pp.871-877 (1998)

2 コオロギの脚の再生メカニズム

　コオロギの幼虫の脚は切断されても再生する。脚の細胞は切断された部位をどのように知り，欠失した部分のみをどのようにして再生するのであろうか。この古くからの疑問に対してはまだ明確な答は得られていない。1980年代までは，おもにゴキブリを用いて脚再生の研究が行なわれてきた。それにより位置情報の概念が生まれ，再生のメカニズムを説明するために極座標モデルや境界モデルが提案されてきた。しかし，その後分子レベルでの再生メカニズムの解明は行なわれていなかった。

　われわれは，約10年前からコオロギの発生と再生を分子レベルで研究するために実験系を立ち上げてきた。近年のショウジョウバエの脚発生の研究から，再生現象を含めた脚形成を分子レベルで説明するモデルが提案されているが，再生メカニズムに関しては直接的な証拠は得られていなかった。コオロギを用いた研究から，脚形成の開始と遠近軸に沿ったパターン形成に関して，発生と再生でHedgehog, Wingless, Decapentaplegicなどの共通の分子が利用されていることが示唆された。また，コオロギの脚の再生の実験においてもRNA干渉法により遺伝子の機能解析が可能となり，コオロギも今後の発展が期待される再生実験系となってきた。

2.1 はじめに —歴史的背景—

　昆虫の脚の再生現象は古くから研究され，1985年ごろまでに，ドイツのミュンヘン大学のBohn[1]†，イギリスのエジンバラ大学のFrench[2]，イギリスのレスター大学のTruby[3]により詳細に研究されてきた。用いられた昆虫はおもにゴキブリの幼虫で，その脚を切断し，さまざまに移植してその形態の変化や細胞の増殖などを観察している。その再生実験はおもに三つに分類されるので，それぞれについて簡単に紹介する。

2.1.1 再生実験について

〔1〕 **脚を切断して再生を観察**　われわれはフタホシコオロギ（*Gryllus bimaculatus*,

---
† 肩付き数字は，章末の引用・参考文献の番号を表す。

以下単にコオロギ）を用いて研究を行なっているので，コオロギの脚の再生について紹介する。コオロギの幼虫の脚を附節から腿節先端までのある場所で切断すると，傷口修復後，数回の脱皮を経て失われた部位が再生する。ただし基部に近いほど最終的な再生体は貧弱なものとなる傾向があり，腿節先端で切断した場合に再生する部分のサイズは正常脚に比べて極端に小さい。さらに近位側，すなわち腿節基部，転節，基節のどこかで切断すると傷口の修復のみで再生は起こらない。再生過程では失われた部分に相当する外部形態が脱皮を繰り返すごとに段階的に復元されていく。したがって切断時の齢数が小さいほど，成虫になるまでの脱皮回数が多いので最終的により完全に再生する。また，齢数の小さいほうが脱皮の間隔が短いため形態の変化を早く観察することができる。このようなできるだけ若い幼虫を使うメリットと実験操作の際の扱いやすさとを天秤にかけ，われわれは通常3齢の幼虫（体長7〜8 mm）を使用して実験を行っている[4]。コオロギの3齢幼虫の脚を脛節の途中で切断した場合，2,3回の脱皮を経て約2週間で切断部位から先の分節構造が再生する（図2.1）。

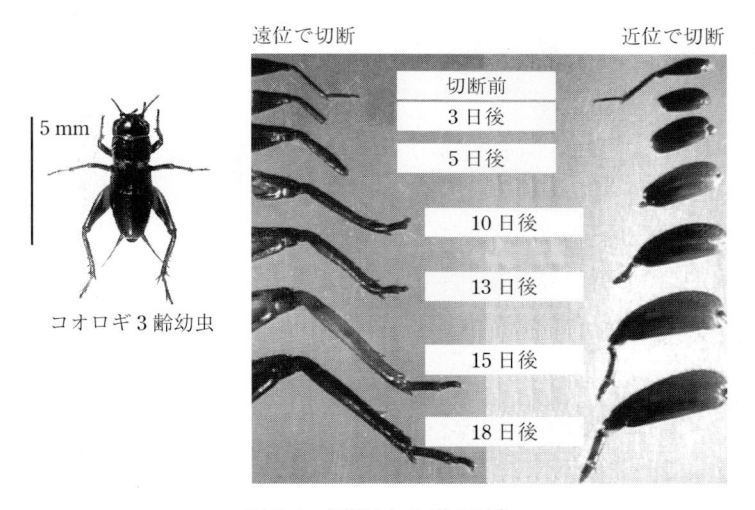

図 2.1 切断された脚の再生

サイズも含めたより完全な形態の復元にはさらに2週間ほど（1回の脱皮）を要する。脚の内部構造を切片で観察すると，正常な脚の脛節ではクチクラを裏打ちする上皮細胞の内側に筋肉（腹側）と脂肪体（背側）がみられ，それらの間を遠近軸に沿って気管が通っている。脛節の途中での切断を行うと，切断後，血液凝固が生じ傷口付近に血球細胞が集合し，カサブタが形成される。切断後2日目にはカサブタの内側に沿って上皮が傷口をカバーし，上皮の連続性が回復する。

一方，筋肉や脂肪体の崩壊が近位に向かって進行する。上皮が連続性を取り戻した位置で再生が始まり再生芽が形成される。再生芽はやがて関節となる部分でくびれを生じるととも

に上皮細胞が肥厚し，その内部には筋肉や脂肪体が再び形成されてくる。幼虫にbromodeoxyuridine（BrdU）を注入し再生中の脛節における増殖中の細胞を検出してみると，上皮の連続性が回復するまでは正常脚と比較して顕著な増殖シグナルは確認できず，再生芽の成長する段階で先端付近において増殖シグナルが検出された[4]。

〔2〕 **遠近軸での移植実験**　ゴキブリやコオロギの幼虫の脚を脛節で切断し，切断部位の異なる別の脚を組み合わせると中間部位の構造が再生されてくる。このような再生様式をインターカレーションによる再生（intercalary regeneration，介在挿入再生）と呼んでいる。ここで近位から遠位に向かって位置を表す番号を便宜的につけると，この再生は切断部位での位置番号（位置価）の不連続性を埋めるように起こっていることがわかる（**図2.2**）。

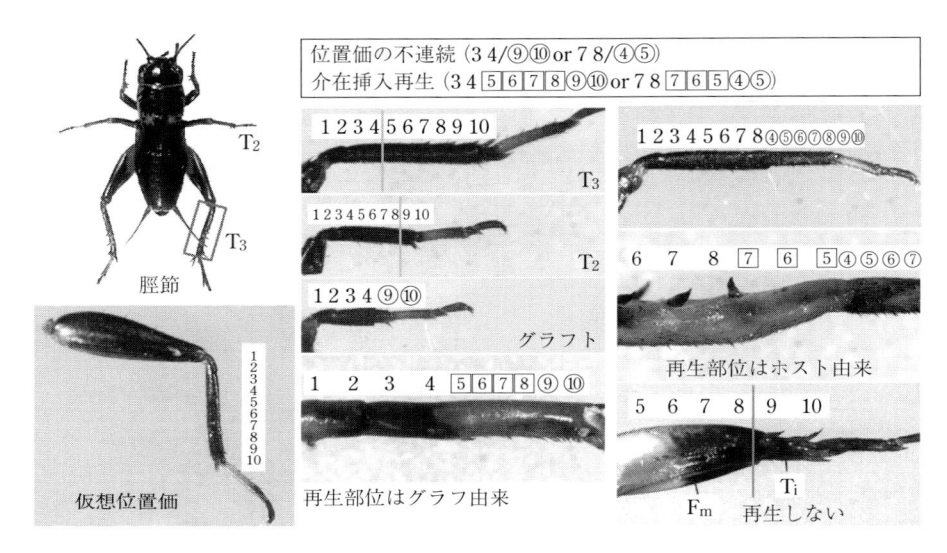

図2.2　介在挿入（インターカレーション）による再生

つぎに，8番の位置に4番の位置で切断した脚を組み合わせると，非常に興味深いことに図2.2に示したように挿入が生じる。剛毛の向きに注意すると，挿入部位の極性が逆になっている。1976年にFrenchらは，ゴキブリを用いたこのような実験について，いずれの組合せにおいても，接合された細胞間の位置価が不連続である場合には，連続性を回復するように中間部位の再生が生じることを示した[2]。

〔3〕 **前後軸，背腹軸の異なる移植実験**　昆虫の脚の再生に関する興味深い現象として過剰肢形成がある。これは，脚の途中から余分の脚（の一部）が生えてくるもので，自然界でもまれに生じることが知られているが，脚をある位置で切断後，背腹軸あるいは前後軸を反転させて移植することにより実験的に誘導可能である。

同じ現象は脊椎動物（イモリ）でも起こる。昆虫の過剰肢に関しては，1937年にBodensteinが蛾の幼虫を用いて行った実験[5]に始まり，その後，おもに不完全変態類昆虫のゴキブリを用いて詳細に研究された。過剰肢形成に関するBohnの研究は有名で，ヨーロッパでは過剰肢のことを"ボーンの脚"と呼んでいるとのことである。

われわれは過剰肢形成についてもコオロギを使って研究している[4]。コオロギ3齢幼虫の右中脚を脛節の中程で切断し，その切断片（ドナー）を背腹の向きをそのままにして同じく脛節中程で切断した左後脚（ホスト）に移植する（**図2.3**）。この場合にはホストに対しドナーの背腹軸は一致しているが前後軸が反転している（ちなみに右脚を180度回転させてから左脚に移植すれば，前後軸は一致するが背腹軸が反転することになる）。移植後間もないホストとドナーの結合部周辺では内部に血球細胞の集合が観察される。移植後3日目までにはホストとドナーの上皮がつながり，一方，内部では筋肉や脂肪体の崩壊が進む。やがて結合部位に二つの過剰肢の肢芽が形成される。移植後2回目の脱皮を経た段階で，脛節の遠位側から先の構造を含む過剰肢が2本形成される。

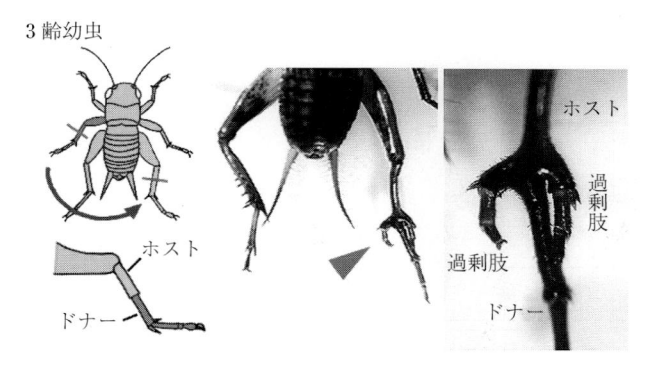

図2.3 過剰肢の形成

2.1.2　再生現象に関する基本的な法則

これらの実験から，再生現象に関する基本的な法則が発見された。

① 位置情報の異常による再生誘導の法則：脚の細胞は位置に関する情報をもっており，その異常により再生が誘導される。
② 位置情報回復の法則：位置情報が回復するように再生する。
③ 遠位再生の法則：切断面からは必ず遠位側が再生する。
④ 昆虫の脚のおもな節は，近位側から腿節，脛節，附節であるが，各節での位置価は等価である。

これらの法則は，昆虫に限らず，脊椎動物，特にイモリの脚の再生にも当てはまり，再生における一般的な法則である可能性が示唆されている。

2.1.3 再生メカニズムのモデル

これらの法則を説明するモデルとして最初に登場したのは，1976年にFrenchらにより提案された極座標モデル（the polar coordinate model）であった[2]。このモデルでは，脚における位置情報は極座標系によって特定される。すなわち脚の各細胞の位置価は，脚の遠近軸に沿った軸上の座標と円周上（脚の周り）の座標により決定されると仮定された。このモデルには，つぎの二つのルールが含まれる。

① 最短挿入則（the shortest intercalation rule）：再生は位置情報の不連続性を最小限の位置価の挿入により補うように生ずる

② 完全円周則（the complete circle rule）：脚形成のための上皮の伸出は円周上の位置価がひと回りするところに生じる。

脚の移植実験によるインターカレーションの現象は，最短挿入則により説明される。2本の過剰肢の形成については，移植の結果，二つの新たな位置価の円の挿入が起こることで説明される。これに対しMeinhardtは1982年に境界モデル（the boundary model）を提案した（図2.4）[6]。

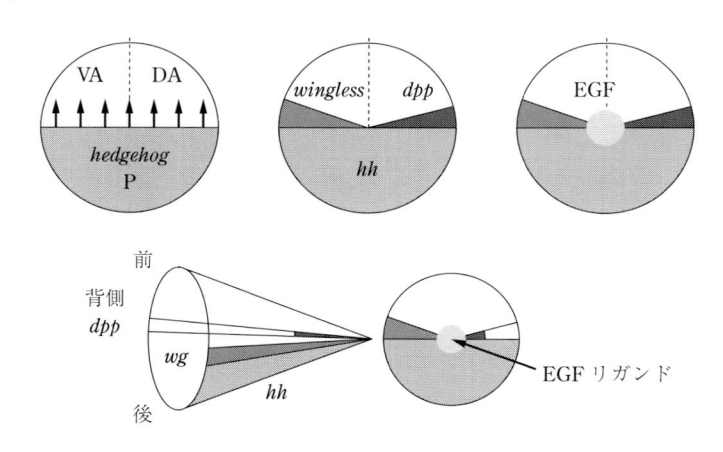

Wg と Dpp の両因子のシグナルを受ける細胞が遠近軸のオーガナイザーになる。

図2.4 脚形成の境界モデル

ショウジョウバエの脚の原基は，将来，脚のAV（前部の腹側），AD（前部の背側），P（後部）の三つの区画（コンパートメント）を構成する細胞集団にすでに分けられていることが知られていた。境界モデルでは，不完全変態類を含めた昆虫の脚が，円周状に配置されたこれら三つのコンパートメントから構成されると仮定する。さらに，これらのコンパートメント間の境界線が交わる場所（すべてのコンパートメントが接する場所，すなわち中心

部)で,異なるコンパートメントに属する細胞間の協調作用により形原(morphogen)が産生され,脚の遠近軸に沿った成長分化が生じると想定された。脚の先端から近位にかけて拡散する形原の濃度勾配のレベルを位置情報として,細胞がそれぞれの場所に応じた分化を行うとされる。インターカレーションによる再生は,移植の結果受け取る位置情報(形原の濃度)が変化した細胞が,その情報に応じて再分化することで説明可能である。このモデルによれば過剰肢の形成は,三つのコンパートメント間の境界が交わる場所が,移植の結果,新たに2か所生じることによって起こると説明される。

これらのモデルは,まだ分子生物学的な知識のない時代に提案されたモデルであった。どちらのモデルもさまざまな移植実験による再生現象ををみごとに説明することができたが,そこで仮定される位置価や形原などの実体は不明であった。

やがて,ショウジョウバエの脚成虫原基の発生メカニズムが分子レベルで解明されるにつれて,さらにモデルが検証された。その結果,1995年にCampbellとTomlinsonは,分泌シグナル分子であるHedgehog(Hh),Wingless(Wg),Decapentaplegic(Dpp)のショウジョウバエの脚原基における発現が境界モデルをサポートすることを指摘し,再生を含めた脚形成の開始メカニズムについて分子レベルでの説明を試みた(図2.4参照)[7]。

ショウジョウバエではHh,Wg,Dppが発生のさまざまな局面で重要な役割を担っていることが知られている。これらは脚の形態形成にも関与している。脚の成虫原基では上述のコンパートメントPの細胞でエングレイルド(En)の制御を受けてhhが発現している。Hhは前部(A)の細胞にはたらきかけ,腹側(V)と後部(P)の境界(AV/P)付近にwgの発現を,背側(D)と後部の境界(AD/P)付近にdppの発現を誘導する。wgを発現する細胞とdppを発現する細胞とが接する原基の中央が,脚の先端として決定され(先端部のマーカー遺伝子$aristaless$(al)の発現が誘導される),そこに上皮細胞増殖因子(EGF)が誘導され,遠位のオーガーナイザーとしてはたらき,脚の遠近軸が誘導されるというのがCampbellとTomlinsonのモデルである(図2.4参照)[8),9)]。

脚の発生メカニズムと再生メカニズムは密接に関連していると考えられており,ショウジョウバエを用いた脚の成虫原基の発生の研究から再生のメカニズムが予想された。そこで,われわれはコオロギを再生生物学の研究におけるモデル昆虫として確立し,モデルの検証を行なった。再生は発生と関係すると考えられることから,再生過程での遺伝子発現パターンの解析に加え,発生過程での脚の形成に関する研究も行なっている[10)〜17)]。

線虫の研究からアポトーシスの研究が進展したように,また,ショウジョウバエの発生の研究からホメオボックス遺伝子が発見されたように,生物の基本的なメカニズムは,ほとんどの生物に共通である。実際,ヒトの疾患に関連する遺伝子の75%はショウジョウバエに存在していることにより,昆虫はヒトの単純なモデルとして使用可能であることが提唱され

ている[18]。したがって生物の基本現象である発生と再生のメカニズムの基本は，ヒトもコオロギも共通であると予想されるので，コオロギの脚再生メカニズムの研究はヒトの再生メカニズムの解明に貢献できるであろう。もしコオロギの研究から再生に関する新規な機能をもつ遺伝子が単離できれば，*in silico* でヒトゲノムデータベースから対応する遺伝子を同定することができるであろう。このようにして，ヒト組織の再生に関与するメカニズムを解明できるであろう。本書では，筆者らの最近の研究成果と昆虫における脚の再生の分子メカニズムに関する最近の知見について総説する。

2.2 コオロギの脚の発生

2.2.1 コオロギの特徴

〔1〕 **フタホシコオロギの由来** コオロギはわれわれのオリジナルな実験系なので，その特徴を紹介する。われわれの使用しているコオロギは，フタホシコオロギ（*Gryllus bimaculatus*）である。ヨーロッパ東部がオリジナルな生息地であるといわれているが，日本では八重山列島に生息している。1970年代に広島大学の西岡により両棲類のえさとして導入され，各地で飼育され始め，現在ではペットのえさとしてペットショップで販売されている。われわれも実験用コオロギは購入して使用している。

〔2〕 **コオロギの昆虫類における系統的位置と形態** コオロギは昆虫類の直翅目（ちょくし）に属している。最も古く派生した昆虫はトンボの属する蜻蛉目（せいれい）である。直翅目はそのつぎに古く派生した昆虫である。一方，ショウジョウバエは双翅目（そうし）に属し昆虫のなかでは最も新しく派生した昆虫である。コオロギの親は体長約30 mmで背中に"フタホシ"の由来であろう白く丸い模様がある。休眠性がなく一年中産卵し発生する。一匹のメスは約3 000個の卵を産む。

〔3〕 **発 生 過 程** コオロギの卵は楕円形（長軸：3 mm，短軸：0.5 mm）である。28〜30℃で飼育すると約10〜14日で孵化する（図2.5）[10]。幼虫は8回脱皮し，約30日で親になる。昆虫の発生様式はおもに長胚型，中胚型，短胚型の三つに分類されている。長胚型はショウジョウバエの発生様式で，全体節が同時に形成される型である。短胚型は，バッタなどの発生様式で，頭部が最初に形成され，その後，後部が形成される型である。中胚型は，長胚型と短胚型の中間で，頭部，胸部体節の一部が最初に形成され，その後，後部が形成される型である。コオロギは中胚型に属する。コオロギは不完全変態類に属しているので幼虫は親の形態に類似している。ショウジョウバエは完全変態類に属し，幼虫（ウジ）を経てさなぎを形成して親になる。ショウジョウバエは幼虫の間に翅や脚など成虫原基を形成し，それがさなぎの間に成長し最終的な翅や脚などになるが，コオロギでは胚のときに形成された肢芽が成長して脚になる。

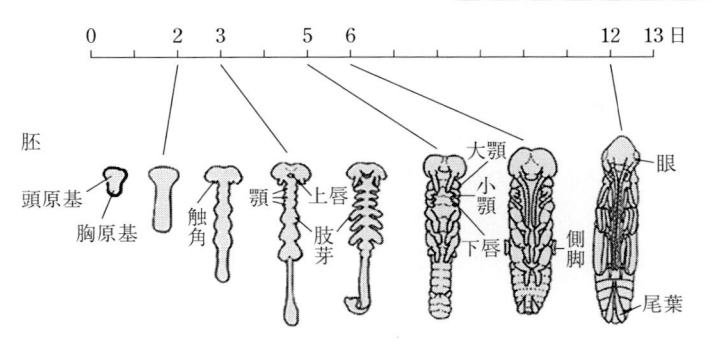

図2.5 コオロギの初期発生過程

〔4〕**飼　育　法**　コオロギは適当な大きさの箱のなかに新聞紙を丸めたものを入れて，28〜30℃で飼育している。えさはオリエンタル酵母社の「昆虫のえさ」を使用している。水の供給はプラスチックチューブに脱塩水を入れ，脱脂綿で栓をしたものを使用している[10]。

〔5〕**ゲノムの特徴**　フタホシコオロギの染色体の数は，メス：2n=30，オス：2n=29である[19]。ゲノムサイズは数Gbと見積もっているが，正確なサイズは不明である。ゲノムのBACライブラリーは作製済みであり，その一部の塩基配列を決定している。また，cDNAライブラリーを作製し，EST解析を行い，数千の遺伝子クローンが得られている。これらの情報は一部公開しているが，さらに順次公開する予定である。

〔6〕**遺伝子発現解析法**　遺伝子発現は in situ hybridization（ISH）法により観察することができる[10〜17]。胚の whole-mount in situ hybridization（WISH）が可能であるが，初期の卵のWISHにはまだ成功していない。幼虫のクチクラを除去できれば，脳のWISHは可能である。また，再生脚もクチクラが除去できれば，WISHが可能である。もちろん，切片のISHはどの時期においても可能である。

〔7〕**使用可能なおもな遺伝子機能解析法**　最近，コオロギの遺伝子機能の解析にRNA干渉法が使用可能となった（後述）。トランスポゾンを用いたトランスジェニックコオロギの作製を試みている[20),21]。現在のところ，外来遺伝子のトランジェントな発現は可能になったが，まだ生殖細胞に入っていないので方法を検討中である。

〔8〕**そのほかの解析法について**　通常の生化学的解析法はもちろん使用できる。岡山大学の富岡らはコオロギのサーカディアンリズムの測定などによる行動解析を行なっている[22]。岡山大学の酒井らはコオロギの神経行動学の研究法を[23]，東北大学の水波らはコオロギの嗅覚の記憶解析法を確立している[24]。北海道大学の下澤らは，尾葉の神経の電気生理学的解析を行なっている[25]。本書では紹介できないが，コオロギの生理学的な研究が多く行なわれている。

2.2.2 脚の発生過程

昆虫の脚は基部（近位）から先端（遠位）に向かって基節，転節，腿節，脛節，附節，爪の順に構成されている（図2.6）。脚の再生の話に入るまえに，このような脚の構造が発生の過程でどのように形成されるのかについてまず紹介する。

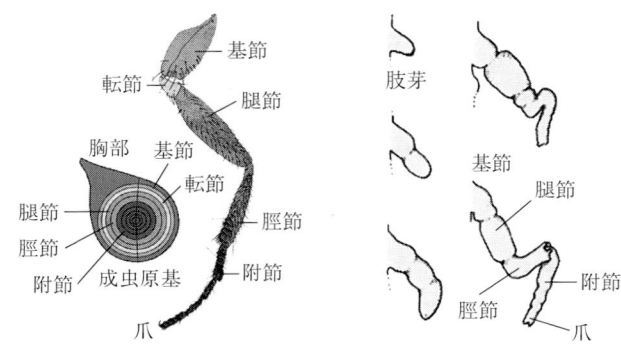

（a）ショウジョウバエの肢形成　　（b）コオロギの肢形成

図2.6 ショウジョウバエとコオロギの脚の発生過程

完全変態型の昆虫であるショウジョウバエでは幼虫期に円盤状の成虫原基が形成され，さなぎから羽化するまでの間にそれが伸長することにより成虫の脚が形成される。それに対してコオロギ等の不完全変態型の昆虫では，さなぎを形成せず，胚発生の時期に幼虫の脚が形成される。産卵後3日目の胚で三つの胸部体節に肢芽が現れ，孵化する13日目までにそれが分化・成長し脚が完成する。このように，ショウジョウバエとコオロギの脚の形成様式は大きく異なっている。

2.2.3 脚の発生過程における遺伝子発現

前述のようにコオロギの脚の発生様式はショウジョウバエとは異なっており，また，発生過程での遺伝子発現パターンがどこまで再生過程に当てはまるのかは不明である。したがってコオロギの脚再生メカニズムを明らかにするためには，脚形成に関与する主要な遺伝子について実際にコオロギでの発生と再生における発現を調べることが不可欠である。

そこで，Hh，Wg，Dpp をコードする遺伝子をコオロギから単離し，まず発生過程での発現パターンを調べたところ，肢芽形成の初期において，hh は肢芽の後部（En タンパクの分布と一致した）で，wg，dpp はそれぞれ肢芽の腹側，背側で前後部の境界に沿って発現していた（図2.7）[12]。Campbell らはショウジョウバエの脚の成虫原基において，上皮細胞増殖因子（EGF）の受容体（EGFR）の活性に，近位から最も遠位にかけて勾配があることを報告している。ショウジョウバエの成虫原基における EGFR のリガンドは，Vein である。この EGF が Meinhardt が理論的に予想したモルホゲンであることが示唆されている。

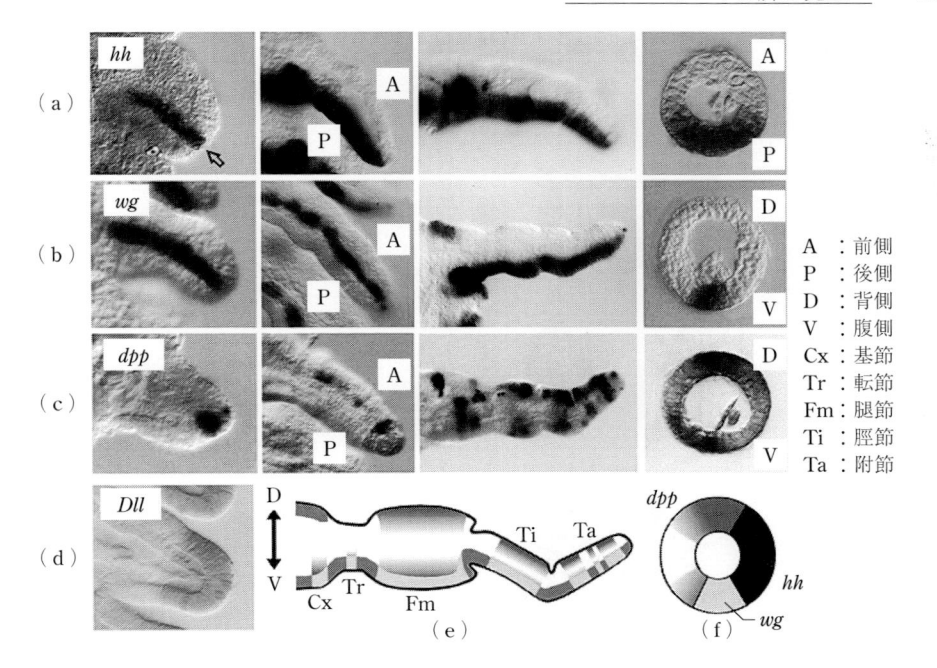

図（a）：ヘッジホッグ（hh）の発現パターン，左の図は赤色が hh，矢印の青色は wg の発現。右の図は断面図。図（b）：腹側から観察したウィングレス（wg）の発現パターン。腹側の前後部境界に発現。図（c）：背側から観察したデカペンタプレジック（dpp）の発現パターン。背側の前後部境界に点状に発現。発生が進むとリング状になる。図（d）：ディスタルレス（Dll）の発現パターン。図（e）：発生後期の発現パターンの模式図。図（f）：肢芽の断面における発現パターンの模式図。

図2.7 コオロギ脚の発生過程における遺伝子発現パターン（口絵1参照）

コオロギの肢芽においても Egfr が発現していることがわかっている（未発表データ）。肢芽が成長する過程で dpp の発現にコオロギに特徴的なパターンがみられるものの，基本的にはこれらの遺伝子の発現領域の相対的な位置関係は，ショウジョウバエ成虫原基でのそれと対応するものであり，遠近軸の誘導に共通のメカニズムが作用していることが示唆された[12]）。

ショウジョウバエの脚の発生過程では，胚発生期に wg と dpp の発現領域が接する場所で Distal-less（Dll）の発現が誘導され，脚原基の位置が決まる。2齢幼虫までは遠位側には Dll，近位側には homothorax（hth）が相補的に発現しているが，3齢の初期に中間位を決定する dachshund（dac）や脚先端を決定する al が発現し，それぞれの発現ドメインは一定の範囲で同心円状に現れる（図 2.8）[14]）。これらの転写調節因子の発現によって，遠近軸に沿ったパターン形成が起こる。ショウジョウバエの脚の形態形成過程については，小嶋[26]）により詳細に総説されているので，参照していただきたい。

ショウジョウバエの形態形成遺伝子と相同な遺伝子のコオロギの肢芽での発現領域は，基

図2.8 コオロギ肢芽およびショウジョウバエの成虫原基の成長に伴なう *dac*, *Dll*, *hth* 遺伝子の発現パターンの変化（口絵2参照）

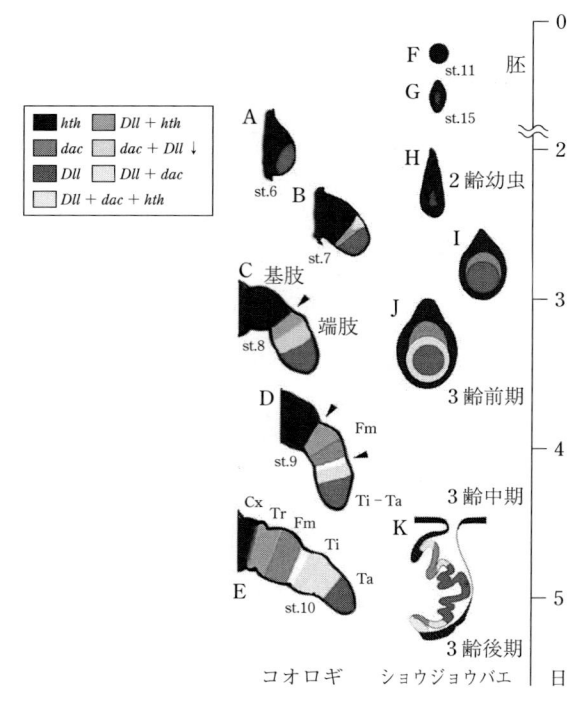

コオロギの肢芽での変化とショウジョウバエの成虫原基での変化はほぼ類似している。図中の記号は図2.7と同じ。St.はステージを表す。

本的にショウジョウバエでみられるものと対応している（図2.8）。肢芽の遠位側に *Dll*[14]，先端部には *al*，中間には *dac*，そして近位側の領域に *hth* が発現している。それらの発現領域は場所によっては重なり合っており，発現する遺伝子の組合せにより，肢芽に領域特異的な位置情報コードを与えていると考えられる。

2.2.4 RNA干渉法による解析

最近の最も重要な研究成果は，RNA干渉（RNAi）法がコオロギにおいても使用できることの発見である[27),28)]。コオロギの場合，コオロギの遺伝子機能の解析につぎの4種類のRNAi法が使用可能である。

① embryonic（胚）のRNAi（eRNAi）法
② parental RNAi（pRNAi）法：コオロギの成虫メスの体液に0.2～1.0 μl の二重鎖RNA（dsRNA）を注入するだけで，そのメスが産卵するほとんどの受精卵にRNAiが生じる。
③ nymphal RNAi（nRNAi）法：コオロギの幼虫にdsRNAを注入するだけで，全身にRNAiが生じる。
④ 多重RNAi法：2種類以上のRNAiが同時に可能。

これらの方法を利用すると，コオロギの全遺伝子について発生と再生に関与する遺伝子の

1次スクリーニングが数か月で可能となる．3種類のRNAi法（embryonic，nymphal，parentalの各RNAi法）により遺伝子をノックダウンできるので，全遺伝子の機能解析が短期間で可能である．

コオロギの場合は，短鎖dsRNA（siRNA）でなくても長いdsRNAを用いてRNAiが生じる．受精卵に注入（eRNAi）しても，幼虫に注入（nRNAi）しても，全身に効果が現れる．また，成虫メスに注入（pRNAi）すると，そのメスが産卵するほとんどの卵にRNAiが生じる．幼虫と成虫にdsRNAを注入する処理は簡単で，1日に300個体以上を処理できる．コオロギの全遺伝子数はまだ不明であるが，ショウジョウバエと同数とすると約15 000種類と予想され，これに対応した全dsRNAを作製すれば，約50日で全遺伝子について発生と再生に関与するかどうかの1次スクリーニングが可能である．

さらに，再生の遺伝子ネットワークを解明するためには，ある遺伝子の上流/下流の遺伝子を同定しなければならない．同じような表現型について上流/下流を決定するためには，二つの遺伝子を同時にノックダウンして表現型を比較する必要がある．RNAi法の場合は，2種類以上のdsRNAを同時に注入し，多重RNAiが可能なので比較的容易に遺伝子間の関係の解析ができる．

ショウジョウバエは完全変態で幼虫はウジであり，成虫原基を体内に形成するので観察が容易ではない．コオロギはショウジョウバエと異なり不完全変態昆虫なので，孵化後成虫に類似した形態をとり，脚や眼などの付属器官の成長や再生の観察が容易なので表現型のスクリーニングが簡単である．ショウジョウバエではできない成長と再生に関する表現型の解析が可能である．しかし，RNAiに関してはまだ不明な点も多い．特に，RNAiにより形態変化が生じる遺伝子と有意な変化が観察できない遺伝子があることである．例えば，*armadillo*，*caudal*，*hunchback*などの場合は非常に大きな形態変化が観察できる．一方，肢の形成において重要な役割を担っていると考えられている*hh*，*wg*，*Dll*，*al*などの遺伝子のdsRNAを受精卵に導入しても形態変化は観察できない．もちろんファミリー遺伝子によるバックアップ機能がはたらいている可能性もあるが，まだ解明されていない．RNAi法による肢の形態形成のメカニズムの解明はこれからである．

2.3 コオロギの脚の再生

2.3.1 脚の再生過程

われわれは，コオロギの脚の再生過程に関与する遺伝子について研究し，Hh，Wg，Dpp，EGFRなどのシグナル分子とそれらの受容体が関与していることがわかった[4]．さらに，*wg*が切断部位において濃度勾配を形成していることも発見した．この系を用いると再

生における位置情報を担う遺伝子などが解明できる可能性がある。コオロギを用いるとnRNAi法により，再生に関与する全遺伝子を網羅的にスクリーニングできる。つまり，全遺伝子に対応するdsRNAを幼虫に注入後，脚を切断し，再生の経過を観察することにより，再生に関与する遺伝子を同定することができる。

コオロギの幼虫の脚を切断後，その再生過程を図2.9に模式的に示す。再生過程は大きく，① 傷修復，② 再生芽形成，③ 再生芽の伸長・分化の三つに分けることができる[4]。

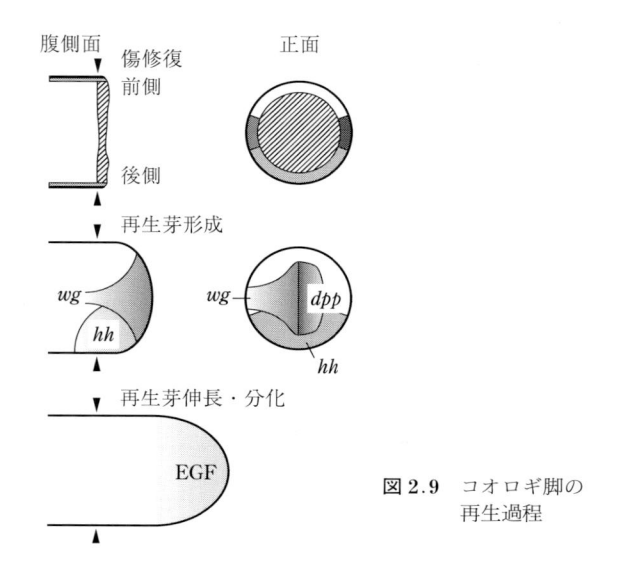

図2.9 コオロギ脚の再生過程

2.3.2 脚の再生過程における遺伝子発現

〔1〕 **傷修復過程**　コオロギの系については，まだほとんど研究されていない領域であるが，この過程は発生過程には存在しないので，再生においてキーとなる過程の一つである。予想される傷修復過程について図2.10に示した。

昆虫は血管を介さずに血リンパ液が全身を循環する，いわゆる開放循環系をもった生物である。酸素は発達した気管から各細胞に供給される。傷が生じた場合には，すみやかに傷口をふさぎ，外界からの汚染を防ぐ必要があるので，昆虫も効率のよい血リンパ液の凝固系をもっている。ハエやカ（蚊）のゲノムと脊椎動物のゲノムとの比較から，凝固系に使用されている酵素は，類似しているものもあればまったく異なるものもある。例えば，類似しているものとしては脊椎動物においても使用されているトランスグルタミナーゼ，異なるものとしてはフェノールオキシダーゼが報告されている。ショウジョウバエで発見されたヘモレクチンは凝固系に関与しており，その突然変異体においては血リンパ液が凝固しない[29]。ヘモレクチンはヒトの凝固因子V/VIIIに存在するドメインと類似なドメインをもっている。ま

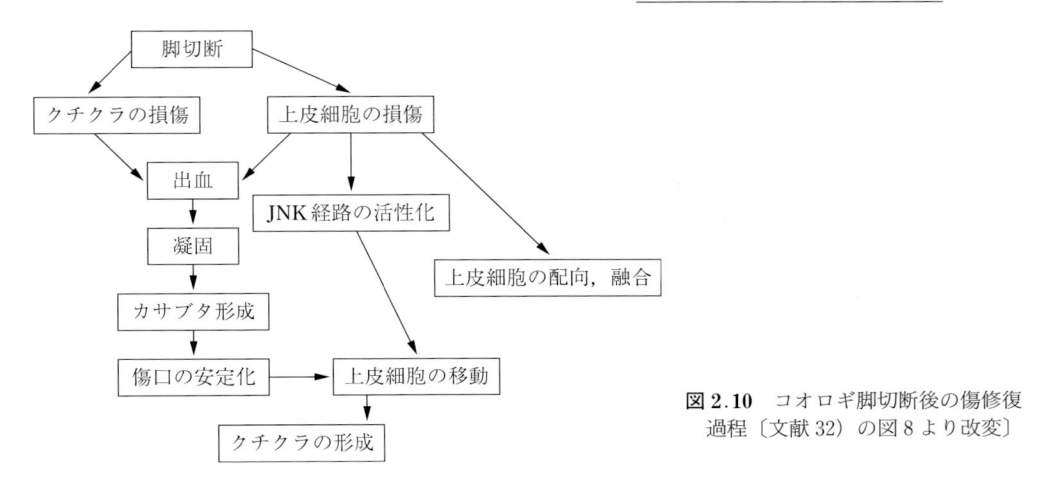

図 2.10 コオロギ脚切断後の傷修復過程〔文献 32) の図 8 より改変〕

た，ハエやカのゲノムにはフィブリン様タンパク質がコードされていることも報告されている．コオロギの凝固系は，まだまったく解明されていないが，ほかの昆虫の凝固系から類推し，つぎのような四つのステップにより凝固反応が終了すると考えている．

① 傷口において血球によりヘモレクチンを含む細胞外凝集物質が形成される（1次凝固）．
② プロフェノールオキシダーゼ（PPO）カスケード（トランスグルタミナーゼも含まれている）の活性化による1次凝固物質の架橋反応による凝固（2次凝固）．
③ プラズマ細胞が誘引され，凝固物質の表面に広がり凝固物質と体腔とを分離することにより，カサブタが形成される．
④ 上皮細胞が増殖する．

上記④の上皮細胞の増殖については，おもにショウジョウバエについてさらに詳細に研究されているので，それを紹介する．Martin と Parkhurst[30]は，傷口の修復過程における上皮細胞の移動と，発生におけるショウジョウバエの背側の閉鎖（dorsal closure）過程における上皮細胞の移動や，マウス胚の眼瞼が閉じる過程の上皮細胞の移動が類似していることを報告している．特に，細胞内骨格の関与はほぼ同じであることが報告されている．さらにこの過程にも，細胞分裂や細胞接着の調節に関与している Jun N-terminal kinase (JNK) シグナル経路が関与していることが報告されている[31]．傷修復過程が発生過程と異なる点は，修復後には傷跡が残ることであるが，その原因は発生過程には存在しない炎症応答が再生過程には存在するからではないかと考えられている．ショウジョウバエの幼虫における傷修復過程は詳細に研究されている[32]．幼虫の上皮に穴を開けると出血後カサブタが形成される．そのカサブタの周囲の上皮細胞は傷口の方向に長くなり，たがいに融合して多核の細胞になる．これらの細胞では JNK シグナル経路が活性化されており，これらの細胞により傷口が修復される．JNK シグナル経路が不活性化された場合には，上皮細胞の移動お

よび修復過程は阻害されるが，カサブタの形成には影響しない．逆に，カサブタが形成されない場合はJNKシグナル経路が過剰に活性化される．これらの結果から，傷の修復は多重なシグナルにより調節されている複雑な過程であることがわかる．全容を解明するにはまだ多くの研究が必要である．

〔2〕 **再生芽形成** 傷口の修復過程が終了すると再生芽が形成される．われわれはコオロギの脚再生芽に発現する遺伝子として，ショウジョウバエの発生の研究からCampbellとTomlinsonにより発現が予想されていた遺伝子，hh, wg, dppに着目した．しかし，不完全変態類昆虫の幼虫の脚は硬いクチクラに被われており，再生芽における遺伝子発現パターンの解析は非常に困難であった．この困難さが，昆虫脚の再生の遺伝子レベルでの研究を阻んでいた一つの理由であろう．われわれは再生芽での遺伝子発現パターンを調べる方法の開発を試みた．試行錯誤の結果，筆者らはピンセットと眼科用のハサミによって再生中の脚のクチクラから再生芽を含む内部組織を単離する技術を開発し，取り出した内部組織を用いてWISH法により遺伝子発現パターンを解析することに成功した[4]．

幼虫の脚を切断後約5日目の再生途中の脚における遺伝子発現を調べたところ，hhは脚

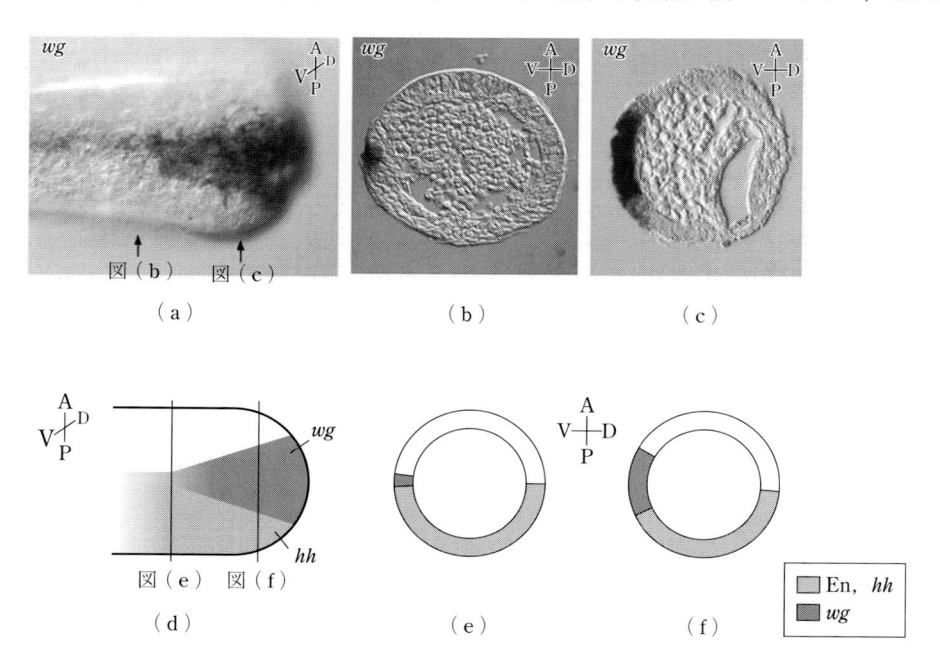

図(a)：腹側から観察（発現パターンの模式図は図(d)），wg（赤色）とhh（緑色）．図(b)：近位側での切片（発現パターンの模式図は図(e)）．図(c)：遠位側での切片（発現パターンの模式図は図(f)）．再生芽の腹側にwgの発現が，背側にdppの発現が誘導される．

図2.11 コオロギ脚の再生芽におけるwgの発現パターン（口絵3参照）

の後部に，*wg* は腹側（図 2.11）に，そして *dpp* は先端部の背側の領域で発現していた。再生芽の形成される領域でのこれらの遺伝子発現領域の位置関係は胚の肢芽と対応するものであり，再生過程にもこれらの遺伝子が関与していることが明らかとなった。すなわち，*wg* と *dpp* の発現領域の接する場所が遠位末端となり Wg と Dpp の濃度勾配に応じて失われた部分の遠近軸に沿ったパターン形成が起こると考えられる。注目すべきことに，*wg* の発現領域は切断部位付近で急激に広がっており，近位側に向かって弱くなっていることが観察された（図 2.11）。このことから，切断部位付近すなわち再生芽の形成される領域で *wg* の高いレベルでの発現が誘導されていると考えられる。また，*wg* と *dpp* の発現が接する領域は胚の肢芽と比較して広い範囲に及んでいるように観察された。これらの点については発生と再生の相違点として今後注意深く解析を進めたい。

Campbell[8]はショウジョウバエの脚成虫原基において，EGFR のリン酸化活性が遠位から近位の方向に勾配があり，その勾配により遠近軸に沿ったパターンが形成されることを報告した。Galindo ら[9]は，脚成虫原基における EGFR のリガンドは Vein（Ve）であると報告している。したがって，Wg と Dpp シグナルにより誘導された Ve は遠位から近位にかけて濃度勾配を形成し，その濃度勾配に応じて EGFR が活性化されていると考えられる。

hh，*wg*，*dpp* が再生過程での遠近軸形成に必要であるとすると，脚の移植実験で誘導される過剰肢の形成時にも，これらの遺伝子が発現していると予想される。そこでドナーの前後軸を逆転させる移植実験により，過剰肢形成を誘導した場合の遺伝子発現を調べた（図 2.12）。*hh* はホストとドナーそれぞれの後部で発現が確認され，その発現領域は過剰肢の肢芽にも及んでいた。*wg* については過剰肢の肢芽の腹側で強いシグナルがみられた。*dpp* の発現も二つの肢芽のそれぞれの先端付近で検出された。このように過剰肢の形成過程にもやはり *hh*，*wg*，*dpp* が関与していることが示された。

これらの遺伝子の発現パターンを Campbell と Tomlinson のモデルと照らし合わせて考えてみることにする。彼らのモデルによれば，脚の後部に *hh*，前後部境界の腹側に *wg*，同じく背側に *dpp* が発現していることがまず仮定される。ホストに対しドナーの前後軸を逆転させて移植した場合，*hh* 発現細胞が前部の *hh* 非発現細胞と新たに接した領域で，腹側に *wg*，背側に *dpp* の発現が異所的に誘導され，それらが接する場所で新たな遠近軸の形成が起こり，その結果，過剰肢が形成されることが予想される。実際の *hh*，*wg*，*dpp* の発現パターンはこれを支持するので，観察された過剰肢の肢芽での *wg* と *dpp* の発現は，*hh* により異所的に誘導されたものであると考えられる（図 2.13）。

2. コオロギの脚の再生メカニズム

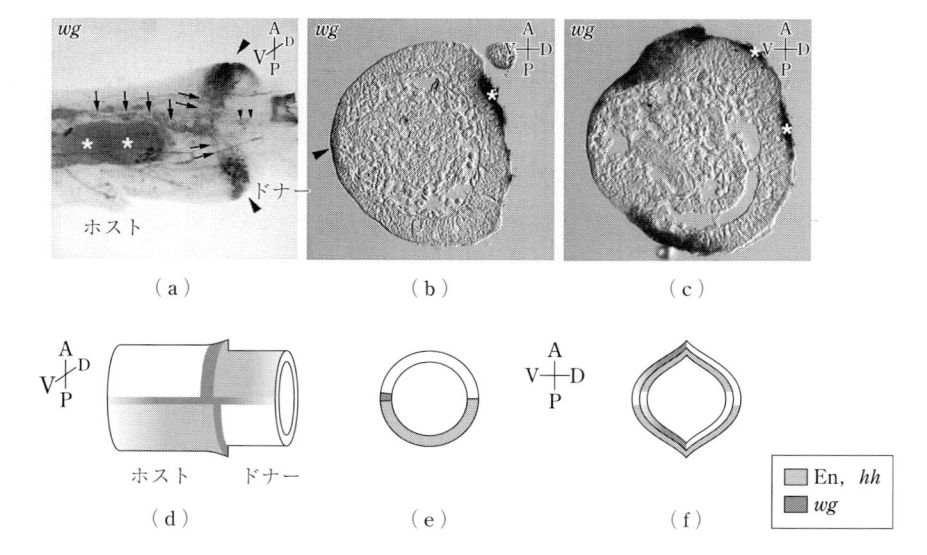

図（a）：ホストの切断脚にドナーの切断脚を前後軸が逆になるように移植した場合の wg の発現パターン（模式図は図（d），hh は後部に発現）。図（b）：近位側での切片の wg の発現パターン（模式図は図（e））。図（c）：過剰肢形成部位での切片の wg の発現パターン（模式図は図（f））。それぞれの Hh により wg の発現が腹側に誘導される。同様に背側には dpp が誘導される。

図 2.12 コオロギ脚の過剰肢形成における wg の発現パターン（口絵 4 参照）

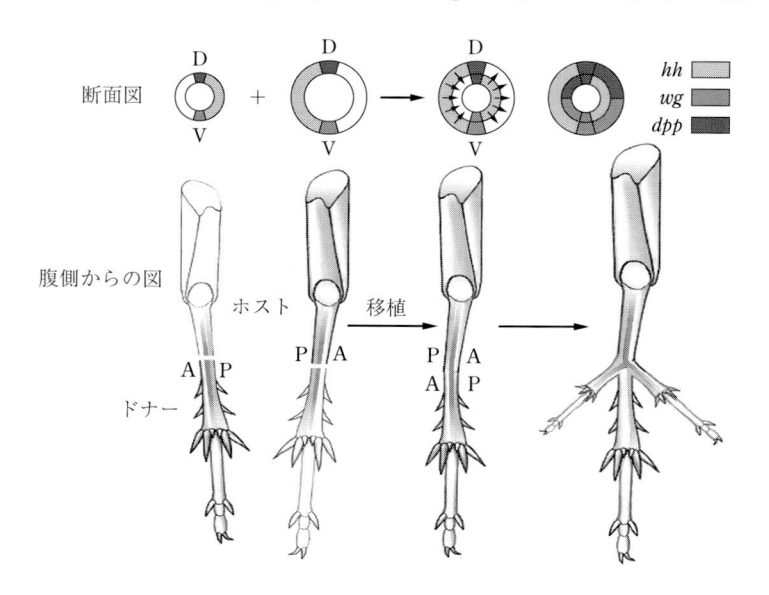

脚の発生過程での肢芽の形成と同様に，wg と dpp のシグナルを受ける細胞が遠近軸に沿ったパターン形成のためのオーガナイザーになると考えられる．移植により，このような細胞が新たに 2 か所出現することで，過剰肢が形成される．

図 2.13 コオロギ過剰肢形成のメカニズム

これらの異所的な *wg* と *dpp* の発現は過剰肢の遠近軸形成のシグナルとなっている可能性がある。ただし *hh* と *wg* についてはモデルによる予測とほぼ一致するのに対し, *dpp* に関しては, 発生の場合と同様に, 背側での強い発現は観察できなかった。また, 切断された脚の再生の場合と同様, 過剰肢の肢芽での *wg* と *dpp* の発現領域は胚の肢芽でのパターンと比べて広範囲にわたっているようにみえる。このように, 必ずしも既存のモデルとの完全な一致がみられているわけではなく, 再生過程の詳細なデータに基づいた新たなモデルの構築を目指すことが必要であろう。

〔3〕 **脚の再生過程における遠近軸に沿ったパターンニング** 脛節の途中で切断された脚の再生過程でのこれらの遺伝子の発現パターンはどのように予想されるだろうか。肢芽の予定脛節領域では *Dll* と *dac* が発現している。これらの発現は幼虫でも維持されていると思われる。少なくとも *Dll* については, 3齢幼虫の正常脚の脛節上皮全域にわたる発現を確認している。上皮の連続性の回復, *wg*, *dpp* の高レベルでの発現誘導が起こると, 再生芽先端付近で *dac* の発現が抑制されるであろう。これは, ショウジョウバエの脚原基では高濃度の Wg と Dpp が *dac* の発現を抑制することが示されていること[33]から推察される。さらに, 再生脚の先端部を決定する *al* が再生芽先端にスポット状に発現するはずである。実際にこれらの発現パターンを調べてみると, 確かに *dac* は再生芽の先端付近では発現がみられず, 少し基部寄りのところから近位側に向けて脛節上皮全体で発現していた。さらに, *al* の再生芽先端部での発現も確認することができた。*al* は先端部のほかに少し基部寄りの領域でも発現している。これら *dac*, *al* の発現パターンは肢芽でみられるものと類似している。*Dll* は再生過程を通じて脛節の上皮全体で発現がみられた。

以上のように, 切断された脚の再生過程では, 傷口の修復後に Wg, Dpp のシグナルによって再生芽先端部が脚の最遠位として運命づけられるのに引き続いて切断部位付近で遠近軸が再パターンニングされ, 失われた部分が回復してくることがわかってきた。移植実験によるインターカレーションの過程でこれらの遺伝子がどのような発現を示すのかという点についても今後解析していきたいと考えている。

2.3.3 RNA 干渉法による解析

前述したように, コオロギの幼虫においても RNAi (nRNAi) が生じるので, 再生における遺伝子の機能を調べることができる。そこで, われわれは遺伝子発現を観察してきた遺伝子について, nRNAi を行なった。2齢あるいは3齢の幼虫の腹部に対応する dsRNA をインジェクションし (**図2.14**), その後に脚を切断し, 再生過程を観察した。しかし, われわれが最も効果が知りたい遺伝子である *hh*, *wg* については有意な変化は観察できなかった。これらの遺伝子については eRNAi も生じないので, 原因は不明である。

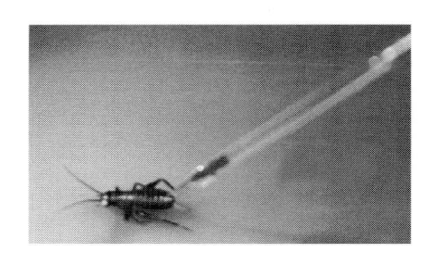

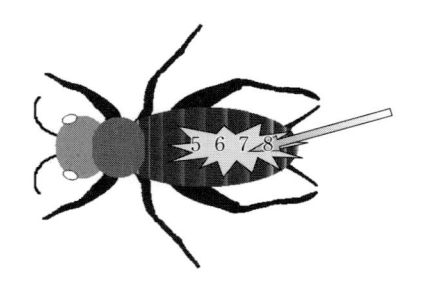

2. コオロギの脚の再生メカニズム

3齢幼虫の腹部に20μMの二重鎖RNA（dsRNA）を210nlインジェクションすると，RNAiが全身に生じる。その効果は成虫になるまで継続する場合もある。

図2.14　Nymphal RNA干渉法

一方，*Egfr* や *Dll* 遺伝子については，興味ある結果が得られた。これらの遺伝子のnRNAiの結果，遠位部分が正常に再生しないことがわかった（**図2.15**）。これらの結果から，予想はされていたことではあるが，最も遠位の再生にEGFリガンドやDllが必要であることがわかった（Nakamura, et al., 未発表）。しかし，切断位置に近い部分は再生しており，これらの再生に必要な因子については今後の解明が必要である。

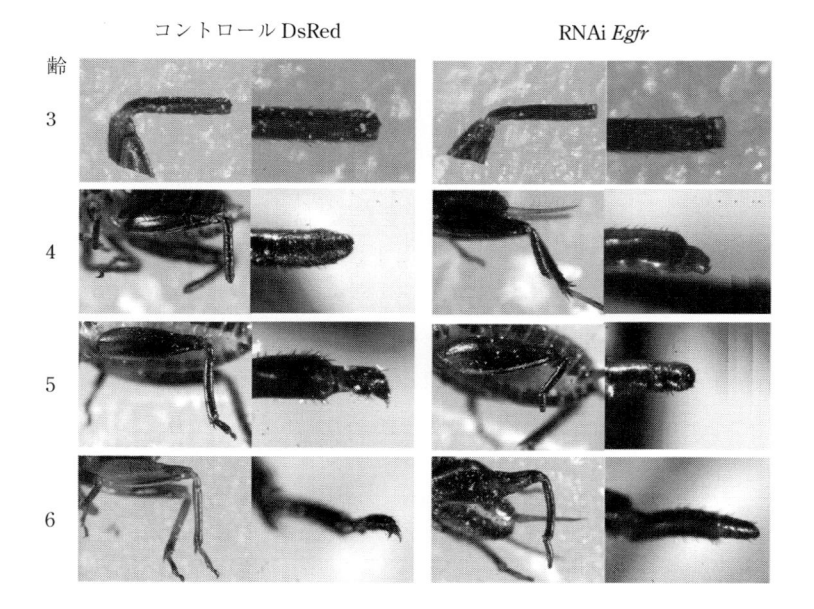

Egfr の機能をnRNAiにより阻害すると，コントロールのdsRNA（赤色蛍光タンパク質（DsRed）に対するもの）をインジェクションした幼虫は，脚を切断しても正常に再生する（左側）。*Egfr* に対応するdsRNAをインジェクションした幼虫は，脚を切断すると遠位の構造が再生しない（右側）。この実験から，*Egfr* は遠位の再生に関与していることがわかった。

図2.15　*Egfr* に対するnRNAiによる再生阻害

2.4 おわりに —脊椎動物との関係—

　コオロギ幼虫の再生中の脚における遺伝子発現パターンおよび機能の解析が可能になり，そこから脚再生の分子メカニズムの一端がみえてきた。CampbellとTomlinsonにより提案された不完全変態類の過剰肢形成の説明については，あくまでもショウジョウバエのデータからの推論であり，直接的な証拠があるわけではなかったが，われわれの実験により，彼らの予想はほぼ正しかったことがわかった。また，Meinhardtにより提案された境界モデルについてその分子的基盤の一部が確立されたことになる。傷口の修復から再生芽の伸長に至るまで，発生過程との共通性が浮かび上がってきているが，再生過程に特徴的な部分は再生芽の誘導であろう。この脱分化から再生芽の形成までの過程を今後さらに詳細に研究する必要がある。

　また，昆虫の再生メカニズムが脊椎動物にも共通する可能性がある。実際，脊椎動物の肢芽では昆虫の hh, wg, dpp に対応する Shh, Wnt, Bmp が発現しており，これらの遺伝子の協調作用による同様なメカニズムの存在する可能性がある。したがって，再生の研究においても発生と同様に昆虫からの情報が脊椎動物での現象の理解に貢献することが期待される。発生においてショウジョウバエが担った役割を，再生においては，コオロギが担うことができるのではないかと考えている。

引用・参考文献

1) Bohn, H.：Analyse der Regenerationsfahigkeit der Insektenextremitat durch Amputations-uns Transplantations versuche an Larven der Afrikanischen Schabe (Leucophaea maderae Fabr.), Wilhelm Roux' Arch. Entw. -Mech. Org., **156**, pp.49-74 (1965)
2) French, V., Bryant, P.J. and Bryant, S.V.：Pattern regulation in epimorphic fields, Science, **193**, pp.969-981 (1976)
3) Truby, P.R.：Blastema formation and cell division during cockroach limb regeneration, J. Embryol. Exp. Morph., **75**, pp.151-164 (1983)
4) Mito, T., Inoue, Y., Kimura, S., Miyawaki, K., Niwa, N., Shinmyo, Y., Ohuchi, H. and Noji, S.：Involvement of hedgehog, wingless, and dpp in the initiation of proximodistal axis formation during the regeneration of insect legs, a verification of the modified boundary model, Mech. Dev., **114**, 1-2, pp.27-35 (2002)
5) Bodenstein, D.：Beintransplantationen an Lepidopterenraupen. IV, Zur Analyse experimentell erzeugter Beinmehrfachbildungen, Wilhelm Roux' Arch. Entw. -Mech. Org. **136**, pp.745-785 (1937)

6) Meinhardt, H. : Models of Biological Pattern Formation, Academic Press, London (1982)
7) Campbell, G. and Tomlinson, A. : Initiation of the proximodistal axis in insect legs, Development, **121**, pp.619-628 (1995)
8) Campbell, G. : Distalization of the Drosophila leg by graded EGF-receptor activity, Nature, **418**, pp.781-785 (2002)
9) Galindo, M.I., Bishop, S.A., Greig, S. and Couso, J.P. : Leg patterning driven by proximal-distal interactions and EGFR signaling, Science, **297**, pp.256-259 (2002)
10) Niwa, N., Saito, M., Ohuchi, H., Yoshioka, H. and Noji, S. : Correlation between Distal-less expression patterns and structures of of appendages in development of the two-spotted cricket, Gryllus bimaculatus, Zoolog Sci., **14**, pp.115-125 (1997)
11) Sarashina, I., Shinmyo, Y., Hirose, A., Miyawaki, K., Mito, T., Ohuchi, H., Horio, T. and Noji, S. : Hypotonic buffer induces meiosis and formation of anucleate cytoplasmic islands in the egg of the two-spotted cricket Gryllus bimaculatus, Dev. Growth Differ., **45**, pp.103-112 (2003)
12) Niwa, N., Inoue, Y., Nozawa, A., Saito, M., Misumi, Y., Ohuchi, H., Yoshioka, H. and Noji, S. : Correlation of diversity of leg morphology in Gryllus bimaculatus (cricket) with divergence in dpp expression pattern during leg development, Development, **127**, pp.4373-4381 (2000)
13) Inoue, Y., Niwa, N., Mito, T., Ohuchi, H., Yoshioka, H. and Noji, S. : Expression patterns of hedgehog, wingless, and decapentaplegic during gut formation of Gryllus bimaculatus (cricket), Mech. Dev., **110**, pp.245-248 (2002)
14) Inoue, Y., Mito, T., Miyawaki, K., Matsushima, K., Shinmyo, Y., Heanue, T.A., Mardon, G., Ohuchi, H., and Noji, S. : Correlation of expression patterns of homothorax, dachshund, and Distal-less with the proximodistal segmentation of the cricket leg bud, Mech. Dev., **113**, pp.141-148 (2002)
15) Miyawaki, K., Inoue, Y., Mito, T., Fujimoto, T., Matsushima, K., Shinmyo, Y., Ohuchi, H. and Noji, S. : Expression patterns of aristaless in developing appendages of Gryllus bimaculatus (cricket), Mech. Dev., **113**, pp.181-184 (2002)
16) Inoue, Y., Miyawaki, K., Terasawa, T., Matsushima, K., Shinmyo, Y., Niwa, N., Mito, T., Ohuchi, H. and Noji, S. : Expression patterns of dachshund during head development of Gryllus bimaculatus (cricket), Gene Expr. Patterns., **4**, pp.725-731 (2004)
17) Zhang, H., Shinmyo, Y., Mito, T., Miyawaki, K., Sarashina, I., Ohuchi, H. and Noji, S. : Expression patterns of the homeotic genes Scr, Antp, Ubx, and abd-A during embryogenesis of the cricket Gryllus bimaculatus, Gene Expr. Patterns, **5**, pp.491-502 (2005)
18) O'Brien, K.P., Westerlund, I. and Sonnhammer, E.L. : OrthoDisease : a database of human disease orthologs, Hum. Mutat., **24**, pp.112-119 (2004)
19) Yoshimura, A., Mito, T. and Noji, S. : The characteristics of karyotype and telomeric satellite DNA sequences in the cricket Gryllus bimaculatus (Orthoptera, Gryllidae), Cytogenet, Genome Res., **112**, pp.329-336 (2006)
20) Zhang, H., Shinmyo, Y., Hirose, A., Mito, T., Inoue, Y., Ohuchi, H., Loukeris, T.G., Eggleston, P. and Noji, S. : Extrachromosomal transposition of the transposable element

Minos in embryos of the cricket Gryllus bimaculatus, Dev. Growth Differ., **44**, pp.409-417 (2002)

21) Shinmyo, Y., Mito, T., Matsushita, T., Sarashina, I., Miyawaki, K., Ohuchi, H. and Noji, S.: piggyBac-mediated somatic transformation of the two-spotted cricket, Gryllus bimaculatus, Dev. Growth Differ., **46**, pp.343-349 (2004)

22) Tomioka, K., Abdelsalam, S.: Circadian organization in hemimetabolous insects, Zoolog. Sci., **21**, pp.1153-1162 (2004)

23) Sakai, M., Kumashiro, M.: Copulation in the cricket is performed by chain reaction, Zoolog. Sci., **21**, pp.705-718 (2004)

24) Matsumoto, Y., Noji, S. and Mizunami, M.: Time course of protein synthesis-dependent phase of olfactory memory in the cricket Gryllus bimaculatus, Zoolog. Sci., **20**, pp.409-416 (2003)

25) Baba, Y., Masuda, H. and Shimozawa, T.: Proportional inhibition in the cricket medial giant interneuron, J. Comp. Physiol [A]., **187**, pp.19-25 (2001)

26) Kojima, T.: The mechanism of Drosophila leg development along the proximodistal axis, Dev. Growth Differ., **46**, pp.115-129 (2004)

27) Miyawaki, K., Mito, T., Sarashina, I., Zhang, H., Shinmyo, Y., Ohuchi, H. and Noji, S.: Involvement of Wingless/Armadillo signaling in the posterior sequential segmentation in the cricket, Gryllus bimaculatus (Orthoptera), as revealed by RNAi analysis, Mech. Dev., **121**, pp.119-130 (2004)

28) Shinmyo, Y., Mito, T., Matsushita, T., Sarashina, I., Miyawaki, K., Ohuchi, H. and Noji, S.: caudal is required for gnathal and thoracic patterning and for posterior elongation in the intermediate-germband cricket Gryllus bimaculatus, Mech. Dev., **122**, pp.231-239 (2005)

29) Goto, A., Kadowaki, T. and Kitagawa, Y.: Drosophila hemolectin gene is expressed in embryonic and larval hemocytes and its knock down causes bleeding defects, Dev. Biol., **264**, pp.582-591 (2003)

30) Martin, P., Parkhurst, S.M.: Parallels between tissue repair and embryo morphogenesis, Development, **131**, pp.3021-3034 (2004)

31) Wood, W., Jacinto, R., Grose, S., Woolner, J., Gale, C., Wilson, P. and Martin, P.: Wound healing recapitulates morphogenesis in Drosophila embryos, Nat. Cell. Biol., **4**, pp.907-912 (2002)

32) Galko, M.J. and Krasnow, M.A.: Cellular and genetic analysis of wound healing in Drosophila larvae, PloS. Biol., **2**, E 239 (2004)

33) Lecuit, T. and Cohen, S.M.: Proximal-distal axis formation in the Drosophila leg, Nature, **388**, pp.139-145 (1997)

3 組織再構築過程としての無尾両生類の変態

3.1 はじめに

両生類幼生は水棲動物であり,その成体は基本的に陸棲動物である。幼生から成体に変化(変態)するとき,体の組織が作り変えられてしまう。組織の再構築である。両生類はこの組織の再構築を自然に行っている。新しい医療として注目されている再生医療は,人体に人工的に組織の再構築を起こさせ病気を治すことを目指す医療である。この医療では組織幹細胞が重要な役割を果たす。変態における組織再構築過程でも組織幹細胞が重要な役割を果たしている。変態現象のしくみを理解することは,再生医療技術の開発におおいに貢献することであろう。

3.2 変態とはなにか

両生類の祖先は初めて水中から陸上に生活圏を移した脊椎動物であり,成体は陸上生活に適応した組織や器官をもっている。例えば,空気から酸素を取り入れ二酸化炭素を排出するための肺,歩行するための四肢,および乾燥に耐える皮膚等である。

進化発生学上,四肢をもつ脊椎動物の基本的な組織や器官は両生類で確立されたと考えてよく,形態形成の分子機構もほぼ共通である。しかし両生類とほかの四肢脊椎動物では,直接発生か間接発生かという点で大きな違いがある。受精後,哺乳類であるハツカネズミは約20日,鳥類であるニワトリは約3週間で成体として出生する。つまり胚発生が完了した時点で成体となる直接発生である。しかし,胚発生を終了した無尾両生類が四肢をもつ成体(カエル)になるまでには約1か月以上,なかには越冬して1年も要する種もいる。無尾両生類は成体になるまでの期間,幼生(オタマジャクシ)として生活することから,その発生様式は間接発生である。

発生生物学において実験動物としてよく用いられている無尾両生類であるアフリカツメガエル(*Xenopus laevis*)の場合,孵化後成体になるまでの約4週間,水中で幼生として生活

する。そのため，組織や器官は水中生活に適したものとなっている。呼吸は鰓で行い，運動はおもに尾とそのヒレを用いる。草食性であるため消化管も成体のものと比べて長く，繊毛構造や腺構造は発達していない。また，皮膚の構造も成体のそれと比べて薄く脆弱である。

無尾両生類は幼生の間成長を続け，それに伴い甲状腺も器官として発達していく。そして甲状腺ホルモン（thyroid hormone：TH）の合成が盛んになり，その血中濃度が増加してあるしきい値に達すると，幼生から成体への発生が開始される。水中生活に必要な鰓や尾が消失し，陸上生活に必要な肺や四肢などの器官が新しく形成される。皮膚は乾燥に強く厚い構造となり，胃や小腸は食性の変化に対応した複雑な上皮構造をもつ器官へと成熟する。このダイナミックな体制の変化（変態，metamorphosis）は，開始から約10日という短い期間で完了する（**図3.1**）。

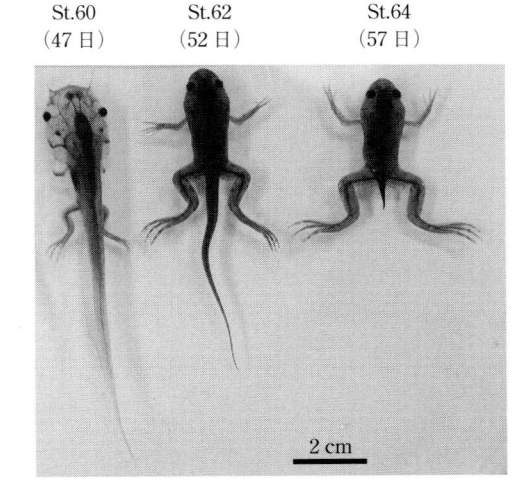

St. は Nieuwkoop & Faber（1964）の発生段階，括弧内は受精後の日数を示している。変態が開始して約10日間の短い期間で完了する。

図3.1 アフリカツメガエルの自然変態

以上のように無尾両生類の発生は，受精から成体まで連続して起こるわけではない。胚発生は幼生を生じることにより完了し，その後，幼生として成長を続け，THにより成体への発生を開始する。以上のことから無尾両生類の変態は，「幼生化で，いったん中止していた発生を再開し，成体化する過程」という生物学的意味をもつ。また，生態学的な視点から，「発生に伴う生活環境の変化に適応する」という意味ももつ。この二つは，区別して考えることができない。

無尾両生類が変態を行う生物学的理由はいくつか考えられる。孵化直後の無尾両生類は体が小さいため，すぐに成体になると陸上でのえさの確保が難しく，また捕食者に捕まりやすい可能性がある。そのため，"発生を止めて体のサイズを大きくしてから成体になるほうが種の生存という観点から厳しい自然環境に適していたのではないだろうか"と考えることもできる。卵のなかで直接発生する中米産の *Eleutherodactlus coqui* というカエルも存在する

が，このカエルの発生も TH により制御されていることがわかっている。

　無尾両生類の変態の生物学的意味を別の観点から考えてみたい。前述のとおり，胚発生を終えたオタマジャクシはカエルになるまで水中で生活するため，水中生活に適応した組織や器官をもっている。そしてカエルになる際，生活の場を水中から陸上へ変えるために陸上生活に適さない鰓や尾は消失し，それまで必要でなかった肺や四肢が新しく作り出される。また，すでにもっている組織や器官を陸上型へと作り変える（再構築）必要が出てくる。そのような再構築の例を，皮膚，消化管，筋肉および神経系などでみることができる。

　変態における組織再構築は，TH により制御され二つの現象を伴う。幼生型組織の分解・破壊と成体型組織の構築である。前者はおもに，幼生型細胞の細胞死と基底膜および結合組織の分解・破壊等である。陸上生活に不必要となった幼生型細胞は TH によりプログラム細胞死を誘導され，成体型組織から除去される。また，細胞外マトリックス（extracellular matrix：ECM）を主成分とする基底膜や結合組織が ECM 分解酵素により分解・破壊される。後者は，成体型細胞の増殖と分化および ECM の再構築である。TH や二次的に誘導される増殖因子や分化誘導因子により成体型幹細胞が活発に増殖する。その後，その幹細胞から供給される娘細胞が分化し組織を構築していく。

　また，分解・破壊された幼生型の基底膜や結合組織を作り直すためコラーゲンやラミニンなどの ECM を盛んに合成する。この破壊と構築（新生）という二つの現象がバランスを保ちながら同時に進行することにより，幼生型から成体型への組織再構築が短期間で完了する。後肢は新しく作られる組織であるが，興味深いことに一度器官を形成したのち，表皮や筋肉等を幼生型から成体型へと作り変える。この場合，一度「構築」が起こり，その後「破壊」と「構築」が起こり器官形成を完了する。一方，幼生特有の組織である鰓，ヒレおよび尾は分解・破壊のみであり，成体型幹細胞が出現しないため変態期に消失する。このように無尾両生類の変態において，組織や器官は「破壊」と「構築」のバランスによりその運命が実行される。この組織再構築過程で主要な役割を演じるのが幹細胞であり，この細胞の振る舞いもすべて TH により支配されている。

　以上のように，変態とは「TH に制御された幹細胞による組織再構築」という生物学的意味ももつ。また，この組織再構築は「TH に制御された複雑な遺伝子プログラム」を分子基盤としている。本章では，この観点から，皮膚の再構築に焦点を当てて，変態研究の現状を紹介する。特に，表皮幹細胞による表皮の再構築を中心に説明するが，消化管の変態にかかわる幹細胞についても簡単に述べる。両生類の四肢形成については4章を，また，脳や神経系については6章を参照していただきたい。

　本章は，以下の二つのことを念頭におきながら執筆した。
　① TH という，たった一つのホルモンが誘導する複雑な組織破壊と新生を支配している

遺伝子プログラムはどのようなものであり，そのプログラムを TH はどのようなしくみで誘導しているのだろうか。

② オタマジャクシのなかで休止していた組織幹細胞が，TH により増殖および分化を誘導され，成体組織を再構築するしくみはどのようなものなのか。

3.3 変態を誘導する物質 —甲状腺ホルモン—

変態における甲状腺の重要性は，Gurdernatsch により 1912 年に初めて報告された[1]。彼は，オタマジャクシに馬のさまざまな組織をえさとして与えたときの影響を観察し，甲状腺を与えたときにオタマジャクシの変態が促進されることを発見した。Allen らは，尾芽胚の甲状腺原基を切除すると変態が起こらないことや，そのオタマジャクシにえさとして甲状腺を与えると変態が誘導されることを明らかにした[2]。ほぼ同じ時期に，甲状腺で合成される TH が結晶化された[3]。

TH はアミノ酸であるチロシンをもとに甲状腺の濾胞細胞で合成されるホルモンである。哺乳類や鳥類においては，成長を促し新陳代謝を高める役割をもつ。ヨウ素が 4 個結合した TH は 3,3′,5,5′-tetraiodo-L-thyronine（チロキシン，T_4），また，3 個結合した TH は 3,3′,5-triiodo-thyronine（トリヨードチロニン，T_3）と呼ばれている（図 3.2）。

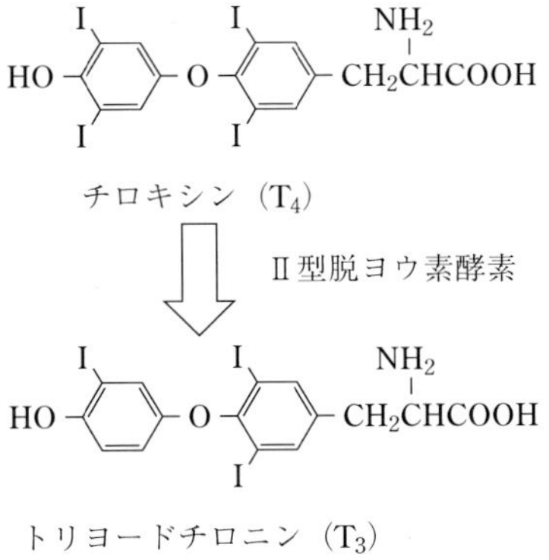

II 型脱ヨウ素酵素により，ヨードが一つ脱離し，T_4 は T_3 になる。

図 3.2 チロキシン（T_4）とトリヨードチロニン（T_3）

甲状腺で合成される TH の大部分は T_4 である。T_4 は遊離の状態かアルブミンやグロブリン等の TH 結合性タンパク質に結合した状態で，血液により肝臓などの甲状腺ホルモンの標的器官の細胞に運ばれる。そして細胞内に取り込まれたのち，II 型脱ヨウ素酵素（type II deiodinase）により T_3 へと変化する。T_3 は T_4 より TH としての生理活性が数十倍強い。孵化後，オタマジャクシが成長してしばらくすると内分泌系が発達し，甲状腺から TH が盛んに作られるようになる。血中の甲状腺ホルモン濃度が 10^{-9} M（＝1 nM）まで高まる段

階にくると変態が開始される。THが変態誘導物質であることは、この濃度のT_3を含む水で、変態期以前のオタマジャクシを飼育することにより、人為的に変態を誘導することができる。

図3.3は、アフリカツメガエルの幼生を、5 nMのT_3を加えた飼育水中で7日間飼育した写真である。このように人為的に誘導する変態を誘導変態と呼ぶが、オタマジャクシは数日で四肢が発達し、尾ヒレがなくなり顔つきもカエルらしくなる。一方、オタマジャクシをTHの合成阻害剤であるチオ尿素を含む水で飼育すると変態が抑制される。

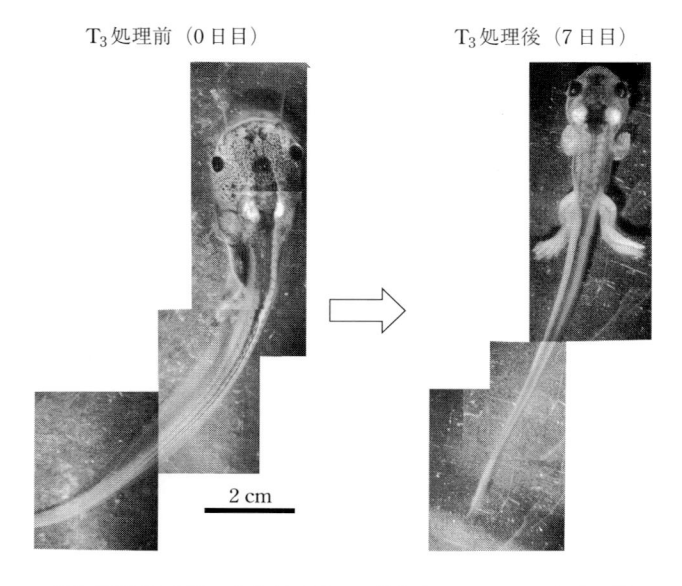

T_3処理前（0日目） T_3処理後（7日目）

発生段階56のアフリカツメガエル幼生を5 nMのT_3を含む飼育水中で7日間飼育した。両眼が近づき、後肢が成長し、尾の吸収が促進されている。前肢が出現している。

図3.3 アフリカツメガエルのT_3誘導変態

THはどのようなしくみで細胞に影響を与え、変態を誘導しているのだろうか。THは細胞に侵入後、核内にあるTH受容体（thyroid hormone receptor：TR）に結合する。TRは、甲状腺ホルモンの標的となる遺伝子の発現を調節する転写制御因子である。最初にTRがTHを受け取り、さらに変態を実行する遺伝子群の発現を制御することにより、変態が進行していく。つまり、THとTRが変態を実行する遺伝子プログラムをONにすることにより進行するのである。

3.4 変態スイッチとしてのTR ─TRによる遺伝子発現の制御機構─

TRはc-erb-Aというがん遺伝子としてヒトで最初に発見された。TRはTHの受容体として核内に存在する転写制御因子である。TRはエストロゲン受容体、グルココルチコイ

ド受容体，ビタミンD3受容体等とともにステロイドホルモン受容体スーパーファミリーに属している。このような受容体は核内受容体と呼ばれ，ヒトゲノムプロジェクトの結果から，ヒトには48種類の核内受容体が存在すると考えられている。ほかの核内受容体と同様にTRの構造は，ホルモン結合ドメイン，転写活性化ドメイン，およびDNA結合ドメイン等から構成されている。特にC末端のホルモン結合ドメインは多機能で，転写活性化ドメインも含み，ここにリガンドであるT_3が結合するとTRの立体構造が変化し転写を活性化する。転写を活性化するといってもTR自身がRNA polymerase II（Pol II）を活性化するわけではない。TRがどのようにして標的遺伝子を活性化するのか以下に述べる（図3.4）。

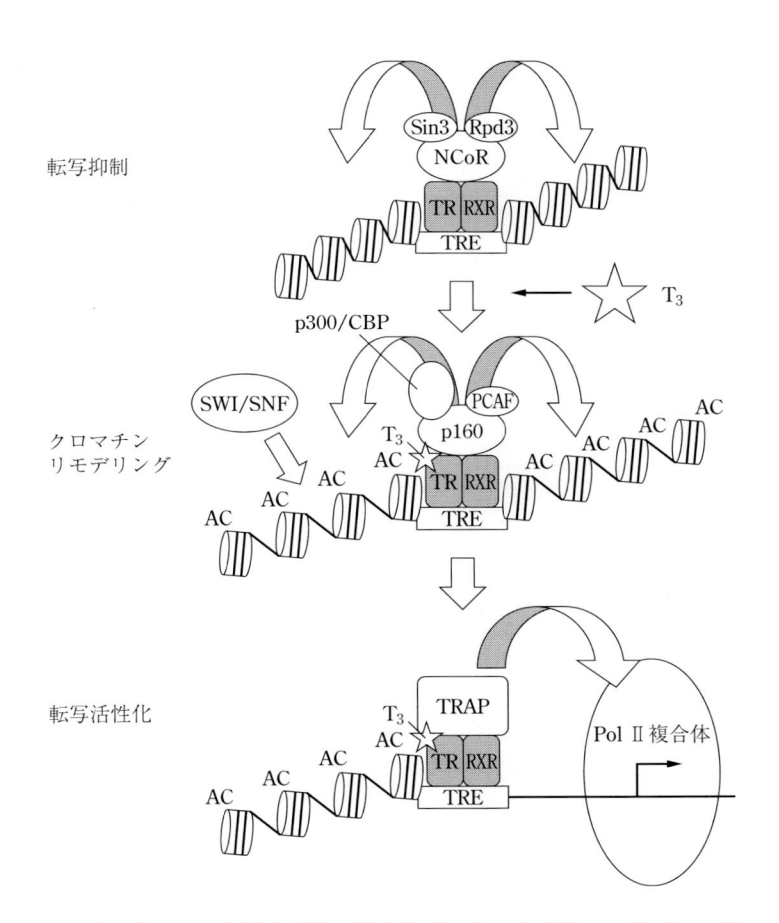

リガンドであるT_3がTR/RXRに結合していないときは，コリプレッサー（Sin 3，Rpd 3およびNCoR）により転写が抑制されている。TR/RXRがT_3と結合するとコアクチベーター（p 300，PCAFおよびp 160）ヒストンがアセチル化され，SWI/SNF複合体によりクロマチン構造がゆるむ。最終的にTRAPが基本転写複合体を活性化することにより，転写が開始すると考えられている。

図3.4 甲状腺ホルモン受容体による遺伝子発現制御の模式図

TR は，DNA 結合に関与する Zn フィンガードメイン（システインとヒスチジン残基に亜鉛が結合している）をもっており，ゲノム上の TH 応答性配列（thyroid hormone responsive element：TRE）と呼ばれる AGGTCA の基本配列に結合する。また TR は，ほかの核内受容体である 9-cis retinoid X receptor（RXR）とヘテロ二量体を形成する。基本的に TR は RXR とヘテロ二量体の状態で TRE に結合するため，TRE は上記の AGGTCANNNAGGTCA（N は任意の塩基）と同じ配列の繰り返し（ダイレクトリピート）配列であることが多い。

TR/RXR のヘテロ二量体はリガンドフリー（T_3 非結合）の状態で TRE に結合しており，NcoR，Rpd 3 および Sin 3 A 等のヒストン脱アセチル化酵素（histone deacetylase：HDAC）により構成されるリプレッサー複合体をリクルート（リプレッサー複合体を取り込んでこれと結合している）している。この HDAC が標的遺伝子のエンハンサーおよびプロモーター領域のヒストンを脱アセチル化することにより，不活性なクロマチン状態を維持している。このため転写活性化因子や RNA polymerase II 基本転写複合体が標的遺伝子のプロモーター領域に結合できず，転写が抑制されている。しかし，リガンドである T_3 が TR/RXR に結合しその部分のクロマチンの構造が変化すると，今度は p 160 が結合し，ヒストンアセチル化酵素である CBP/p 300 や PCAF をリクルートするようになる。

一般的にヒストンのアセチル化は，転写活性化時に起こるクロマチン構造の変化（クロマチンリモデリング）に重要である。これらのアセチル化酵素により，標的遺伝子の転写調節領域のヒストンが修飾（アセチル化）される。その結果，SWI/SNF 複合体のようなクロマチンリモデリング因子をリクルートし，クロマチンを活性化する。これらはアクチベーター複合体と呼ばれている。つぎに，TR/RXR のヘテロ二量体は TR 結合タンパク質（thyroid hormone receptor-associated protein：TRAP）などにより構成される転写メディエーター複合体をリクルートし，これらが Pol II 基本転写複合体を活性化する[4),5)]。

以上の結果，TR 標的遺伝子の転写の開始およびその活性化が起こる。ここで強調しなくてはならないことは，TR は T_3 の濃度が低く，これと結合していない状態では転写を抑制（OFF）しており，T_3 の濃度が高まり，これと結合すると転写を活性化（ON）するという点である。この TR による遺伝子発現の ON/OFF は，特定の時期に変態を開始させるための優れた転写制御システムである。

TR が変態過程で重要な役割を果たすことを直接的に証明した研究結果を紹介する。カーネギー研究所の Brown らは，転写活性化ドメインを欠失した機能欠失型 TR 遺伝子（T_3 の有無にかかわらず転写を強力に抑制する変異体）を CMV プロモーターにより恒常的に発現するトランスジェニックオタマジャクシを作成した。機能欠失型 TR 遺伝子を発現するオタマジャクシは，自然変態および T_3 誘導変態のいずれもほぼ完全に抑制された[6)]。

一方，米国国立小児健康研究所（NICH）のShiらは，Brownらとは逆の実験を行った。彼らは，ヒートショックプロモーター下で構成活性型TR（T_3の有無にかかわらず転写を強力に活性化する変異体）遺伝子を発現するトランスジェニックオタマジャクシを作成した。成長したオタマジャクシを33℃で熱処理し構成活性型TR遺伝子を誘導したところ，T_3を加えなくてもそのオタマジャクシの変態が誘導された[7]。

これらの結果から，TRの活性化は変態開始および進行に必要十分であることが証明された。TR遺伝子が変態において「スイッチ」として機能していることは間違いないと考えられている。

哺乳類にはTRαとTRβの二つのTR遺伝子がゲノム上に存在し，それぞれの遺伝子からさまざまなスプライシングバリアントを作り出していることが知られている。無尾両生類にも同様にTRαとTRβ遺伝子が存在する。アフリカツメガエルの場合，TRαは胚発生初期の時期から発現しており変態終了までその発現量は一定である。一方TRβは初期胚や成体での発現は非常に低い。しかし，血中の甲状腺ホルモン量が増加する時期から発現が確認され，変態最盛期にそのmRNA量が最大となり，変態が終了すると発現が減少する[8]。

このようなTRβの変態期特異的な転写制御は，TH/TRのポジティブフィードバックによるものである。TRβ遺伝子の第1エクソンにはTREが存在し，in vivoでその領域がTH/TRにより正に制御されていることが，レポーター遺伝子を用いた実験や抗TR抗体を用いたクロマチン免疫沈降法により確かめられている[9]。これらのことから，TRβの変態における特別な役割が推測されている。しかし，変態前期のTRβの発現量は非常に少なく，むしろTRα遺伝子の発現量のほうが多い。よって，変態スイッチとして変態を開始させる役割を担っているのはTRβであろう。筆者らは，TRβの変態における役割は，変態最盛期に変態を強力に促進することであると考えている。

3.5 変態遺伝子プログラム

転写活性がTRによって支配されている遺伝子のうち，変態過程を支配している遺伝子（変態実行遺伝子）としてどのような遺伝子があるのだろうか。ここでは組織再構築という観点からみた変態実行遺伝子とそのTH応答性について紹介する。変態研究において変態実行遺伝子の種類とそれらの発現の順序（階層性）を明らかにし，相互関係を決定することは重要である。

TRは，まずTREをもつ直接応答性遺伝子を誘導する。つぎに誘導された直接応答性遺伝子が翻訳され，そのタンパク質が下流の遺伝子を誘導することにより連鎖的かつ相互依存的な変態遺伝子プログラムが実行される（図3.5）。変態における組織再構築にかかわる遺

甲状腺ホルモン

甲状腺ホルモン受容体

直接応答性遺伝子

下流遺伝子

変態実行遺伝子

細胞増殖・細胞分化・細胞死・ECM の再構築

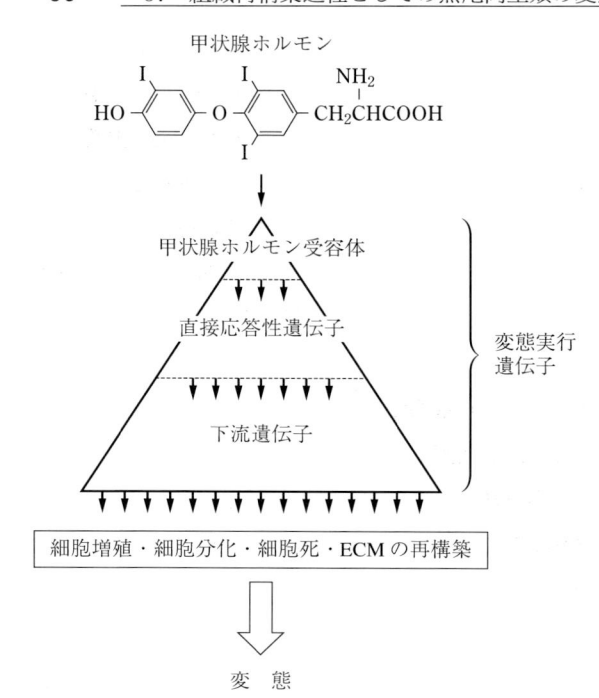

変　態

甲状腺ホルモンと甲状腺ホルモン受容体により，直接応答性遺伝子が活性化される。つぎに直接応答性遺伝子は下流遺伝子を誘導する。このように変態遺伝子プログラムは連鎖的に進行していく。変態における甲状腺ホルモンの標的遺伝子は，細胞増殖，細胞分化，細胞死，および ECM の再構築に関与している遺伝子である。

図 3.5　甲状腺ホルモン受容体が制御する変態遺伝子プログラムの模式図

伝子は，細胞増殖，細胞分化，細胞死，および ECM の合成と分解にかかわる遺伝子等である。タンパク質合成阻害剤であるシクロヘキシミドの影響を受けずに，24 時間以内に発現が増減する遺伝子を TH 初期応答性遺伝子と呼び，これらのなかでも転写制御因子や形態形成にかかわる遺伝子は，組織再構築を伴う変態遺伝子プログラムにおいて中心的機能を果たすと考えられる。

　10 年ほど前に Brown や Shi らにより，cDNA サブトラクション法を用いてさまざまな変態組織におけるすべての TH 応答性遺伝子を同定することが試みられた[10)~12)]。この方法により TH 初期応答性遺伝子として同定された TH/bZIP はロイシンジッパーモチーフをもつ転写制御因子である。オタマジャクシの小腸，後肢，皮膚および尾において，T_3 誘導後 24 時間以内にタンパク質合成を介さずに転写が誘導される。さらに TH/bZIP の第 1 エクソンには TRE が存在し，実際に in vivo で TR により直接的に転写制御を受けている[13)]。

　TH に初期応答するそのほかの転写制御因子として，Zn フィンガーモチーフをもつ BTEB や NF-1 等の転写因子が報告されている。これらの遺伝子も比較的多くの組織で T_3 により発現が誘導される。そのため，さまざまな組織における変態遺伝子プログラムの間で共通の役割をもっていると考えられている。そのほかに，CCAAT enhancer binding protein (C/EBP)-δ も TH 応答性遺伝子として報告されている。特にこの転写制御因子は，変態期の幼生型胃腺上皮細胞に発現しており，TH による細胞死に関与しているらしい[14)]。

これら TH 応答性転写制御因子が制御する下流遺伝子の同定が待たれる。

形態形成において重要な遺伝子群はハエからヒトまで種を越えて共通の遺伝子が多く，これらはツールキット遺伝子と呼ばれている。例えば，線維芽細胞増殖因子（FGF），骨形成因子（BMP），Wingless-int（Wnt），Homeo-box，および T-box 等である。大規模な組織再構築を行う変態において，ツールキット遺伝子が変態遺伝子プログラムに組み込まれていることは想像に難くない。sonic hedgehog（SHH）遺伝子は有名なツールキット遺伝子であり，脊椎動物において四肢形成の際の前後軸決定，神経管形成，ニューロンの分化，および消化管上皮の成熟等に必要なパラクライン因子としてはたらいており，あらゆる組織の形態形成に関与している。cDNA サブトラクション法により TH 初期応答性遺伝子として同定された SHH 遺伝子は，小腸，脊髄，および後肢でT_3に応答してタンパク質合成を介さずに発現が誘導される。このような主要なツールキット遺伝子が TH に制御されていることは興味深い。また，同じくツールキット遺伝子の一つである BMP 4 も小腸において TH 応答性遺伝子として同定されているが，これは間接応答性遺伝子である[15]。そのほかの遺伝子として，分泌性増殖因子である血小板由来増殖因子（PDGF）[16]やプレイオトロフィック様因子が，皮膚や小腸で TH により強く誘導される。これらの遺伝子も，幹細胞の増殖分化に深く関与していると考えられている。

変態時に基底膜や結合組織の再構築が起こることはすでに述べたが，その構成タンパク質である ECM の分解にはマトリックスメタロプロテアーゼ（MMP）が深く関与している。特に，MMP-11（stromelysin-3）は IV 型コラーゲン，ラミニン，およびフィブロネクチンといった基底膜を構成する ECM を基質とする。stromelysin-3 により基底膜と幼生型上皮細胞の接着が弱まり，細胞死が誘導される。また，基底膜がルーズになることにより上皮間充織相互作用が促進される効果もある。stromelysin-3 は，タンパク質合成を介さずにT_3誘導後 24 時間以内に発現が増加する TH 初期応答性遺伝子である[17]。stromelysin-3 が TR により直接制御されていることを示した報告はないが，筆者らは，アフリカツメガエルの近縁種であるニシツメガエル（*Xenopus tropicalis, Silurana tropicalis*）の stromelysin-3 遺伝子の転写開始点上流および第 1 イントロンにダイレクトリピートからなる TRE 配列を発見している（筆者ら，未発表）。そのほか，MMP-13（collagenase-3）等も TH 初期応答性遺伝子である。

そのほかの重要な遺伝子として，T_3を不活性化する III 型脱ヨウ素酵素（type III deiodinase）も TH に初期応答する遺伝子である[10]。T_4をT_3に変換する II 型脱ヨウ素酵素（type II deiodinase）も，TH に応答する遺伝子である[18]。これらの遺伝子は変態期の細胞内におけるT_3の濃度維持に重要である。

近年，ゲノムプロジェクトやマイクロアレイ解析の進歩により，アフリカツメガエルでも

遺伝子発現の大規模解析が可能となった。われわれは 5 nM の T_3 により誘導変態させたオタマジャクシの頭胴部皮膚を 0, 1, 3, 5, 7 日とサンプリングし total RNA を抽出後, Affymetrix 社の Gene Chip により遺伝子発現の網羅的解析を行った。その結果は非常に興味深く，24 時間以内に発現量が 1.8 倍増減する遺伝子は 1 000 種類以上であった。さらに，7 日間で発現が 1.8 倍以上増減する遺伝子は 3 000 種類以上であった。このなかには，多数の転写制御因子，クロマチン修飾因子，ツールキット遺伝子，および ECM 分解酵素が含まれていた（未発表）。現在，これらの遺伝子発現の階層性，相互関係，および TRE の有無を解析中である。

アフリカツメガエルの近縁種であるニシツメガエルの全ゲノム配列が決定し，データベースとして web 上で公開されるようになった（http://genome.jgi-psf.org/Xentr3/Xentr3.home.html，2006 年 2 月現在）。ゲノムプロジェクトを行った Joint Genome Institute によるとニシツメガエルの遺伝子総数は約 24 000 であり，ヒトやマウスとそれほど変わらない。このゲノムデータとコンピュータを用いた in silico バイオロジーにより，TRE をもつ遺伝子を予測することが可能となった。近い将来，変態遺伝子プログラムにおける TH 直接応答性遺伝子の全貌が明らかになるであろう。

3.6 変態における表皮幹細胞の振る舞い

変態における組織再構築で中心的な役割を果たす幹細胞について，筆者らが研究している表皮幹細胞を例に取り上げて，最近の知見を説明する。

無尾両生類成体の表皮は，基底膜側から体表に向かって順に，基底細胞，有棘細胞，顆粒細胞，および角化細胞から構成される多層上皮である（図 3.6）。

表皮は基底膜を挟んで真皮層と接着している。真皮層は，皮膚線維芽細胞が多く存在する新結合組織（後述），厚く密なコラーゲン層および，もともとの結合組織の 3 層から構成される。脱核した角化層を含むこの多層上皮は，水分の蒸発を防ぎ，物理的強度も強い陸上生活に適した組織であり，四肢脊椎動物に特徴的である。哺乳類の表皮発生や分化は，細胞生物学および分子生物学的において非常に詳しく研究されている。特に表皮幹細胞についての知見は多く，無尾両生類の皮膚変態を研究するうえで非常に参考になる。

表皮幹細胞は，表皮細胞の供給源としての役割をもっている。哺乳類においては，基底膜上の基底細胞の一部が表皮幹細胞であることが明らかにされている[19]。表皮幹細胞は，自分のコピーを作る自己増殖（自己複製）を行う一方，過渡的増殖細胞（transient amplifying cell, TA 細胞）を作る。TA 細胞は数回分裂し有棘細胞へと分化する。有棘細胞は顆粒細胞を経て最終的に脱核し角化細胞へと終末分化する。哺乳類ではこのようにして表皮が幹細

3.6 変態における表皮幹細胞の振る舞い

図3.6 無尾両生類（アフリカツメガエル）の皮膚の変態

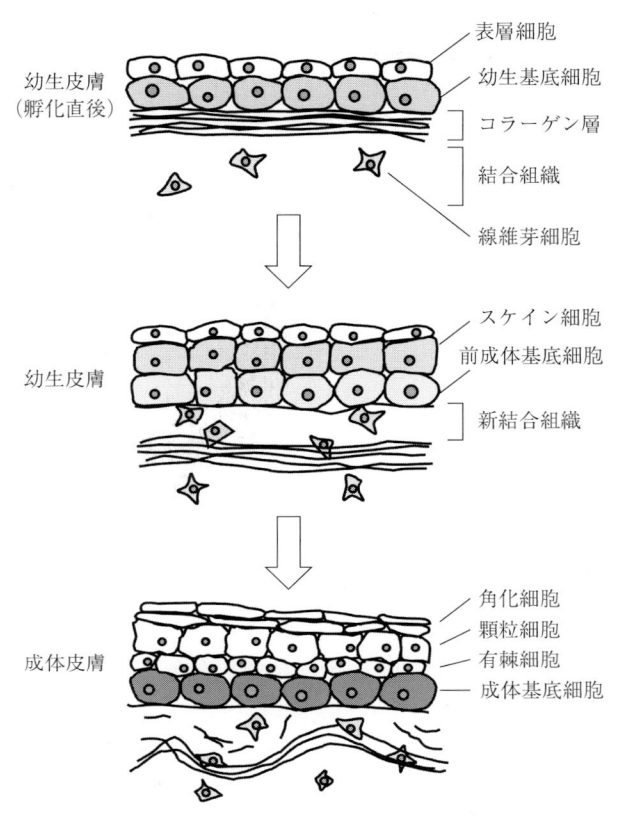

孵化直後の表皮は表層細胞と幼生基底細胞の2種類で構成されている。表皮の直下には厚いコラーゲン層と結合組織が存在する。オタマジャクシの発生が進むと表層細胞と幼生基底細胞の間にスケイン細胞が出現する。そのころになると表皮とコラーゲン層の間に新しい結合組織（新結合組織）が出現する。これに呼応するように、幼生基底細胞が前成体基底細胞になる。変態最盛期に前成体基底細胞が成体基底細胞へと分化し、顆粒細胞、有棘細胞、および角化細胞から構成される成体表皮を再構築する。表層細胞とスケイン細胞は細胞死により消失する。

胞により維持されているが、無尾両生類も同様、一部の基底細胞が表皮幹細胞として機能していると考えるのが自然である。

　無尾両生類の場合、孵化直後の胚の表皮は表層細胞と基底細胞の2層からなる表皮であり、その後、スケイン細胞が出現し多層表皮となる。これらの表皮は組織学的に成体のものとはまったく異なる（図3.6）。

　表層細胞は、細胞表面の微絨毛をもっている。この細胞は幼生特有の細胞で、幼生の体表面全体を覆っており、外水との物質交換や浸透圧調節を行っている。また、表層細胞は、哺乳類の胎生期の表皮に観察される周皮細胞と機能的に相同な細胞であると考えられている[20]。哺乳類の胚表皮も周皮細胞と基底細胞の2層であり、比較発生学上興味深い。スケイン細胞は、表層細胞と基底細胞の間を埋めている細胞であり、イバース像と呼ばれる巨大なケラチンフィラメントの束をもっていることを特徴としている。表層細胞とスケイン細胞は変態期に細胞死を起こして消滅する。基底細胞は核に対して細胞質の容積比率が低く、電子顕微鏡で観察すると電子密度が高い。また、基底膜に強く接着している。これらの特徴は表皮だけでなく、ほかの組織幹細胞にも共通している。

　後述するようにわれわれの研究は、この基底細胞が幼生および成体表皮を構築する表皮幹

細胞であることを強く示唆している。無尾両生類幼生において成体型皮膚に作り変えられるのは頭胴部の皮膚であり，尾部の皮膚は作り変えられることなく消滅する。

細胞の分化を研究するうえで，細胞に特異的なタンパク質や遺伝子の発現について詳しく解析することは必要不可欠である。表皮細胞を含めたほとんどの上皮細胞は，中間径フィラメントの一種であるケラチンを強く発現する。哺乳類においてケラチンは24種類確認されており，細胞の種類や由来によりその発現様式はさまざまである[21]。ケラチンは酸性ケラチンと塩基性ケラチンのヘテロ二量体により，フィラメントを形成し細胞骨格の一部として機能している。われわれは無尾両生類表皮細胞の分化を研究するうえで，有用なつぎの四つのケラチン遺伝子をアフリカツメガエルから同定した。*Xenopus* larval keratin（XLK）はスケイン細胞と幼生基底細胞で発現する幼生型塩基性ケラチンである。*Xenopus* adult keratin（XAK）は成体型酸性ケラチンである。XAK-A および XAK-B は有棘細胞と顆粒細胞で発現し，XAK-C は成体基底細胞で特異的に発現する[22],[23]。

前述のとおり，幼生型と成体型の表皮では構成する細胞がまったく異なるが，基底細胞は共通して存在する。アフリカツメガエルでは幼生基底細胞は孵化前後に出現する。孵化直後の表皮は表層細胞と幼生基底細胞の2層であり，幼生基底細胞は幼生型ケラチンであるXLK を強く発現している。オタマジャクシが成長すると，表層細胞と幼生基底細胞の間にXLK を強く発現するスケイン細胞が出現する。表皮の直下には，まるで幼生基底細胞と線維芽細胞の接触を阻害するかのように厚いコラーゲン層が存在している。

血中の甲状腺ホルモン濃度が上昇し始める変態前期になると，幼生基底細胞は PDGF-A を発現し，真皮層で変化が起こり始める。PDGF-A は3.5節で説明したが増殖因子の一つで，間葉系細胞の遊走や増殖を誘導する分泌性因子として知られている。それに呼応するようにコラーゲン層下の線維芽細胞は PDGF-A の受容体である PDGFR-α を発現する。線維芽細胞はコラーゲン層と基底膜の間に浸潤し始め，I 型コラーゲンに代表される ECM を活発に合成し，表皮とコラーゲン層の間に新たな結合組織（新結合組織）を形成する。

以下の実験は，成体基底細胞の増殖と線維芽細胞の遊走に PDGF シグナリングが関与していることを示している[16]。新結合組織が形成されていないオタマジャクシ幼生の皮膚片を T_3 存在下で器官培養すると，皮膚変態が誘導され新結合組織と成体型表皮が再構築される。しかし，PDGFR-α の細胞外ドメインからなる可溶性 PDGFR-α 組換えタンパク質および PDGR の特異的阻害剤である AG-1291 をこの培養系に加えると，成体表皮の再構築および線維芽細胞の遊走による新結合組織の形成が阻害された。このことから，皮膚変態においてPDGF シグナルを介した上皮間充織相互作用が重要な役割を果たしていることは間違いない。PDGF-A 遺伝子は，幼生皮膚を T_3 で誘導変態させると24時間以内に転写が活性化されるため，皮膚変態遺伝子プログラムの上位にあると考えられる。

3.6 変態における表皮幹細胞の振る舞い

　皮膚変態の上皮間充織相互作用において，PDGFより下流の分子についてはわかっていないが，FGFシグナルが重要であると考えている．FGF遺伝子は3.5節で説明したとおり形態形成に重要なツールキット遺伝子の一つで，細胞の分化や増殖を制御する分泌性因子である．哺乳類では24種類確認されており，なかでもFGF7やFGF10およびそれらの特異的受容体であるFGFR2-IIIbは，肺，四肢，および消化管等の形態形成において重要な役割をもつ上皮間充織相互作用にかかわる分子である．哺乳類の皮膚発生において，真皮の線維芽細胞はFGF7やFGF10を，基底細胞はFGFR2-IIIbを発現している．FGF10やFGFR2-IIIb遺伝子のノックアウトマウスでは，これらの器官の著しい形成不全が観察される．特に表皮の表現型は，多層化が阻害され薄い表皮となる[24),25)]．つまり表皮幹細胞の増殖に深く関与しているのである．FGF10やFGFR2-IIIb遺伝子のノックアウトマウスの異常が，おもに，陸上生活に必要な組織や器官に観察されることは，両生類の変態を考えるうえでも興味深い．アフリカツメガエル幼生皮膚をT_3により誘導変態させると，処理後3日目くらいからFGF7やFGF10の発現量が増加することがわかっている（未発表）．また，幼生基底細胞ではFGFR2が発現しており，皮膚変態におけるFGFシグナルの関与が予想される．おそらく，FGFR2-IIIbシグナリングが幼生基底細胞から成体基底細胞への分化や増殖を誘導していると考えられる．

　変態期に頭胴部はカエルの体に作り変えられるが，尾部は消滅する．頭胴部の皮膚では新結合組織と成体基底細胞が存在する．しかし尾部では新結合組織が形成されず，その結果，表皮再構築に必要な成体基底細胞は出現しない．頭胴部に新結合組織ができて尾部にできない理由，すなわち皮膚の運命（部域性）がどのように決定されているかは依然謎である．しかし，形態形成において前後軸を決定しているhomeobox型の転写制御因子であるHox遺伝子や，尾部形成に重要なT-box型の転写制御因子であるTbx遺伝子等が，皮膚変態の運命決定に深く関与していると考えている．

　以上のように，無尾両生類における幼生型表皮から成体型表皮への分化には，上皮間充織相互作用が必要であるが，以下のような報告もある．北海道大学の若原らは，有尾両生類の一種であるエゾサンショウウオを甲状腺ホルモン合成阻害剤であるチオウレアで処理すると，幼生型から成体型への皮膚変換が阻害されることを報告した[26)]．さらにエゾサンショウウオを低温で幼生成熟（ネオテニー）させると，表皮は成体型で，真皮は幼生型というキメラの皮膚をもつようになる．この実験結果は有尾両生類の表皮再構築において，真皮はそれほど重要な役割を果たしていないことを示している．

　哺乳類のがん抑制遺伝子p53ファミリーの一員である転写制御因子p63は，哺乳類の表皮基底細胞で強く発現している．この遺伝子をノックアウトしたマウスでは表皮基底細胞が幹細胞として機能せず，多層表皮をまったく構築できない[27)]．このことからp63は，哺乳

類において基底細胞の幹細胞としての能力を保証する重要な転写調節因子であることが示された。興味深いことに，アフリカツメガエルの表皮においても p63 は発生を通じて基底細胞で発現しており，変態期の成体基底細胞に強く発現している[28]。さらに T_3 処理したアフリカツメガエル幼生皮膚において，p63 遺伝子の発現は3日目以降に強く誘導される（筆者ら，未発表）。以上のように p63 遺伝子は，種を越えて基底細胞に幹細胞としての能力を付加する表皮発生の中心的存在であることが予想される。

幼生表皮に存在する基底細胞は，本当に成体幹細胞として成体表皮を再構築するのであろうか。言い換えれば，幼生基底細胞は成体基底細胞に分化するのかという問いである。幼生基底細胞は最初，幼生型ケラチンである XLK を強く発現しているが，成体型ケラチンである XAK-C はまだ発現していない。新結合組織が形成される変態前期になると XAK-C 遺伝子が幼生基底細胞で発現を開始する。幼生基底細胞が成体基底細胞へと分化する過渡期には，抗 XLK 抗体および抗 XAK-C 抗体で組織蛍光免疫染色すると，この二つの抗原を発現している幼生基底細胞が存在することがわかる。変態最盛期になると基底層はすべて XAK-C 陽性細胞であるが，XLK 陽性細胞は確認されない。この結果を簡単にまとめるとオタマジャクシ表皮の基底細胞は，幼生基底細胞（XLK 陽性，XAK-C 陰性）から，前成体基底細胞（XLK 陽性，XAK-C 陽性）を経て成体基底細胞（XLK 陰性，XAK-C 陽性）へと分化する。

本当に基底細胞は表皮幹細胞としての能力をもっているのであろうか。筆者らは，ウシガエル（*Rana catesbeiana*）を用いて以下の実験を行った[29]。ウシガエルの表皮はアフリカツメガエルのそれに比べて細胞が大きくしっかりしているため，組織学的に細胞が判別しやすい利点をもつ。新結合組織を形成したウシガエル幼生皮膚を EDTA（エチレンジアミン四酢酸）で処理すると，表層細胞とスケイン細胞をほぼ完全に取り除くことができる。そのため EDTA 処理した幼生皮膚は，真皮と前成体基底細胞のみになる。

この EDTA 処理皮膚を副腎皮質ホルモンであるアルドステロン存在下で器官培養すると，脱核した角化細胞，有棘細胞，および顆粒細胞をもつ多層表皮が再構築される。再構築した表皮は成体表皮細胞のマーカーであるヒト抗 A 血清陽性であり，組織学的に成体表皮であった。このことは，基底細胞が変態期に成体表皮を再構築する幹細胞である可能性を強く示唆している。また，この再構築表皮は外見上は成体型表皮であるが，幼生型ケラチンである RLK（XLK のウシガエルホモログ）をまだ強く発現していた。つまり，この再構築表皮は完全に成体型になりきれていないのである。しかし，この培養系に 10 nM の T_3 を加えると，RLK の発現はほぼ完全に抑制された。

以上の実験結果から，幼生基底細胞は成体基底細胞へ分化し成体表皮を再構築できること，またその完全な分化には T_3 が必要であることがわかった。さらに興味深いことに，ア

ルドステロン存在下で培養中のEDTA処理皮膚に，変態抑制効果をもつ乳汁分泌ホルモンのプロラクチンを加えると，表層細胞とスケイン細胞をもつ幼生表皮が再構築された．このことは，基底細胞は幼生型幹細胞としての能力ももっていることを示している．

これまでの内容を要約すると以下のようになる．変態期に，幼生基底細胞はT_3の誘導によりPDGF-Aを発現し，線維芽細胞を活性化させる．活性化した線維芽細胞は，PDGF-AとT_3の誘導により，FGF-7やFGF-10を合成し分泌するようになる．FGFR2-IIIbを発現する幼生基底細胞は，FGFシグナルとT_3によりp63遺伝子を発現し，成体幹細胞としての機能を獲得する．さらに，幼生型ケラチンXLKの転写が抑制され，成体型ケラチンXAK-Cを発現するようになる．成体型幹細胞として分化した成体基底細胞は成体表皮を再構築し，皮膚変態を完了させる．

筆者らはこの皮膚変態遺伝子プログラムの全貌を明らかにする試みとして，T_3で誘導変態させたアフリカツメガエル幼生皮膚のオリゴマイクロアレイ解析を行った．皮膚という比較的単純な組織においても，T_3により発現が変化する遺伝子が3000種類以上あることは驚きである．これらの遺伝子群がTRを頂点に複雑なネットワークを形成し，精巧な遺伝子プログラムを作り上げているのである．

3.7 消化管の変態における上皮幹細胞の振る舞い

無尾両生類の成体小腸も，ほかの四肢脊椎動物のそれと組織学的および機能的に相同である．最外層に平滑筋細胞からなる筋層，その内側にECMと線維芽細胞からなる結合組織層，最も内側に上皮層がある（図3.7）．小腸には多数の突起構造（絨毛）が存在し，栄養の吸収を効率よく行うための特殊な構造となっている．小腸上皮は単層上皮であり，絨毛側に吸収上皮細胞，内分泌細胞および杯細胞，また，陰窩側の底にパネート細胞が存在している．小腸上皮幹細胞は陰窩側に存在しており，表皮幹細胞と同様，自己複製能とTA細胞を生み出す能力をもつ．小腸形成の分子機構は，哺乳類において非常に詳しく研究されており，上皮間充織相互作用を介し，さまざまなツールキット遺伝子が関与することがわかっている．

無尾両生類幼生の小腸には絨毛が存在せず，結合組織および筋層も未発達である（図3.7）．幼生小腸は絨毛をもたない代わりに成体小腸に比べて長い．興味深いことに，幼生型の小腸は前方3分の1のみが成体型になり，後方3分の2は変態期に消失してしまう．この変態運命の違いはチフロソールと呼ばれる特殊な間充織の存在によるものである[30]．チフロソールは成体型へと変態する幼生小腸の前方3分の1のみに存在し，消失する運命の後方には存在しない．小腸の変態においてもT_3と上皮間充織相互作用が不可欠なのである．

図3.7 無尾両生類（アフリカツメガエル）の小腸の変態

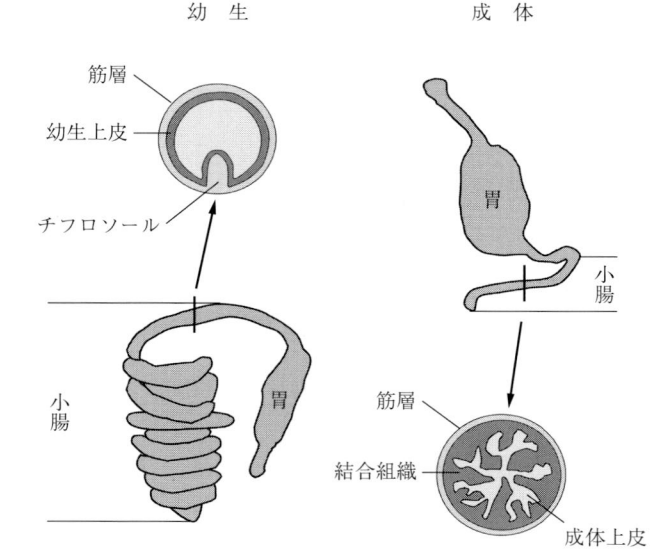

ツメガエル幼生の小腸は，筋層と上皮層からなる単純な構造をしており，成体のそれと比べると長い。また，前方3分の1にチフロソールと呼ばれる特殊な結合組織が存在することが特徴である。変態最盛期に前方3分の1が成体型の小腸へと変態するが，後方3分の2は消失する。成体の小腸は，柔突起をもつ複雑な上皮構造をもつ。

成体小腸上皮を再構築する成体型幹細胞の起源と出現の分子機構について説明する。現在のところ表皮基底細胞のように明確に区別できる成体小腸上皮幹細胞の前駆細胞は確認されていない。おそらく，同じにみえる幼生小腸上皮細胞のなかに，幹細胞としてすでに運命決定されている細胞が存在するか，それとも変態最盛期にランダムに運命決定される細胞が存在するかのいずれかであろう[31]。

T_3の血中濃度が最大になる変態最盛期に一部の幼生小腸上皮細胞が増殖し集団を形成する。この盛んに増殖する細胞はRNAを大量に合成しているらしく，ピロニンYというRNAに結合する色素により強く染色され，組織学的に識別可能である。また，この細胞はMusashi-1も強く発現する[32]。

Musashi-1は，RNA結合性タンパク質であり，哺乳類において神経や小腸の幹細胞に特異的に発現する幹細胞マーカーである。このピロニンY染色およびMusashi-1陽性細胞が変態期に成体小腸上皮を再構築する成体小腸上皮幹細胞である。ちなみに胃も食性の変化のため変態期に作り変えられる器官の一つである。オタマジャクシの胃はマニコット腺という幼生特異的な腺構造をもっているが，変態期に消化酵素ペプシンの前駆体であるペプシノーゲンCを発現する成熟した胃腺に作り変えられる。変態期のマニコット腺の最も奥にあるH^+/K^+-ATPase βを発現している細胞が，成体胃腺上皮幹細胞へと分化する[33]。興味深いことに，この幹細胞もMusashi-1を発現している[32]。

小腸において，どのような分子機構により成体型幹細胞が出現し，変態期に成体小腸上皮を再構築するのであろうか。3.4節で説明したが，機能欠失型TR遺伝子を発現するトランスジェニックオタマジャクシでは小腸は変態しない[6]。逆に，構成活性型TR遺伝子を誘導

したトランスジェニックオタマジャクシはT_3非存在下で成体小腸上皮幹細胞の出現が確認される[7]。また，変態最盛期には増殖中の成体小腸上皮幹細胞がTRβを強く発現している[34]。これらの結果から，小腸においてもTHとTRが組織再構築における成体幹細胞の出現と増殖に関与していることは間違いない。

TRより下流の遺伝子はどのようになっているのであろうか。3.5節で説明したように，SHHは後肢，脊髄および小腸においてT_3に初期応答するツールキット遺伝子であり，小腸変態遺伝子プログラムの上位遺伝子として考えられている。血中のT_3濃度が上昇し始める変態前期に，先ほどのピロニンY陽性細胞がSHHを発現するようになる[35]。この細胞から分泌されたSHHが，その直下のチフロソールに存在する線維芽細胞に作用すると，この細胞はツールキット遺伝子の一つであるBMP-4を発現するようになる[15]。チフロソールと幼生小腸上皮を分離して，T_3存在下で器官培養してもBMP-4を発現する線維芽細胞は観察されない。この実験結果から，チフロソールでのBMP-4の発現は上皮に依存していることがわかる。おそらく上皮幹細胞が発現するSHHにより線維芽細胞でのBMP-4の発現が誘導され，BMP-4はさらにSHHの発現をポジティブフィードバック調節により維持しているのであろう。

TRαとTRβ遺伝子をダブルノックアウトしたマウスでは，小腸形成が著しく阻害されることから，哺乳類においてもTRが小腸形成遺伝子プログラムの中心的役割を果たしている可能性が高い[36]。無尾両生類の小腸における変態遺伝子プログラムの解明，特にTH直接応答性遺伝子の同定は，哺乳類の小腸研究に新たな知見をもたらすに違いない。

3.8 お わ り に

無尾両生類は胚操作や器官培養が容易で，THというたった一つの物質で器官形成が進行する。さらに，ゲノムプロジェクトの成果やトランスジェニック技術の確立により解析しやすいモデル動物に生まれ変わりつつある。器官形成の鍵である幹細胞の分子基盤を解析するうえで無尾両生類の変態は，優れた研究対象である。

いまはまだ，無尾両生類の変態研究から再生医療に直結する知見や技術が得られることは少ないであろう。しかし，このような基礎研究の積み重ねによって，幹細胞を操作する再生医療の新たな展開が可能になるであろう。

引用・参考文献

1) Gurdernatsch, J. F. : Feeding experiments on tadpoles. I. : The influence of specific organs given as food on growth and differentiation : a contribution to the knowledge of organs with internal secretion, Arch. Entwicklungsmech. Org., **35**, pp.457-483 (1912)

2) Allen, B. M. : The results of thyroid removal in the larvae of Rana pipines, J. EXP. Zool., **24**, pp.499-519 (1918)

3) Kendall, E. C. : The isolation in crystalline form of the compound containing iodine which occurs in the thyroid : Its chemical nature and physiological activity, Trans. Assoc. Am. Phys., **30**, pp.420-449 (1915)

4) Wu, Y. and Koenig, R. J. : Gene regulation by thyroid hormone, Trends Endocrinol. Metab., **11**, 6, pp.207-211 (2000)

5) Ito, M. and Roeder, R. G. : The TRAP/SMCC/Mediater complex and thyroid hormone receptor function, Trends Endocrinol. Metab., **12**, 3, pp.127-134 (2001)

6) Schreiber, A. M., Das, B., Huang, H., Marsh-Armstrong, N., and Brown, D. D. : Diverse developmental programs of Xenopus laevis metamorphosis are inhibited by a dominant negative thyroid hormone receptor, Proc. Natl. Acad. Sci. USA., **98**, 19, pp.10739-10744 (2001)

7) Buchholz, D. R., Tomita, A., Fu, L., Paul, B. D. and Shi, Y. B. : Trasngenic analysis reveals that thyroid hormone receptor is sufficient to mediate the thyroid hormone signal in frog metamorphosis, Mol. Cell Biol., **24**, 20, pp.9026-9037 (2004)

8) Shi, Y. B. : Amphibian Metamorphosis : From Morphology to Molecular Biology, WILEY-LISS (2000)

9) Sachs, L. M. and Shi, Y. B. : Targeted chromatin binding and histone acetylation in vivo by thyroid hormone receptor during amphibian development, Proc. Natl. Acad. Sci. USA., **97**, 24, pp.13138-13143 (2000)

10) Wang, Z. and Brown, D. D. : A gene expression screen, Proc. Natl. Acad. Sci. USA., **88**, 24, pp.11505-11509 (1991)

11) Shi, Y. B. and Brown, D. D. : The earliest changes in gene expression in tadpole intestine induced by thyroid hormone, J. Biol. Chem., **268**, 27, pp.20312-20317 (1993)

12) Denver, R. J., Pavgi, S. and Shi, Y. B. : Thyroid hormone-dependent gene expression program for Xenopus neural development, J. Biol. Chem., **272**, 13, pp.8179-8188 (1997)

13) Furlow, J. D. and Brown, D. D. : In vitro and in vivo analysis of the regulation of a transcription factor gene by thyroid hormone during Xenopus laevis metamorphosis, Mol. Endocrinol., **13**, 12, pp.2076-2089 (1999)

14) Ikuzawa, M., Kobayashi, K., Yasumasu, S. and Iuchi, I. : Expression of CCAAT/enhancer binding protein delta is closely associated with degeneration of surface mucous cells of larval stomach during th e metamorphosis of Xenopus laevis, Comp. Biochem. Physiol. B Biochem. Mol. Biol., **140**, 3, pp.505-511 (2005)

15) Ishizuya-Oka, A., Ueda, S., Amano, T., Shimizu, K., Suzuki, K., Ueno, N. and Yoshizato, K. : Thyroid-hormone-dependent and fibroblast-specific expression of BMP-4 correlates with adult epithelial development during amphibian intestinal remodeling, Cell Tissue Res., **303**, 2, pp.187-195 (2001)
16) Utoh, R., Sigenaga, S., Watanabe, Y. and Yoshizato, K. : Platelet-derived growth factor signaling as a cue of the epithelial-mesenchymal interaction required for anuran skin metamorphosis, Dev. Dyn., **227**, 2, pp.157-169 (2003)
17) Patterton, D., Hayes, W. P. and Shi, Y. B. : Transcriptional activation of the matrix metalloprotease gene stromelysin-3 coincides with thyroid hormone-induced cell death during frog metamorphosis, Dev. Biol., **167**, 1, pp.252-262 (1995)
18) Cai, L. and Brown, D. D. : Expression of type II iodothyronine deiodinase marks the time that a tissue responds to thyroid hormone-induced metamorphosis in Xenopus laevis, Dev. Biol., **266**, 1, pp.87-95 (2004)
19) Alonso, L. and Fuchs, E. : Stem cells of the skin epithelium, Proc. Natl. Acad. Sci. USA., **100**, 1, pp.11830-11835 (2003)
20) Furlow, J. D., Berry, D. L., Wang, Z. and Brown, D. D. : A set of novel tadpole specific genes expressed only in the epidermis are down-regulated by thyroid hormone during Xenopus laevis metamorphosis, Dev. Biol., **182**, 2, pp.284-298 (1997)
21) Moll, R., Franke, W. W., Schiller, D. L., Geiger, B. and Krepler, R. : The catalog of human cytokeratins : patterns of expression in normal epithelia, tumors and cultured cells, Cell, **31**, 1, pp.11-24 (1982)
22) Watanabe, Y., Kobayashi, H., Suzuki, K., Kotani, K. and Yoshizato, K. : New epidermal keratin genes from Xenopus laevis: hormonal and regional regulation of their expression during anuran skin metamorphosis, Biocim. Biophys. Acta., **1517**, 3, pp 339-350 (2001)
23) Watanabe, Y., Tanaka, R., Kobayashi, H., Utoh, R., Suzuki, K., Obara, M. and Yoshizato, K. : Metamorphosis-dependent transcriptional regulation of xak-c, a novel Xenopus keratin gene, Dev. Dyn., **225**, 4, pp.561-570 (2002)
24) Suzuki, K., Yamanishi, K., Mori, O., Kamikawa, M., Andersen, B., Kato, S., Toyoda, T. and Yamada, G. : Defective terminal differentiation and hypoplasia of the epidermis in mice lacking the Fgf 10 gene, FEBS Lett., **481**, 1, pp.53-56 (2000)
25) De Moerlooze, L., Spencer-Dene, B., Revest, J., Hajihosseini, M., Rosewell, I. and Dickson, C. : An important role for the IIIb isoform of fibroblast growth factor receptor 2 (FGFR2) in mesenchymal-epithelial signaling during mouse organogenesis, Development, **127**, 3, pp. 483-492 (2000)
26) Ohmura, H. and Wakahara, M. : Transformation of skin from larval to adult types in normally metamorphosing and metamorphosis-arrested salamander, Hynobius retardatus, Differentiation, **63**, 5, pp.238-246 (1998)
27) Mills, A. A., Zheng, B., Wang, X. J., Vogel, H., Roop, D. R. and Bradley, A. : p 63 is a p 53 homologe required for limb and epidermal morphogenesis, Nature, **398**, 6729, pp.708-713 (1999)
28) Tomimori, Y., Katoh, I., Kurata, S., Okuyama, T., Kamiyama, R. and Ikawa, Y. :

Evolutionarily conserved expression pattern and trans-regulating activity of Xenopus p 51/p 63, Biochem. Biophys. Res. Commun., **313**, 2, pp.230-236 (2004)

29) Suzuki, K., Utoh, R., Kotani, K., Obara, M. and Yoshizato, K. : Lineage of anuran epidermis basal cells and their differentiation potential in relation to metamorphic skin remodeling, Dev. Growth Differ., **44**, 3, pp.225-238 (2002)

30) Ishizuya-Oka, A. and Shimozawa, A. : Development of the connective tissue in the digestive tract of the larval and metamorphosis Xenopus laevis, Anat. Anz, **164**, 2, pp.81-93 (1987)

31) Amano, T., Noro, N., Kawabata, H., Kobayashi, Y. and Yoshizato, K. : Metamorphosis-associated and region-specific expression of calbindin gene in the posterior intestinal epithelium of Xenopus laevis larva, Dev. Growth Differ., **40**, 2, pp.177-188 (1998)

32) Ishizuya-Oka, A., Shimizu, K., Sakakibara, S., Okano, H. and Ueda, S. : Thyroid hormone-upregulated expression of Musashi-1 is specific for progenitor cells of the adult epithelium during amphibian gastrointestinal remodeling, J. Cell Sci, **116**, 15, pp.3157-3164 (2003)

33) Ikuzawa, M., Yasumasu, S., Kobayashi,K., Inokuchi, T. and Iuchi, I. : Stomach remodeling-associated changes of H^+/K^+-ATPase beta subunit expression in Xenopus laevis and H^+/K^+-ATPase-dependent acid secretion in tadpole stomach, J. Exp. Zoolog. A Comp. Exp. Biol., **301**, 12, pp.992-1002 (2004)

34) Ishizuya-Oka, A., Ueda, S. and Shi, Y. B. : Temporal and spatial regulation of a putative transcription repressor implicates it as playing a role in thyroid hormone-dependent organ transformation, Develop. Genetics, **20**, pp.329-337 (1997)

35) Ishizuya-Oka, A., Ueda, S., Inokuchi, T., Amano, T., Damjanovski, S., Stolow, M. and Shi, Y. B. : Thyroid hormone-induced expression of sonic hedgehog correlates with adult epithelial development during remodeling of the Xenopus stomach and intestine, Differentiation, **69**, 1, pp.27-37 (2001)

36) Gauthier, K., Chassande, O., Plateroti, M., Roux, J. P., Legrand, C., Pain, B., Rousset, B., Weiss, R., Trouillas, J. and Samarut, J. : Different functions for the thyroid hormone receptors TRalpha and TRbeta in the control of thyroid hormone production and post-natal development, EMBO J., **18**, 3, pp.623-631 (1999)

4 両生類の四肢の再生

4.1 はじめに

　現在知られているなかで，手足の切断後に機能・形態がともに完全な四肢を再生できるのは有尾両生類だけである（**図 4.1**）。ヒトに関していえば四肢の再生現象は観察されない。ところが，子供では指先（指の第1関節よりも先）を切断してしまった患者がほぼ完全な形態を再生できたという症例がある。

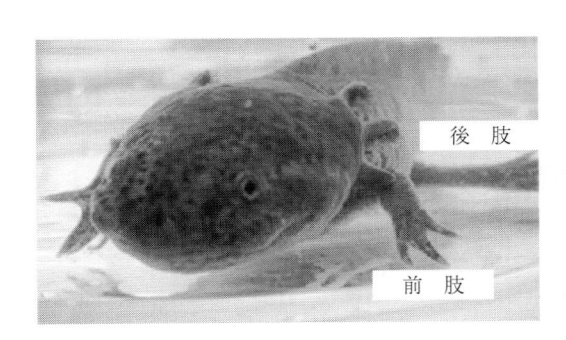

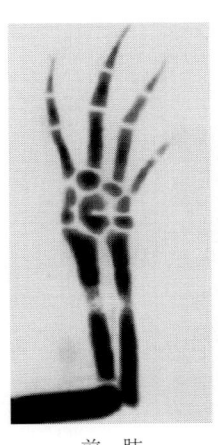

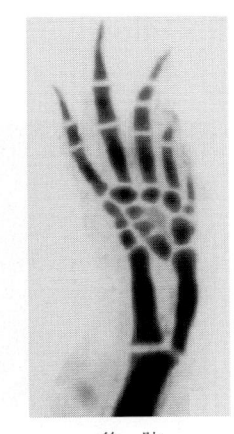

図 4.1 メキシコサンショウウオ（*Axolotl*）の四肢〔文献 65〕より転載〕

　高等脊椎動物という点で同じであるマウスを用いた実験でも同様の報告がなされている[1]。マウスでは指の第1関節より先の爪床を一部残した状態で切断すると，完全な構造を再生できる。さらに胎児期には予定指領域（手術を施した段階では完全な手はできていない）を切断したあとに，指のような構造が再形成されることが観察されている。また，無尾両生類のアフリカツメガエル（*Xenopus laevis*）の成体は不完全な再生能力は有しているものの，四肢を再構成させるまでには至らない（4.3節で後述）。

　なぜ有尾両生類のみが四肢の高い再生能力を維持したままいられるのであろうか。この疑

問に答えるために，再生できる彼らの再生過程を参考にし，どのように再生しているのか，そして何が再生能力を有さないものと異なるのかを明らかにすることが重要である。再生過程でどのようなことが起こるのか，近年の分子的な解析結果とともに記していきたい。

4.2 四肢再生過程

4.2.1 再生の開始

高等脊椎動物では四肢を切断すると，その後瘢痕を残し再生現象は観察できない。しかし有尾両生類は幼生成体を問わず四肢の切断後に完全な手足を再生させることができ，その際には再生芽（blastema）と呼ばれる構造が切断面より先端に形成される（図4.2, 4.3）。この再生芽を形成できるかどうかが，再生能を決めているといっても過言ではない。切断後数時間で傷上皮（wound epidermis）が切断面を被い，再生芽形成を開始する。傷上皮は再生の開始に必須であり，傷上皮の代わりに成体の皮膚組織を切断面に移植した場合には再生は開始しない。したがって，この傷上皮は再生の開始に必須な因子を再生芽に供給していると考えられている。

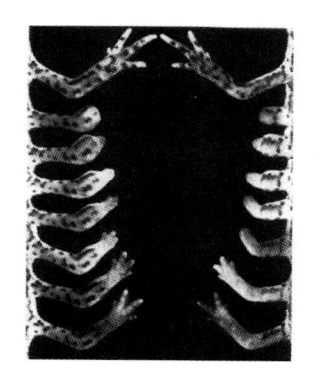

図4.2 イモリの四肢再生過程〔Goss：Academic Press（1969）より転載〕
左側は前腕部で切断。右側は上腕部で切断。

・傷上皮が切断面を覆う
・切断による損傷のシグナル伝達

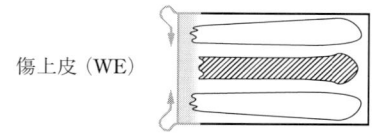

傷上皮（WE）

・再生芽細胞の神経依存的な増殖
・再生芽の伸長

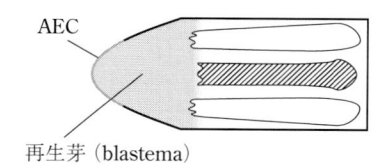

AEC
再生芽（blastema）

・神経非依存的な再生芽の伸長
・パターンの再形成
・組織の再分化

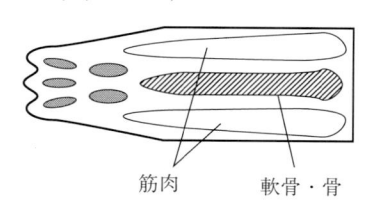

筋肉　軟骨・骨

図4.3 四肢再生過程の模式図

傷上皮の形成後には，組織修復と再生に向けた再生芽細胞の形成・供給が始まる。切断によって損傷を受けた組織は死細胞を除去し組織修復を行う。一方で，切断面より基部側より生じた再生芽細胞は傷上皮直下に集積し，その後切断によって退縮していた神経が再生芽に進入する。ほぼ同時期に傷上皮が肥厚しAEC（apical ectodermal cap）を形成する。この

AECは高等脊椎動物の肢芽（四肢の原基）発生時に観察されるAER（apical ectodermal ridge）と類似の構造であると考えられており，再生芽細胞の伸長と増殖に必須な因子を再生芽に供給する重要な役割を有する。

肢芽の発生過程では，AERを外科的な手法を用いて除くと先端構造の欠失が生じる（**図4.4**）[2]。この際に発生段階によるがAER直下の（およそ200μm）細胞が細胞死を起こすので[3]，AERは肢芽先端の細胞の生存と増殖に必須な因子の供給源であることがわかる。AERの除去と同様にAECを含む傷上皮を除去すると再生芽も伸長が阻害される。このAEC除去による再生芽の伸長阻害がAEC直下に存在する細胞の細胞死を伴うのかは，現在のところわかってない。しかしAEC除去による再生芽の伸長阻害と後述する遺伝子の発現とを考え合わせると，AECはAERと同様の機能を有しているということが考えられる。

AEC以外にこの時期に重要な役目を果たしているものは神経である。神経のはたらきは肢芽に進入する（している）神経を除去することで検証されている。除神経は再生芽の伸長

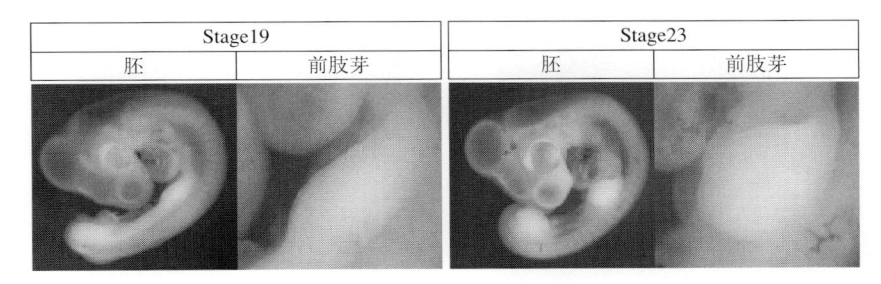

（a）ニワトリの肢芽

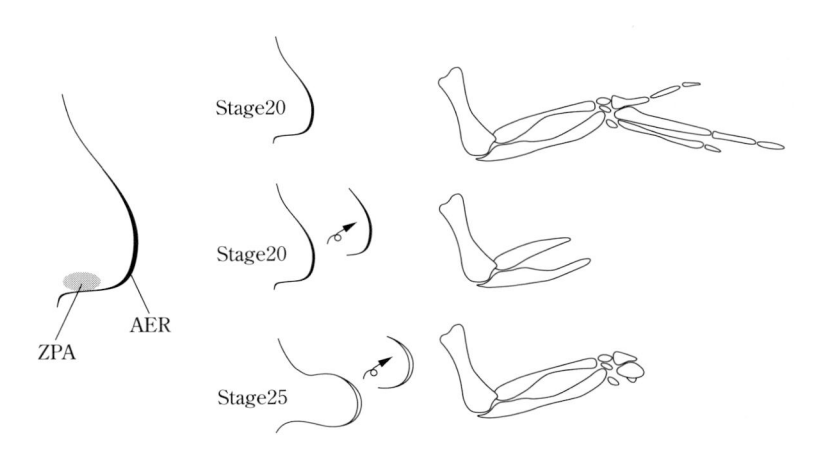

Stage 20 で AER を除去すると前腕部の先端部構造から先がなくなる。より後期のStage 25 で AER を除去すると，Stage 20 で除去したときよりも先端部より先の構造が欠失する。

（b）AER除去実験

図4.4 ニワトリの肢芽とAER除去実験

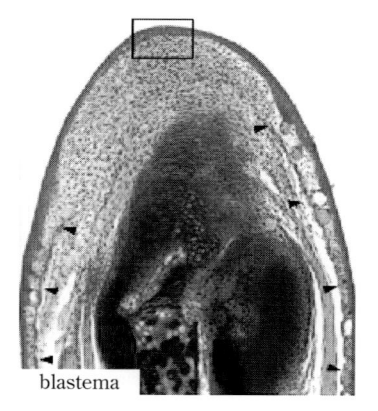

(a) 通常の再生芽。三角の矢印は基底層を示す。

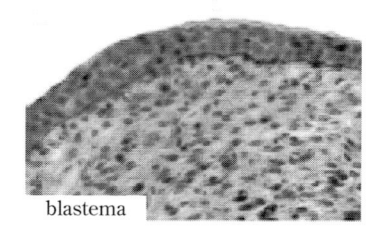

(b) 図（a）の四角で囲まれた領域の拡大図。

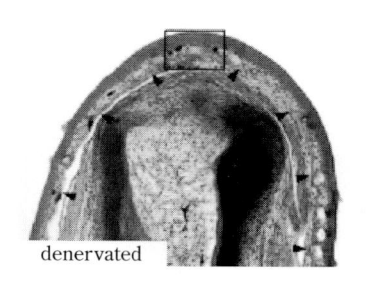

(c) 除神経後に観察される再生芽の状態。基底層がAEC直下で分化していることが観察できる。三角の矢印は基底層を示す。

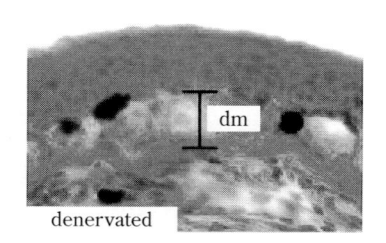

(d) 図（c）の四角で囲まれた領域の拡大図。dmはDermisの略。

図4.5 アフリカツメガエル前肢に形成された再生芽（口絵5参照）〔文献39）より転載〕

に著しい障害を及ぼす。除神経された肢では再生芽の形成が止まってすみやかに組織修復へ向かい，すみやかに真皮が分化し成熟した皮膚を切断面に形成する（図4.5）[4),5]。

　除神経によって起こる再生芽の伸長阻害は再生芽細胞の供給不全によるものではなく，再生芽細胞が増殖できない，または生存できない環境を作り出しているためと考えられている。なぜならば，除神経した再生芽では再生芽細胞の形成は起こり，いったんは切断面付近に集まるが，分裂できずに細胞死を起こすことが明らかにされているからである[6)]。

　このような神経と再生芽の関係は非常に興味深い。確かに再生芽の形成初期には神経がないと完全に再生が阻害されてしまうが，再生芽の伸長がある程度まで到達すると細胞分化と形態形成に関しては神経非依存性になる。つまり，再生芽がある程度発達した状態のときに神経を除いても形態的にはほぼ正常な四肢が再生するのである。しかし，このとき形成される再生肢の大きさは非常に小さいものであることから，依然として細胞の増殖は神経依存的に行われていることがうかがわれる[7)]。

再生芽の形成初期では傷上皮の形成，AECの形成，細胞の集積，神経依存的な細胞の増殖，AEC依存的な細胞の増殖などの事象が起こるが，このような事象を考えるうえで疑問な点は，AECから分泌される因子は何か，神経から分泌される因子は何か，ということである。

BrockesとKintnerはこれらの因子を同定するために四つの定義づけを行った[8]。
① 再生芽細胞へ分泌される。
② 除去によって現れる影響を代替できる。
③ 除去によってその発現が減少する。
④ この因子の活性を人為的に下げることによって再生芽細胞の分裂が阻害される。

この定義に適合する分子の単離を目指して多くの研究がなされたが，いまだ確定的なものは見つかっていない。

AEC因子として古くから注目を集めてきたのはFGF（fibroblast growth factor）である。特に，特定のFGFは肢芽のAERで発現し，肢芽発生において肢芽の伸長と基部-先端部軸形成に大きな関与が示唆されている。四足動物ではFgf4，Fgf8が肢芽のAERで発現し，この2因子はAERの除去後その機能を単独で代替できる（AERの除去のあとに，そこに任意の因子を効かすことで正常な四肢の発生をさせることができる）[9]~[11]。

メキシコサンショウウオ（*Axolotl*）では，再生時に形成されるAECにはFgf1，Fgf2，Fgf8が少なくとも発現している[12]~[14]。Fgf1，Fgf2は再生芽細胞の分裂を促進させるはたらきを有し，再生芽細胞へ分泌されることからAEC因子としての要件をある程度満たすものであると考えられるが，AECの代替として機能できるかどうかの検討はされていない。

Fgf8も同様にAECに発現している遺伝子である。しかしこのFgf8に関しては，上記のAEC因子としての定義にどれほど沿う因子なのかよくわかっていない。Fgf8は高等脊椎動物では肢芽の伸長に重要な役割を果たす（後述）。メキシコサンショウウオでは再生時におけるFgf8の発現パターンは高等脊椎動物のAERで観察されるものと異なり，AECのみならず肢芽（再生芽）最先端の間充織細胞にも発現している[14],[15]。この観察結果には異論も存在しているのだが，メキシコサンショウウオではFgf8のはたらきに高等脊椎動物とは違いがあることを示唆しているのではないだろうか。

さらにつけ加えるならば，Fgf8がintercalaryな再生（2章参照）に大きな役割を果たすことが示唆されている。Fgf8が肢芽間充織にも発現しているメキシコサンショウウオはintercalaryな再生を行うことができる（図4.6）。ところがアフリカツメガエルの肢芽においてFgf8はAECに限局して発現しており，この肢芽はintercalationを起こさない。しかしFGF8タンパクを肢芽間充織に添加するとintercalationを起こすようになる。このこと

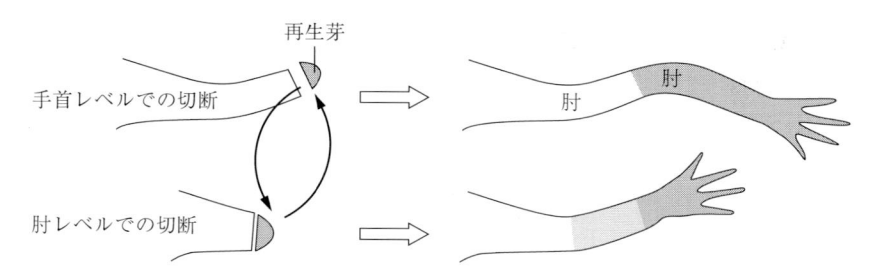

異なる切断レベルの再生芽の交換。基部側に形成された再生芽を先端部に移植すると，再生芽の位置価に従って移植再生芽は肘から四肢再生を行う。したがってこの場合の再生肢には肘が二つ存在することになる（上段の図）。逆に，先端部に形成された再生芽を肘より基部側の切断面に移植すると，肘領域を再形成し，移植再生芽は手首より先の構造を再生する（下段の図）。このときに形成される肘の領域は宿主個体の細胞が形成する。この実験で観察される肘の再形成のような現象を intercalation（挿入）という。

図 4.6 メキシコサンショウウオの四肢再生にみられる intercalation

から FGF 8 が intercalary な再生のカギになっていることが示唆されている[16]。

肢芽の発生過程では Fgf 8 の重要なパートナーとして Fgf 10 が知られている。Fgf 10 は肢芽の間充織に発現し，Fgf 8 と相互作用し，たがいの発現維持をすることで肢芽の伸長を担っている（図 4.7）。FGF 10 はメキシコサンショウウオとアフリカツメガエルにおいて肢芽間充織で発現していることが明らかにされている[14),17]。アフリカツメガエル肢芽再生時における Fgf 10 については後述するが，発生過程や再生過程における Fgf 10 の発現パターンから，ニワトリ・マウスで示されているように Fgf 8 との相互作用によって再生芽の伸長を担っていると考えられる。

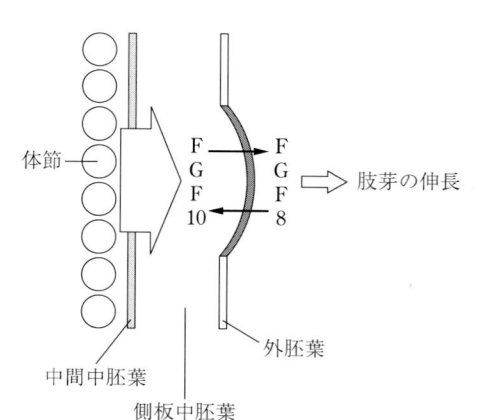

肢芽発生時には，中軸組織からの誘導で側板中胚葉に Fgf 10 が誘導され，その Fgf 10 が外胚葉に Fgf 8 を誘導する。この外胚葉の Fgf 8 は側板中胚葉の Fgf 10 の発現維持にかかわり，側板中胚葉の Fgf 10 も外胚葉の Fgf 8 の維持にはたらく。

図 4.7 Fgf 10 と Fgf 8 の肢芽発生時における相互作用の模式図

この FGF 8～10 の相互作用を媒介するには，それぞれを受容するための受け手，つまり受容体が細胞膜表面に存在していることが必須である。FGFR 1 は，イモリでは再生芽細胞に発現し，AEC では発現していない[18]（FGF 1，FGF 2，FGF 4 に高い親和性を示す。残

念ながら肢芽におけるFGF 8との関係ははっきりしていない。生化学的知見からはFGF 8との高い親和性は認められていない)。FGFR 2は傷上皮と直下の間充織に発現している[18]。しかしこの発現様式は高度に保存されたものではなく，若干の種間差が存在するようである。例えばアフリカツメガエルでは，FGFR 1，FGFR 2ともに傷上皮と再生芽細胞に発現している[19]。この受容体の発現様式の違いがアフリカツメガエルとメキシコサンショウウオとのFgf 8の発現領域の違いと関係しているのか，また意味のあるものであるのかどうかは不明である。

　もう一つの重要な因子である神経因子についても解析が進められている。現在までに神経因子の候補としてFGF 2，GGF 2（glial growth factor），substance P，transferrinの四つがおもなものとして挙げられるであろう。transferrinは前述の四つの定義を満たす因子である。四肢再生過程においてtransferrinは神経軸索内を移動し神経軸索の末端から放出され，再生芽に供給されると考えられている。このタンパク質は再生芽細胞に対して増殖を盛んにさせる効果を有し，除神経の影響もこのタンパク質の添加によって代替できる。実際，神経からの抽出物には再生芽細胞の増殖を活性化させる作用があるが，この効果はtransferrinを認識する抗体を用いた抗体阻害実験で打ち消すことが可能であった。このことからtransferrinは神経因子の有力な候補である[20]。FGF 2，GGF 2の神経因子としての側面は除神経の効果をこれらタンパク質の添加によって代替できるというところにある[12],[21]。特にイモリにおいてGGF 2は上記に示した定義のうち三つの事項を満たすことから，これもまた神経因子として有力な候補である。substance Pも再生芽細胞の増殖活性化や，このタンパク質に対する抗体を用いた抗体阻害実験から神経因子としての効果が実証されている[22]。

　このようにFGF 2，GGF 2，substance Pに関しては神経因子としてのある程度の要件を満たすが，それぞれが果たして上記の四つの定義をすべて満たすのかどうかは不明である。また，これら以外の物質が神経因子としてはたらいている可能性もあり，今後のさらなる解析が待たれる。

4.2.2 再生芽細胞の由来

　再生の開始期に傷上皮の形成と細胞の集積が起こる。それに続いて細胞の増殖が神経依存的に起こることは前述のとおりである。ここで一つの疑問が浮かび上がってくる。それは，「再生芽細胞はどこに由来するのか」ということである。再生芽細胞の由来は古くから議論されてきた。この議論の焦点はおもに以下の2点に絞られる。

① 再生芽細胞の起源は，成熟した組織が脱分化してできた細胞である。
② 再生芽細胞は，成熟した組織間に眠る幹細胞が活性化され，現れたものである。

　特に，①を証明するためにさまざまな組織を蛍光色素などで標識し，標識した組織を移

植し，その四肢を切断し再生芽への細胞の寄与を観察するという方法がとられてきた。しかしこのような移植による方法では移植する組織の不均一性（組織片には目的とする組織細胞のほかに繊（線）維芽細胞や血管・血球細胞などの多種類の細胞が混在する）のために正確な細胞系譜を追うことができない。ゆえに，何の細胞が再生芽形成に関与するのかが正確には判別できないのである。

しかし「どの組織から再生芽細胞は供給されるのか」という問いに答えるにあたっては，ある程度正確な答がある。Muneokaらは核型の違いを利用し，軟骨と真皮を判別可能な状態にしておき，切断後これらの細胞が再生芽中でどのくらいの割合を占めているのか定量的な解析を行った[23]。メキシコサンショウウオの再生芽中期において，軟骨組織由来の細胞は，3％ほどであり，真皮組織由来の細胞は20〜80％を占めることが明らかになった。この事実を裏づけるように，Gardinerらは四肢の切断後に真皮由来の細胞が多数傷上皮直下の切断面の中心部に向かって移動してくることを明らかにした[24]。このような移植実験の知見の蓄積から，さまざまな組織の再生芽への貢献が明らかにされてきた。以下に組織ごとの詳細を記述する。

〔1〕**骨・軟骨組織**　骨折などで損傷を受けた組織が修復できることは既知のとおりである。新生する骨は，おもに軟骨膜か骨膜から生じる。Muneokaらは，骨に付随する筋肉や結合組織をできるだけ取り除いた状態で前述のとおりの移植実験を行った。この実験結果は，切断部よりも基部側に存在した骨・軟骨組織とそのほかの組織との存在比率よりも低い寄与度でしか再生芽中に細胞を供給しないというものであった。

これを裏づける実験もなされている。あらかじめ骨を抜いておいた肢を切断すると，除去された領域よりも先端の骨は正常な骨格パターンをもった肢が再生してくる。このとき，除去された骨は再構成されないために，除去された骨が再構築して，その後再生に参加するといった二次的な寄与はないと考えられる。したがって，再生芽形成に骨は目立った寄与をしないということがわかる。

〔2〕**神経組織**　再生芽の伸長における神経依存性はすでに述べたとおりである。神経自身は切断後，軸索を基部側に退縮させる。その後，傷上皮の形成とともに軸索は再生芽中に再進入してくる。この一連の退縮と伸長の過程で軸索自身が細胞の供給を果たすことはあり得ないが，軸索に付随する細胞らは軸索の退縮後も基部側組織内にとどまるために，再生芽への細胞の寄与が検討されてきた。

軸索に付随する細胞としては，シュワン細胞や繊（線）維芽細胞が挙げられる。これらの細胞が軸索の退縮後，増殖し再生芽形成に参加するということが示唆されているが[25]，明確な証拠はいまだ存在しない。神経系の細胞で再生に関与することがわかっているのは尾部再生における脊髄の細胞である。EcheverriとTanakaはメキシコサンショウウオの脊髄を標

識してその細胞系譜を追ったところ，脱分化して再生芽に参加した細胞が，その後，脊髄だけではなく筋肉などのほかの組織になることを報告した[26]。このことは，神経系の細胞も四肢の再生芽に寄与する可能性があることを示すものではないだろうか。

〔3〕 **結 合 組 織**　真皮や筋肉を包む結合組織，神経を包む結合組織，血管を包む結合組織などは総じて繊（線）維芽細胞の集合である。四肢に存在する繊（線）維芽細胞は，再生時に細胞の供給という面でも再生芽の再パターニングという点でも大きな役割を果たしていると考えられている。肢芽の発生時には未分化な肢芽の間充織細胞がさまざまな因子の分泌源としてはたらくことによって肢芽の伸長とパターニングを行う（4.2.3項で後述）。

再生時には，基部側に存在する結合組織は切断という刺激を受けることによって活性化され，盛んに増殖と移動を行う。特に真皮は再生芽細胞の供給に大きな割合を占めることが示唆されている。メキシコサンショウウオの肢芽を切断しその切断面を観察すると，真皮の占める面積はせいぜい20％である。真皮を標識し再生芽への寄与を観察したところ，切断面には20％あまりしか存在しなかった真皮由来の細胞が，再生芽に50〜80％もの細胞を供給していることを示した[23]。したがって，真皮は再生芽への重要な細胞供給源であるということが考えられる。

もう一つ，真皮の重要な役割を述べるうえで触れておきたいのは図4.8に示す実験である。この実験では位置価（位置価については後述）の異なる皮膚組織を移植したときにはじめてパターンをもった過剰肢が形成される[27],[28]。この実験結果は位置価の不連続性が再生に重要であることを示すものであると同時に，位置価の担い手が真皮（皮膚）であることを強く示唆するものであると考えられる。

これらより，真皮が再生芽の大きな細胞の供給源になっていることと，真皮のもつ方向性が，のちの再生のパターン形成にまで影響することから考えても，真皮が再生に果たす役割

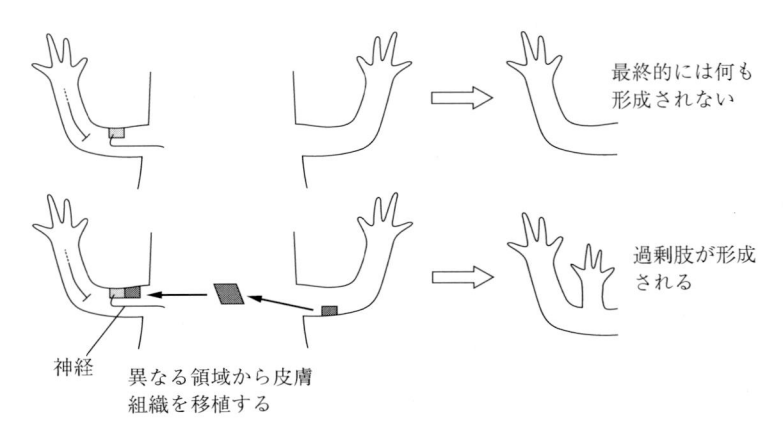

図4.8　皮膚組織移植による過剰肢の誘導実験の概要〔文献27）より一部改変〕

の大きさがうかがわれる。

〔4〕 **筋肉組織** 再生芽に対する細胞供給について最もよく研究されているものの一つは，筋組織の寄与であろう。筋肉は多核の細胞が集合し，それらがまとまることで組織されている。ゆえにその組織としての体積は大きく，維持するために血管・神経などのさまざまな組織細胞が発達している。筋組織の移植実験ではこれらの細胞を排除できないために，現在まで正確な結果を得ることができてはいない。

しかし，イモリA1細胞株の確立がこの問題に大きな進展を与えた。イモリA1細胞は筋組織由来（筋組織中のどの細胞に由来するのかは不明である）の細胞であり，培養条件下で筋管を形成できる能力があることが示されている[29)～31)]。同様の能力を有する高等脊椎動物の細胞株としてはＣ２Ｃ12がある。これはマウスの筋衛星細胞（筋肉の損傷時に筋修復を行う細胞：筋肉の前駆細胞・組織幹細胞）由来の細胞で，同様に培養条件下で筋管を形成する能力がある。この二者の大きな違いは，イモリA1細胞の分化は可逆的であるということである。両者ともに低血清条件下で多核の筋管へ分化するが，イモリA1細胞のみがその後に高血清条件下で培養することで，もう一度単核の分裂可能な細胞へ脱分化できる[32)]。

このイモリA1細胞を培養条件下で多核の筋管分化させたあとに，再生芽に移植する実験を行うことで，イモリA1細胞から作られた筋管の単核化現象は再生芽中でも起こることが明らかにされた[29),33)]。このような事実を報告したものの，なかには，単核化した細胞が再生過程で軟骨へ分化した（分化転換：transdifferentiation）という主張をするものもあるが，いましばらくの検討が必要であろう。いずれにせよ，このイモリA1細胞を用いた実験結果は，再生芽に筋管からの細胞の寄与があることを示唆する最も近い実験結果なのではないだろうか。

分子的な観点では，筋管の単核化にはMsx-1がかかわることが示唆されている。Kumorらはメキシコサンショウウオの筋管にMsx-1を導入したところ，これらの導入された細胞が単核の分裂可能な状態になることを見いだした[34)]。また，このような活性は驚くべきことに，四肢の再生能力のないマウスＣ２Ｃ12細胞でも観察されている[35)]。これらの結果は，両者の間に横たわる筋肉の可塑性の差異は，Msx-1を外因のシグナルによって活性化できるかどうかというところにあるのかもしれない。

筋再生（組織修復）では損傷が筋衛星細胞を活性化し，この細胞が盛んに分裂・分化し，損傷を受けた筋管と入れ替わることが明らかにされている。では，四肢の再生時には筋管の脱分化だけではなく，切断によって活性化された筋衛星細胞が再生芽形成に参加し，筋肉を修復するのではないかということが考えられる。有尾両生類にも筋衛星細胞に類似した細胞が存在し（成体の有尾両生類には筋衛星細胞が存在しない[36)]），この細胞はpostsatellite cell と呼ばれている。この細胞は筋形成能を有し，損傷のシグナルにも反応することが明らかにされている。このような細胞が再生芽に寄与するということは非常に考えやすいが，このような事象を示す実験結果は現在のところまで得られていない。ただし，アフリカツメガエル幼生の尾部再生では，筋衛星細胞（話がややこしくなるがアフリカツメガエルには高等脊椎動物と同様の形態を有する筋衛星細胞は存在する（**図4.9**））が再生芽に移動し，その後に再構築される尾部の筋肉を形成することが示唆されている[37]。この実験結果は，筋衛星細胞（など）が再生芽形成に関与し得る可能性があることを示すものと考えることができるだろう。

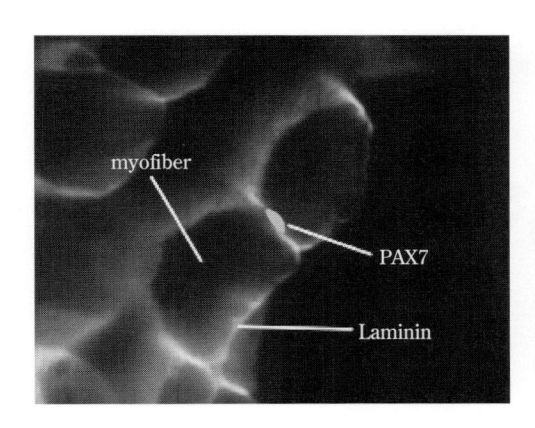

筋衛星細胞は PAX7 を発現しており，筋管を包み込む基底膜の内側に位置する。これは高等脊椎動物に同じである。myofiber は筋繊維，Laminin は基底膜に存在するタンパク質を示す。

図4.9 アフリカツメガエルの筋衛星細胞

〔5〕**幹細胞** この細胞が四肢の再生芽に対してどのくらい寄与しているかの詳細な検討は行われていない。それは幹細胞とはいっても一様なものではなく，いまのところ人為的にこれを選別することはできない。さらに組織間・細胞間にあまり活動していない状態で存在しているために判別が非常に困難である。このような問題から幹細胞の再生芽に対する寄与はまったく解析されていない。

4.2.3 四肢の再形成

再生芽がいったん形成されると，再生芽細胞は増殖を繰り返し四肢を再形成（re-patterning）する。この再生芽形成後に起こるパターン再形成過程は，発生過程の繰り返しであると考えられているので，再生芽のパターン再形成に触れるにあたっては，発生過程での四肢の形成過程と比較しながら述べていく。

肢芽には，以下の3軸が存在すると概念上考えられている。① 基部-先端部軸（P-D axis），② 前側-後側軸（A-P axis），③ 背側-腹側軸（D-V axis）である（**図4.10**）。実際これらの軸に沿った遺伝子発現がさまざまな動物種で報告され，それらの遺伝子は3軸に沿った形態形成を制御していることが明らかにされつつある。本項では個々の軸に沿って肢芽・再生芽の形態形成過程に触れる。

74　4. 両生類の四肢の再生

（a）　dorsal view

（b）　transverse

（c）

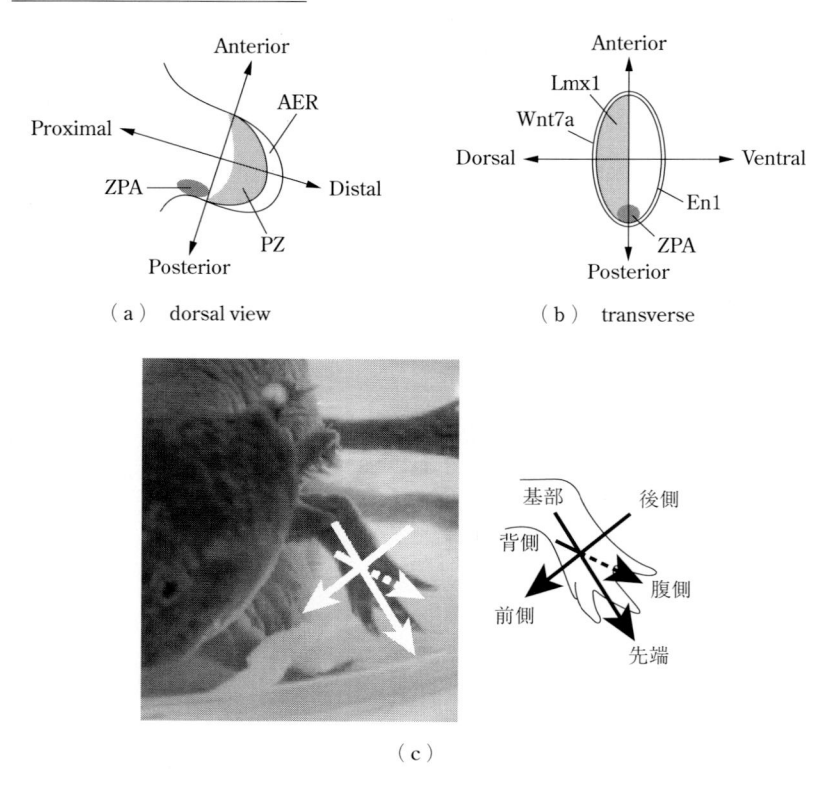

図（a）はニワトリの肢芽を背側から観察して見える2軸。PZ は progress zone（進行帯）の略。PZ は一葉に未分化な細胞の集団であると考えられている。図（b）はニワトリの肢芽を背側から観察して見える2軸。背側外胚葉で Wnt7a が発現しており、この発現が間充織側の Lmx1 の発現を誘導・維持すると考えられている。図（c）はメキシコサンショウウオ前肢における3軸。

図 4.10　四肢における3軸

〔1〕**基部-先端部軸（P-D axis）**　肢芽発生過程の基部-先端部軸形成に関しては，多くの研究がニワトリとマウスを用いて行われている。基部-先端部軸の形成と伸長には，上皮間充織相互作用による伸長と Hox 遺伝子群による転写制御が重要な役割を果たしていると考えられている。Hox 遺伝子群は高等脊椎動物では四つのクラスターに分けられ，それぞれのクラスターに 9〜11 個の Hox 遺伝子を含む（**図 4.11**）。特に肢芽の発生時にかかわる遺伝子群は HoxA，D クラスターの Abd-B サブファミリー（Abdominal-B subfamily）である。各遺伝子は図 4.11 に示すように一定の方向性（$3' \rightarrow 5'$）をもって染色体上に存在する。この方向性は単に染色体上に漠然と並んでいるのではなく，遺伝子発現とリンクして目的の細胞・組織を制御していることが明らかにされた。

　再生できる動物でも肢芽の発生時における Hox 遺伝子群の発現は，高等脊椎動物のものと同様の発現様式を示す。再生過程での Hox 遺伝子群の発現パターンは不明な点もまだ多

4.2 四肢再生過程

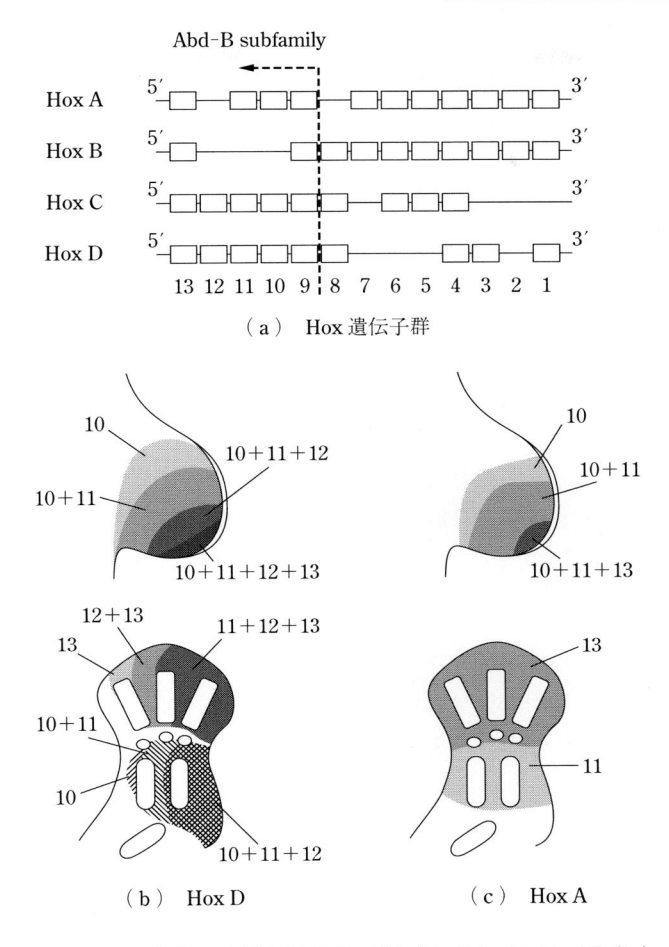

（a） Hox 遺伝子群

（b） Hox D

（c） Hox A

図4.11 図（a）の各遺伝子は3′→5′方向に並んでいる。図（b）はニワトリ肢芽におけるHoxD遺伝子群のColinearな発現。図（c）はニワトリ肢芽におけるHoxA遺伝子群のColinearな発現。それぞれの遺伝子は染色体上の並びに沿って発現している。

いが，メキシコサンショウウオでは基部-先端部軸形成にかかわるHox遺伝子群としてHoxA9とA13が観察されている[38]。これらの遺伝子は完全に分化したメキシコサンショウウオの肢では発現が観察されないが，四肢の切断後すみやかに再発現してくる（切断後24時間以内）。肢芽の発生時には3′側のHoxが優先的に発現してくるが（これはマウス，ニワトリと同じ），再生時にはHoxA9，13がともに発現し始める（**図4.12**）。ゆえに，この発現様式は再生特異的であり，再生に向けた脱分化が起こっていることを示すと考えられている。このようなHoxA9，13の共発現は，再生芽の伸長が進むと，発生時に観察されるものと同様の発現様式を示すようになる。

アフリカツメガエルにおいても同様に，HoxA13は切断後すみやかに発現を開始し，再

図4.12 メキシコサンショウウオ四肢発生・再生過程でのHoxA 9, 13遺伝子の発現

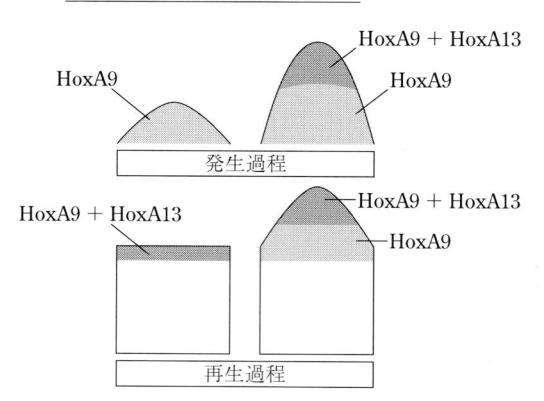

発生過程では高等脊椎動物と同様に3′側のHox遺伝子から発現が始まるが，再生過程では切断後すぐにHoxA 9, 13ともに発現が開始する。

生が進むと先端部に限局する[39]。このときHoxA 9, 11がどのような発現をするのかは現在わかっていない（筆者らのグループで現在解析中）が，HoxC 10は切断24時間後の基部側組織で強く発現することが観察されているために[40]，HoxA 9, 11についてもメキシコサンショウウオと同様に再生特異的な発現があるのではないだろうか。また，HoxA 13の発現は自脚部に限局していることも確かめられ，この遺伝子が発生過程同様に自脚部（手首より先の部分）のパターン形成に関与していることが示唆される。

ここでレチノイン酸（Retinoic Acid：RA）が肢芽再生時の基部先端部軸形成に及ぼす影響を加える。RAには肢芽の細胞を基部化する能力がある（「多機能因子RA」参照）。実際RAを再生芽に加えると再生芽の細胞は基部化され，HoxA, D遺伝子の発現が3′側にシフトする。RAを添加された再生芽はHoxA 9の発現量が上昇し，逆にHoxA 13の発現量が低下する[38]。

多機能因子 RA

薬局に行ってVitamin Aを探してみると，Vitamin Aを販売しているのはごくまれである。人はVitamin Aを経口摂取により得ることができるが，妊婦などが過剰に摂取すると，奇形児の原因にもなる意外に「危ない」ものなのである。実際，発生過程でVitamin Aの生体内での作用実体であるRA（Retinoic Acid（Vitamin Aは生体内でいくつかの代謝系を通りRAに変換され，機能している））を用いた実験結果は，催奇物質としてRAの十分な威力を示すものであった。

このおよそ300 Da（Shhが48 000 Da前後）の小さな物質は生体内で，中枢神経系・顔面・目・歯・耳・四肢・肺・泌尿生殖器・心臓の形成にかかわっている。肢芽では遠近軸（基部先端部軸）の形成にかかわり，RAは近位化させる作用を有する。また，前後軸形成にも大きな関与を示し，RAはShhを誘導する活性を有する。ゆえにRAを前側に加えると濃度依存的な過剰肢形成が引き起こされる。RAが発生過程において果たす役割を考えればまさに「小さな巨人」なのではないか。

もう一つ，RA による基部化を示す実験を紹介する前に，位置価について簡単に触れる。肢芽の細胞の多くは，「自分たちはどこの位置の細胞なのか。将来上腕の細胞になればよいのか。手のひらの細胞になればよいのか」という情報を有していると考えられている。普段は隣り合わせの細胞とわずかな位置価の差異を感じとり，四肢という一連の構造を作り出すことになっているようであるが，では，この差異は実際何者なのであろうか。

この問いの完全な答を示すことはできないが，図 4.13 に示す実験はこの問いの答に近づくものであろう。この実験の意味するところは，位置価の異なる細胞は選別するということである[41),42)]。この原因は，細胞のもつ接着性の違いであると考えられている。細胞の表面はツルツルなものではなく，必然として隣り合わせの細胞どうし（または細胞外マトリックス）とくっついていなければならない。したがって，細胞はその表面に位置に対応した接着性を決めるタンパク質を有している。接着性の差がこのタンパクの「量」の差なのか「種類」の差なのかは判然としてはいないが，これらの要因の複合的なものなのであろう。

さて話をもとに戻すと，再生時にも同様の位置価が存在すると考えられている。図 4.5 に示した実験を行うと，手首レベルより先の再生芽は上腕での切断面に移植後，intercalanyな再生を行い，自身で記憶している位置にくるまで再生に参加しない[43),44)]。このことは，再

先端部どうしの細胞を混ぜて培養　　　基部側と先端部の細胞を混ぜて培養

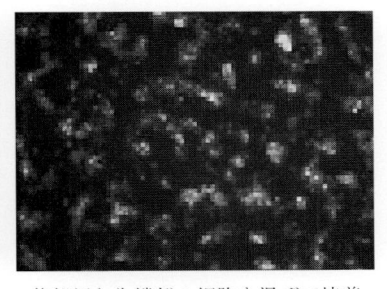

標識細胞と非標識細胞は同じ接　　　接着力の同じ細胞が集まる
着力を有するので集合しない

位置価の異なる細胞を混ぜて培養すると，同じ接着性を有する
細胞どうしは，たがいに寄り集まって集団を形成する。

図 4.13　位置価の異なる細胞の選別（口絵 6 参照）

生芽が自身の位置を記憶していたという事実と基部側との位置価の不連続性を認識し，それに反応して intercalany な再生を起こしたという事実がみえてくる。

　同様の実験を再生芽に RA のシグナル伝達を活性化した状態で行うと，RA のシグナル系が活性化された細胞は基部側にとどまり，そこの位置の細胞として再生を完遂する（図4.14）[45]。この意味するところは，RA によって再生芽細胞も発生過程の肢芽同様に基部化の作用を受けて，細胞膜表面の接着性を変化させ同じ親和性を有する細胞の集団，つまりは基部側にとどまったということなのではないか。

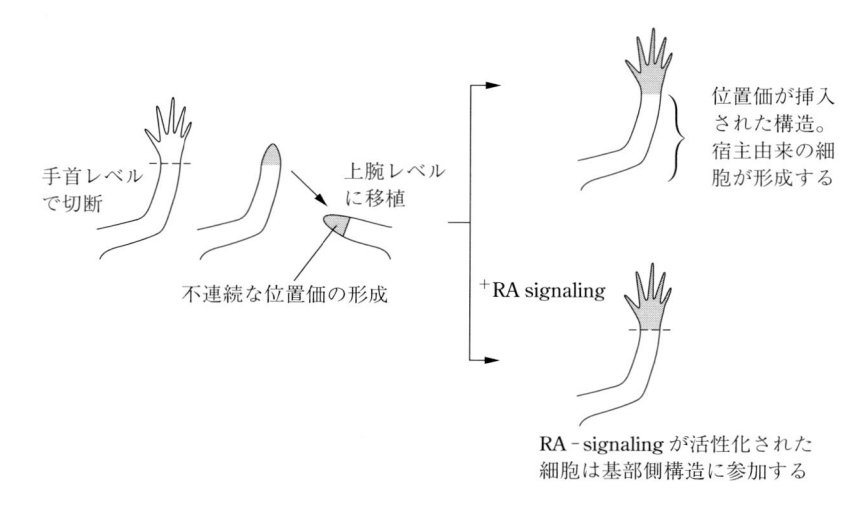

メキシコサンショウウオの再生芽細胞に RA のシグナル伝達を強制的に ON にするように操作すると，その細胞は本来は先端部の再生芽細胞であるにもかかわらず基部側構造に参加する。

図4.14　RA による基部化を示す実験

　位置価と接着性ということに関連して，再生芽において基部-先端部軸に沿って発現量の異なる遺伝子 Prod 1（CD 59）が報告された[46]。この遺伝子は膜表面タンパクであり，基部側再生芽で強く発現しており，RA の添加によって発現レベルが上昇し，また抗体を用いたこの因子の阻害によって細胞の接着性に影響が出る。このようなことから，この因子が基部先端部軸の接着を利用した位置価の形成にかかわることが示唆されている。ほかにも細胞の接着性にかかわると考えられる遺伝子は高等脊椎動物の肢芽発生過程の研究でいくつか挙げられているが，これらの遺伝子について再生芽でも検討していく必要があるだろう。

　〔2〕　**前側-後側軸（A-P axis）**　既出のとおり，HoxD 遺伝子群は前後軸にも（基部-先端部軸にも）沿って発現する（図4.11参照）。完全に再生できる再生芽では当然のように前後軸に沿った発現が期待される。しかし，HoxD 遺伝子群に関してはメキシコサンショウウオでは HoxD 8-11 の発現しか観察されておらず[47]，HoxD 13 に関しては報告がない。

HoxD 11 は，発生過程で高等脊椎動物と同様に後側に傾斜した発現を示すことから，メキシコサンショウウオでも HoxD 遺伝子群が前後軸形成の一端を担っていることが示唆される。再生過程においても同様に後側で HoxD 11 の発現が強いように観察されている。ただし，HoxA 11, 13 とは異なって再生の初期にはその発現を認められない（少なくとも 24 時間以内には観察されない）。

3′HoxD の D 8, 10 は切断後 12 時間で発現の活性化が認められるが，この発現の活性化は傷をつけただけの四肢でも観察されるために再生特異的な活性化というよりも傷の修復にかかわっていると考えられている。

HoxD 13 に関しては，メキシコサンショウウオが完全な構造を回復できることや，中期以降の再生芽では HoxD 11 の発現が基部-後側に限局されてくることから，おそらくは HoxD 13 が高等脊椎動物の四肢発生過程と同様に発現してくると想像できる。唯一，再生過程での HoxD 13 の発現が明らかになっているのはアフリカツメガエル幼生の肢芽再生過程であって，中期再生芽以降で発現が観察されている[48]。しかしながらアフリカツメガエルにおける HoxD 13 遺伝子の発現は，ニワトリとは異なって，前後軸に局在しているような発現は観察されず（発現量の強弱はあると示唆されてはいる），手首より先の全体で発現しているために前後軸形成にどれほどかかわっているのか検討が必要かもしれない。

前後軸形成過程を考えるうえで，ZPA（zone of polarizing activity）は欠かせないだろう。ZPA に関しては多くの研究がニワトリでもたらされた。ZPA は肢芽の先端部-後側に存在する（図 4.10 参照）。この領域を前側に移植すると，鏡像対称の四肢が形成される（図 4.15）[49]。この領域に発現している遺伝子として Sonic Hedgehog（Shh）がまず挙げられる。Shh を前側に発現させることによって鏡像対称の過剰肢を形成させることができることから，Shh が前後軸形成にかかわっていることが明らかにされている。近年の研究では shh だけではなく Gli 1-3，dHAND，HoxD 12 などのさまざまな因子の複合的な活性の結果で

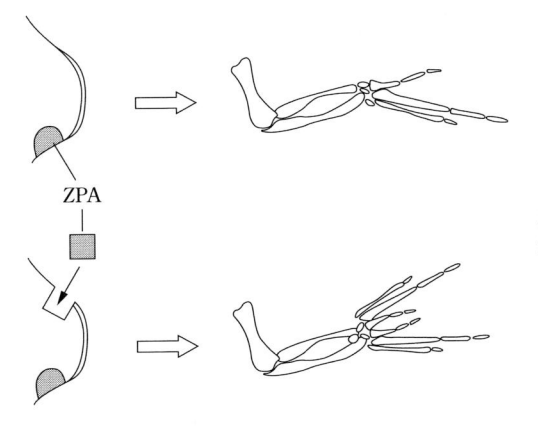

ZPA を前側に移植すると鏡像対象の過剰肢ができる。このような表現形（目に見える構造として作用が現れること）は前側に RA を添加したときや Shh を強制発現させたときにも観察できる。

図 4.15 ZPA 移植で形成される過剰肢

前後軸形成は形成されることが示唆されており，Shh の前後軸形成にかかわるはたらきには，今後若干の修正がなされるだろう[50),51)]。

「再生は発生を模している」という観点から，四肢の再生過程についても発生過程に軸形成にかかわる因子が発現・機能しているかの解析が行われているが，Shh 以外の前後軸形成にかかわる遺伝子に関してはほとんど調べられていないというのが現状である。Shh はメキシコサンショウウオ，イモリ，アフリカツメガエルで発現が観察されている。これらの動物では高等脊椎動物同様に，先端部-後側に発現が観察できる。

イモリでは再生芽に Shh は発現しており，この再生芽を逆転させると過剰肢が形成され（図 4.16）[52)]，前後両側に Shh の発現が誘導されてくることから前後軸に沿って発現する Shh がこの軸性の形成に関与していることがうかがわれる。

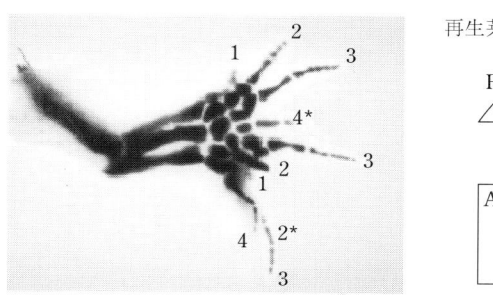

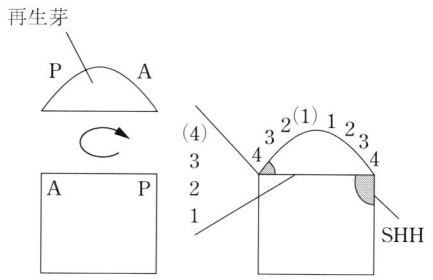

図 4.16　イモリの再生芽を AP を逆転させて移植したときに現れる過剰肢〔文献 52) より転載〕

同様に，メキシコサンショウウオでも前側に Shh を発現させると（Shh を発現させるようにデザインしたウイルスを前側領域に感染させることによってなされた）過剰肢が形成される[53)]。また RA を局所的に添加すると，そこに Shh の発現が誘導され過剰な構造ができることも確認されている[54)]（「多機能因子 RA」参照）。

アフリカツメガエル肢芽発生過程（再生過程は後述する）でも同様の解析がなされており，ほぼ同様の実験結果が得られている。これらの動物を用いた実験結果は，肢芽の発生過程における前後軸形成がやはり再生過程でも同様にはたらいていることを示していると考えられる。しかし，Shh が再生過程で本当に AP 軸に関してどのようにはたらいているのか完全にはっきりしていない点は多い。今後，Shh のシグナル伝達にかかわる遺伝子の解析等をより詳細に進めていくことで明らかになるであろう。

〔3〕　**背側-腹側軸**（D-V axis）　　三軸の再生過程での形成のなかで，最も解析が進んでいないのは背腹軸である。現在までに明らかにされている背腹軸形成の概略を図 4.10（b）に示した。背腹軸は間充織を包み込む外胚葉が支配している。外胚葉の背腹軸を

逆転させてやると，外胚葉の背腹軸に従った形成を行う[55),56)]。

背側外胚葉ではWnt7aが発現しており，このノックアウトマウスでは背側の形質がより腹側に近いものになる。このWnt7aは（先端部の）背側間充織にLmx1を誘導する[57)]。Lmx1の変異マウスもWnt7aノックアウトマウス同様に背側が腹側の形質を備えた四肢を形成する[58)]。腹側の表皮ではEn1が発現し，この遺伝子についてもノックアウトマウスが作成され両側が背側の形質を有した四肢が形成されることも示された[59)]。また，En1を強制的に背側表皮に発現させることによって，Wnt7aやLmx1の発現を抑えることができる[60)]。この3者の関係が背腹軸を規定していると考えられている。

再生過程において唯一，背腹軸に関して明らかにされているのはアフリカツメガエルであるが，Slackらはアフリカツメガエルにおける背腹軸形成がほかの高等脊椎動物と異なるかもしれないということを，背腹軸形成にかかわる遺伝子発現の様式によって提唱した[61)]。彼らはアフリカツメガエルではEn1は腹側外胚葉で発現しているが，Wnt7aなどの背腹軸形成にかかわる遺伝子に関しては局在を観察することができないということを示した。

しかし，MatsudaらがアフリカツメガエルのLmx1が背側間充織に限局して発現していることを報告していることから，En1を基調とする背腹軸形成に関するメカニズムはある程度保存されていることが示唆される[62)]。再生過程における背腹軸形成に関してはアフリカツメガエル幼生におけるLmx1の解析だけである。四肢切断後3日以内にLmx1は背側の間充織細胞に再発現してくる。この発現は上皮に支配されることも示された。Matsudaらの研究によるアフリカツメガエルの背腹軸の再生・発生時における形成過程は上皮に支配されるという点は，高等脊椎動物と同様のメカニズムが背腹軸形成にかかわっていることを示唆すると考えられる。

4.3　再生研究の応用

4.3.1　アフリカツメガエルにおける再生は，高等脊椎動物の四肢再生への道筋を開く鍵となりうるのか

基本的に高等脊椎動物は再生できない。この壁はことのほか大きく，現在までに四肢の切断後，その先になんらかの構造を再生したという報告は存在しない。先人らはこのようなときにアフリカツメガエルと出会い，その再生のいびつさに光明を見いだしたのかも知れない。

アフリカツメガエルの再生能はいびつである。変態前の幼生期の肢芽は早い段階では完全な再生能を示す（図4.17）[63)]。この再生能力は徐々に低下し，一時的に完全に再生できなくなるが，変態完了後にはspikeと呼ばれる構造を伸長させることはできるようになる（図4.18）。このアフリカツメガエルの再生能を高等脊椎動物と有尾両生類の中間と位置づける

再生肢　　　正常肢

アフリカツメガエルは幼生期では再生可能である（ただし発生過程が進むと再生能は徐々に低下する）。破線は切断レベルを示す。

図 4.17 アフリカツメガエル幼生期における再生能

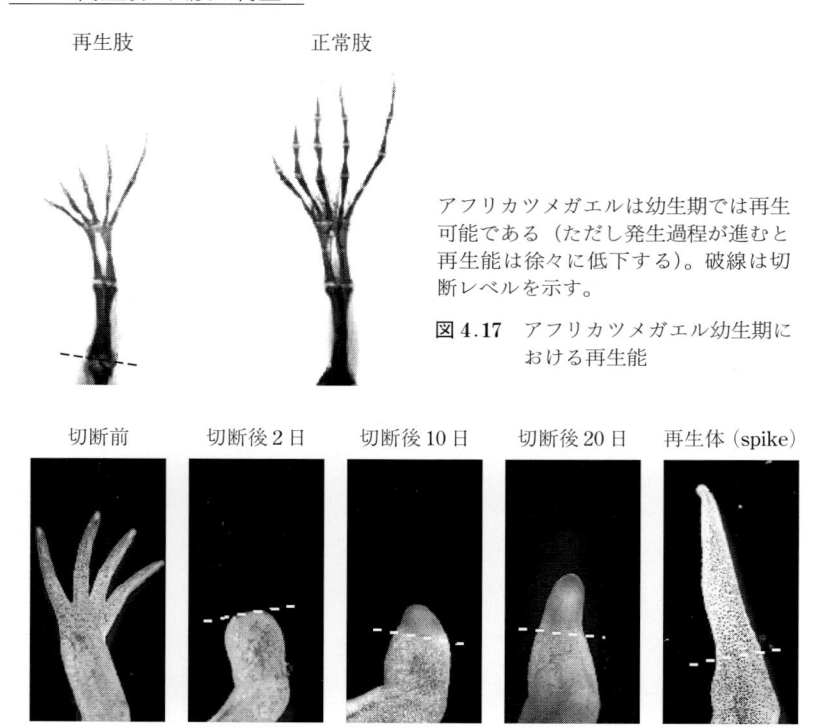

切断前　　切断後2日　　切断後10日　　切断後20日　　再生体（spike）

図 4.18 アフリカツメガエルにおける四肢（前肢）再生過程。破線は切断面を示す。

ことができると考え，アフリカツメガエルの再生能を向上させる研究が行われている。

アフリカツメガエルには四肢を切断しても再生芽の伸長が起きないある特定の時期（変態途中の一時期）が存在する。この時期にFgf 10を添加することによって再生芽の伸長とパターンの再形成を回復させ得ることが報告された[64]。この結果はFgf 10が傷上皮のFgf 8の発現を誘導したあと，このFgf 8が間充織側にFgf 10を誘導することによって上皮間充織相互作用を起こし，再生芽の伸長を促進したと考えられている。しかしこの実験には異論も存在していることから，より詳細な研究成果が望まれる。

変態後に観察される再生体のspikeは，図4.18に示したとおり，分岐や分節のまったくない構造である。メキシコサンショウウオを用いた研究において再生過程でShhの阻害剤であるcyclopaminを効かせた状態で生育すると，アフリカツメガエルに観察できるのと同様のspike状の構造が再生してくる（図4.19）[65]。それでは，Shhの不足・欠失がアフリカツメガエルにおける再生能の不完全性の根源なのではないかという考えが浮かんでくるのは自然である。もちろんこれに基づいた解析も行われている。アフリカツメガエルでは，再生可能な発生段階ではShhは切断後に再度活性化されるが，Froglet（小さい蛙）ではShhは再発現してこない[39]。と，ここまでは話の筋道はとおるのであるが，残念なことにFroglet

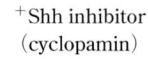

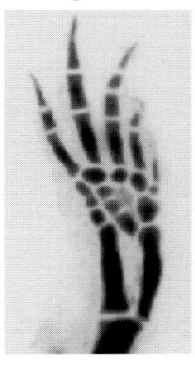

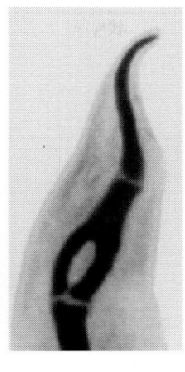

図 4.19 メキシコサンショウウオ再生芽に Shh 阻害剤を添加したときに観察できる spike 様の再生体〔文献 65) より転載〕

の再生芽への Shh の単純な添加では spike を完全な四肢に再構成することは成功していない。この原因にはさまざま考えられ，現在もなお検討中である。

　基部-先端部軸に沿って発現する HoxA 11，13，fgf 8 は再生芽で確認されているため，Froglet の再生芽は基部先端部に関してある程度の情報を有しているものと推測される[39)]。背腹軸に関しては，再生芽で遺伝子の発現で軸性があると示唆するものはない。しかし，前肢切断後の spike には，腹側上皮にしか存在しない構造が観察できるために，背腹軸の情報もある程度有していることが示唆されている[66)]。したがって，このような再生芽は，有尾両生類にみられる再生芽の変形と捉えることができるのではないか。

　一方で，異論も存在している。それはアフリカツメガエルの再生は組織修復・再生の極端な例で，四肢再生ではないというものである。spike は軟骨を主成分とし筋肉が存在しない。筋肉は手の主要な構成成分であり，この筋肉が存在しない軟骨優性の構造はあくまで（軟骨）組織修復の極端な例にしかすぎないという見方も理はある。しかし，アフリカツメガエルにおける再生芽には四肢特異的な遺伝子の発現や 3 軸の形成にかかわる遺伝子の発現が観察されること，さらには有尾両生類と同様に神経依存的に再生が進行することなどから，やはりアフリカツメガエルの再生は「四肢」を再生しようとしているのではないだろうか。

　付け加えると，アフリカツメガエル幼生における尾部再生（アフリカツメガエルの幼生は四肢のほか，尾部・脳が再生できる）では，メキシコサンショウウオとは異なって，筋肉に関しては脱分化し再生芽に細胞を供給するのではなく，筋衛星細胞が活性化され筋肉部の再生に関与することは先述のとおりである。このアフリカツメガエルに存在する筋衛星細胞は，メキシコサンショウウオとは異なっており，その存在形態は，より高等脊椎動物に近い（図 4.9 参照）。このことは，アフリカツメガエルの組織形態が高等脊椎動物により近いことをうかがわせるものであるだろう。このことからもアフリカツメガエルにおける再生能の探求は高等脊椎動物の再生に近づく鍵となり得る可能性を秘めていると考えられる。

4.3.2 そのほかの動物における再生能の検討

現在，ヒトに最も近い（ヒト以外の）動物を用いた四肢再生に関する研究はマウスにおけるものである（もちろんおそらくは霊長類，大型げっ歯類で検討されている）。マウスにおける四肢再生の研究は，先述のとおり比較的歴史あるものであるが，近年の研究で指先における再生能力は Msx 1, 2 と Bmp 4 の機能と関連していることが示され，分子的な解析がようやく産声を上げたばかりである。今後の分子学的な解析手法の発展とともに，より高等な動物を用いた再生研究がなされるだろう。

4.3.3 幹細胞を用いた組織工学の発展は再生への道筋なのか

四肢再生における最大の謎の一つは，再生芽細胞の起源である。前述のとおりに幹細胞の再生芽への寄与はまったくわかっていない。しかし，近年の分子生物学の発展は目ざましく，各幹細胞に特異的に発現する遺伝子やその制御領域などの解析も試され，その概要も徐々に明らかにされてきているうえに，さまざまな動物での遺伝子改変操作法などが確立されていることから，これらの解析結果の組み合わせと応用などでやがて明らかにされるだろう。

現在のところ，幹細胞が四肢再生芽の形成に関与している証拠はないが，再生芽は種々さまざまな細胞種を，のちに生み出すことから幹細胞的な細胞の集合と考えることもできる。ヒトなどの高等脊椎動物でも組織中・組織間にさまざまな段階の幹細胞（組織幹細胞であったり，より広い分化能を有した細胞であったりする）が存在することが明らかになってきた。これらの細胞を収集し，四肢再生に応用することができないかという概念も決してナンセンスなものではなくなっているのかもしれない。

組織間に存在する幹細胞は，当初の概念よりもはるかに多分化能を有しており，これらの細胞の制御法を解明できれば大きな前進が見込まれる。現在の幹細胞研究は膜表面タンパクの同定（これは幹細胞の分離精製に必要であるために進められている）と分化能の検定，その分化・培養方法の検討がおもな研究対象である。これらを明らかにするのはもちろん，その後にこれらをどのように再生に応用するのかたいへんな問題である。かりに四肢再生に適応可能な細胞が存在するならば，下記のような条件を満たす細胞なのではないだろうか。

① 肢芽・四肢の細胞であるという情報を有している
② 四肢の構成成分をすべて作り出せる分化能を有している（またはすべての細胞種を網羅できる種類の幹細胞を同定・収集できれば代替できるかもしれないが）

もう一つの方法としては，上記の条件を満たすような「幹細胞を作り出す」というものではないだろうか。つまりは脱分化を人為的に引き起こすということである。メキシコサンショウウオでは脱分化は現実に起こる現象であり，マウスでも Msx 1 の強制発現で培養筋管細胞が脱分化することも報告されていることから，高等脊椎動物でも内在的には生物一般に

有している能力であるのかもしれない。この能力を引き出してやることができれば四肢再生に向けて大きく前進することになるのかもしれないと考える。

　いずれにせよ，高等脊椎動物では切断後には傷の修復は起こるが，けっして再生は起こらない。なぜ，再生できる有尾両生類は傷の修復だけではなく再生を行えるのか。なぜ，高等脊椎動物はその能力がないのか（または失われているのか）。この究極の問いに向けて多くの研究者がいま現在も挑んでいる。

4.4　お わ り に

　近年の再生医療や再生医工学の発展は目ざましく，目を見張るものがある。特に工学系では，完全な機械であるという点を考えなければ手のもつ基本的な動作を代替し得るところまで発展している。ことに，微細操作の必要な手術や，遠隔操作の必要な手術などにいたっては，ほぼ完全に機械的な代替物を頼っている。言い換えれば，頼るに足る性能を備えたものができているといえるだろう。このような機械化された四肢が切断後の四肢の代替になり得る日も近いのかもしれない（神経のシグナルを機械に反映できる技術さえ構築されれば可能だろう）。このような四肢は，われわれの四肢の機能をはるかに凌駕するものであるかもしれない。しかし，言い方は古いが，熱き血潮の通った四肢は何物にも代え難いものではないだろうか。

引用・参考文献

1) Borgens, R.B. : Mice regrow the tips of their foretoes, Science, **217**, 4561, pp.747-750 (1982)
2) Saunders, J.W., Jr. : The proximo-distal sequence of origin of the parts of the chick wing and the role of the ectoderm. 1948, J. Exp. Zool, **282**, 6, pp.628-668 (1998)
3) Dudley, A.T., Ros, M.A. and Tabin, C.J. : A re-examination of proximodistal patterning during vertebrate limb development, Nature, **418**, 6897, pp.539-544 (2002)
4) Singer, M., Maier, C.E. and McNutt, W.S. : Neurotrophic activity of brain extracts in forelimb regeneration of the urodele, Triturus, J. Exp. Zool, **196**, 2, pp.131-150 (1976)
5) Mescher, A.L. and Tassava, R.A. : Denervation effects on DNA replication and mitosis during the initiation of limb regeneration in adult newts, Dev. Biol., **44**, 1, pp.187-197 (1975)
6) Mescher, A.L., White, G.W. and Brokaw, J.J. : Apoptosis in regenerating and denervated, nonregenerating urodele forelimbs, Wound Repair Regen, 8, 2, pp.110-116 (2000)
7) Tassava, R.A., Goldhamer, D.J. and Tomlinson, B.L. : Cell cycle controls and the role of nerves and the regenerate epithelium in urodele forelimb regeneration: possible modifications of basic concepts, Biochem. Cell. Biol., **65**, 8, pp.739-749 (1987)

8) Brockes, J.P. and Kintner, C.R.：Glial growth factor and nerve-dependent proliferation in the regeneration blastema of Urodele amphibians, Cell, **45**, 2, pp.301-306 (1986)
9) Vogel, A., Rodriguez, C. and Izpisua-Belmonte, J.C.：Involvement of FGF-8 in initiation, outgrowth and patterning of the vertebrate limb, Development, **122**, 6, pp.1737-1750 (1996)
10) Crossley, P.H., et al.：Roles for FGF8 in the induction, initiation, and maintenance of chick limb development, Cell, **84**, 1, pp.127-136 (1996)
11) Niswander, L., et al.：Function of FGF-4 in limb development, Mol. Reprod. Dev., **39**, 1, pp. 83-88; discussion 88-89 (1994)
12) Mullen, L.M., et al.：Nerve dependency of regeneration: the role of Distal-less and FGF signaling in amphibian limb regeneration, Development, **122**, 11, pp.3487-3497 (1996)
13) Boilly, B., et al.：Acidic fibroblast growth factor is present in regenerating limb blastemas of axolotls and binds specifically to blastema tissues, Dev. Biol., **145**, 2, pp.302-310 (1991)
14) Christensen, R.N., Weinstein, M. and Tassava, R.A.：Expression of fibroblast growth factors 4, 8, and 10 in limbs, flanks, and blastemas of Ambystoma, Dev. Dyn., **223**, 2, pp.193-203 (2002)
15) Han, M.J., An, J.Y. and Kim, W.S.：Expression patterns of Fgf-8 during development and limb regeneration of the axolotl, Dev. Dyn., **220**, 1, pp.40-48 (2001)
16) Shimizu-Nishikawa, K., Takahashi, J. and Nishikawa, A.：Intercalary and supernumerary regeneration in the limbs of the frog, Xenopus laevis, Dev. Dyn., **227**, 4, pp.563-572 (2003)
17) Yokoyama, H., et al.：Mesenchyme with fgf-10 expression is responsible for regenerative capacity in Xenopus limb buds, Dev. Biol., **219**, 1, pp.18-29 (2000)
18) Poulin, M.L., et al.：Heterogeneity in the expression of fibroblast growth factor receptors during limb regeneration in newts (Notophthalmus viridescens), Development, **119**, 2, pp. 353-361 (1993)
19) D'Jamoos, C.A., McMahon, G. and Tsonis, P.A.：Fibroblast growth factor receptors regulate the ability for hindlimb regeneration in Xenopus laevis, Wound Repair Regen, **6**, 4, pp.388-397 (1998)
20) Mescher, A.L., et al.：Transferrin is necessary and sufficient for the neural effect on growth in amphibian limb regeneration blastemas, Dev. Growth. Differ., **39**, 6, pp.677-684 (1997)
21) Wang, L., Marchionni, M.A. and Tassava, R.A.：Cloning and neuronal expression of a type III newt neuregulin and rescue of denervated, nerve-dependent newt limb blastemas by rhGGF2, J. Neurobiol, **43**, 2, pp.150-158 (2000)
22) Globus, M.：A neuromitogenic role for substance P in urodele limb regeneration, Regeneration and Development, Okada Printing and Publishing, pp.675-685 (1988)
23) Muneoka, K., Fox, W.F. and Bryant, S.V.：Cellular contribution from dermis and cartilage to the regenerating limb blastema in axolotls, Dev. Biol., **116**, 1, pp.256-260 (1986)
24) Gardiner, D.M., Muneoka, K. and Bryant, S.V.：The migration of dermal cells during blastema formation in axolotls, Dev. Biol., **118**, 2, pp.488-493 (1986)
25) Hay, E.D. and Fischman, D.A.：Origin of the blastema in regenerating limbs of the newt Triturus viridescens. An autoradiographic study using tritiated thymidine to follow cell

proliferation and migration, Dev. Biol., **3**, pp.26-59 (1961)
26) Echeverri, K. and Tanaka, E.M.：Ectoderm to mesoderm lineage switching during axolotl tail regeneration, Science, **298**, 5600, pp.1993-1996 (2002)
27) Endo, T., Bryant, S.V. and Gardiner, D.M.：A stepwise model system for limb regeneration, Dev. Biol., **270**, 1, pp.135-145 (2004)
28) Gardiner, D.M., Endo, T. and Bryant, S.V.：The molecular basis of amphibian limb regeneration：integrating the old with the new, Semin. Cell. Dev. Biol., **13**, 5, pp.345-352 (2002)
29) Lo, D.C., Allen, F. and Brockes, J.P.：Reversal of muscle differentiation during urodele limb regeneration, Proc. Natl. Acad. Sci. USA, **90**, 15, pp.7230-7234 (1993)
30) Tanaka, E.M., Drechsel, D.N. and Brockes, J.P.：Thrombin regulates S-phase re-entry by cultured newt myotubes, Curr. Biol., **9**, 15, pp.792-799 (1999)
31) Ferretti, P. and Brockes, J.P.：Culture of newt cells from different tissues and their expression of a regeneration-associated antigen, J. Exp. Zool, **247**, 1, pp.77-91 (1988)
32) Tanaka, E.M., et al.：Newt myotubes reenter the cell cycle by phosphorylation of the retinoblastoma protein, J. Cell. Biol., **136**, 1, pp.155-165 (1997)
33) Kumar, A., et al.：Plasticity of retrovirus-labelled myotubes in the newt limb regeneration blastema, Dev. Biol., **218**, 2, pp.125-136 (2000)
34) Kumar, A., et al.：The regenerative plasticity of isolated urodele myofibers and its dependence on MSX1, PLoS. Biol., **2**, 8, pp.E 218 (2004)
35) Odelberg, S.J., Kollhoff, A. and Keating, M.T.：Dedifferentiation of mammalian myotubes induced by msx1, Cell, **103**, 7, pp.1099-1109 (2000)
36) Hay, E.D. and Doyle, C.M.：Absence of resreve cells (satellite cells) in nonregenerating muscle of mature newt limb, Anat. Rec., **175**, pp.339-340 (1973)
37) Gargioli, C. and Slack, J.M.：Cell lineage tracing during Xenopus tail regeneration, Development, **131**, 11, pp.2669-2679 (2004)
38) Gardiner, D.M., et al.：Regulation of HoxA expression in developing and regenerating axolotl limbs, Development, **121**, 6, pp.1731-1741 (1995)
39) Endo, T., Tamura, K. and Ide, H.：Analysis of gene expressions during Xenopus forelimb regeneration, Dev. Biol., **220**, 2, pp.296-306 (2000)
40) Christen, B. et al.：Regeneration-Specific Expression Pattern of Three Pasterior Hox genes, Dev. Dyn., **226**, pp.349-355 (2003)
41) Wada, N. and Ide, H.：Sorting out of limb bud cells in monolayer culture, Int. J. Dev. Biol., **38**, 2, pp.351-356 (1994)
42) Ide, H., Wada, N. and Uchiyama, K.：Sorting out of cells from different parts and stages of the chick limb bud, Dev. Biol., **162**, 1, pp.71-76 (1994)
43) Stocum, D.L. and Melton, D.A.：Self-organizational capacity of distally transplanted limb regeneration blastemas in larval salamanders, J. Exp. Zool, **201**, 3, pp.451-461 (1977)
44) Stocum, D.L.,：Regulation after proximal or distal transposition of limb regeneration blastemas and determination of the proximal boundary of the regenerate, Dev. Biol., **45**, 1, pp. 112-136 (1975)

45) Pecorino, L.T., Entwistle, A. and Brockes, J.P.：Activation of a single retinoic acid receptor isoform mediates proximodistal respecification, Curr. Biol., **6**, 5, pp.563-569 (1996)
46) da Silva, S.M., Gates, P.B. and Brockes, J.P.：The newt ortholog of CD59 is implicated in proximodistal identity during amphibian limb regeneration, Dev. Cell., **3**, 4, pp.547-555 (2002)
47) Torok, M.A., et al.：Expression of HoxD genes in developing and regenerating axolotl limbs, Dev. Biol., **200**, 2, pp.225-233 (1998)
48) Christen, B., et al.：Regeneration-specific expression pattern of three posterior Hox genes, Dev. Dyn., **226**, 2, pp.349-355 (2003)
49) Saunders, J.W., Jr. and Gasseling, M.T.：Epithelial-Mesenchymal Interactions, Fleishmajer, R., Billinghan, R. F. eds., Williams, Baltimore, pp.78-79 (1968)
50) Chen, Y., et al.：Direct interaction with Hoxd proteins reverses Gli3-repressor function to promote digit formation downstream of Shh, Development, **131**, 10, pp.2339-2347 (2004)
51) Panman, L. and Zeller, R.：Patterning the limb before and after SHH signalling, J. Anat., **202**, 1, pp.3-12 (2003)
52) Imokawa, Y. and Yoshizato, K.：Expression of Sonic hedgehog gene in regenerating newt limb blastemas recapitulates that in developing limb buds. Proc. Natl. Acad. Sci. USA, **94**, 17, pp.9159-9164 (1997)
53) Roy, S., Gardiner, D.M. and Bryant, S.V.：Vaccinia as a tool for functional analysis in regenerating limbs：ectopic expression of Shh, Dev. Biol., **218**, 2, pp.199-205 (2000)
54) Torok, M.A., et al.：Sonic hedgehog (shh) expression in developing and regenerating axolotl limbs, J. Exp. Zool, **284**, 2, pp.197-206 (1999)
55) Akita, K., Francis-West, P. and Vargesson, N.：The ectodermal control in chick limb development：Wnt-7a, Shh, Bmp-2 and Bmp-4 expression and the effect of FGF-4 on gene expression, Mech. Dev., **60**, 2, pp.127-137 (1996)
56) Pautou, M.P. and Kieny, M.：Ecto-mesodermic interaction in the establishment of dorso-ventral polarity in the chick embryo foot, C. R. Acad. Sci. Hebd. Seances. Acad. Sci. D., **277**, 13, pp.1225-1228 (1973)
57) Parr, B.A. and McMahon, A.P.：Dorsalizing signal Wnt-7a required for normal polarity of D-V and A-P axes of mouse limb, Nature, **374**, 6520, pp.350-353 (1995)
58) Chen, H., et al.：Limb and kidney defects in Lmx1b mutant mice suggest an involvement of LMX1B in human nail patella syndrome, Nat. Genet., **19**, 1, pp.51-55 (1998)
59) Loomis, C.A., et al.：The mouse Engrailed-1 gene and ventral limb patterning, Nature, **382**, 6589, pp.360-363 (1996)
60) Logan, C., et al.：The role of Engrailed in establishing the dorsoventral axis of the chick limb, Development, **124**, 12, pp.2317-2324 (1997)
61) Christen, B. and Slack, J.M.：All limbs are not the same, Nature, **395**, 6699, pp.230-231 (1998)
62) Matsuda, H., et al.：An epidermal signal regulates Lmx-1 expression and dorsal-ventral pattern during Xenopus limb regeneration, Dev. Biol., **229**, 2, pp.351-362 (2001)
63) Dent, J.N.：Limb regeneration in larvae and metamorphosising individuals of the South

African clawed toad, J. Morphol, **110**, pp.61-67 (1962)
64) Yokoyama, H., Ide, H. and Tamura, K.：FGF-10 stimulates limb regeneration ability in Xenopus laevis, Dev. Biol., **233**, 1, pp.72-79 (2001)
65) Roy, S. and Gardiner, D.M.：Cyclopamine induces digit loss in regenerating axolotl limbs. J. Exp. Zool, **293**, 2, pp.186-190 (2002)
66) Tassava, R.A.：Forelimb spike regeneration in Xenopus laevis: Testing for adaptiveness. J. Exp. Zoolog. A. Comp. Exp. Biol., **301**, 2, pp.150-159 (2004)

5 両生類の器官形成

5.1 はじめに

　近年，胚性幹細胞（ES細胞）を用いての再生医療に向けた研究が盛んになっている。いまでこそ「多分化能を有する細胞」を用いて種々の器官を誘導する研究は一般的になりつつあるが，かつては非常に困難であった。そんな器官形成研究の黎明期にあって，大きな役割を担ってきたのがツメガエルやイモリなどの両生類である。

　両生類は，脊椎動物の原型ともいえる発生を行い，その過程はヒトを含む哺乳類と多くの点で共通している。その一方で哺乳類と違い体外受精を行うため初期胚を入手しやすい。また，卵の直径が1 mm程度と比較的大きく，そのため初期胚の一部を切り取って培養したり，摘出した組織をほかの胚に移植したりするなどの実験操作が容易である。

　胞胚の時期にはアニマルキャップと呼ばれる多分化能をもった部分が存在し，これを材料に用いれば，試験管のなかでいろいろな組織や器官を作り出すことができる。こうした利点を生かして，両生類胚は器官形成研究，特にその担い手である誘導物質の探索に用いられてきた。細胞分化の引き金となる物質，すなわち誘導物質は長い間不明であったが，その正体がActivinをはじめとする細胞成長因子であることが明らかになっている。本章では，Activinとアニマルキャップを用いた細胞分化や，器官形成のモデル系のいくつかを解説する。

5.2　アニマルキャップの多分化能と試験管内での組織や器官の誘導

　両生類の受精卵には卵黄が植物半球に偏って存在している。そのため，卵割を繰り返すたびに動物半球の割球は植物半球の割球よりも小さくなっていく。ツメガエルの場合，受精してから6時間ほど経つと胞胚になるが，このとき動物半球の内部には胞胚腔と呼ばれる大きな空間が広がっている。胞胚腔を取り囲む部分には細胞が薄く並んでおり，全体として帽子のような形をしていることからアニマルキャップと呼ばれている（図5.1）。

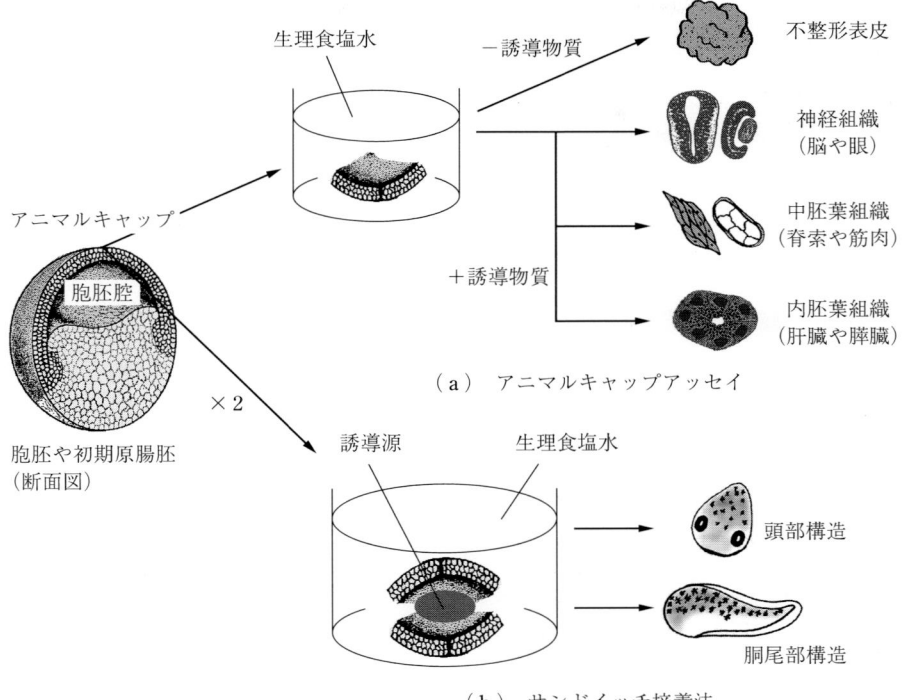

5.2 アニマルキャップの多分化能と試験管内での組織や器官の誘導

図 5.1 アニマルキャップアッセイとサンドイッチ培養法

両生類の胞胚や若い原腸胚の動物半球の内部には，胞胚腔が広がっている。胞胚腔を取り囲む帽子状の部分がアニマルキャップであり，多分化能をもった細胞が薄く並んでいる。図（a）のアニマルキャップアッセイは，誘導物質を溶かした生理食塩水のなかでアニマルキャップを培養する方法である。誘導物質の種類や濃度，処理時間などに応じて，アニマルキャップは体を構成するほとんどすべての組織や器官に分化することができる。図（b）のサンドイッチ培養法は，誘導源を2枚のアニマルキャップで包んで培養する方法である。誘導源には，原口上唇部（オーガナイザー）や成体組織のほか，ペレット状に固めた液性因子，液性因子で処理したアニマルキャップなどが用いられる。

　胞胚を包んでいる卵膜をピンセットで取り除き，ガラス針や細く研いだタングステンの針を押し当てれば，胚からアニマルキャップを四角く切り取ることができる。切り出したアニマルキャップを生理食塩水のなかで3日ほど培養すると，コンペイトーのような形をした細胞塊を作る。これはケラチンの発現はみられるが，表皮としての分化は不完全なため不整形表皮と呼ばれる。アニマルキャップは本来ならば，胚のほかの部分から誘導作用を受けて神経組織や表皮に分化する部分であるが，単独で培養したために特定の組織に分化できなかったのである。

　一方，誘導物質を溶かした生理食塩水のなかでアニマルキャップを培養すると，その物質の活性や濃度，処理時間などに応じてアニマルキャップはさまざまな組織に分化する（図

5.1(a))。神経や表皮など,もともと分化するはずの組織のほかに,筋肉や脊索,あるいは心臓や膵臓などほとんどすべての組織や器官に分化できる。これはアニマルキャップの細胞がもつ多分化能によるものであり,液性因子の誘導活性の測定や,組織や器官の形成機構の解析にとって非常に有利な性質である。今日ではFGF(線維芽細胞成長因子)ファミリーやTGF-β(形質転換成長因子-β)スーパーファミリーに属するいくつかの細胞成長因子に誘導活性がみられることが知られているが,その多くがアニマルキャップの多分化能を利用したこのアニマルキャップアッセイで確認されたのである[1]。

若い原腸胚の原口のすぐ上の部分(原口上唇部)は,胚の内部に陥入したあと,隣接するアニマルキャップを中枢神経系へと誘導して幼生の基本的な体制を作り上げる。胚から切り出した原口上唇部は,アニマルキャップで包んで培養した場合でも頭部や尾部の構造を誘導できる。このサンドイッチ培養法はアニマルキャップアッセイと並んで,試験管のなかで組織や器官を誘導する際にしばしば用いられる方法である(図5.1(b))。サンドイッチの「具」は原口上唇部に限らず,胚のほかの組織や成体の組織,あるいはペレット状に固めた液性因子でもかまわない。アニマルキャップだけを材料とする場合は,液性因子で処理したアニマルキャップを具にして無処理のアニマルキャップでサンドイッチにすればよく,連鎖的に起こる誘導現象を試験管のなかで再現することができる。

5.3 濃度勾配説

直径がわずか1〜2mmほどの小さな卵から誘導物質を集めるのは,とてもたいへんな作業である。そこで古典的な研究では,大量に調製できる成体組織から誘導物質の抽出と精製が進められた。誘導物質がタンパク質であることは突きとめられたが,その正体はついに同定されることはなかった。しかし,成体組織を誘導源に用いた実験結果から導き出された濃度勾配説は,誘導物質の正体が明らかになってきた今日でも動物の形づくりのしくみを理解するうえで重要な仮説である。

モルモットの肝臓の小片や肝臓抽出液をアルコールで沈殿させた物をサンドイッチ培養すると,脳や眼など頭部の神経組織が分化する。同じモルモットでも骨髄やその抽出物は,脊索,体節,前腎,血球などの中胚葉組織や,時には腸や咽頭などの内胚葉器官も誘導する。このことから前者には神経化因子(N因子),後者には中胚葉化因子(M因子)という性質の異なる因子が存在すると考えられた。

1955年に提唱された二重勾配説[2]では,初期胚のなかに直交するN因子とM因子の濃度勾配を想定している(図5.2(a))。N因子は胚の背から腹に向かう勾配を,M因子は胚の後方で高くなる勾配をそれぞれ形成している。N因子だけがはたらくと頭端部の構造が

5.3 濃度勾配説

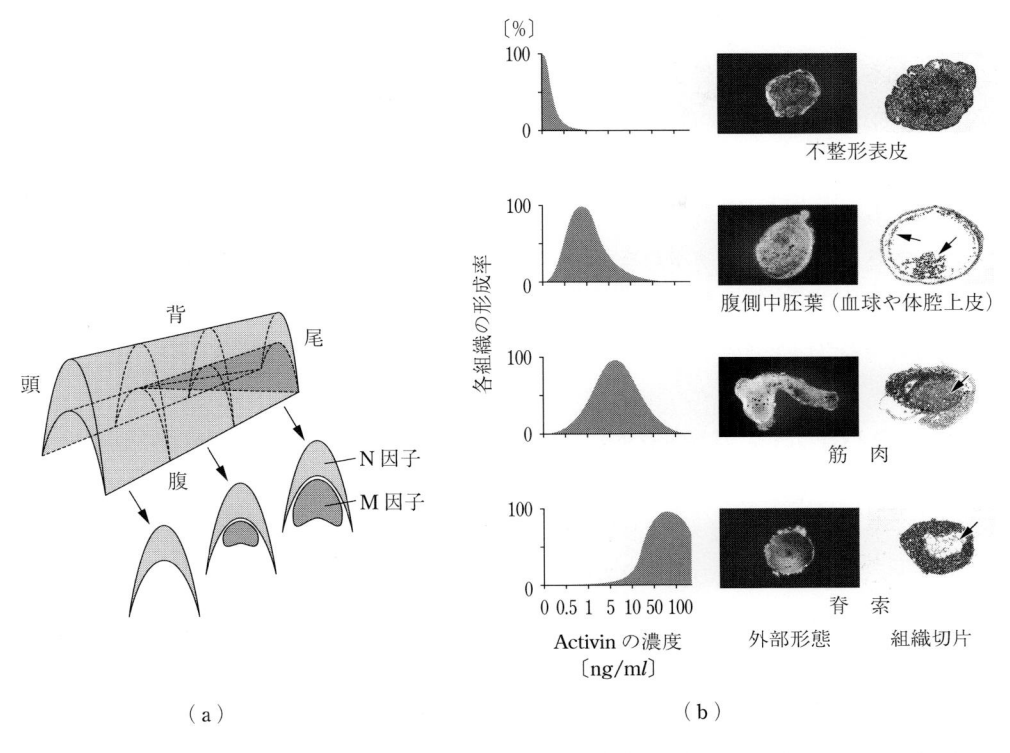

二重勾配説（図（a））は，モルモットの肝臓と骨髄を誘導源にした実験結果に基づいて提唱された．この説では，初期胚のなかに神経化因子（N 因子）と中胚葉化因子（M 因子）の二つの直交する濃度勾配系を想定している．胚を構成する個々の細胞の分化は，N 因子と M 因子がはたらく割合によって規定される．Activin はアニマルキャップに対して低濃度では腹側の中胚葉組織を誘導し，濃度が高くなるにつれて筋肉や脊索など背側の中胚葉組織を誘導する（図（b））．これは二重勾配説で想定された M 因子のはたらきと同じである．

図 5.2 二重勾配説と Activin の濃度に依存したアニマルキャップの中胚葉分化

誘導され，強くはたらく背方では前脳が，弱くはたらく腹方では眼が形成される．N 因子と少量の M 因子が作用して作られる後頭部では，背方では後脳が，腹方では耳が分化する．N 因子と十分な量の M 因子が協調してはたらく胚の後方部では，背方に脊髄，脊索，体節が，腹方に前腎や血球が形成される．つまり，胚に含まれる個々の細胞の分化は，胚全体に成立する 2 種類の誘導因子の勾配系によって規定されるのである．

二重勾配説が提唱されてから 30 年ほど経った 1980 年代の後半になると，誘導因子（誘導物質）の正体が細胞成長因子であることを示す結果が相ついで報告された[1]．誘導物質の発見には，大量に集められる培養上清を材料に使ったことと，誘導活性の検出にアニマルキャップアッセイを利用したことが大きく貢献した．

モルモットの骨髄に含まれる因子，すなわち M 因子はアニマルキャップをおもに中胚葉組織へと分化させるが，同じような活性をもつ物質が哺乳類の培養細胞（K 562 細胞株な

ど）の培養上清にも存在していたのである[3]。この物質は濾胞刺激ホルモンの分泌を促す因子として知られるタンパク質 Activin であり，実際にツメガエルの初期胚のなかにも存在すること[4]がそれに続く研究で明らかになった。Activin は TGF-β や BMP（骨形成タンパク質）などとともに TGF-β スーパーファミリーに分類される細胞成長因子であるが，動物の形づくりにもきわめて重要なはたらきをもつ可能性が示されたのである。細胞成長因子のもう一つの大きなグループ，すなわち FGF ファミリーの因子にも中胚葉組織を誘導する活性があることが，この発見と前後して明らかになった。bFGF（塩基性線維芽細胞成長因子）はその代表であり，ツメガエルのアニマルキャップに対して筋肉や腹側の中胚葉組織を誘導する[5]。

Activin や FGF には，濃度依存的に複数の中胚葉組織を誘導する特徴がみられる[6],[7]。これは二重勾配説のなかで想定された M 因子のはたらきと一致する。例えばツメガエルのアニマルキャップを薄い濃度（0.5〜1 ng/ml）の Activin 溶液で処理すると，血球細胞や体腔上皮など，本来ならば胚の腹側にみられるはずの中胚葉組織が分化する。Activin の濃度を 10 倍濃くして処理すると，これらの腹側中胚葉組織の代わりに筋肉が分化する。さらに 10 倍の濃度（50〜100 ng/ml）では，胚の背側にみられるはずの脊索がアニマルキャップのなかに分化してくる。つまり，ツメガエルのアニマルキャップは，Activin の濃度の違いに応じて腹側から背側までの異なる種類の中胚葉組織に分化するのである（図 5.2（b））。

また，高濃度の Activin で処理したときには，脊索とともに卵黄顆粒を多く含んだ細胞も分化してくる。培養を続けてもこれといった特徴は示さないが，ほかの胚に移植すると咽頭や肝臓など胚の前方に位置する内胚葉器官に分化する。このことから，この卵黄顆粒を多く含んだ細胞は分化の程度の低い前方内胚葉細胞であるといえる。一方 FGF は，低濃度では腹側中胚葉組織，高濃度では筋肉をそれぞれ誘導するが，濃度をいくら上げても脊索や内胚葉組織を誘導することはない[7]。

5.4　中胚葉誘導のメカニズム

中胚葉誘導を引き起こすことのできる Activin は細胞外に分泌されたのち，細胞膜上に存在する Activin レセプター（ActRII/ALK 4）に結合し細胞内へシグナルを伝えている。Activin と同じ TGF-β スーパーファミリーに属する Nodal は，胚のなかで中胚葉や内胚葉組織を実際に誘導している因子として初めて同定された。この Nodal タンパク質も Activin レセプター（ActRII/ALK 4 または ALK 7）に結合し細胞内へシグナルを伝えており，下流のシグナルは Activin と同一と考えられている。

これらの結合には，Activin どうしおよび Nodal どうしのダイマー形成と，Convertase

によるプロドメインの切断が必要であり[8]，成熟型となったダイマータンパク質はレセプターへの結合能をもち，レセプターを介して細胞内に伝達することがわかっている。リガンドが結合したレセプターは活性化され，細胞内タンパク質である Smad 2 をリン酸化する。リン酸化された Smad 2 はその後 Smad 4 と結合し，さらにほかのタンパク質（Fast 1/FoxH 1，Mixer）と結合し核内で下流の遺伝子群の遺伝子発現を活性化する。近年これらのメカニズムが明らかになり，中胚葉形成において実際にはたらく分子が同定されてきている（図 5.3）。

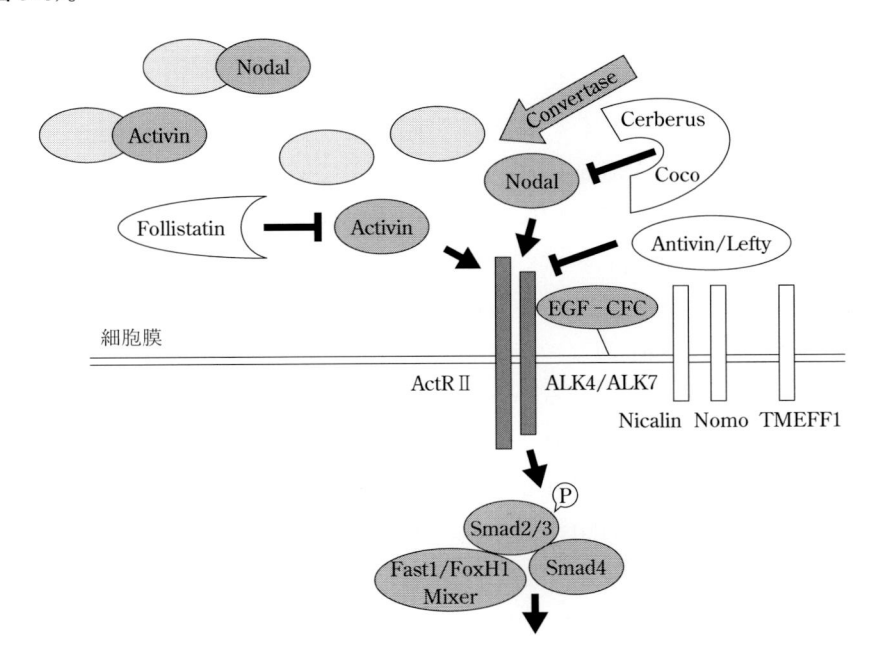

プレカーサータンパクとして翻訳された Activin と Nodal はそれぞれダイマーを形成し，細胞外に分泌される。この分泌過程において成熟型タンパク質が Convertase によって切り出される。成熟型タンパク質は Activin レセプター複合体（ActRⅡ と ALK 4/ALK 7）に結合し，レセプターをリン酸化して細胞内にシグナルを伝える。細胞外では Follistatin, Cerberus, Coco, Antivin/Lefty といった因子により，また細胞膜上では Nicalin, Nomo, TMEFF 1 などによりネガティブに調節される。リン酸化したレセプターは Smad 複合体をリン酸化することによりシグナルを核に伝える。

図 5.3　Nodal/Activin のシグナル経路

〔1〕**リガンド**　　Activin は Inhibin-β 鎖のホモダイマーであり，現在までに A, B, C, D, E の 5 種類がマウスで確認されている。Nodal はゲノム中にヒト，マウス，ホヤ，ウニ，ナメクジウオで 1 コピー，ゼブラフィッシュで 3 コピー（squint, cyclops, southpaw），アフリカツメガエルで 6 コピー（Xnr 1, Xnr 2, Xnr 3, Xnr 4, Xnr 5, Xnr 6）存在している[9]〜[18]。Nodal は BMP, Wnt, Notch, Activin シグナルのシステムと

異なりショウジョウバエや線虫には存在していない。このことからNodalシグナルのシステムは脊椎動物への進化の過程で獲得されたシステムであり，形態形成期に特異的な役割をもっていると考えられる。

〔2〕 **コレセプター**　Nodalがレセプターに結合する場合，EGF-CFCファミリーに属するタンパク質が同時に存在することが必須である。EGF-CFCは，マウスとヒトではCriptoとCryptic，ゼブラフィッシュではOne-eyed pinhead，アフリカツメガエルではFRL1，ニワトリではCFCが報告されている[19]。Nodalは単独ではレセプターに結合することはできない。EGF-CFCは直接レセプターに結合することができ，Nodalとレセプターの結合およびレセプターの活性化に必須である。一方ActivinはEGF-CFCタンパク質の介在を必要とせず，直接レセプターに結合できる[20]。

〔3〕 **インヒビター**　ActivinのインヒビターとしてFollistatinが知られている。このタンパク質は分泌性タンパク質であり，細胞外でActivinに直接結合しレセプターへの結合を阻害する。またNodalのインヒビターとしてAntivin（Lefty）が知られている[21]。AntivinはNodalに直接結合するのではなく，そのコファクターであるEGF-CFCタンパクと結合してNodalとEGF-CFCの結合を阻止することによりNodalのレセプターへの結合を阻害することが報告されている[22),23]。NodalのインヒビターとしてDANファミリーに属するタンパク質であるCerberusとCoco（アフリカツメガエル）およびCerberus-like（マウス）が知られている[24),25]。これらのタンパク質はNodalに直接結合しその活性を阻害する。またこれらの発現はNodalシグナルによって誘導されることから，Nodalのネガティブフィードバックインヒビターとして機能している。細胞膜上に存在するタンパク質でActivin/NodalのシグナルにかかわるファクターとしてTMEFF1，Nicalin，Nomoなどが知られている[26)〜28]。TMEFF1はNodalのシグナルをEGF-CFCに結合することによってNodalシグナルを阻害する。Nicalin，NomoはActivinとNodalの両方のシグナルを阻害するが，これらの阻害メカニズムに関してはっきりしたことはわかっていない。

5.5 試験管のなかで再現する幼生の形づくり

いまからおよそ80年前にSpemannとMangoldは，原口上唇部が形づくりの中心としてはたらくことを発見した。イモリの初期原腸胚から切り取った原口上唇部を別の胚の原口と反対の位置に移植すると，移植した胚の腹側にもう一つの胚（二次胚）が生じる。二次胚は単なる組織や器官の集まりではなく，一つの個体としてのまとまりをもっている。つまり，原口上唇部は胚の体制を決める特異な部分であることから，特にオーガナイザーと呼ばれている。前述のように，高濃度のActivinで処理したアニマルキャップは脊索や前方内胚葉

(咽頭や肝臓の原基) に分化する。これは原口上唇部を培養したときにみられる組織と同じである。このアニマルキャップを Spemann と Mangold の方法に従って初期原腸胚の腹側に移植すると，宿主と区別できないほど完全な二次胚が誘導される[29]（**図 5.4（a）**）。

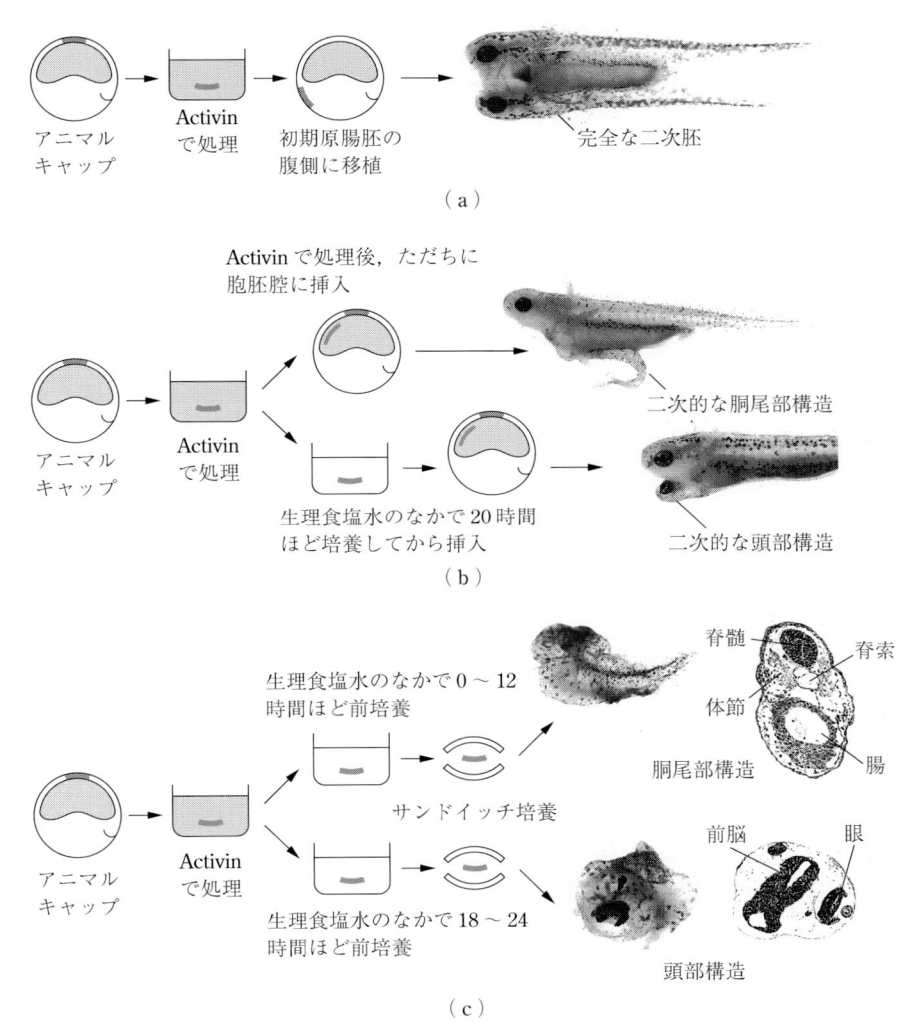

高濃度（100 ng/ml）の Activin で処理したアニマルキャップを初期原腸胚の腹側（原口の反対側）に移植すると，移植を受けた胚の腹側に完全な個体（二次胚）が形成される（図（a））。同じアニマルキャップを胞胚腔に挿入した場合には二次的な胴や尾の構造が誘導される。ところが一定時間（20 時間程度）生理食塩水のなかで年をとらせてから挿入すると，眼を伴なった二次的な頭部構造が誘導される（図（b））。原口上唇部（オーガナイザー）を腹側に移植，あるいは胞胚腔に挿入したときもまったく同じ結果が得られる。サンドイッチ培養法を用いれば，試験管のなかで頭と胴尾の構造を作り分けることもできる（図（c））。Activin で処理したアニマルキャップを短時間（12 時間以内），生理食塩水中で前培養してからサンドイッチ培養すると胴や尾が形成される。一方，長時間（18〜24 時間）の前培養のあとにサンドイッチ培養したときには頭だけが形づくられる。

図 5.4 Activin で処理したアニマルキャップと幼生の基本的な体制

つぎに上記のアニマルキャップを胞胚腔のなかに挿入する実験を行ってみる。挿入されたアニマルキャップは，胞胚腔の天井部分の外胚葉（＝アニマルキャップ）に作用して胴や尾の構造だけを誘導する。ところが，Activin で処理したアニマルキャップを一定の時間，生理食塩水のなかで培養して年をとらせてから挿入すると，今度は立派な眼をもった頭の構造が誘導される（図 5.4（b））。正常発生では，オーガナイザーである原口上唇部は胚の内部に陥入してアニマルキャップを裏打ちしながら前方へと進んでいく。初めに陥入した部分は脳や眼などの頭部の構造を誘導し，あとから入り込んだ部分は脊髄や体節，尾びれなど胴尾部の構造を誘導する。このとき，頭部を誘導するオーガナイザーの先端部は胴尾部を誘導する後方部よりも，陥入に要した時間だけ年をとっていることになる。Activin で処理したアニマルキャップもオーガナイザーと同様に，時間の経過に従って体の異なる部域を作り分ける能力をもつことをこの実験は示している。

サンドイッチ培養法を用いれば，幼生の頭部や胴尾部だけを試験管のなかで作ることができる[30),31)]。Activin で処理したアニマルキャップを生理食塩水のなかで 0〜12 時間培養してからサンドイッチ培養を行うと，胴から尾にかけての構造が作られる。内部には脊髄や脊索，体節，腸などが正常な幼生とまったく同じように配置されている。これに対して，生理食塩水中で 18 時間以上培養してからサンドイッチ培養したときには，眼と脳を伴った頭部構造が分化する（図 5.4（c））。この実験ではイモリ胚のアニマルキャップを使用しているが，Activin で処理したアニマルキャップとオーガナイザーが示す誘導能の変化は時間的にほぼ一致している。したがってこの実験系を利用すれば，時間とともに体の各部域を作り分けるというオーガナイザーの基本的な性質を試験管のなかで解析することが可能である。

5.6 試験管のなかでの心臓形成と生体への移植実験

両生類は脊椎動物の心臓発生のモデル動物として重要な位置を占めている[32),33)]。心臓のもとになる心臓原基は，原腸胚の初めのころには原口の両わきに別れて存在している。左右の原基は胚の内部を前方へ移動したあと，神経胚の時期に腹方に降りてきて一つの心臓を作る。心臓原基の心臓への分化には移動だけでなく，隣接する前方内胚葉から誘導作用を受けることが必要である。ほかの脊椎動物の心臓も基本的には同じしくみで形成されるが[34),35)]，細胞の移動や組織間の誘導作用を伴う複雑な心臓形成を試験管のなかで再現することは困難とされてきた。

イモリ胚から切り取ったアニマルキャップを高濃度（100 ng/ml）の Activin で処理すると，10〜20％のものが拍動する心臓に分化する[36)]。異なる濃度（10 ng/ml と 100 ng/ml）で処理したアニマルキャップどうしを組み合わせた場合には 60％程度が心臓を形成する。

5.6 試験管のなかでの心臓形成と生体への移植実験

どちらの場合にも心臓の近くには咽頭や肝臓などの内胚葉器官が存在する。このことから，アニマルキャップには心臓と内胚葉器官の原基が誘導され，両者の相互作用によって最終的に心臓が分化したと解釈できる。アニマルキャップから作られた心臓には発達した心筋細胞がみられ，たがいの細胞は介在板で連絡している。また，心拍数は周囲の温度に依存して変化するが，その様子は正常な心臓とまったく同じである。

イモリのアニマルキャップとは異なり，ツメガエルのアニマルキャップをActivinで処理しても心臓に分化することはない。ところがActivinで処理する際にアニマルキャップの細胞を一時的に解離すると，心臓を確実に誘導できることが最近の研究で明らかになった[37]。カルシウムを含まない生理食塩水にアニマルキャップを入れて細胞どうしの接着をゆるめる。つぎに生理食塩水をActivin溶液（100 ng/ml）と置換し，軽く撹拌して個々の細胞にまで解離する。Activin溶液にはカルシウムが含まれるため，しばらくすると細胞が再び集

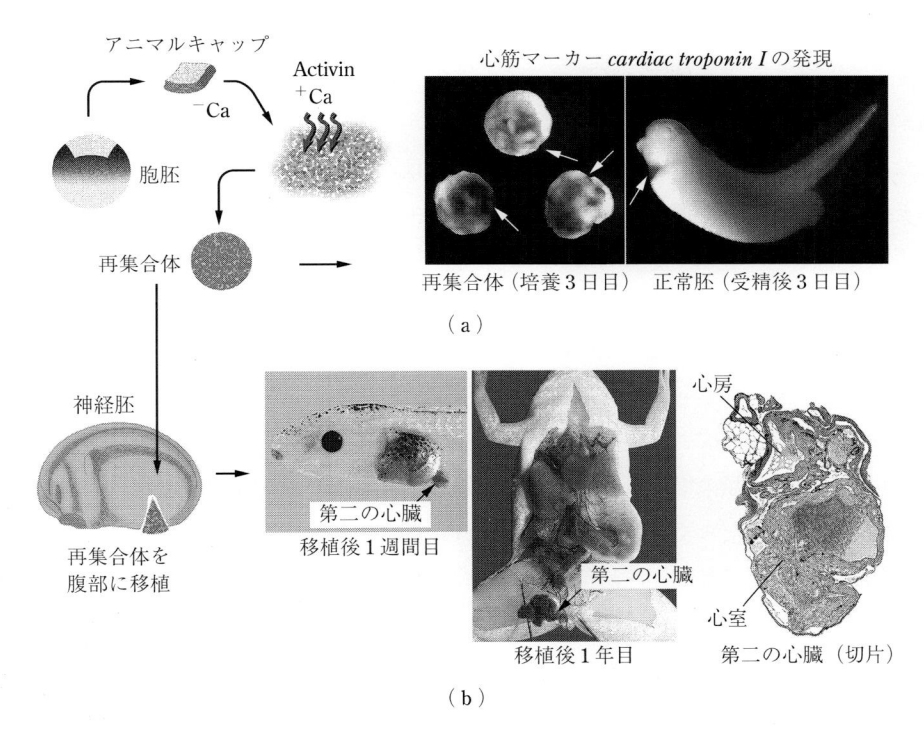

ツメガエルのアニマルキャップをActivinで処理しても心臓には分化しない。ところが，Activinで処理する際にアニマルキャップを個々の細胞に解離してから再集合させると，100％の確率で拍動する心臓が形成される（図（a））。この心臓には分化の指標となる *cardiac troponin I* などの遺伝子が正常胚の心臓と同様に発現している。再集合体を神経胚の腹部に移植すると，拒絶されることなく生着する（図（b））。移植された再集合体は宿主胚の心臓と同じ時期に拍動を開始する。腹部に作られた第二の心臓は，宿主胚が変態してカエルになったあとも拍動を続け，実際に血液を循環させている。第二の心臓には心筋層の厚さの異なる心房と心室の区別も生じている。

図 5.5 試験管内での心臓形成と生体への移植実験

まって細胞塊（再集合体）を作る。つまり，アニマルキャップの細胞をいったん解離し，その直後からActivinで処理しながら再集合させるのである（図5.5（a））。

このようにして作った再集合体を培養すると，培養を始めてから3日後にはほぼ100％の確率で拍動を開始する。その時期は正常な心臓が拍動し始める時期と完全に一致している。また再集合体が心臓に分化する際には，*Nkx2.5*，*cardiac troponin I*，*MHCα ANP* など心臓分化の指標となる遺伝子が正常な心臓と同じ時期に発現している。このアニマルキャップから作られた心臓が生体内で機能することも移植実験で確認されている（図5.5（b））。神経胚の腹部後方に再集合体を移植すると，移植を受けた胚は正常に発生を続けてカエルへと変態する。このカエルの下腹部には規則正しく拍動する第二の心臓がみられ，宿主の血管系と連絡して血液を循環させている様子が観察できる。正常な心臓には劣るが第二の心臓には心房と心室の区別も認められる。

このように，アニマルキャップをActivinで処理するときに解離・再集合という簡単な操作を加えるだけで心臓を確実に誘導することができる。正常発生でもまったく同じしくみで心臓が形成されるとは考えにくいが，試験管のなかで作られる心臓は形態的にも機能的にも正常な心臓と同等である。したがってこの実験系は，心臓原基が決定されるしくみや，心臓原基と内胚葉との相互作用，心房と心室の区別が生じるしくみ，心臓弁の形成機構など，いまだ不明な点が多い心臓の形成過程を解析する際におおいに役立つであろう。

5.7 Activinとレチノイン酸による腎臓および膵臓の誘導

脊椎動物の腎臓は形成される時期や構造の複雑さの違いから，前腎，中腎，後腎の3種類に分けられる。両生類の場合，幼生には前腎がみられるが，カエルでは新たに作られる中腎が排出器官としてはたらく。鳥類や哺乳類ではさらに複雑な構造をもった後腎，いわゆる腎臓が機能する。前腎は糸球体，前腎細管，前腎輸管から成り立っている。糸球体から体腔に排出された水分や老廃物は体腔に開口する前腎細管から回収され，前腎輸管を通って体外に排出される。後腎の構成単位である腎小体（ネフロン）も基本的には前腎と同じような管状の構造をとっている。したがってアニマルキャップを前腎へと誘導できれば，中腎や後腎へとつながる腎臓発生のしくみを解析するうえで有効な手段の一つになる。

すでに述べたように，10 ng/mlのActivinで処理したアニマルキャップはおもに筋肉に分化する。前腎も筋肉と同じ中胚葉組織だが，アニマルキャップをどのような濃度のActivinで処理しても分化することはほとんどない。ところがActivin（10 ng/ml）とともにレチノイン酸（100 μM）で処理した場合には，すべてのアニマルキャップが糸球体，前腎細管，前腎輸管からなる前腎を形成する[38]（図5.6（a））。

5.7 Activinとレチノイン酸による腎臓および膵臓の誘導

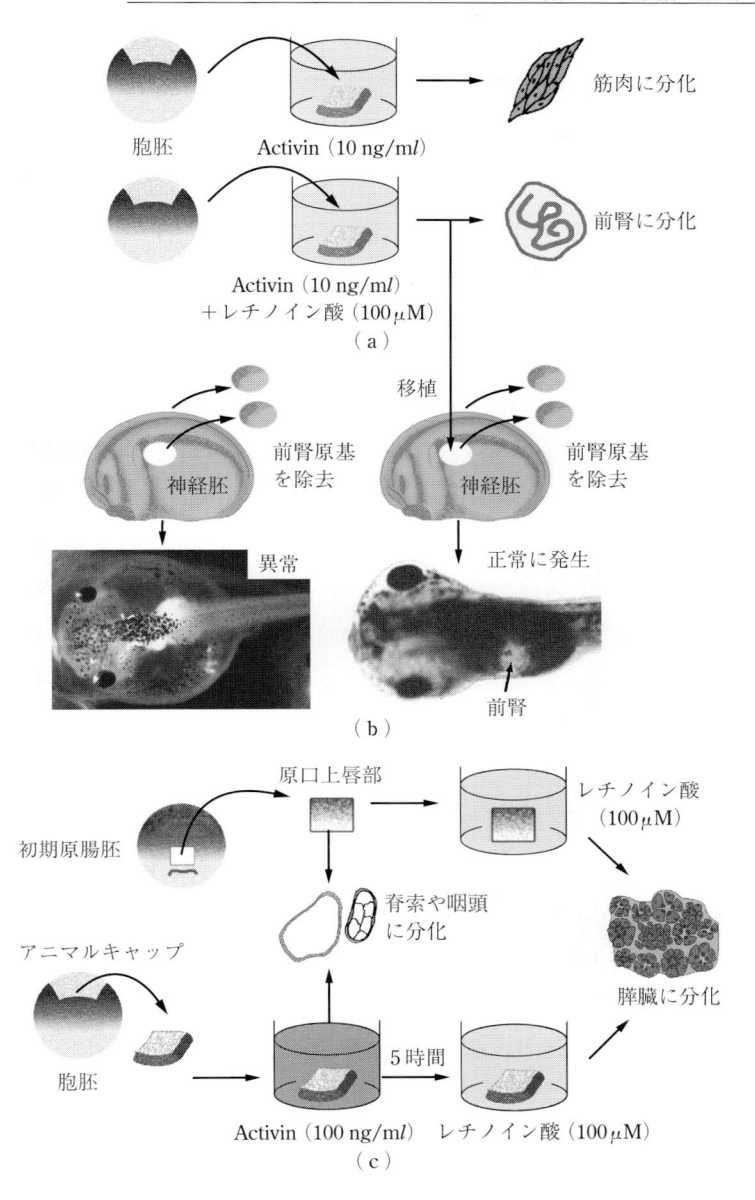

ツメガエルのアニマルキャップを 10 ng/ml の Activin で処理すると筋肉に分化する。このとき Activin 溶液にレチノイン酸（100 μM）を加えると，筋肉に代わって前腎が分化してくる（図(a)）。神経胚から左右の前腎原基を切除すると，体腔内に溜まった水分が排出できず体が大きく膨らんだ幼生になる。前腎原基を除去した部分に Activin とレチノイン酸で処理したアニマルキャップを移植すると，移植された胚は正常な幼生へと発生する（図(b)）。原口上唇部を培養すると脊索や咽頭に分化するが，レチノイン酸（100 μM）で処理することによって膵臓へ分化の方向を逸らすことができる。高濃度（100 ng/ml）の Activin で処理したアニマルキャップも原口上唇部と同様に脊索や咽頭に分化する。Activin で処理してから 5 時間後にレチノイン酸で処理すれば，アニマルキャップを膵臓に分化させることができる（図(c)）。

図 5.6 Activin とレチノイン酸による前腎と膵臓の誘導

また，Activinの代わりにFGF（12.5 ng/ml）を用いて，レチノイン酸（100 μM）とともにアニマルキャップを処理すると糸球体だけが誘導される[39]。筋肉と前腎がともに中胚葉組織であることを考えると，これらの現象はActivinやFGFによって中胚葉化したアニマルキャップの分化の方向がレチノイン酸によって筋肉から前腎へと逸らされたと解釈できる。前腎へと分化誘導されたアニマルキャップには，前腎分化の指標となる *Xlim-1* や *Xlcaax-1* などの遺伝子が正常発生と同じタイミングで発現する[40]。*Xlim-1* は前腎の形成に必須の遺伝子であり，その発現を抑えた胚では前腎がみられない。また，そのような胚から切り出したアニマルキャップをActivinとレチノイン酸で処理した場合にも前腎が分化しない[41]。一方，Activinとレチノイン酸で処理したアニマルキャップから *Xsal-3* 遺伝子が単離されているが[42]，類似の遺伝子は脊椎動物に広く保存されており，いずれも腎臓の形成に深くかかわっていることが示されている。これらの結果は，Activinとレチノイン酸で処理したアニマルキャップが正常な前腎の形成過程を忠実に再現していることを示している。

Activinとレチノイン酸で処理したアニマルキャップの機能は移植実験で確かめることができる[43]。前腎を形成する部分（前腎原基）は神経胚の時期には耳の後ろ辺りに隆起している。左右の前腎原基を完全に除去した胚はしばらくの間は発生を続けるが，やがて体腔のなかに水分が充満して10日前後で死亡する。

一方，Activinとレチノイン酸で処理したアニマルキャップを前腎原基があった場所に移植すると，移植胚は体が膨らむことなく正常に発生を続ける（図5.6（b））。これは移植されたアニマルキャップが生体内で前腎に分化し，水分を正常に排出したためと解釈できる。移植した胚には最長で1か月ほど生存するものもみられたが，カエルにまで成長した個体は得られていない。カエルへ変態する時期に中腎が新たに形成されなかったことも原因の一つとして考えられる。いずれにせよ，この移植実験は試験管内で作った前腎が生体内でも機能することを示した最初の例であり，複雑な構造をもつ腎臓（後腎）を対象とした研究を進めていくうえでの基礎実験として位置づけることができる。

試験管のなかで前腎を作るには，ActivinやFGFとともにレチノイン酸でアニマルキャップを処理することが重要である。レチノイン酸を加えることで，アニマルキャップの分化が筋肉から前腎へと逸らされたのである。これとよく似た現象が膵臓の誘導でもみられる（図5.6（c））。初期原腸胚から切り出した原口上唇部を培養すると，自らの発生運命に従って脊索や咽頭上皮に分化する。これを100 μMのレチノイン酸で処理すると，咽頭上皮に代わって膵臓が分化するようになる[44]。咽頭は内胚葉性の器官であるが，同じ内胚葉の膵臓よりも胚の前方に位置している。したがってこの結果は，レチノイン酸で処理することにより原口上唇部の発生運命が咽頭から後方の膵臓に逸らされたためと解釈できる。

高濃度（100 ng/ml）のActivinで処理したアニマルキャップも脊索や咽頭上皮に分化す

る。このアニマルキャップをレチノイン酸で処理すれば，原口上唇部を処理したときと同様に膵臓に分化することが期待される。ただし前腎の場合とは異なり，Activinとレチノイン酸で同時に処理しても膵臓には分化しない。Activinで処理したアニマルキャップを5時間ほど生理食塩水のなかで培養してから，レチノイン酸で処理すると非常に高い確率で膵臓が分化する[45]。これはActivinで処理されたアニマルキャップが内胚葉化するまでに5時間程度必要であることを示している。試験管内で作られた膵臓は外分泌部と内分泌部をあわせもつことが電子顕微鏡による観察で明らかにされている。内分泌部には抗インスリン抗体と抗グルカゴン抗体に反応する細胞が存在することから，実際に内分泌器官として機能する可能性が高い。

　膵臓の発生のしくみも脊椎動物に広く共通している。前方の内胚葉に由来する消化管の上皮から背側と腹側の二つの原基が生じ，それらがやがて融合して一つの膵臓を形成する[46]。最近の研究では隣接する間充織や脊索，血管などからの誘導作用の重要性が指摘されているが[47]~[49]，膵臓の形成過程は複雑でいまなお不明な点が多い。ここで紹介したアニマルキャップを膵臓に分化させる実験系は，二種類の因子を順に作用させるといったいたって単純な方法である。しかしながら試験管のなかで形作られる膵臓は外分泌と内分泌の機能をあわせもつ完全なものであり，膵臓の形成機構の解明と再生医療の発展におおいに貢献するであろう。

5.8　ActivinとAngiopoietinによる血管内皮細胞の誘導

　血管系は酸素・栄養分の補給，ホルモンなど種々の液性因子の運搬，免疫機構などあらゆる臓器，器官の維持にとって重要な役割をもったシステムである。それゆえ，他人から供与された，もしくは再生された臓器をレシピエントの体に確実に生着させるためには，血管新生を行い，両者を確実につなぐ必要がある。また，腫瘍が増殖したり，転移したりする際に血管新生がおおいに関与しており，抗がん治療という分野においても血管形成のメカニズムは重要な問題となっている。

　脊椎動物の血管系は，脈管形成（vasculogenesis）と血管新生（angiogenesis）の2段階で構築される。胚発生の過程で側板中胚葉から血球血管芽細胞が出現し，血島と呼ばれる細胞集団を形成する。血島のなかで外側の細胞は血管内皮細胞に分化し管腔形成したのち，たがいに融合し原始血管叢を形成する。このような血管内皮前駆細胞からの血管系の発生の過程を脈管形成という。このようにして生み出された原始血管叢はその後，周囲からの刺激に反応して融合，発芽，嵌入を繰り返し原始血管が再構築される。この過程を血管新生と呼んでいる。形成された原始血管は当初内皮細胞のみで構成されるが，やがて壁細胞によって囲まれ，成熟血管となる。近年，分子生物学の進歩によって血管形成の分子機構が解明され

始めてきており，脈管形成にはbFGF，血管内皮増殖因子（VEGF），Angiopoietin-1などの，血管新生にはAngiopoietin-2などの関与が報告されている[50]。

アフリカツメガエルのアニマルキャップを低濃度のActivin溶液（0.1～0.5 ng/ml）で処理しても，由来を同じくする血球細胞は分化してくるが，血管内皮細胞はほとんど分化してこない[51]。ところが5.6節で述べた心臓誘導の系と同様に，後期胞胚のアニマルキャップを一時的に解離したうえでActivin（0.4 ng/ml）とAngiopoietin-2（100 ng/ml）とで共処理し，再集合体を形成して培養すると，X-msr，Xtie2，Xegf17など血管内皮分化の指標となる遺伝子の発現が上昇し（**図5.7**），血管内皮細胞が高頻度に誘導されることが最近の研究で明らかになった[52]。現在，このアニマルキャップから作られた血管内皮細胞が生体内で機能することを移植実験により確認しつつある。今後このシステムは，血球血管芽細胞から血管内皮細胞への分化のメカニズムを研究するうえで重要なモデルとなるであろう。

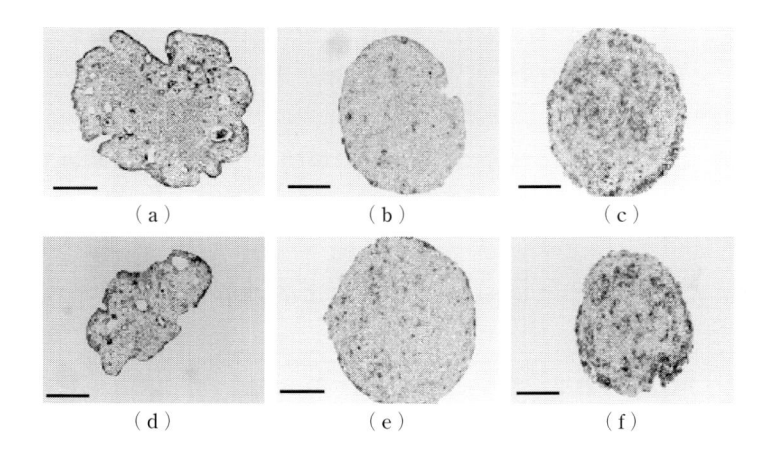

アフリカツメガエルのアニマルキャップを解離し，種々の処理をしたあとに形成された再集合体の組織切片像。血管内皮細胞分化マーカー X-msr（図（a）～（c）），Xtie2（図（d）～（f））の発現を検出した（図中の青い染色，口絵7参照）。無処理（図（a），（d）），Activin単独処理（図（b），（e））をした場合でもマーカー遺伝子の発現はほとんど検出されない。一方，ActivinとAngiopoietin-2共処理を行うと，マーカー遺伝子の顕著な発現上昇がみられた（図（c），（f））。各図中のスケールバーは0.1 mm。

図5.7 ActivinとAngiopoietinによる血管内皮細胞の誘導（口絵7参照）

5.9 おわりに

本章では，アニマルキャップのもつ多分化能を利用した細胞分化と器官形成のモデル系を解説してきた。ここで紹介した以外にも，血球系の各種の細胞を作り分けることや，下顎の軟骨を誘導することなども可能になってきている。本文中でも繰り返し述べたが，細胞分化

や器官形成のしくみは基本的には脊椎動物に広く共通している。その原型ともいえる両生類の初期胚を使った実験から得られる知見は，われわれヒトの発生のしくみを理解するうえでおおいに参考になるであろう。

　最近の哺乳類の幹細胞を用いた再生医療研究の進歩には目を見張るものがあり，実際に臨床での応用も可能になってきている。ただ臓器としての完成度で比較すれば，本章で紹介した心臓，腎臓，膵臓などを誘導させる実験は，けっして見劣りするものではない。アニマルキャップから作られた心臓は，単に拍動する心筋細胞の塊ではなく心房と心室の区別もみられる。生体に移植すれば宿主の血管系と連絡して血液を循環することもできる。こうした臓器と呼べる心臓を誘導するには，アニマルキャップの細胞を一時的に解離してからActivinで処理することが鍵となった。また，膵臓はアニマルキャップをActivinで処理しても分化しないが，レチノイン酸で分化の方向性を変えることで確実に誘導することができる。こうした方法をES細胞などの幹細胞にそのまま適用するのは難しいが，本章で紹介した基礎研究が移植を前提とした再生医療のさらなる発展に貢献できることを期待したい。

引用・参考文献

1) Asashima, M., Kinoshita, K., Ariizumi, T., Malacinski, G.M.：Role of activin and other peptide growth factors in body patterning in the early amphibian embryo, Int.Rev. Cytol., **191**, pp.1-52 (1999)

2) Toivonen, S., Saxen, L.：The simultaneous inducing action of liver and bone-marrow of the guinea pig in implantation and explantation experiments with embryos of Triturus, Exp. Cell. Res. Suppl., **3**, pp.346-357 (1955)

3) Asashima, M., Nakano, H., Shimada, K., Kinoshita, K., Ishii, K., Shibai, H., Ueno, N.：Mesodermal induction in early amphibian embryos by activin A (erythroid differentiation factor), Roux's. Arch. Dev. Biol., **198**, pp.330-335 (1990)

4) Asashima, M., Nakano, H., Uchiyama, H., Sugino, H., Nakamura, T., Eto, Y., Ejima, D., Nishimatsu, S., Ueno, N., Kinoshita, K.：The presence of activin (erythroid differentiation factor) in unfertilized eggs and blastulae of Xenopus laevis, Proc. Natl. Acad. Sci. USA., **88**, pp.6511-6514 (1991)

5) Slack,J.M., Darlington, B.G., Heath, J.K., Godsave, S.F.：Mesoderm induction in early Xenopus embryos by heparin binding factors, Nature, **326**, pp.197-200 (1987)

6) Ariizumi, T., Moriya, N., Uchiyama, H., Asashima, M.：Concentration-dependent inducing activity of activin A, Roux's. Arch. Dev. Biol., **200**, pp.230-233 (1991)

7) Green, J.B.A., New, H.V., Smith, J.C.：Responses of embryonic Xenopus cells to activin and FGF are separated by multiple dose thresholds and correspond to distinct axes of the mesoderm, Cell, **71**, pp.731-739 (1992)

8) Beck, S., Le Good, J.A., Guzman, M., Ben, Haim. N., Roy, K., Beermann, F., Constam, D.

B. : Extraembryonic proteases regulate Nodal signaling during gastrulation, Nat. Cell. Biol., **4**, pp.981-985 (2002)

9) Zhou, X., Sasaki, H., Lowe, L., Hogan, B.L., Kuehn, M.R. : Nodal is a novel TGF-β-like gene expressed in the mouse node during gastrulation, Nature, **361**, pp.543-547 (1993)

10) Roberts, H.J., Hu, S., Qiu, Q., Leung, P.C., Caniggia, I., Gruslin, A., Tsang, B., Peng,C. : Identification of novel isoforms of activin receptor-like kinase 7 (ALK 7) generated by alternative splicing and expression of ALK 7 and its ligand, Nodal, in human placenta, Biol. Reprod., **68**, pp.1719-1726 (2003)

11) Yu, J.K., Holland, L.Z., Holland, N.D. : An amphioxus nodal gene (AmphiNodal) with early symmetrical expression in the organizer and mesoderm and later asymmetrical expression associated with left-right axis formation, Evol. Dev., **4**, pp.418-425 (2002)

12) Morokuma, J., Ueno, M., Kawanishi, H., Saiga, H., Nishida, H. : HrNodal, the ascidian nodal-related gene, is expressed in the left side of the epidermis, and lies upstream of HrPitx, Dev. Genes. Evol., **212**, pp.439-446 (2002)

13) Rebagliati, M.R., Toyama, R., Fricke, C., Haffter, P., Dawid, I.B. : Zebrafish nodal-related genes are implicated in axial patterning and establishing left-right asymmetry, Dev. Biol., **199**, pp.261-272 (1998)

14) Long, S., Ahmad, N., Rebagliati, M. : The zebrafish nodal-related gene southpaw is required for visceral and diencephalic left-right asymmetry, Development, **130**, pp.2303-2316 (2003)

15) Jones, C.M., Kuehn, M.R., Hogan, B.L., Smith, J.C., Wright, C.V. : Nodal-related signals induce axial mesoderm and dorsalize mesoderm during gastrulation, Development, **121**, pp. 3651-3662 (2993)

16) Smith, W.C., McKendry, R., Ribisi, S. Jr., Harland, R.M. : A nodal-related gene defines a physical and functional domain within the Spemann organizer, Cell, **8**, pp.37-46 (1995)

17) Joseph, E.M., Melton DA : Xnr 4: a Xenopus nodal-related gene expressed in the Spemann organizer. Dev. Biol., **184**, pp.367-372 (1997)

18) Takahashi, S., Yokota, C., Takano, K., Tanegashima, K., Onuma, Y., Goto, J., Asashima, M. : Two novel nodal-related genes initiate early inductive events in Xenopus Nieuwkoop center, Development, **127**, pp.5319-5329 (2000)

19) Shen, M.M., Schier, A.F. : The EGF-CFC gene family in vertebrate development, Trends Genet, **16**, pp.303-309 (2000)

20) Yeo, C., Whitman, M. : Nodal signals to Smads through Cripto-dependent and Cripto-independent mechanisms, Mol. Cell., **7**, pp.949-957 (2001)

21) Schier, A.F., Shen, M.M. : Nodal signalling in vertebrate development, Nature, **403**, pp.385-389 (2000)

22) Cheng, S.K., Olale, F., Brivanlou, A.H., Schier, A.F. : Lefty Blocks a Subset of TGFβ Signals by Antagonizing EGF-CFC Coreceptors, PloS. Biol., **2**, pp.205-226 (2004)

23) Tanegashima, K., Haramoto, Y., Yokota, C., Takahashi, S., Asashima, M. : Xantivin suppresses the activity of EGF-CFC genes to regulate nodal signaling, Int. J. Dev. Biol., **48**, pp.275-283 (2004)

24) Piccolo, S., Agius, E., Leyns, L., Bhattacharyya, S., Grunz, H., Bouwmeester, T., De Robertis, E.M.：The head inducer Cerberus is a multifunctional antagonist of Nodal, BMP and Wnt signals, Nature, **397**, pp.707-710 (1999)

25) Bell, E., Munoz-Sanjuan, I., Altmann, C.R., Vonica, A., Brivanlou, A.H.：Cell fate specification and competence by Coco, a maternal BMP, TGFβ and Wnt inhibitor, Development, **130**, pp.1381-1389 (2003)

26) Harms, P.W. and Chang, C.：Tomoregulin-1 (TMEFF 1) inhibits nodal signaling through direct binding to the nodal coreceptor Cripto, Genes. Dev., **17**, pp.2624-2629 (2003)

27) Chang, C., Eggen, B.J., Weinstein, D.C., Brivanlou, A.H.：Regulation of nodal and BMP signaling by tomoregulin-1 (X 7365) through novel mechanisms, Dev. Biol., **255**, pp.1-11 (2003)

28) Haffner, C., Frauli, M., Topp, S., Irmler, M., Hofmann, K., Regula, J.T., Bally-Cuif, L., Haass, C.：Nicalin and its binding partner Nomo are novel Nodal signaling antagonists, EMBO. J., **23**, pp.3041-3050 (2004)

29) Ninomiya, H., Ariizumi, T., Asashima, M.：Activin-treated ectoderm has complete organizing center activity in Cynops embryos, Dev. Growth. Differ., **40**, pp.199-208 (1998)

30) Ariizumi, T., Asashima, M.：In vitro control of the embryonic form of Xenopus laevis by activin A: Time and dose-dependent inducing properties of activin-treated ectoderm, Dev. Growth. Differ., **36**, pp.499-507 (1994)

31) Ariizumi, T., Asashima, M.：Head and trunk-tail organizing effects of the gastrula ectoderm of Cynops pyrrhogaster after treatment with activin A, Roux's. Arch. Dev. Biol., **204**, pp.427-435 (1995)

32) Jacobson, A.G., Sater, A.K.：Features of embryonic induction, Development, **104**, pp.341-359 (1998)

33) Lohr, J.L., Yost, H.J.：Vertebrate model systems in the study of early heart development: Xenopus and zebrafish, Am. J. Med. Genet., **97**, pp.248-257 (2000)

34) Lyons, G.E.：Vertebrate heart development, Curr. Opin. Genet. Dev., **6**, pp.454-460 (1996)

35) Mohun, T., Sparrow, D.：Early steps in vertebrate cardiogenesis, Curr. Opin. Genet. Dev., pp.628-633 (1997)

36) Ariizumi, T., Komazaki, S., Asashima, M., Malacinski, G.M.：Activin treated urodele ectoderm: A model experimental system for cardiogenesis, Int. J. Dev. Biol., **40**, pp.715-718 (1996)

37) Ariizumi, T., Kinoshita, M., Yokota, C., Takano, K., Fukuda, K., Moriyama, N., Malacinski, G.M., Asashima, M.：Amphibian in vitro heart induction: a simple and reliable model for the study of vertebrate cardiac development, Int. J. Dev. Biol., **47**, pp.405-410 (2003)

38) Moriya, H., Uchiyama, H., Asashima, M.：Induction of pronephric tubules by activin and retinoic acid in presumptive ectoderm of Xenopus laevis, Dev. Growth. Differ., **35**, pp.123-128 (1993)

39) Brennan, H.C, Nijjar, S., Jones, E.A.：The specification and growth factor inducibility of the pronephric glomus in Xenopus laevis, Development, **126**, pp.5847-5856 (1999)

40) Uochi, T., Asashima, M.：Sequential gene expression during pronephric tubule formation

in vitro and in Xenopus ectoderm, Dev. Growth. Differ., **38**, pp.625-634 (1996)

41) Chan, T., Takahashi, S., Asashima, M.：A role for Xlim-1 in pronephros development in Xenopus laevis, Dev. Biol., **228**, pp.256-269 (2000)

42) Onuma, Y., Nishinakamura, R., Takahashi, S., Yokota, T., Asashima, M.：Molecular cloning of a novel Xenopus spalt gene (Xsal-3), Biochem. Biophys. Res. Commun., **264**, pp. 151-156 (1999)

43) Chan, T., Ariizumi, T., Asashima, M.：A model system for organ engineering: Transplantation of in vitro induced embryonic kidney, Naturwiss, **86**, pp.224-227 (1999)

44) Moriya, N., Komazaki, S., Asashima, M.：In vitro organogenesis of pancreas in Xenopus laevis dorsal lips treated with retinoic acid, Dev. Growth. Differ., **42**, pp.175-185 (2000)

45) Moriya, N., Komazaki, S., Takahashi, S., Yokota, C., Asashima, M.：In vitro pancreas formation from Xenopus ectoderm treated with activin and retinoic acid, Dev. Growth. Differ., **42**, pp.593-602 (2000)

46) Slack, J.M.：Developmental biology of the pancreas, Development, **121**, pp.1569-1580 (1995)

47) Kim, S.K., Hebrok, M., Melton, D.A.：Notochord to endoderm signaling is required for pancreas development, Development, **124**, pp.4243-4252 (1997)

48) Grapin-Botton, A., Majithia, A.R., Melton, D.A.：Key events of pancreas formation are triggered in gut endoderm by ectopic expression of pancreatic regulatory genes, Genes. Dev., **15**, pp.444-454 (2001)

49) Lumelsky, N., Blondel, O., Laeng, P., Velasco, I., Ravin, R., McKay, R.：Differentiation of embryonic stem cells to insulin-secreting structures similar to pancreatic islets, Science, **292**, pp.1389-1394 (2001)

50) 山田賢裕，尾池雄一，須田年生：血管新生　再生医学がわかる（横田　崇編），pp.104-109，羊土社（2002）

51) Miyanaga, T., Shiurba, R., Asashima, M.：Blood cell induction in Xenopus animal cap explants: effects of fibroblast growth factor, bone morphogenetic proteins and activin, Dev. Genes. Evol., **209**, pp.69-76 (1999)

52) Naganime, K., Furue, M., Fukui, A., Asashima, M.：Induction of cells expressing vascular endothelium markers from undifferentiated Xenopus presumptive ectoderm by co-treatment with activin and angiopoietin-2, Zool. Sci., in press.

6 脳形成と再生

6.1 はじめに

　脳（brain）は，相対的に巨大といわれるヒトでさえ約1 400 gと，体重の2％を占めるに過ぎない小さな器官であるが，視覚や聴覚などの感覚，喜びや悲しみなどの感情，思考や判断などの精神作用，さらには高等動物に特有な知能的判断力などの機能を担っている。

　ヒトの脳は，主として2 000億個ともいわれる膨大な数のニューロン（neuron）と，その10倍もの数のグリア細胞（glial cell）からできている。脳の機能を担う素子であるニューロンは，シナプス（synapse）という接点を介して神経回路を形成し，神経情報の伝達と処理を行っている。脳と脊髄（spinal cord）からなる中枢神経系（central nervous system）には，アストロサイト（astrocyte），オリゴデンドロサイト（oligodendrocyte），ミクログリア（microglia），上衣細胞（ependymal cell）の4種類のグリア細胞がある。それぞれのグリア細胞は異なる形態と機能を有しているが，基本的にはニューロンの発達と生存，および液性環境維持と代謝的支援，軸索伝導やシナプス伝達の調節などに積極的にかかわっていると考えられている。脳においてはニューロンとグリア細胞が複雑にからみ合うことにより高度な機能が実現されている。

　高機能な脳はきわめて脆弱な器官であり，損傷や短時間の血液供給停止により，簡単にそして永続的に機能が失われてしまう。例えば，脳血栓や脳塞栓などによって脳への血流が止まると，酸欠になった脳細胞は，たちまち脳梗塞を引き起こす。脳梗塞になると運動麻痺や感覚障害，言語障害などが起きることが多く，一度失われてしまった脳機能はリハビリテーションをしても完全にもとに戻ることはない。

　20世紀初頭に神経科学の巨星，ラモニ・カハール（S. Ramón y Cajal）が「成体哺乳類の中枢神経系は，一度損傷を受けると二度と再生しない」と述べて以来，この説が長い間信じられてきた。しかし1990年代になると，再生の源となりうる神経幹細胞（neural stem cell）がヒトをはじめとする哺乳類成体の脳内でも見つかり，中枢神経系を再生させることが現実味を帯びてくるとともに，その再生医療研究が脚光を浴び始めた（6.3節参照）。に

わかに盛んになってきたヒトの中枢神経系を再生させる方法を探求する研究において，多くの研究者は，ヒトと同じく中枢神経系の再生がみられないマウスやラットをモデル動物として用いているが，再生できる動物の再生過程を参考にしてヒトの再生方法を探索するというアプローチも考えられるのではないだろうか．

あまり知られていないが，じつは哺乳類と同じ脊椎動物にも脳を再生できる動物がいる．ヒトをはじめとする哺乳類はもちろんのこと，鳥類・爬虫類も基本的に中枢神経系を再生することができないとされているが，魚類・両生類では中枢神経系を再生できる例が1950年代に数多く報告されている．

本章では両生類の脳の再生について述べるが，その再生過程は発生過程に似ているため，まず脳の発生を概観してから再生に進む．また最後にヒトの脳再生の可能性についても考えてみたい．

6.2　脊椎動物の脳形成

6.2.1　神経誘導

脊椎動物の中枢神経系形成は，初期胚における神経誘導から始まる．原腸形成（gastrulation）を終えた原腸胚（gastrula）には外胚葉（ectoderm），中胚葉（mesoderm），内胚葉（endoderm）の3胚葉の分化がみられるが，神経形成に関与しているのは背側外胚葉とその直下の中軸中胚葉（脊索，notochord）である（図6.1）．原腸形成が終わったあと，

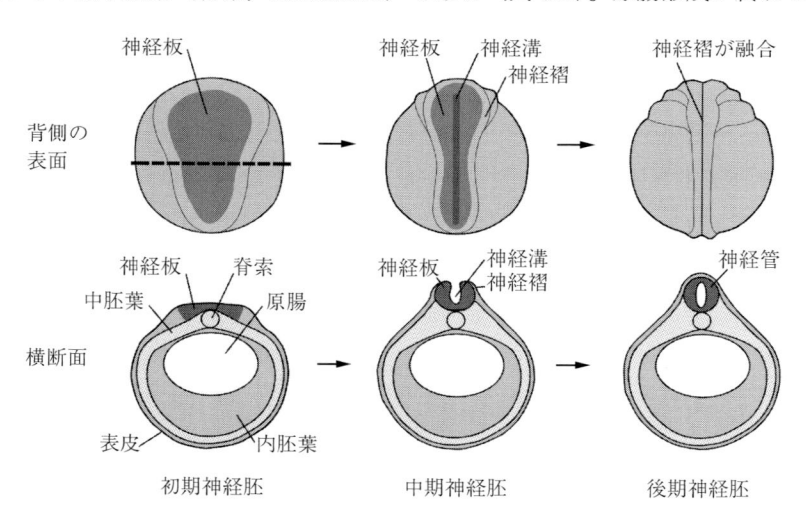

左から初期，中期，後期神経胚を示す．上段は全胚を背側から
見たところ．下段は胚の中央の横断面〔文献1）より改変〕

図6.1　カエルの神経胚形成

脊索は三つの BMP 阻害因子 Noggin, Follistatin, Chordin をすぐ上の背側外胚葉に向けて分泌する。これらの因子はいずれも胚の腹側で発現・拡散する BMP 4 と結合し，これを不活性化することによって外胚葉を背側化するという共通の機能をもっている。

BMP 阻害因子を受けた背側外胚葉は，神経上皮（neuroepithelium）になるように誘導される。誘導を受けた領域の細胞は円柱状になり，それ以外の表皮になる細胞と形態的にも区別できるようになる。この領域は神経板（neural plate）と呼ばれ，集束的伸長（convergent extension）によって左右は細くなりながら前後に伸びる（図 6.1 参照）。神経板における細胞分裂は，前後軸方向が優先されることも知られている。

6.2.2 神 経 管 形 成

神経板が中枢神経系の原基である神経管を形成する過程は神経管形成（neurulation）と呼ばれ，それが終わった胚は神経胚（neurula）と呼ばれる。神経管はやがて，前方に脳を，それより後方に脊髄を形成する。

脊椎動物の神経管形成は大きく二つの様式に分けることができる。一次神経管形成（primary neurulation）では，神経板の左右が隆起し，正中部が陥入しながら上方で左右の隆起が癒着することで，神経板が管状に閉じて神経管となる（図 6.1 参照，**図 6.2**）。一方，二次神経管形成（secondary neurulation）の場合，神経管は，まず腔所のない索状組織とし

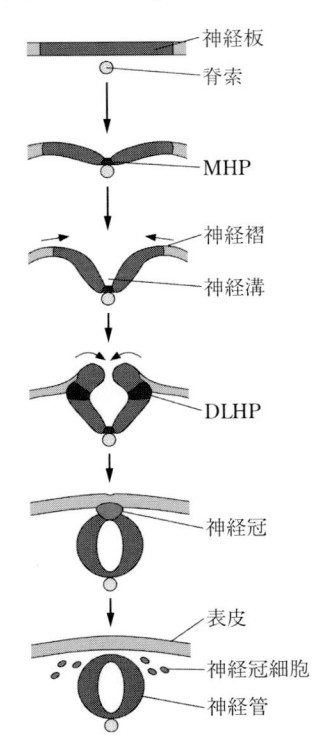

胚 の 背 側 領 域 の 横 断 面。中 心 蝶 番 点（MHP）と背側側方蝶番点（DLHP）の二つの領域が蝶番としてはたらくことにより神経管が形成される〔文献 1) より改変〕

図 6.2 ニワトリの神経管形成

て作られ，それが胚体内に沈み込んだあとに神経管内腔ができる．

二つの発生様式の使い分けは脊椎動物においてもさまざまである．魚類では，神経管のほとんどが二次神経管形成によって形成されるが，両生類・爬虫類・鳥類・哺乳類では多くの領域は一次神経管形成で，後方領域で二次神経管形成がみられる．二次神経管形成がみられるのは，ニワトリでは後肢より後方，アフリカツメガエルでは尾部，マウスでは仙椎のあたりから後方である．多くの動物において，脳が形成される頭部領域は一次神経管形成によって神経管ができる．この過程は両生類・爬虫類・鳥類・哺乳類で基本的にほとんど違いがないので（図 6.1, 6.2 参照および**図 6.3**），最もわかりやすいニワトリの一次神経管形成を中心にみていくことにする．

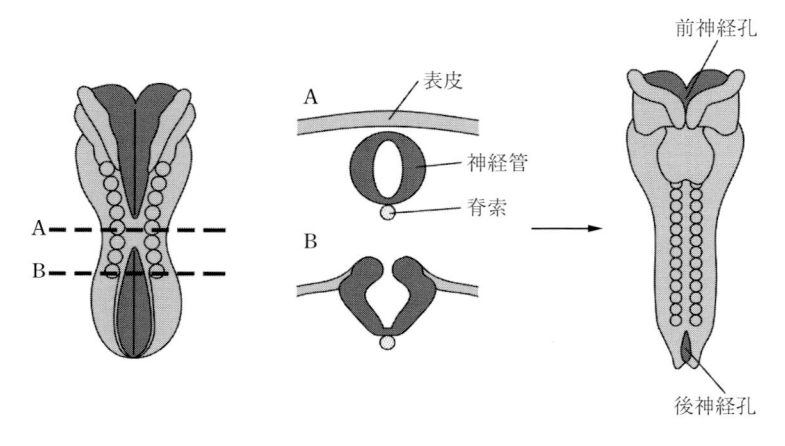

胚を背側から見たところ．A，B それぞれの部位での横断面を中央に示す．神経管の閉鎖は胴部より始まり，前方と後方はまだ開いている．このあと，前方領域，後方領域へと閉鎖が進行し，最後に前後二つの神経孔が閉じる（右）〔文献 1〕より改変〕

図 6.3 ヒトの神経管形成

一次神経管形成の過程においては，背側外胚葉の細胞は三つのグループに分けられる．一つ目は胚の内側に陥入する神経管細胞のグループで，これはのちに脳と脊髄を形成する．二つ目はそのまま外側にとどまるグループで，のちに皮膚（表皮）になる．三つ目は神経冠細胞（神経堤細胞，neural crest cell）と呼ばれるグループで，のちに腹側へと移動してさまざまな場所で末梢のニューロンやグリア細胞，皮膚の色素細胞などに分化する．神経冠細胞は神経管と表皮が接触している境界領域で形成される（図 6.2 参照）．

中胚葉による誘導によって神経板が形成されてしばらくすると，その縁が厚くなり，盛り上がって神経褶（神経ヒダ，neural fold）が形成される．同時に U 字型の神経溝（neural groove）が神経板の中心に現れる．神経褶は盛り上がったまま胚の正中線に向かって移動し，最終的には，先端どうしが融合するとともに神経板全体が胚体内部に沈み込み，表皮性

外胚葉の下で神経管を形成する。このとき神経冠細胞は，神経管の最も背側部に位置している（図 6.2 参照）。

一次神経管形成は，二つの異なった（しかし，場所的・空間的には重なった）ステージに分けることができる。一つ目のステージは神経褶と神経溝の形成，二つ目は神経管の閉鎖である。これらを詳細にみていこう。

〔1〕 **神経褶と神経溝の形成**　神経板が折り曲がるには，神経板が周りの組織と接触している必要がある。背側外胚葉では，予定表皮細胞が神経板の側面の縁と接着し，そこに位置する神経褶を正中線の上方へと押し上げる（図 6.1，6.2 参照）。鳥類や哺乳類では，神経板の正中線上の細胞は中心蝶番点（medial hinge point：MHP）細胞と呼ばれており，神経板の正中線領域に由来する。MHP 細胞は下にある脊索に固定され，背側正中線に溝を作る「蝶番」となる。脊索は MHP 細胞の高さを低くし，くさび形になるように誘導する。一方，MHP の両側の細胞はそのような変化は受けない。続いて，別の蝶番領域が神経板と表皮の結合部位の近く（両側の神経褶付近）に溝を作る。これらの領域は背側側方蝶番点（dorsolateral hinge point：DLHP）と呼ばれ，神経褶の予定表皮外胚葉に固定される。これらの細胞も背が低くなり，くさび形になることで内側に折れ曲がる。おのおのの蝶番を軸にして神経板を作っていた細胞シートは折り曲がり，やがて完全な管となる（図 6.2 参照）。

細胞の形がくさび形になることには，微小管やマイクロフィラメントが関与している。微小管重合阻害剤のコルヒチンは，これらの細胞が伸長するのを阻害する。一方，マイクロフィラメント形成阻害剤のサイトカラシン B は，これらの細胞の背側極での収縮を妨げるので，細胞がくさび形になるのが阻害される。

神経管形成には，外因性の力も大きなはたらきを担っている。ニワトリ胚の表層外胚葉は胚の正中線方向に向けて神経板を押し，神経板が折り曲がる力を供給している（図 6.2 参照）。脊索を含む神経板の小片を胚から単離すると，それらは内側となるべき面を外側にして神経管形成をする。このことから，予定表皮による中心方向への押し出しと神経板が脊索に固定されて下方への力を受けていることが，神経管が胚の外側ではなく内側へ陥入することに重要であることがわかる。

〔2〕 **神経管の閉鎖**　左右の神経褶が背側正中線で癒合することで神経管は閉じる。左右の神経褶細胞は，たがいに接着し，そこが縫い目になるように管が閉じる。脊椎動物ではこの癒合点の細胞が神経冠細胞を形成する。鳥類では神経冠細胞は神経管が閉じるまでは背側領域から移動しないが，哺乳類では頭部の神経冠細胞（顔と首の構造を形成する）は神経褶が襞状に隆起しているとき（神経管が閉じる前）にすでに移動を開始する。一方，脊髄領域の神経冠細胞は神経管が閉じるまで動かない。

神経管の閉鎖は，すべての領域において同時に起こるわけではない。これは体軸が神経管

形成の前に長く伸びている鳥類や哺乳類を観察するとよくわかる。爬虫類・鳥類・哺乳類では，胴部での神経誘導が起こる前に頭部で神経管の閉鎖が開始される。鳥類や哺乳類の胚をみてみると，頭部領域での神経管形成はよく進んでいるが，尾部領域ではまだ原腸形成の途中である。ただし，頭部先端でも神経管の閉鎖は遅れる。その結果，神経管が前後で二つ開く時期があり，それぞれの端の開口部は前神経孔（anterior neuropore）と後神経孔（posterior neuropore）と呼ばれている（図6.3参照）。

神経管形成に関する障害は神経管閉鎖の失敗によって起こるものが多く，その閉鎖が中枢神経系の発生に非常に重要であることがわかる。ヒトでは，後方神経管領域の閉鎖に失敗すると二分脊椎（spina bifida）と呼ばれる状態になる。前方神経管領域の閉鎖に失敗すると，致命的な無脳症（anencephaly）になる。無脳症では，胎児の前脳発生は初期で停止しており，頭蓋骨も形成されない。体軸全部にわたって神経管が閉じるのが失敗した場合は頭蓋脊椎破裂（craniorachischisis）と呼ばれる。

神経管は最終的に表層の外胚葉から離れ，間充織に沈み込んだ，閉じた円筒構造となる。神経管の表皮外胚葉からの分離は，異なる細胞接着分子の発現によって成り立っていると考えられている。神経管になる細胞も，最初は周りの予定表皮細胞と同じくE-カドヘリンを発現しているが，神経管形成の初期にその発現をやめ，代わりにN-カドヘリンとN-CAMを発現するようになる（**図6.4**）。これらの分子は同種親和性なので，結果として表皮細胞組織と神経管組織は，たがいに結合しなくなる。周りの表皮細胞にもN-カドヘリンを強制発現させることで，表皮からの神経管の分離が劇的に妨げられることが，実験的に示されている。

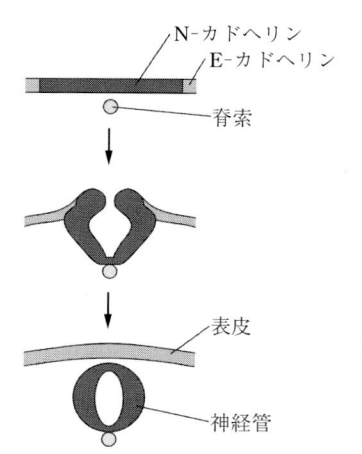

胚の背側領域の横断面。初期神経胚では，N-カドヘリンは神経板で，E-カドヘリンは予定表皮で発現している。発生が進むと，N-カドヘリンを発現している細胞集団はE-カドヘリンを発現している細胞集団と分離して神経管を形成する。〔文献1) より改変〕

図6.4 カエルの神経管形成時のカドヘリンの発現

6.2.3 神経管の分化

神経管が中枢神経系のさまざまな領域へと分化する様子は，三つのレベルで同時並行的に起こる。解剖学的レベルでは，脳と脊髄の各区画を形成するために神経管とその管腔が局所的に膨らんだり収縮したりする。組織レベルでは，領域ごとに異なった層構造を形成するために，神経管壁の細胞集団が再配置される。細胞レベルでは，神経上皮細胞が部域ごとに特徴をもったさまざまな種類の神経細胞（ニューロン）と支持細胞（グリア細胞）に分化する。脊椎動物の脳の初期発生はどんな動物でも基本的に同じであるが，ここでは，よく調べられているヒトとニワトリの脳の発生をみていこう。

〔1〕**前　後　軸**　哺乳類の初期の神経管はまっすぐな管状構造である。しかし，原腸陥入の時点で背側外胚葉の前後軸極性が形成されており，管の後方部位が形成される前から前方部位では顕著な変化がみられる。この領域では神経管が膨らんで，前脳胞（prosencephalon, forebrain），中脳胞（mesencephalon, midbrain），菱脳胞（rhombencephalon, hindbrain）という三つの一次脳胞ができる（図 6.5）。

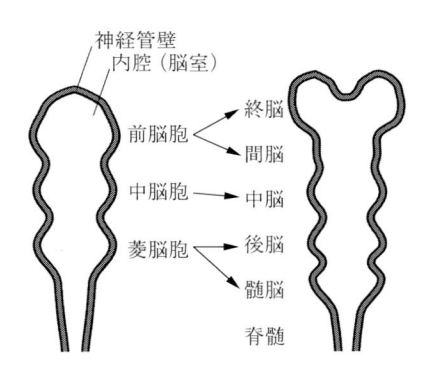

図 6.5　ヒトの脳の発生

最初に三つの一次脳胞が形成され，発生が進むにつれて五つに細分される〔文献1）より改変〕

前脳胞は発生が進むと終脳（telencephalon）と間脳（diencephalon）に分かれる。終脳は最終的に嗅球（olfactory bulb）と大脳半球（cerebral hemisphere）を形成し，間脳は視床（thalamus）と視床下部（hypothalamus）を形成する。中脳胞はそれ以上分かれず，そのまま中脳となる。菱脳胞は後脳（metencephalon）と髄脳（myelencephalon）に分かれる。後脳は小脳（cerebellum）になり，運動・姿勢・平衡の調和をつかさどる。髄脳は最終的に延髄（medulla oblongata）になり，呼吸・胃腸・心血管の運動を制御する神経を生み出す。

脊椎動物初期胚において，脳は急速な膨張をみせる。ニワトリ胚では，その体積が発生3～5日目で30倍になる。この急速な拡張は，管腔内へのリンパ液（脳脊髄液）の流入に伴い神経管壁に対する陽圧が増すことで引き起こされると考えられている。一方，この圧力は脊髄には加わらないので脊髄が膨らむことはない。これは，神経褶が将来の脳と脊髄の間の

領域で閉じるときに，この領域では神経管の内腔も周囲の組織が締めつけて閉鎖しているからである。この閉塞はヒトでもみられ，脳と脊髄の領域が効果的に分けられる。ニワトリにおいて，閉塞された神経管の頭部領域の陽圧が実験的に除かれると，脳は拡大するのが遅くなり，正常胚よりも細胞数が大幅に減少することが示されている。脳と脊髄の間で閉鎖された神経管の内腔は，脳が充分に拡張したあとに開かれる。

〔2〕**背腹軸** 神経管には，背腹軸に沿っても極性がある。例えば脊髄では，背側領域には感覚ニューロンからの入力を受けとる脊髄ニューロンがあり，腹側領域には運動ニューロンがある。それらの間の領域には感覚ニューロンと運動ニューロンの間で情報を中継するたくさんの介在ニューロンが存在する。

神経管の背腹軸の極性は周辺の環境からの分泌因子によって形成されていることが明らかになっている。神経管の背側化はTGF-βスーパーファミリー（BMP，Dorsalin，Activin）によって確立される。背側表皮から分泌されたBMP4とBMP7は，神経管の蓋板（roof plate）に，BMP4を分泌する第2のシグナル領域を誘導する。同様に，腹側でも脊索から分泌されたShh（Sonic hedgehog）が神経管の底板（floor plate）にShhを分泌する第2のシグナル領域を誘導する。

このようにして確立された神経管の背腹二つのシグナル領域は，神経管の背腹軸に沿ってTGF-βスーパーファミリーとShhの濃度勾配を生み出す。背側領域ではTGF-βスーパーファミリーの濃度が高く，Shhが低い。逆に腹側領域ではTGF-βスーパーファミリーが薄く，Shhが濃い。これらの分泌因子はその濃度・組合せに応じてさまざまな転写因子の発現を誘導するので，最終的に背腹軸に沿って異なる細胞種が分化してくる（図6.6）。

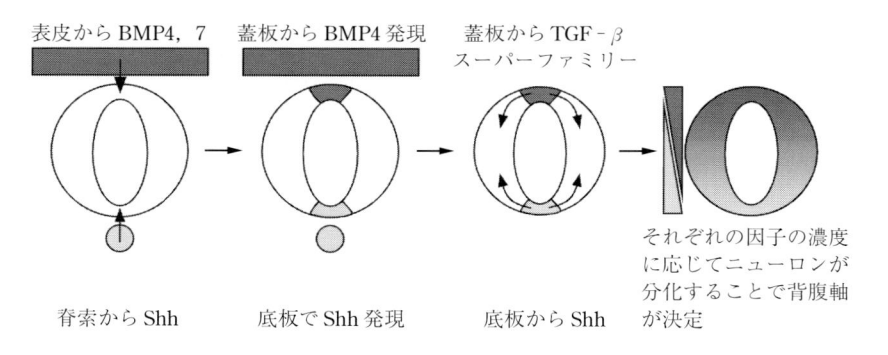

表皮と脊索から分泌されるシグナルによって，神経管の蓋板と底板に第2のシグナル分泌領域が形成される。これら二つの領域から分泌されるシグナル因子の濃度勾配によって，神経管の背腹軸が形成される〔文献1）より改変〕

図6.6 神経管の背腹軸形成

6.2.4 中枢神経系の組織構築

ニューロンは皮質（cortex）で層状に並べられたり，神経核（nucleus）と呼ばれる集団にまとめられたりして脳内で組織化されている。このようなニューロンの組織化はどのようにして成し遂げられるのだろうか。

陥入直後の神経管は細胞が1層からなる単純な上皮組織であり，高頻度で分裂している神経幹細胞（ニューロンとグリア細胞を生み出す。図6.24参照）のみからなっている。神経上皮細胞は背が高く，神経管の内腔面と外表面の両方に接して1層であるが，それぞれの細胞の核が異なった高さに位置しているので，あたかも多層であるように見える。しかし，これは核が細胞周期に合わせて細胞内を上下に移動しているためにそのように見えるだけであることがわかっている。

DNAの複製は，核が神経管の外側に位置しているときに行われるが，細胞周期が進むにつれて核を含む細胞体部分は内側へ移動し，内腔面近くでM期となり分裂する（**図6.7**）。この時期に神経上皮を放射性チミジン（DNAを複製している細胞に取り込まれる）でラベルすると，すべての細胞が分裂していることがわかるが，発生が進むと一部の細胞は分裂しなくなる。分裂しなくなった細胞はその後神経管の外側に移動して，ニューロンやグリア細胞へと分化する。

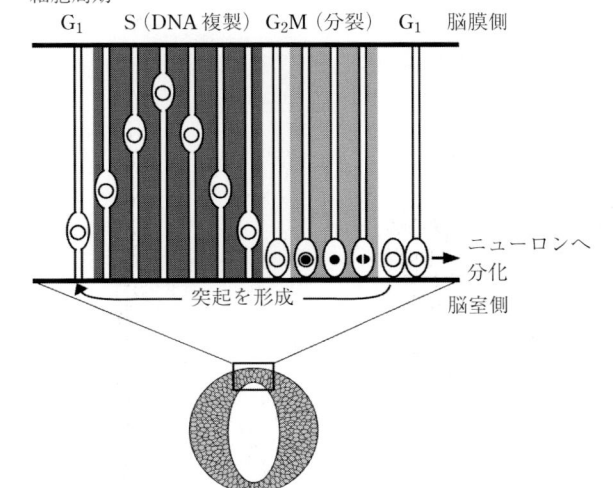

陥入直後の神経管は，細胞が1層からなる単純な神経上皮であるが，細胞周期に合わせて細胞体の位置が上下に移動するので多層に見える。細胞体が内腔から離れているときにDNAが複製され，分裂は内腔近くで行われる。娘細胞の一部は細胞周期を外れるとともに，外側へ移動してニューロンやグリアへと分化する。〔文献1）より改変〕

図6.7 神経管の神経上皮細胞

〔1〕 **脊髄の形成**　内腔近くで細胞は分裂を続けるが，やがて一部の細胞は神経上皮の外側へと移動して新しい層を形成する。外側の層に細胞が加わるに連れて，この層は徐々に厚くなり，外套層（mantle layer，もしくは中間層（intermediate layer））と呼ばれるようになる。このときから，内側の神経上皮は脳室層（ventricular layer，のちに上衣層

118　　6. 脳形成と再生

(ependymal layer)）と呼ばれるようになる（図 6.8）。外套層に移動した細胞はニューロンとグリア細胞に分化する。ニューロンは，たがいの間で連絡を作り，神経管の外側に向かって軸索を伸ばすので，外套層の外側には細胞体が少ない辺縁層（marginal layer）が形成される。このあと，オリゴデンドロサイトが辺縁層にある軸索をミエリン鞘で覆うので，辺縁層が白く見えるようになり，細胞体のある灰色の層とはっきりとした領域に分かれる。そのため，ニューロンの細胞体がある外套層は灰白質（grey matter）と呼ばれ，ミエリンで覆われた軸索がある辺縁層は白質（white matter）と呼ばれることがある。

脊髄では，上衣（脳室）層–外套層–辺縁層の基本的な 3 層構造の完成で発生は終了する（図 6.8）。灰白質（外套層）は徐々に厚くなる白質に覆われる結果，脊髄は蝶のような断面

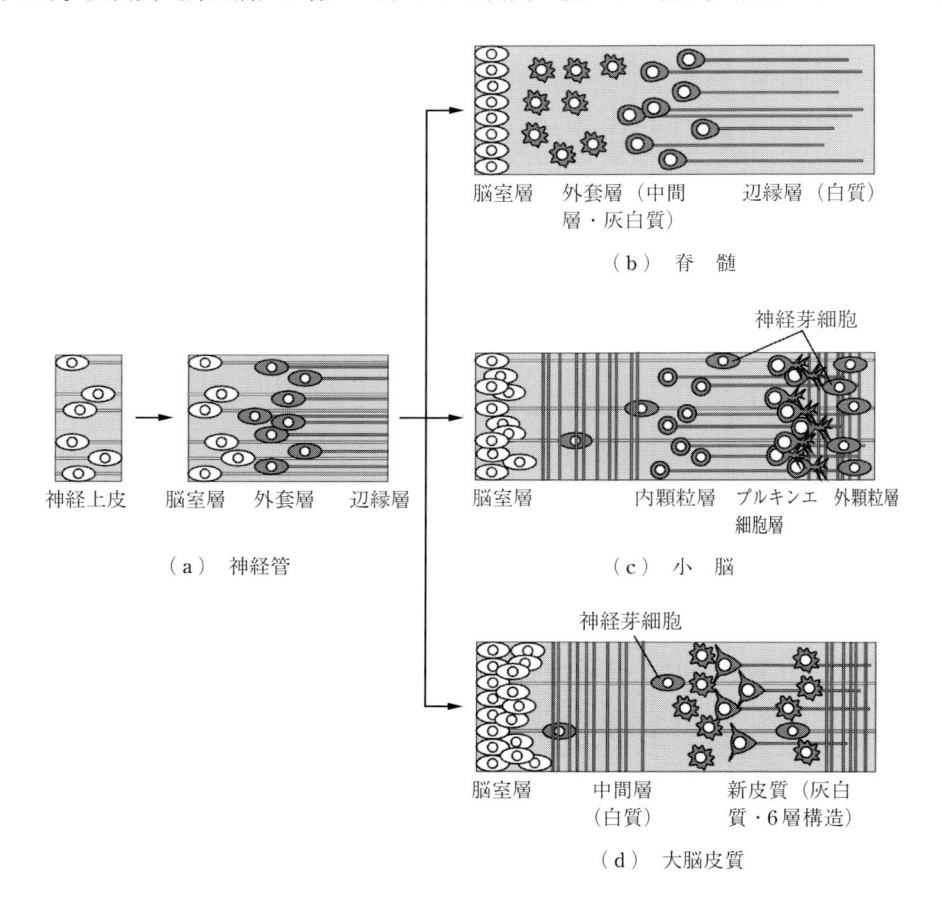

陥入直後の神経管は 1 層の神経上皮であるが，発生が進むと脳室層（のちに上衣層），外套層（中間層），辺縁層の 3 層構造になる。脊髄は発生が進んでもあまり変わらない 3 層構造を保つが，小脳と大脳皮質ではニューロンがより外側へ移動することにより，層構造が大幅に変更される。ニューロンと神経芽細胞を灰色で示す。〔文献 1）より改変〕

図 6.8　ヒトの神経管壁の分化

の模様をもつ構造となる．脊髄の発生が進むと前後軸に沿った境界溝（sulcus limitans）と呼ばれる溝ができ，脊髄が背腹に分けられる．背側領域には感覚ニューロンからの信号を受け取る神経が，腹側領域には，さまざまな運動機能をもった神経が分布する．

〔2〕 **小脳の形成**　脊椎動物の脳では，細胞の増殖や移動パターン，および選択的な細胞死の違いによって，脊髄でみられた上衣（脳室）層-外套層-辺縁層という基本的な3層構造がさらに修飾を受ける．小脳では，いくつかのニューロン前駆細胞が神経核と呼ばれる集団を作るために辺縁層に入る．おのおのの神経核は機能的ユニットとしてはたらき，小脳の外側の層と脳のほかの領域との中継基地としてはたらく．

小脳でも脊髄と同じように，ニューロン前駆細胞は最内層の神経上皮細胞の分裂によって生み出され，外側へ移動していく．ニューロン前駆細胞は神経芽細胞（neuroblast）と呼ばれ，発生中の小脳の外側の層へ移動し，外顆粒層（external granule layer）を形成する．神経芽細胞は脳室から離れたこの領域で再び分裂し，顆粒細胞（granule cell）へと分化する．形成された顆粒細胞は，その場で外顆粒層を形成するだけでなく，脳室（上衣）層の方へと逆戻りするように移動して内顆粒層（internal granule layer）をも形成する．同時に脳室層では，特徴的な形態をもつ大きなプルキンエ細胞（Purkinje cell）を含むさまざまなニューロンとグリア細胞が生み出される（図6.8参照）．

プルキンエ細胞は小脳の電気経路に特に重要である．小脳内に集まった情報のすべては，最終的に小脳皮質の唯一の出力ニューロンであるプルキンエ細胞へと伝達され，情報処理が完成する．このような構造をもつ小脳が適切にはたらくためには，適切な細胞が適切な場所と時間に分化しなければならない．それは，どのように成し遂げられているのだろうか．

発生中の哺乳類の脳において，移動する神経芽細胞が到達する場所を決めると考えられている一つの機構が，グリア細胞によるガイド（glial guidance）である．中枢神経の発生過程では，皮質のいたるところで神経芽細胞がそれぞれの目的地まで「グリア細胞のモノレール」に乗っているのが観察されている．小脳や大脳では，神経芽細胞が放射状グリア（radial glia）の長い突起の上を移動する（図6.9）．神経芽細胞は数種類のタンパク質によってグリア細胞と特異的に接着することが知られている．そのうちの一つはアストロタクチン（astrotactin）と呼ばれていて，神経芽細胞の移動に重要な役割を果たしていることが，実験的に示されている．神経芽細胞のアストロタクチンが抗体で覆われてしまうと，神経芽細胞はグリア細胞の突起に結合できなくなり，移動もしなくなる．

〔3〕 **大脳の形成**　神経管の3層構造は，大脳においてはさらに複雑になっている．大脳では二つの方法による組織化によって，器官構造が組み立てられる．一つ目は垂直方向の組織化である．小脳と同じように，相互作用するニューロンどうしは垂直方向に配置され分布している．神経芽細胞はグリア細胞の突起上を移動して外套層と辺縁層を通り抜け，脳の

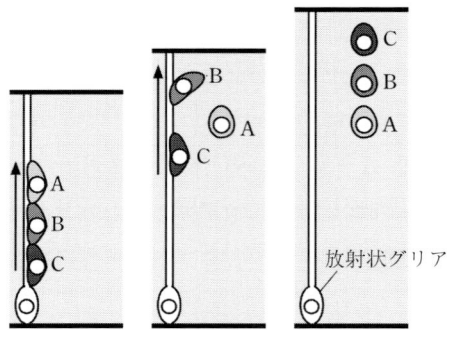

脳室層で生み出された神経芽細胞は，放射状グリアの突起上を伝いながら外側に向かって移動する。このとき，早く生まれた細胞（A）はあまり移動せず，遅く生まれた細胞（B，C）ほど，より遠い表層のほうまで移動する〔文献2）より改変〕

図 6.9　大脳皮質における神経芽細胞の移動

外側表層にニューロンの層を生み出す。この新しい灰白質の層は新皮質（neocortex）と呼ばれており，大脳は最終的に6層構造になる（図6.8参照）。新皮質の各層は，機能的特性や，ニューロンのタイプやそれらが作る連絡の仕方で，それぞれほかの層と異なっている。例えば，第4層のニューロンはおもに間脳の視床からの入力を受け取っており，第6層はおもに視床に出力している。

二つ目は水平方向の組織化である。大脳皮質は，解剖学的・機能的に異なった40を超える領域が水平方向に組織化されていることがわかっている。例えば同じ第6層のニューロンでも，視覚野のニューロンは軸索を視床の外側膝状体に送るが，それよりも前方に位置している聴覚野のニューロンは，軸索を視床の内側膝状体に投射している。

大脳においても，脳室層で誕生したほとんどの神経芽細胞は放射状グリアの突起に沿って外側へ移動して，脳の外側表面に皮質板（cortical plate）を形成する。脳のほかの領域と同じように，脳形成の初期に生み出された神経芽細胞は脳室に近い内側の層を形成し，あとに生まれた神経芽細胞はより外側の皮質板を形成するために大きな距離を移動する。発生過程における inside-out の構造形成である（図6.9参照）。最内層（脳室層）で分裂する幹細胞は皮質のどの層のニューロン（とグリア細胞）へも分化することができる。しかし，そこで誕生した細胞はどの層に入るべきなのかをどうやって知るのであろうか。

移動する細胞が目的とする層は，最後の分裂のときに決定されていることが移植実験で示されている。最後の分裂が終わった神経芽細胞を若い脳（最内層の第6層を作る時期）の脳室層から取り出し，より発生が進んだ脳（外側の第2層を作る時期）の脳室層に移植したところ，これらの細胞は第6層にのみ移動した。

一方，同じ時期の脳から最後の分裂の前（S期の中ごろ）にある細胞を取り出して移植すると，それらの細胞はそこで一度分裂したあとに第2層に移動した。このことから，神経芽細胞は最後の分裂の細胞周期のS～G 2/M 期にかけて，脳室層内から与えられた外因性の

シグナルを受けてどこの層に分布するかが運命づけられていることが示唆される。

　神経芽細胞の分化能力は発生が進むにつれて狭まっていく。発生初期に形成された神経芽細胞は，どんなニューロン（例えば第2層や第6層）にもなる能力があるが，後期の神経芽細胞は，より上の層（第2層）のニューロンにしかなることができない。

　すべての神経芽細胞が放射状に移動するわけではなく，一部の神経芽細胞は脳表面に平行な方向に移動する。若いフェレットで移動中の神経芽細胞を蛍光色素でラベルして追跡すると，神経芽細胞の大半はグリア細胞の突起に沿って脳室層から皮質板へ放射状に移動したが，約12％の細胞は大脳のある領域から別の領域へと平行に移動しているのが観察された。同様に，脳室層の幹細胞をレトロウイルスでラベルし，生まれたあとにこれらの細胞の子孫を検出したところ，一つの幹細胞に由来する複数の神経芽細胞が水平方向に移動していた。

　皮質の領域ごとの機能的特殊化はニューロンが移動したあとに起きる。ニューロンが目的地へたどり着くと，それぞれの集団は脳内の神経核を作るために特有の接着分子を発現する。しかし，細胞運命が決定されるときのシグナルがどんなものなのかについては，まだほとんどわかっていない。

6.3　脳　の　再　生

6.3.1　神経再生の種類

　ひとくちに神経系の再生といっても，さまざまなレベルのものがある（図6.10）。一つ目は軸索の再生で，軸索を切断されたニューロンが標的部位に軸索を再接続させることで，この能力はヒトを含めた哺乳類にもある。おもに末梢神経系（peripheral nervous system）でみられるが，軸索が再伸長するには足場が必要である。そのため，神経索が著しく切断されて大きな間隙ができてしまうと，軸索は標的部位にたどり着くことができないが，この間隙をコラーゲンなどの生体内分解吸収性の材料で埋めることにより軸索が再生できることがわかっており，近年，盛んに臨床研究が行われている。

　二つ目は細胞体を含むニューロンの再生である。脳梗塞やパーキンソン病などで脳のニューロンが死んでしまった場合に期待される再生であるが，ヒトでは通常ほとんどみられない。ニューロンを再生させる一つの方法として考えられているのが，神経幹細胞や胚性幹細胞（ES細胞，embryonic stem cell），それを生体外で分化させたニューロンの移植などであるが，この方法は倫理上の問題と免疫学的拒絶反応の問題がある。また，人工的に脳梗塞を起こして海馬（記憶の形成に関係している）のニューロンが失われたマウスの脳内へ細胞増殖因子を注入することで，ニューロンを再生させることができたという報告もある。この種の再生も再生医療のテーマとして精力的に研究が進められている（6.4節参照）。

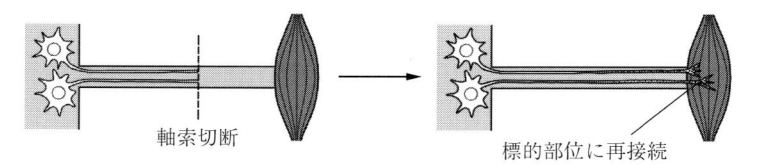

(a) 軸索の再生

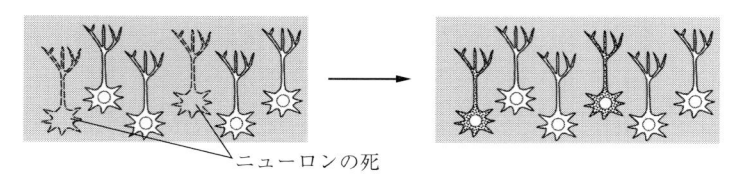

(b) ニューロンの再生

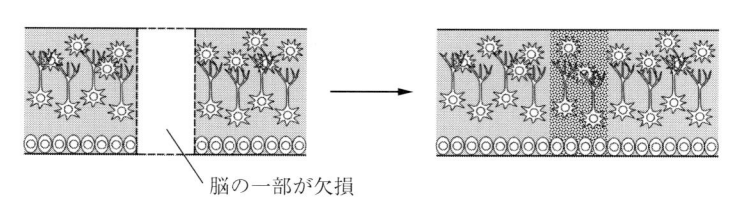

(c) 組織・器官の再生

神経の再生はレベルに応じて3種類に分けられる。軸索の再生とニューロンの再生は，周囲にある組織（灰色の部分）を足場として再生が起こる。一方，組織・器官の再生は足場も含めて組織全体を大規模に再生する。

図 6.10　神経再生の種類

　三つ目は組織・器官の再生である。軸索再生とニューロン再生と異なり，この組織・器官の再生では足場も含めて塊としての大規模な再生を意味しており，イモリの四肢再生やトカゲの尾の再生に匹敵するものである。つまり，この再生こそが「真の再生」といえる。そこで，つぎの項からはこの再生について話を進める。

　脳の再生は本文にあるような物理的再生だけではなく，機能的再生にもみられる。脳梗塞や外傷などで脳に障害を受けても，リハビリテーションにより，ある程度回復することがよく知られている。これは，残された組織だけでも，ニューロン間の連絡のつなぎ替えなどによって失われた機能が補償的に回復できることを示している。ヒトの脳ではニューロンの再生や組織・器官の再生はほとんどみられないが，この能力によって，脳は機能的な面ではある程度「再生」することができる。

6.3.2　脊椎動物の脳の再生

　失われた形を元通りにするという意味での脳の再生は，脊椎動物では魚類と両生類で

1950 年代～1960 年代にかけて数多くの報告がある。熱帯魚としてなじみ深いグッピーは，大脳全体を除去しても 2 か月でほぼ完全に再生するという[5]。変態後も尾がある有尾両生類（イモリ・サンショウウオ）のクシイモリやメキシコサンショウウオ（*Axolotl*）でも，一生を通じて終脳（嗅球と大脳）や中脳の視蓋（optic tectum）が再生すると報告されている[6]。

同じ両生類でも，変態によって尾がなくなる無尾両生類（カエル）の再生能力は有尾両生類とは大きく異なっている。アフリカツメガエルやヒョウガエル，ティレニア・イロワケガエル，ヨーロッパヒキガエルでは，オタマジャクシのときは，イモリと同じように終脳・視蓋・小脳が再生することが報告されているが，変態してカエルになってしまうと再生できなくなる[7]。

ただし，脳を再生できると報告されているこれらの動物においても，脳の再生はおもに終脳や視蓋に限られており，間脳や中脳被蓋（視蓋の下の脳幹部，tegmentum）などの再生はほとんど報告されていない。しかし，その原因は再生能力というよりは，おそらく脳除去後も生存できるかどうかの問題だと思われる。魚類や両生類では，終脳は嗅覚，視蓋は視覚の情報処理を担っており，それらが失われてもすぐに死ぬことはないが，間脳や被蓋などのいわゆる脳幹部はホメオスタシスなどにおける重要なはたらきを担っているため，これらが失われると再生が始まる前に死んでしまうということだろう。

6.3.3 脳の再生過程

魚類や両生類の脳の再生に関する論文は 1970 年までは数多く報告されていたが，その後はほとんどなくなって今日に至っている。また，当時の論文を見ると形態学的解析が中心で，終脳の一部を除去しても半年後には，もとの形に戻っていた，という程度の報告が大半で心許ない。そこでわれわれは，まず最初に，アフリカツメガエルのオタマジャクシを用いて終脳の再生過程を組織学的に詳細に調べた。

両生類の終脳は，哺乳類と同じように嗅球と大脳から構成されているが，全体に占める部域の比率はまったく異なる（**図 6.11**）。アフリカツメガエルの嗅球は嗅神経層-糸球体層-僧帽細胞層-顆粒細胞層と，哺乳類と同じ 4 層構造がみられる（図 6.15 参照）。一方，大脳は上衣層-外套層-辺縁層の 3 層構造からなるだけで，哺乳類の大脳でみられる新皮質がないので，両生類の大脳は哺乳類の脊髄と同じような構造にみえる（図 6.15 c，6.23 参照）。オタマジャクシの大脳は上衣層の代わりに多層になった脳室層があり，これは発生中の哺乳類の脊髄によく似ている（図 6.13 h，6.23 参照）。

6. 脳形成と再生

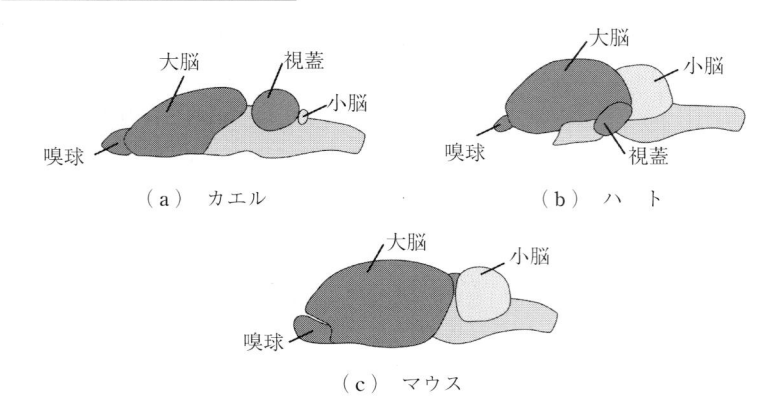

(a) カエル

(b) ハト

(c) マウス

すべて左側から見た側面図。それぞれの部域の相対的な比率を比較しやすくするために，各動物の脳の大きさは変えてある。両生類では感覚刺激を処理する嗅球と視蓋の割合が大きい。一方，鳥類では飛翔を支える小脳が大きく，哺乳類では大脳が大きい。ヒトではマウスよりもさらに大脳の割合が大きくなる。

図 6.11 脊椎動物の脳

再生能が高く，かつ手術がしやすい大きさということで，実験には stage 53 のオタマジャクシ（後肢が生え始めたころ）を用いた（**図 6.12**）。終脳の前半分をメスとピンセット，アスピレーターなどを用いて除去した。除去前は頭蓋骨内のすべての領域が脳組織で占められており，その前方では 2 本の嗅神経（olfactory nerve）と連絡している（**図 6.13 a**）が，除去によりその接続は切断され，頭蓋骨内の前方には体液で満たされた空間ができた（図 6.13 b）。驚いたことに，これほど大規模に脳を除去しても行動には特に変化はみられず，それまでと同じように泳いでえさも食べた（図 6.12）。

(a) 除去前

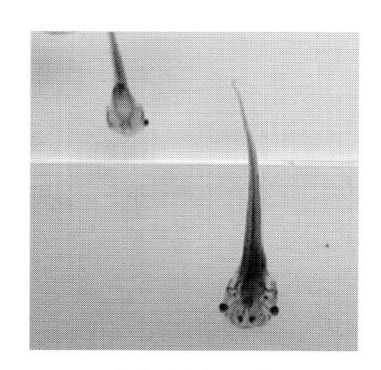

(b) 除去 1 日後

Stage 53 のオタマジャクシは大きさが 2〜3 cm で，水槽の底付近で下向きに泳ぎ，呼吸と摂食のためにつねに口を開閉している（図(a)）。終脳の前半分を除去しても行動に大きな変化はみられず，除去前と同じように遊泳する（図(b)）。

図 6.12 Stage 53 のオタマジャクシを用いた実験

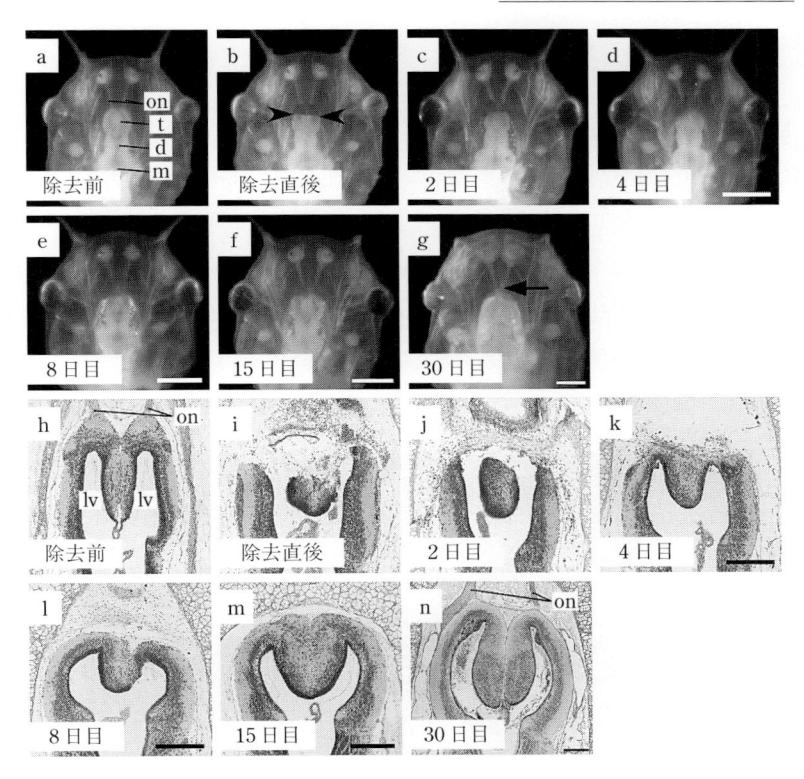

アルピノのオタマジャクシの頭部を背側から見たところ（図a〜g）と，終脳の水平切片組織像（図h〜n）。紫色の点が核。細胞体が脳室周囲に集中して外套層を形成し，その外側に細胞体がない辺縁層が形成されている。矢じりは除去したときの切断面（図b）。矢印は嗅神経との再接続している箇所を示す（図g）。on：嗅神経，t：終脳，d：間脳，m：中脳，lv：側脳室。

図6.13 オタマジャクシの終脳再生過程（口絵8参照）

　その後の経過を観察したところ，失われた部分の脳が徐々に前方へ突出し頭蓋骨内の空間を埋めて行った。除去15日目には嗅神経が再接続している個体が多くみられるようになったが，接続していない個体も一部みられた。30日目には頭蓋骨内の空間がほとんど脳組織で埋まり，外見上はほぼ再生が完了したようにみえた（図6.13c〜g）。無傷個体より発生がやや遅れているものの，30日目には変態終了直前（尾がなくなりかけている）に達した。

　組織学的にみると，手術直後には終脳の部分除去によって大脳の各半球内にある側脳室（lateral ventricle）が外（除去してできた空間）に開いているが，開口した脳室は4日目までには脳室層の細胞によってふさがれた。この脳室層の細胞は，分裂の後に外側へ移動し，ニューロンへと分化するというサイクルを繰り返すことによって，外套層（灰白質）に続いて辺縁層（白質）を再形成した（図6.13h〜n）。このように脳の再生は，脳（神経管）の閉鎖とそれに続く脳室層の細胞の分裂・分化という一連の流れによって成し遂げられる。こ

6.3.4 終脳再生と嗅神経の関係

部分除去後15〜20日目に外部から観察してみると，同じように脳を部分除去したつもりの個体であっても，嗅神経が再生脳に再接続している個体と，接続していない個体がみられた。接続している個体のなかでも嗅神経の接続にはさまざまなパターンがあり，除去前と同じように左右それぞれの半球に1本ずつ神経束が接続している個体もいれば，片半球に両方の神経がくっついている個体や片方の神経束だけが接続している個体もみられた（図6.14a〜c）。

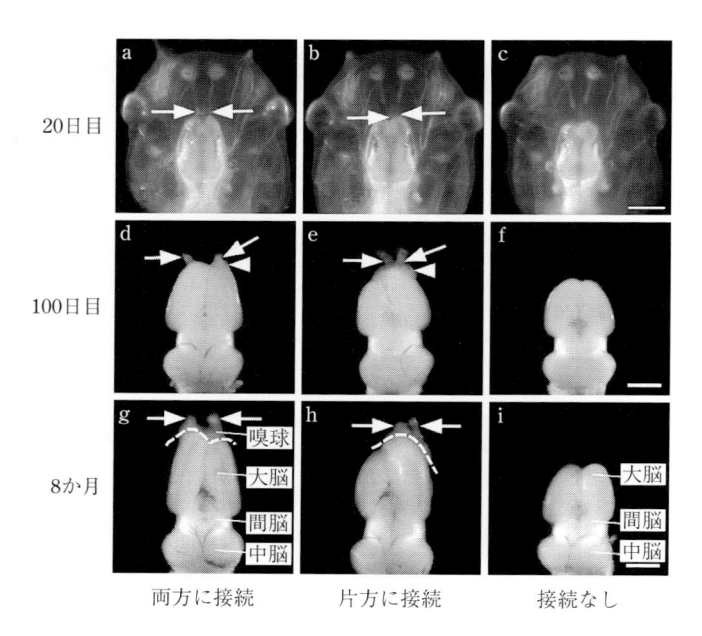

終脳部分除去後20日目のオタマジャクシの頭部を背側から見たところ（図a〜c）。嗅神経の接続箇所を矢印で示す。図d〜fは変態を終えてカエルになっている除去後100日目の個体の脳。矢じりは嗅球の膨らみ。図g〜iは除去後8か月の個体の脳。破線は嗅球と大脳の境界。

図6.14 嗅神経の接続と終脳再生

接続パターンごとに個体を別々に分けて，その後の経過を追ってみたところ，嗅神経の接続と終脳の再生パターンとには，大きな関連があることがわかった。左右それぞれの半球に1本ずつ神経束が接続した個体では，左右の大脳半球だけでなく，左右の嗅球が再生しているのが外部観察からでもはっきり見分けられた。一方，両方の神経が片半球に接続している個体では，大脳は左右両半球が再生していたものの，嗅球は嗅神経が接続した半球だけ

でのみ再生していた。片方の嗅神経だけが片方の半球に接続している場合も，その半球でだけ嗅球の再生がみられた。嗅神経がまったく再接続していない個体では，左右両半球とも大脳は再生していたが，嗅球はまったく再生していなかった（図 6.14 d〜i）。

　これらの結果から，大脳は嗅神経のような外部からのはたらきかけなしに単独で再生することができるが，嗅球が再生するには再生脳（大脳）に嗅神経が接続することが必要であることが予想された。これを確かめるために，終脳を部分除去する際に，同時に嗅神経もできるだけ長く除去してみた。この場合には，嗅神経が大脳にまで接続することはなかった。そして，すべての個体において大脳は再生したものの，嗅球を再生したものは一例もなかった。以上の結果から，嗅球の再生には嗅神経の接続が必要であると結論された。

　嗅神経が再生脳にどのようにはたらきかけているのかはわかっていないが，カエルだけでなくマウスなどの哺乳類の脳が発生するときにも，嗅球が形成されるためには嗅神経と接続することが必要であり，嗅神経（もしくはその原基）を除去すると嗅球が形成されないと報告されている。また，アフリカツメガエルにおいては，正常に終脳に連絡する嗅神経を間脳に接続させておくと，間脳に嗅球様の構造がみられるようになることも報告されている。哺乳類の嗅球発生では，嗅組織から伸びてきた嗅神経の軸索が終脳（まだ嗅球ができていない）に深く突き刺さり，脳室周囲に存在する神経幹細胞（前駆細胞）の分裂・分化に直接影響を及ぼすことによって，嗅球を形成させると考えられている。しかし，嗅神経がどのような分子的メカニズムで神経幹細胞にはたらきかけているのかということはまだよくわかっていない。

6.3.5　再生した脳は正常に機能するのか

　魚類や両生類では，さまざまな組織・器官の再生が研究されてきたが，再生した組織・器官が機能しているかどうかについては，それほど問題にならなかった。例えば，魚類のヒレは形態的に再生し，泳ぐときに動いているだけでも，機能していることがみてとれる。イモリの尾でも，再生した尾が元の尾と同じように動いていれば，再生した尾の機能的回復の程度について，改めて論じる必要はないだろう。四肢の再生でも同じことがいえる。では，脳や脊髄の再生についてはどうだろうか。脳や脊髄はそのほかの器官と異なり情報処理の中枢である。中枢神経は，形態的に再生するだけではなく，情報処理ができるようになって初めて再生したといえる。そこで，再生した脳が機能できるかどうかを探るべく，左右の嗅球までも完全と思われるくらい再生した個体で，組織・細胞レベルでの解剖学的解析と行動レベルでの観察を行った。

　まず，無傷個体（カエル）と再生個体（オタマジャクシのときに脳を部分除去し，再生したあとにカエルに変態したもの）の終脳の構造について，詳細に比較した。その結果，再生

128   6. 脳形成と再生

終脳においても嗅球に特有な層構造（嗅神経層-糸球体層-僧帽細胞層-顆粒細胞層）も，大脳に特有な層構造（上衣層-外套層-辺縁層）も，無傷個体の脳と同様のレベルまで回復していた（図6.15）。

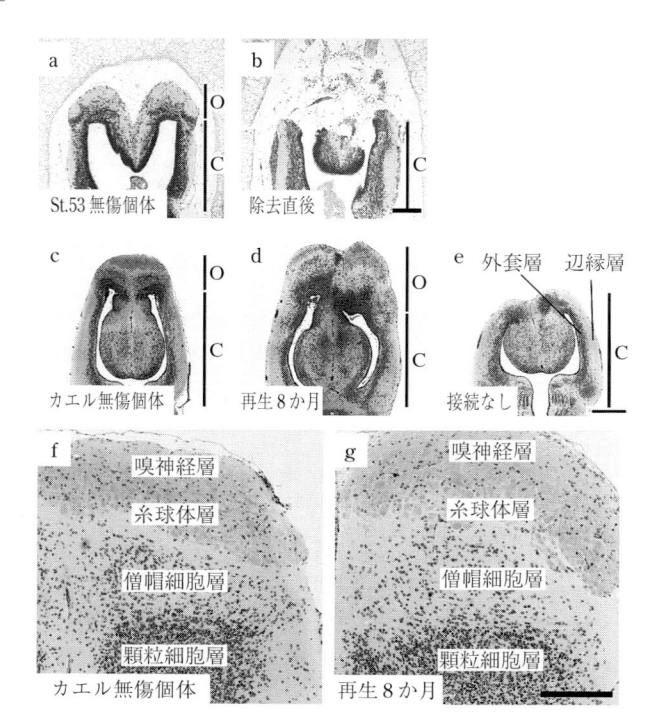

終脳は嗅球と大脳からなるが（図a），手術により嗅球全体と大脳の一部が除去される（図b）。図d，eは除去後8か月の個体の脳で，図cはほぼ同じ時期のカエルの脳。嗅神経が両半球に接続した脳では嗅球が再生しているが（図d），接続しなかった個体では大脳のみが再生している（図e）。どちらの個体でも，大脳では無傷個体の脳と同じように外套層と辺縁層をみることができる。図f，gはそれぞれ図cとdの嗅球部分の拡大写真。再生脳でも無傷個体の嗅球と同じように4層構造がみられた。o：嗅球，c：大脳。

図6.15　再生終脳の層構造

つぎに，これらの層構造を構成する細胞についても，その種類・分布位置などが適切になっているかどうかを検討するため，終脳のおもな構成細胞であるニューロンと上衣細胞について免疫組織化学を用いて比較・検討した。脊椎動物で広く用いられているニューロンのマーカーである抗NeuN抗体と，抗β-tubulin抗体を用いて神経細胞の形態と分布を調べたところ，再生脳においても嗅球には僧帽細胞，顆粒細胞，大脳には錐体細胞が無傷個体と同様に観察された。また，アストロサイトや上衣細胞，放射状グリアのマーカーである抗GFAP抗体を用いて上衣細胞を調べたところ，再生脳でも無傷個体と同じような形態をした上衣細胞が同じように分布しているのが観察された（図6.16）。これらのことから，全体

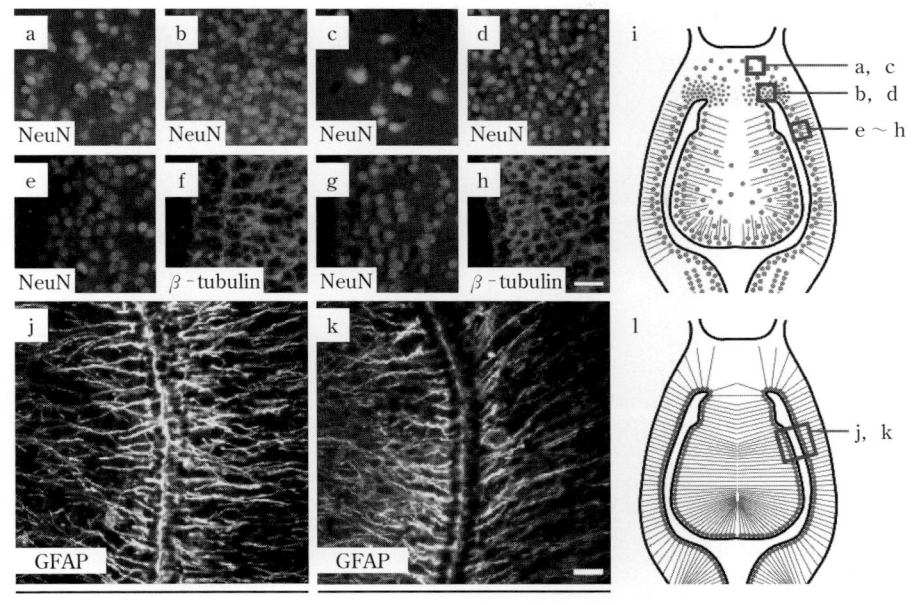

無傷個体　　　　　　　　再生3か月

ニューロンの免疫染色像（図a〜h）と上衣細胞の免疫染色像（図j, k）とそれぞれの模式図（図i, l）。（図a, b, e, f, j）は無傷個体で，（図c, d, g, h, k）は再生3か月の個体。いずれも変態してカエルになっている。図a, cは嗅球の僧帽細胞層。図b, dは嗅球の下流細胞層。図e〜hは大脳の外套層。図j, kは大脳の上衣層周辺。NeuNはニューロンの核を，β-tubulinはニューロンの軸索を，GFAPは上衣細胞の放射状突起を染め出す。

図6.16 再生終脳の細胞構築（口絵9参照）

的な組織構築や細胞レベルにおける形態や分布に関しては，再生脳に無傷個体と大きな差は見いだせず，ほぼ完全な脳が再生しているように思われた。

　つぎに，神経細胞どうしの連絡が回復しているかどうかを検討した。嗅球の僧帽細胞は大脳に向かって嗅索（lateral olfactory tract: LOT）と呼ばれる軸索束を伸ばしている。嗅組織（鼻）から嗅神経を通して送られてくる嗅覚情報は，嗅球の糸球体内にあるシナプスを介して僧帽細胞に受け取られる。それらの情報は，さらに大脳へと伝達されて処理されるが，そのときはに使われるのがLOTである（図6.17）。そこで，両生類の終脳で重要なはたらきをするLOTが再生しているかどうかについて，脂溶性色素DiIによる軸索束の追跡実験を行った。

　再生脳の嗅球にある僧帽細胞層にDiIの結晶を置いて追跡したところ，後方にある大脳の表層近くにDiIでラベルされた軸索束が無傷個体の脳と同じように観察された（図6.17b）。逆に大脳の表層近くに結晶を置いても，前方にある僧帽細胞の細胞体がラベルされた（図6.17e）。このことから，再生脳においても嗅球の僧帽細胞が適切な場所に軸索束を形成し

130 　　6. 脳形成と再生

嗅球にDiI

LOTにDiI

無傷個体　　　再生3か月

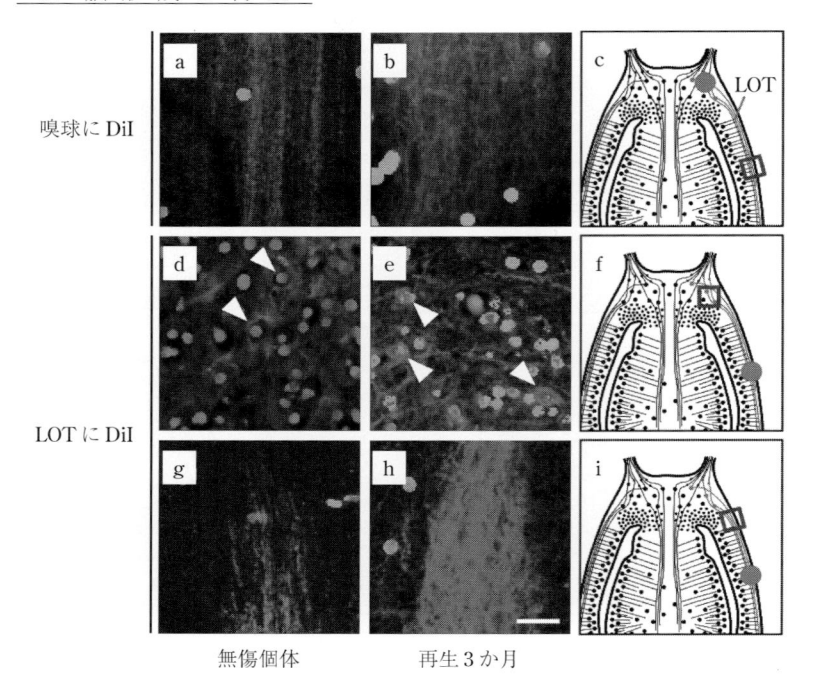

　　DiIを嗅球の僧帽細胞層に置いて，僧帽細胞から伸びる軸索を追跡した結果
　（図a～c）と，DiIを大脳のLOTに置いてその由来を追跡した結果（図d
　～i）を示す。図a，d，gが無傷個体，図b，e，hが再生3か月の個
　体。赤色がDiIでLOTを，青色はHoechst 33342で核を示す。図d，eの
　矢じりはLOT由来のDiIで染色された僧帽細胞。

図6.17　LOT（嗅索）の再生（口絵10参照）

ていることが示され，大脳にある神経細胞との連絡も回復している可能性が推測された。

　最後に，再生脳の機能的回復を行動実験によって直接検討した。カエルの終脳は前方で嗅神経と結合しており，嗅覚系を処理している。アフリカツメガエルは舌がないため，えさを前肢で口へと掻き込むように運ぶ行動を示すが，この給餌行動は，えさの匂いだけでも引き起こすことができることがわかっている（嗅覚応答行動）（図6.18（a），（b））。

　そこで，この行動の発現を嗅感覚が正常に処理されていることの指標として，再生脳が嗅覚処理を行えるかどうかを調べた。無傷個体に匂い刺激を与えると，60秒以内にすべての個体が嗅覚応答を示した。一方，普通の水を与えられた無傷個体や，あらかじめ嗅神経を切断された個体では応答がまったくみられなかった。再生個体を用いて実験を行ったところ，半数の個体が無傷個体と同じような素早い嗅覚応答を示したが，残りの半数はまったく行動を示さなかった（図6.18（c））。この差の原因を探るために，実験終了後にすべてのカエルを解剖してみたところ，嗅覚応答を示した個体のすべてにおいて，再生脳には嗅神経が接続しており，嗅球も大脳も再生していた。一方，嗅覚応答を示さなかったカエルでは，嗅神

(a) 通常姿勢　嗅覚応答行動
(b)
(c)

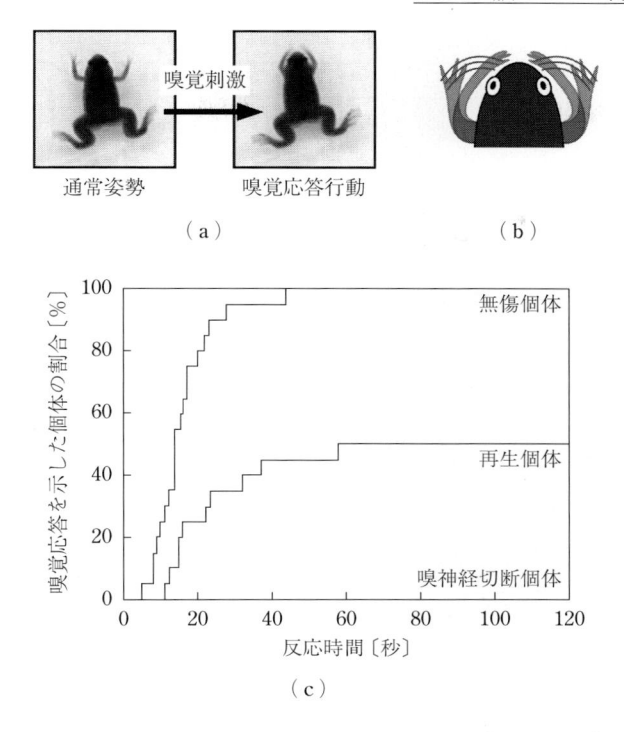

アフリカツメガエルに，えさのにおいのついた水を与えると，前肢を口元に動かす動作を示す（嗅覚応答行動）（図（a），（b））。その刺激により，20匹すべての無傷個体が60秒以内にこの行動を示したが，嗅神経を切断したカエルでは1匹もこの行動を示さなかった。再生個体の場合，半数の10匹は無傷個体と同じように嗅覚応答行動を示したが，残り半数は示さなかった。

図 6.18　終脳再生個体の嗅覚回復

経が再生脳に接続しておらず，大脳は再生していたものの嗅球はまったく再生していなかった（図 6.14 参照）。

以上の結果から，再生過程で嗅神経が再生脳に再接続した場合は，少なくとも嗅覚でみる限り機能的な脳が再生していることがわかった。

6.3.6　オタマジャクシとカエルの再生能力の差

同じ脊椎動物でも，単純な体制の魚類・有尾両生類では一生を通じて，さまざまな体のパーツを再生することができるが，より複雑な体制の爬虫類・鳥類・哺乳類では，このような大規模な再生はみられない。進化の視点からみてみると，体制の複雑化と再生能力減少の間には，なんらかの因果関係があるのではないかと想像させられる。さらに，これらの間に位置する無尾両生類の場合は，ちょうど両者の間をとるかのように，個体発生過程において再生できる時期とできない時期とがある（**表 6.1**）。

表 6.1 脊椎動物の脳の再生能力の比較

動物の種類	魚類	両生類			爬虫類	鳥類	哺乳類
		有尾類	無尾類				
			オタマジャクシ	カエル			
脳の再生能	○	○	○	×	×	×	×

個体発生と系統発生は密接に関連している。Haeckel が唱えていたような単純な反復説「個体発生は系統発生を繰り返す」は間違いだとしても，系統発生における再生能の消失と無尾両生類の個体発生における再生能の消失との間には，なんらかの類似性があるのではないかという期待をぬぐい去ることはできない。そこでわれわれは，アフリカツメガエルの終脳再生をモデルに個体発生における再生能消失についての検討を試みた。

オタマジャクシとカエルの終脳前半部を除去し，その後の経過を組織学的に観察した。オタマジャクシでは，除去によって開口した脳室が周辺の脳室層の細胞によってすみやかにふさがれたあと，これらの細胞が活発に分裂することで実質が肥厚し脳が再生するが，カエルでは脳室開口部への上衣層の細胞（脳室層由来）の移動がまったくみられず，30日経っても脳室がふさがることがなかった。その後1年経っても失われた領域が再生することはなかった（図 6.19）。

再生能の差が細胞の分裂能の差によるものではないかと考え，終脳細胞の分裂頻度をオタマジャクシとカエルで比較したところ，オタマジャクシの脳室層の細胞だけではなく，頻度は低いもののカエルにおいても上衣層の細胞が分裂しているのが観察された。驚いたことに，終脳の部分除去を行うと再生が起こらないカエルでもオタマジャクシと同程度まで分裂

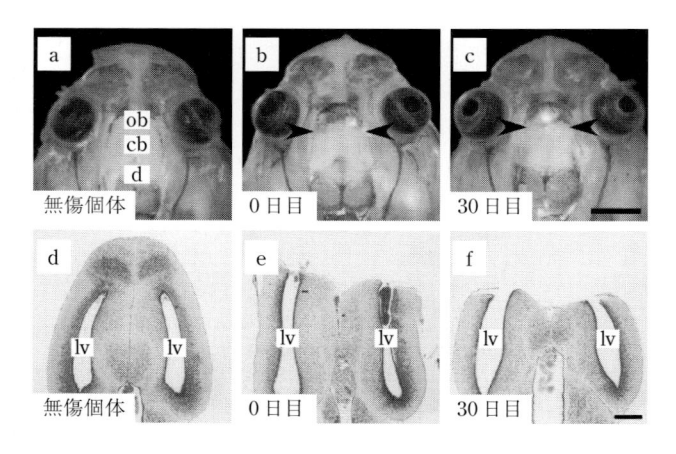

皮膚と頭蓋骨を外したカエル頭部を背側から見たところ（図 a～c）。図 d～f は終脳の水平切片。図 b，c の矢じりは除去したときの切断面位置で，その前方には除去によって空間ができている。ob：嗅球，cb：大脳，d：間脳，lv：側脳室。

図 6.19　カエルの終脳部分除去後の経過

6.3 脳の再生   133

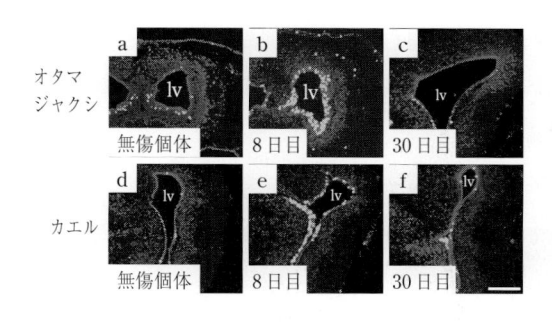

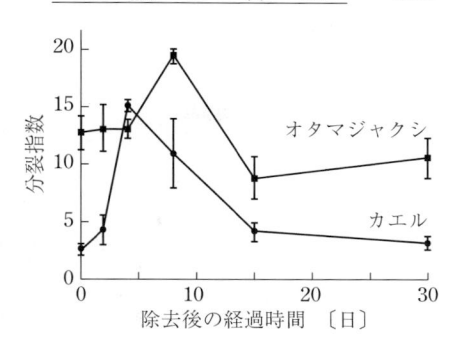

図a〜cはオタマジャクシの終脳における細胞分裂の様子。図d〜fはカエルの終脳における細胞分裂の様子。どちらも大脳の横断面で、赤色が複製期の細胞核、青色は静止核を示す。lv, 側脳室。右側のグラフは分裂細胞の割合（分裂指数）を示したもの。

図6.20 カエルの終脳部分除去後の経過（口絵11参照）

が活発になることがわかった（**図6.20**）。このとき、分裂している細胞は哺乳類の神経幹細胞（後述）や前駆細胞のマーカーとして知られているMusashi 1に対して陽性であったことから、カエルにもオタマジャクシと同様に神経幹細胞（前駆細胞）は存在しており、カエルの脳が再生しない原因は細胞の分裂能が失われたためではないことが推測される（**図6.21**）。

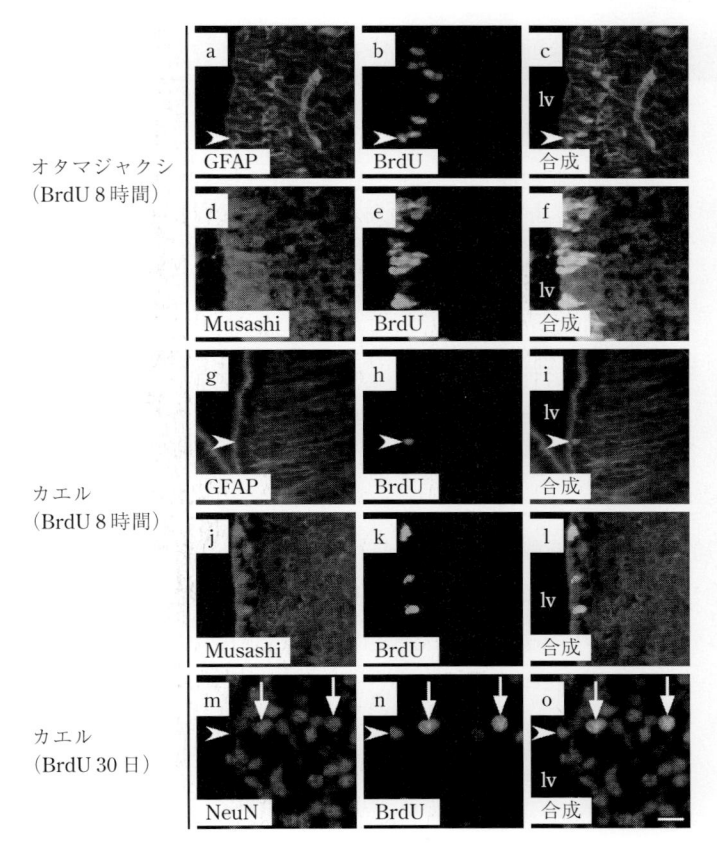

オタマジャクシの脳室層における分裂細胞（図a〜f）と、カエルの上衣層における分裂細胞（図g〜l）。どちらもDNA複製のときにBrdUを取り込ませることによってDNA複製細胞（分裂細胞）をラベルし、同時にGFAP（上衣細胞・放射状グリアのマーカー）とMusashi 1（神経幹細胞のマーカー）の発現をみた。オタマジャクシ、カエルともに脳室層（上衣層）の細胞がMusashi 1陽性で、分裂能があり、放射状突起をもっている。このような特徴は、哺乳類初期発生のときにみられる神経上皮細胞、もしくは放射状グリアに似ている。矢じりはGFAP陽性の放射状突起をもつ分裂細胞を示す。図m〜oは分裂細胞のニューロンへの分化。BrdUを取り込ませてから30日後に観察したもの。矢印はBrdUでラベルされたニューロン（NeuN陽性）を示す。lvは側脳室。

図6.21 終脳における分裂細胞（口絵12参照）

6. 脳形成と再生

さらに，カエル脳から単離した細胞集団を得て，終脳を除去した別のカエルに移植したところ，オタマジャクシの細胞を移植した場合と同様に，移植細胞による脳の再構築がみられた（**図 6.22**）。このことから，カエルの終脳細胞といえども，いったんバラバラにされると大脳を再構築する潜在的な能力をもっていることが示唆された。

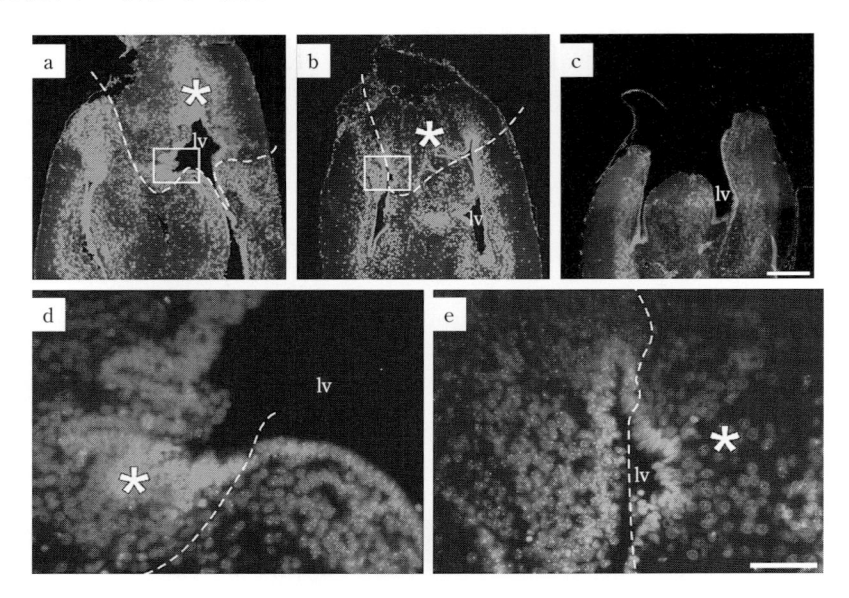

カエルの終脳前半分を除去してできた空間に，オタマジャクシ終脳（図 a）もしくはカエル終脳（図 b）の細胞を移植した。図 c は，何も移植しなかった場合。図 d，e は図 a，b それぞれの四角で囲まれた部分の拡大写真。レシピエントの細胞核は光る点によって粉をふいたように見え，ドナーの細胞核は点がないので区別することができる。破線が両者の細胞が分布する境目を示し，＊印で示した箇所が，移植された細胞によって構築された脳の領域。lv は，側脳室を示す。

図 6.22 カエル脳への細胞移植実験

以上の結果から，分裂能をもった神経幹細胞の存在や，分裂を誘起させる脳内環境や，遊離細胞によって再構築が行われるといった点でみる限り，オタマジャクシとカエルの脳に大きな違いがあるようには思えない。こうした状況を踏まえて立てた現時点おける作業仮説は，つぎのようなものである。

「成体になった脳においては，高次機能を維持するために，ネットワークを構成する神経およびグリアの細胞間や細胞と細胞外基質間の結合が強固に構築されており，神経幹細胞が自由に移動したり，それから分化しつつある細胞が新たな組織を構築したりすることができない（**図 6.23**）。これが，カエルの終脳が再生しない理由である」

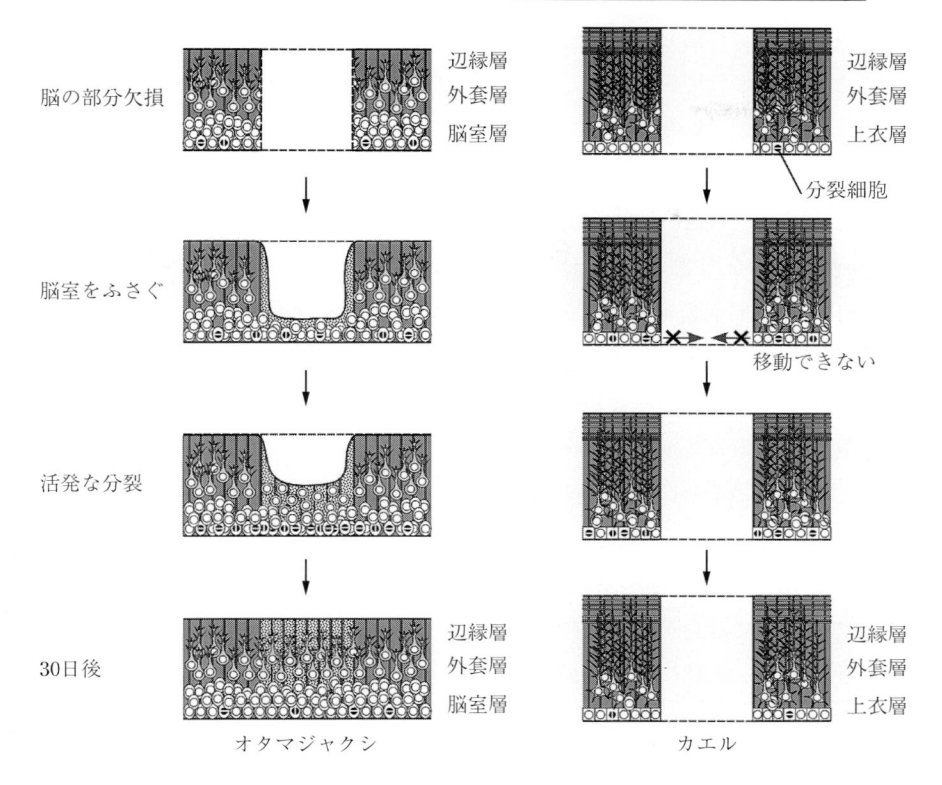

どちらの図も下が脳室側，上が脳膜側．オタマジャクシでは，欠損部両側から移動してくる脳室層の細胞によって開口した脳室がすみやかにふさがれたのち，それらの細胞が活発に分裂することで再生する．カエルでも欠損によって上衣細胞は活発に分裂するようになるが，これらの細胞が脳室をふさぐために移動することができないので脳は再生しない．

図 6.23　アフリカツメガエルの脳再生の模式図

6.4　哺乳類の脳再生の可能性

　20世紀の終わりごろまで，ヒトを含む哺乳類では，神経系がいったん成熟してしまうとニューロンは新生しないものであると考えられており，脳が再生できないのは当然だと思われていた．しかし1990年代になると，哺乳類成体の脳においてもニューロンが新生されることが示され，神経系における再生医療の実現が期待されるようになった．

　成体のマウスやラットにブロモデオキシウリジン（BrdU, DNAを複製している細胞に取り込まれる）を注射すると，BrdUを取り込んだ（注射したあとに生み出された）ニューロンが海馬（hippocampus）や嗅球などでみられた．このような実験から，哺乳類成体の脳においても，毎日数千の機能的なニューロンが生み出されていることがわかった[8]．また，これらの動物を輪車やはしごなど感覚・運動刺激の豊富な環境下で飼育すると，海馬で

のニューロン新生がより活発になることも報告されており，日常的にニューロンが置き換わっていることが示唆されている[9]。

BrdU は有害なので，健康なヒトに大量の BrdU を注射して実験することはできない。しかし，がん患者では化学療法の進行具合をモニターするために少量の BrdU を患者に取り込ませることがある。Gage らは，BrdU を注射してから 16～781 日後に死亡した 5 人の患者の脳からサンプルを用意し，BrdU を取り込んだニューロンが存在するかどうかを調べた。その結果，記憶形成の場である海馬歯状回（dentate gyrus）の顆粒細胞層で新生ニューロンが観察され，成人においてもニューロンが生み出されていることが示された[10]。

ニューロン新生のもととなる細胞は神経幹細胞（やその子孫であるニューロン前駆細胞）であり，神経再生治療のストラテジーを考えるうえで非常に重要である。神経幹細胞とは，分裂して自己を複製できる自己複製能と，神経系を構成する各種細胞（ニューロン，アストロサイト，オリゴデンドロサイト）へと分化できる多分化能の二つの能力をもつ細胞と定義されている（図 6.24）。初期発生のときは神経上皮細胞や放射状グリアが神経幹細胞であると考えられており，これらが分裂・分化することによって脳を構成するニューロンやグリア細胞が生み出される。成体になると，上衣層や上衣下層（subventricular zone）（両方とも脳室層に由来）や海馬に存在していると考えられている。しかし，成体では脳室壁を構成する細胞集団のうち，わずか 0.3 ％だけが神経幹細胞であり，その数の少なさが再生医療の一つの障害となっている。

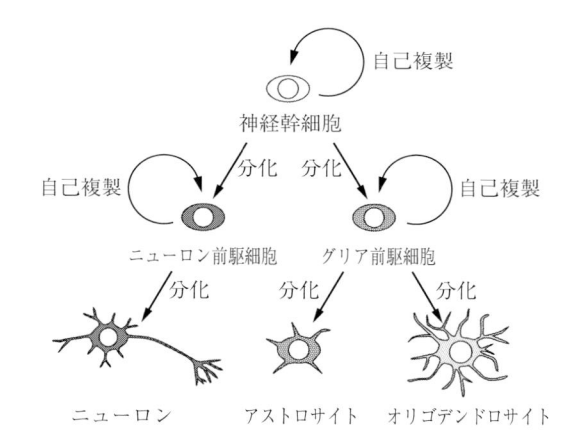

図 6.24 神経系を構成する細胞の分化系譜

完全に分化したニューロンやグリア細胞は分裂できないが，神経幹細胞や前駆細胞は分裂能がある。神経幹細胞は自己を複製できるだけでなく，ニューロンやグリア細胞を生み出すことができる。〔森寿，真鍋俊也，渡辺雅彦，岡野栄之，宮川剛 編：脳神経科学イラストレイテッド，羊土社（2000）より改変〕

神経幹細胞を用いた脳再生のストラテジーとしては
① 神経幹細胞や特定のニューロン（神経幹細胞を培養下で分化させたもの）の移植
② 内在性の神経幹細胞の分裂・分化の誘導

が考えられる。①の例としては，神経疾患（損傷）モデル動物への神経幹細胞の移植実験がある。移植後，細胞は移植部位から移動してそれぞれの移動部位に特異的なニューロンに

分化した。これらの動物では神経機能の回復もみられた[11]。②の例としては，神経損傷モデル動物への神経栄養因子（neurotrophic factor）の投与実験がある。海馬は虚血になるとニューロンが死んでいくが，神経栄養因子を何種類か組み合わせて投与することで，内在性の神経幹細胞を活性化してニューロンを再生させることができたという報告がある[12]。

　ニューロンが失われても足場が残っていれば，神経幹細胞を移植したり，活性化処理することでニューロンを再生させることができる。しかし，脳の部分除去のように足場がなくなった状態になると，脳を再生させることは現時点では不可能である。哺乳類の脳が再生しない理由はまだ明らかになっていないが，カエルと同じような理由であると推測させるような論文が，2004 年に Nature に発表されている[13]。

　アフリカツメガエルの脳再生では神経幹細胞がその中心的役割を果たしており，上述のように細胞移植によって脳を再生させることができる。両生類と同じことが哺乳類でもできるとは限らないが，ヒトの神経幹細胞も自己複製能と多分化能を備えており，脳を再生させる細胞源として十分に期待できる。神経幹細胞の研究は急速に進んでおり，いつの日か，ヒトも脳を再生させることができるようになるかもしれない。

引用・参考文献

脳の形成についてまとめられている書籍

1) Gilbert, S. F.：Developmental Biology Seventh Edition, Sinauer Associates Inc.（2003）
2) 森　寿，真鍋俊也，渡辺雅彦，岡野栄之，宮川　剛 編：脳神経科学イラストレイテッド，羊土社（2000）
3) Alberts, B., Johnson, A., Lewis, J., Raff, M., Roberts, K. and Walter, P.（中村桂子，松原謙一 監訳）：細胞の分子生物学 第 4 版，ニュートンプレス（2004）
4) Slack, J., 大隅典子 訳：エッセンシャル発生生物学，羊土社（2002）

脳の再生や神経幹細胞の論文など

5) Marón, K.：Endbrain regeneration in Lebistes reticulatus, Fol. Biol.（Kraków）, **11**, pp.1-10（1963）
6) Kirsche, W.：The significance of matrix zones for brain regeneration and brain transplantation with special consideration of lower vertebrates, In Neural tissue transplantation research（Eds. Wallace, R. B. and Das, G. D.）, pp.65-104（1983）
7) Yoshino, J. and Tochinai, S.: Successful reconstitution of the non-regenerating adult telencephalon by cell transplantation in Xenopus laevis, Dev. Growth. Differ., **46**, pp.523-534（2004）
8) Van Praag, H., Schinder, A. F., Christie, B. R., Toni, N., Palmer, T. D. and Gage, F. H.：Functional neurogenesis in the adult hippocampus, Nature, **415**, pp.1030-1034（2002）

9) Van Praag, H., Kempermann, G. and Gage, F. H.：Running increases cell proliferation and neurogenesis in the adult mouse dentate gyrus, Nat. Neurosci., **2**, pp.266-270 (1999)
10) Eriksson, P. S., Perfilieva, E., Bjork-Eriksson, T., Alborn, A. M., Nordborg, C., Peterson, D. A. and Gage, F. H.：Neurogenesis in the adult human hippocampus, Nat. Med., **4**, pp.1313-1317 (1998)
11) Ishibashi, S., Sakaguchi, M., Kuroiwa, T., Yamasaki, M., Kanemura, Y., Ichinose, S., Shimazaki, T., Onodera, M., Okano, H. and Mizusawa, H.：Human neural stem/progenitor cells, expanded in long-term neurosphere culture, promote functional recovery after focal ischemia in Mongolian gerbils, J. Neurosci. Res., **78**, pp.215-223 (2004)
12) Nakatomi, H., Kuriu, T., Okabe, S., Yamamoto, S., Hatano, O., Kawahara, N., Tamura, A., Kirino, T., Nakafuku, M.：Regeneration of hippocampal pyramidal neurons after ischemic brain injury by recruitment of endogenous neural progenitors, Cell, **110**, pp.429-441 (2002)
13) Sanai, N., Tramontin, A. D., Quinones-Hinojosa, A., Barbaro, N. M., Gupta, N., Kunwar, S., Lawton, M. T., McDermott, M. W., Parsa, A. T., Garcia-Verdugo, J. M., Berger, M. S. and Alvarez-Buylla, A.：Unique astrocyte ribbon in adult human brain contains neural stem cells but lacks chain migration, Nature, **427**, pp.740-744 (2004)

7 ニワトリの消化器官形成

7.1 はじめに

再生医療は，われわれの体を構成する部品（器官，臓器）が失われたときに，あるいは機能不全となったときにそれを代償する器官を構築することである．従来は，多くの場合移植が最も確実な方法であったが，これには提供者の問題や免疫的排除の問題がつねに立ちふさがってきた．ある器官を再生するには，当人の細胞を出発点として行うことが最善であることはいうまでもないが，組織に存在する幹細胞からの複雑な機能と形態を備えた器官の再構築には現在なお多くの課題が残されている．成体から得られる細胞を出発点として器官を構築する際に最も重要な指針となるのは，個体発生における器官形成過程に関する知見であろう．本章では発生過程における消化器官の形成について述べ，また，そこで作用する因子について解説する．これらの知識は消化器官の再生医療に資するところが大きいであろう．

7.2 脊椎動物の消化器官

7.2.1 消化器官の概観と構造

脊椎動物は生物学的にみればよくまとまった小さいグループである．したがってその消化器系も基本的に類似した構造と機能をもっていて，その形成過程や形成の分子機構も本質的には同じであると考えられる．消化器官はもともと消化管という管から派生するもので，食道，胃，腸などは管そのものが変形したものであるし，肝臓や膵臓は管の一部が突出して腺構造をとるものである．消化器官はまた，その多様な機能にもかかわらず構造的にはどれも基本的相同性がみられる．すなわち，食物が通る内腔に面して上皮組織が，それを取り囲んで結合組織が，さらにその周囲には輪状および縦走平滑筋の層がある．ただし，肝臓や膵臓では平滑筋層は薄弱である．

上皮は器官ごとに固有の形態と機能をもつ．消化器官の主要な機能が消化と吸収にあることはいうまでもないが，食道のように主たる機能が食物の円滑な通過であったり，大腸のよ

うに消化酵素を分泌せず，ほとんど水分の吸収にあずかる器官もある．上皮はこれらの機能に応じて特殊な細胞を分化させ，またそれぞれの機能に適合した複雑な形態を示している．一方，結合組織は一見どの器官でも同様にみえるが，じつは上皮の多彩な機能と構造を維持しているのは結合組織であって，その重要性を看過することはできない．消化器官の発生における結合組織の重要性は本章の主題でもある．

脊椎動物の消化器官はよく似ていると述べたが，当然それらは動物のグループごとに固有の性質ももっている．しかし上述のように基本的に類似した機能と構造をもっていることから，その形成にかかわる分子機構もまた，よく保存されていると考えるのは当然であろう．現在では，魚類から哺乳類までそれぞれの動物群について得られた知見は，しばしばほかの群にも当てはまることがわかっている．さらにいえば，遠縁の動物と考えられるショウジョウバエでさえ，消化器官の形成にあたっては脊椎動物とよく似た遺伝子群を動員していることがしだいに明らかになりつつある．本章ではこのような観点に立って，われわれがモデルシステムとしているニワトリ胚消化器官の形成にかかわる分子機構について述べ，それが哺乳類，とりわけ人間の消化器官の再生医療にどのように情報を提供できるかを考えることにする．

7.2.2 消化器官の発生

消化器官は原始的な消化管から形成される．消化管は発生学的には内胚葉性の上皮と中胚葉性の間充織（間葉）から構成される．よく知られている両生類では消化管は早期に原腸として成立するが，鳥類や哺乳類では内胚葉と中胚葉が，最初は2枚の紙を広げたように層をなしていて，それがやがて褶曲して管を形成する．そのとき内胚葉が内側に，それを取り囲むようにして中胚葉の層ができる．この基本構造は，のちに消化器官が形成されてそれぞれ複雑な構造を示すようになっても変わることはない．このことをつねに念頭に置くことは消化器官の理解に必須のことである．

以下，主として本章の主題であるニワトリ胚消化器官の発生について，形態と細胞分化の観点から解説することにする．

ニワトリ胚では原始的消化管が形成されるのは，受精卵を孵卵器に入れて3日目（3日胚）である．上述のように内胚葉と中胚葉が，まず前方から，やがて後方から管を形成し，それぞれ後方と前方に管形成が進行する．胚期には管は完全には閉じず，中央部分で管が開いた状態が続き，ここは卵黄嚢につながる柄部となる．このようにして生じる原始的消化管から，すぐに前方から食道，胃，小腸，大腸などの器官と，管から膨出する肝臓や膵臓などの形成が始まる．ニワトリの胃は二つの領域からなり，前方を前胃，小腸に連なる後方の胃を砂嚢と呼ぶ．前胃はわれわれの胃と同様に消化酵素ペプシン（正確にはその前駆体ペプシ

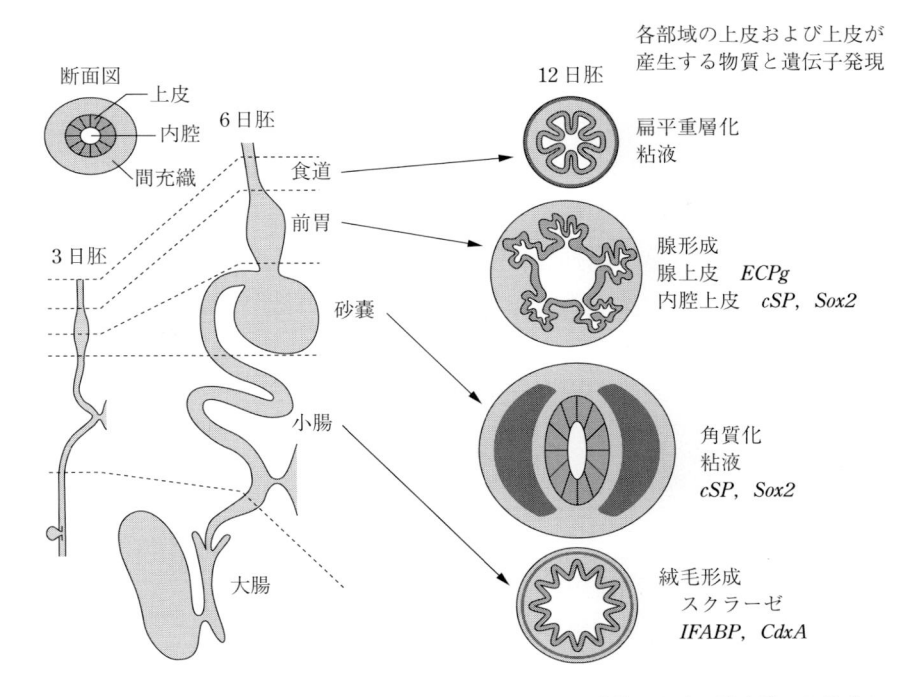

消化器官は細い原始的消化管の各領域から生じる。基本的に上皮と間充織から構成され，発生の進行とともに各器官固有の形態形成と細胞分化が起こる。各器官の特徴と上皮における遺伝子発現も記した。

図7.1 ニワトリ胚消化器官の発生

ノゲン）を分泌する胃腺を形成し，砂嚢には筋肉が発達して硬い殻をもった穀粒などを機械的に消化する咀嚼器官としてはたらく（**図7.1**）。

食道や小腸・大腸の形成と分化は哺乳類のそれと変わりない。食道では上皮は多層扁平上皮に分化し，小腸では絨毛が形成されて上皮は単層柱状上皮である。杯細胞も分化し陰窩（クリプト）も形成される。

7.2.3 消化器官の発生と上皮-間充織相互作用

前述のように，消化器官は内胚葉由来の上皮と中胚葉由来の間充織から構成される。このように異なる組織から構成される器官の多くの例として，組織間の相互作用（たがいに影響を及ぼし合うこと）が正常な発生に必要である。消化器官も例外ではなく，両生類，鳥類では早くからそのことが確認されてきた。例えば両生類では，発生中の消化管の前方と後方の上皮と間充織を組み合わせて培養することで，間充織は上皮に対して前方化の影響を与えることが示された[1]。

しかし，消化器官の形成における上皮と間充織の相互作用が詳細に解析されたのは，ニワトリ胚においてであった。ニワトリでは前胃と砂嚢という二つの胃があることを利用して，

それぞれから上皮と間充織を単離し，それらを組み合わせて器官培養することで間充織の作用を検定することができる．

6日胚から前胃と砂嚢を摘出し，上皮と間充織を単離して再結合し，器官培養した結果を表7.1に示す．この実験では，上皮の分化は前胃腺上皮細胞に特異的に発現するニワトリ胚期ペプシノゲン遺伝子（$ECPg$）[2]を指標としている．$ECPg$が発現すればその上皮は前胃上皮へと分化したことになる．結果は明瞭で，上皮がどちらの器官に由来しても，間充織が前胃由来であれば上皮は$ECPg$を発現し，一方，砂嚢間充織と結合された上皮はけっしてこの遺伝子を発現しない．したがって，少なくとも前胃と砂嚢に関する限り，上皮の発生運命を決定するのは間充織であることが結論づけられる[3],[4]．

表7.1 種々の上皮と間充織の組合せにおける$ECPg$遺伝子の発現
（全培養片に対する$ECPg$発現培養片の割合．単位：%）[4]

間充織	上皮						
	肺	食道	前胃	砂嚢	小腸	大腸	尿嚢
肺	0	100	100	95	0	0	0
食道	0	13	67	10	0	0	0
前胃	0	100	100	90	0	0	0
砂嚢	0	0	0	0	0	0	0
小腸	0	17	83	71	0	0	0
大腸	0	0	40	7	0	0	0

しかしこのような実験を小腸上皮を用いて行うとまったく異なる結果が得られる．同じ6日胚の小腸上皮を前胃間充織と結合して培養すると，形態的には，時として腺様の構造が形成されるが，上皮はけっして$ECPg$を発現せず，小腸上皮に特異的である，いくつかの遺伝子を発現し続ける[5]．このように同じ消化器官とはいえ，胃と腸ではその発生運命の多様性に大きな差がある．このことについては後述する．

このような実験をもう少し拡大して，食道，前胃，砂嚢，小腸，ならびに大腸後部から形成される尿嚢や，食道上部から分岐する肺も含めて包括的に行った結果が表7.1に示されている[4]．この表からは多くのことが読みとれる．すなわち，胃上皮以外にも食道上皮は前胃間充織の影響下に前胃様分化を遂げることができ，一方，小腸や尿嚢はそのような感受性を示さない．砂嚢間充織は前胃上皮分化に対してきわめて強い阻害作用を示す．驚くべきことは，正常発生ではけっして$ECPg$を発現しない器官である肺間充織が，食道や胃上皮に対して$ECPg$誘導能力を示すことであった．肺上皮はもちろんこのような肺間充織の誘導作用に反応することはなく，また前胃間充織存在下でも$ECPg$を発現しない．これらの結果を総合的に説明する単純な仮説を立てることは難しいが，現在考えられているのは

① 消化管内胚葉にはごく初期から$ECPg$遺伝子の発現能に領域差が存在して，将来の

食道，胃域にその能力が高く，それ以外の領域は発現能をほとんどもたない。
② 食道，胃域のなかでは間充織の誘導能に差があり，前胃間充織は発現能を維持するが，砂嚢間充織は強力にその能力を阻害する。
③ 前胃間充織の $ECPg$ 発現能維持因子と類似の因子が肺間充織に存在する。

ということである（図7.2）。この仮説はこれまでの多くの実験を矛盾なく説明し得るが，それぞれの内容に関する分子的実体はこれまで明らかではなかった。われわれはこの点を検討するために，消化器官形成における種々の遺伝子発現パターンを解析し，上皮‒間充織相互作用にかかわる可能性のある遺伝子についてはその機能解析を行ってきた。

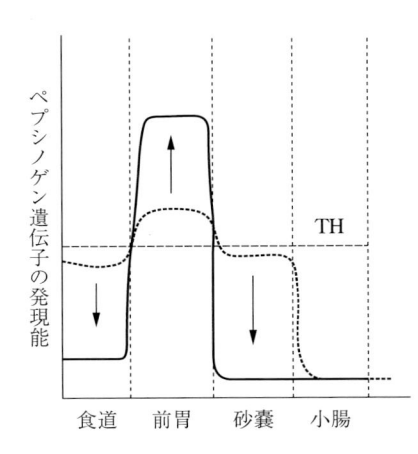

6日胚（破線）では $ECPg$ 発現能は食道，前胃，砂嚢の上皮に存在するが，食道と砂嚢では間充織からの抑制作用で発現能が低下し，一方，前胃では間充織からの誘導能で発現能が上昇する。9日胚（実線）では前胃のみで発現能がしきい値（TH）を超えて $ECPg$ が発現する。下向きの矢印は間充織からの抑制作用を，上向きの矢印は誘導作用を表す。

図 7.2 消化器官上皮における $ECPg$ 発現能の変化

7.3 消化器官形成の分子機構

7.3.1 消化器官発生に伴う遺伝子発現の変化

器官形成における遺伝子（産物）の機能解析は，種々の遺伝子の発現パターンを詳細に調べることから始まる。われわれは，ニワトリ胚消化器官について，主として転写因子と成長因子，および成長因子の受容体と細胞内シグナル伝達系の分子に焦点を合わせて，それらをコードする遺伝子の発現パターンを明らかにしてきた。多くの遺伝子は発生に伴って時期および領域特異的なダイナミックな発現変化を示すので，それを一つの図や表に表すことは困難である。ここでは消化管がすでにいくつかの領域に明白に分かれ，それぞれの器官で固有の機能が開始される9日胚について，転写因子といくつかの成長因子の発現をまとめた（図7.3）。また，いわゆる最終産物（機能産物）も挙げている。

消化管が成立する以前に，その上皮に分化する内胚葉が生じなければならない。内胚葉は発生の最初から存在するわけではなく，多くの動物に共通にみられる重要な発生段階である原腸形成後に，ほかの胚葉，すなわち中胚葉や外胚葉から分離独立するものである。特に原

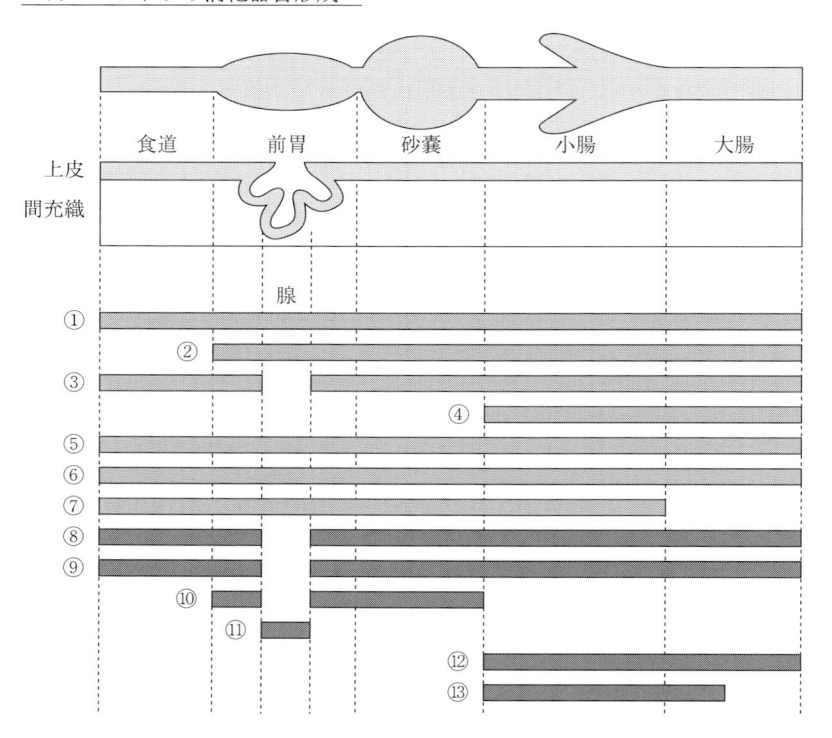

ニワトリ9日胚消化管の上皮に発現する遺伝子。①〜⑬の遺伝子名は，① HNF3β，② GATA5，③ Sox2，④ CdxA，⑤ cFos，⑥ fra2，⑦ jun-D，⑧ shh，⑨ GK-19（ケラチン遺伝子），⑩ cSP，⑪ ECPg，⑫ IFABP，⑬ スクラーゼ，である。

図7.3 消化器官上皮における遺伝子発現パターン

腸形成直後には中・内胚葉として存在し，その後いろいろな遺伝子の発現によって中胚葉と分離することがしだいに明らかになってきている[6]。ニワトリ胚での内胚葉成立機構に関与する遺伝子としては，転写因子である GATA，paired-type ホメオドメインをもつ転写因子 cMix，HMG ドメインをもつ転写因子 Sox 17，成長因子 Nodal などが重要である。

消化管が成立したのち，管の各部分は消化器官への分化の道を歩むわけであるが，そのためには消化管を各器官領域に分かつ因子が存在するはずである。いくつかの器官についてはそのような因子（いわゆる鍵遺伝子）が同定されている。最もよく知られているのは膵臓原基の領域で発現する転写因子 Pdx 1 である[7]。またニワトリの消化管を大きく領域に分ける因子の候補としてわれわれは，Sox2 と CdxA を想定している。Sox2 は管の成立以前から将来の前方消化器官（食道と胃）領域に限定されて発現を始める[8]。一方 CdxA は将来の後方消化器官（小腸，大腸）領域で発現する[9]。この二つの遺伝子の発現はけっして重ならず，消化器官が分化した時期には胃（砂嚢）と小腸の間にはっきりとした境界をもつようになる。ただし，これらの遺伝子発現が本当に前方および後方消化器官の領域を決定しているか

どうかは今後の問題である。また，前述の内胚葉成立にかかわる遺伝子群と *Sox2* や *CdxA* の発現の関係も今後に残された興味深い問題である。

器官原基が生じたあとには各器官固有の遺伝子発現パターンがみられる。以後の記述はほとんど胃と腸に限定されるので，これらの器官における遺伝子発現を少し詳しく紹介したい。

胃は前胃と砂嚢に分かれるが，この二つの器官は形態的にも機能的にも異なっている。それを反映して遺伝子発現のパターンも相当に異なっている。特に上皮における遺伝子発現は，前胃腺上皮の形成とともに劇的に変化する。例えば，それまで前胃でも砂嚢でも上皮に発現していた *cSox2*，*cSmad4*（転写因子），*sonic hedgehog*（*shh*）（形態形成因子[10]），*cSP*[11]，*fra2*（がん遺伝子[12]）などの遺伝子は，腺上皮では発現が著しく低下し，あるものはほとんど検出できなくなる（図7.3参照）。これは腺上皮が胃上皮のなかで特別な領域であることを示唆する。一方，前胃腺上皮で特異的に，あるいはほぼ特異的に発現する遺伝子もあり，そのなかには *cSmad8* のような転写調節因子と *ECPg* のような最終産物の遺伝子がある。

砂嚢の上皮は，これまでに知られる限り前胃の非腺上皮（内腔上皮）と異なる遺伝子発現がない。しかし，砂嚢上皮は明らかに前胃内腔上皮とは性質が異なるので，遺伝子発現のパターンも違っているはずである。この点については今後まだ検討の余地を残している。

われわれは，あとに述べる前胃腺上皮領域の決定と関係して，Notch-Delta シグナルシステムに注目した。このシステムは，ある均一な細胞からなる細胞群のなかに，はっきりした境界をもつ異なる細胞集団を生成するシステムとして有名である。Notch は膜結合型の受容体であり，隣接する細胞の膜結合型リガンドである Delta あるいは Serrate と相互作用すると，細胞内ドメインが核に移行して転写因子として機能する。それぞれいくつかの分子種が存在するが，ニワトリ胚前胃では *Notch1* が内腔上皮で，*Notch2* が腺上皮で発現し，リガンドとしては *Delta1* が間充織と腺形成直前の上皮に点在して発現する。

多くの成長因子は間充織に発現する。例えば近年多くの器官形成の鍵遺伝子であると考えられるようになった *Fgf10* は，前胃と弱いながら砂嚢の間充織で器官形成初期に発現する[13]し，*Bmp2* の発現はほとんど前胃間充織に限局される[14]。同じ BMP ファミリーに属する *Bmp4* は消化管の全体にわたって間充織に発現する。さらに Wnt ファミリーの *Wnt5a* は5〜6日では前胃間充織に多く発現するが，発生が進行すると砂嚢間充織にも発現領域が拡大する。これらの成長因子は，器官形成が一段落するころになると発現が低下するので，器官形成の初期に重要な役割を担うことが期待されるのである。またそれらの成長因子に対する受容体も上皮あるいは間充織で発現しており，その関係は単純ではない。成長因子と受容体の発現パターンはそれらの機能を考えるうえで重要である。そのいくつかについては後述する。

小腸では，上述のように初期に *CdxA* が上皮で発現している[5),9)]。*CdxA* は哺乳類の *Cdx2* のホモログであり，*Cdx2* は腸の形成に不可欠であり，同時に腸におけるスクラーゼの発現を直接に調節する転写因子である。さらにその機能欠損が腸に過誤腫を形成すること，胃粘膜の腸上皮化生において *Cdx2* の発現がみられることなどから，*Cdx2* は腸の分化にとってきわめて重要な因子であることがわかっている。ニワトリにおいても *CdxA* はスクラーゼの転写調節因子であるが，発生分化との関係は明らかではない。*CdxA* は孵卵10日目ごろから小腸上皮に広く発現するようになる。また小腸上皮細胞における脂肪の取り込みに関与する腸脂肪酸結合タンパク質（IFABP）は，それにやや先行して発現する[5)]。これらの遺伝子はほかの臓器ではけっして発現しないので，小腸上皮の分化マーカーとしてきわめて有用である。

7.3.2 消化器官形成における成長因子の機能解析

前胃腺の形成とそれに伴う遺伝子発現，とりわけ *ECPg* の発現には間充織からのシグナルが基本的に重要であることを述べた。器官形成における上皮-間充織相互作用の本質を探るためには，間充織からのこのような誘導作用にかかわる物質の本体を明らかにする必要があることはいうまでもない。われわれは，先に述べた組合せ実験の結果をもとに，前胃間充織に存在し，腺形成に必須である因子を探索した。ここで重要な手掛かりになるのは，そのような因子が前胃間充織とともに肺間充織にも存在するということである。そのような因子をいわば手探りで探索した結果，われわれは *BMP2* という成長因子にたどり着いた。

BMP（骨成長因子）は，多くの器官形成で枢要な機能を果たしている。数種類のBMPが知られていて，特に *BMP2*，*BMP4*，*BMP7* が有名である。この3種類のうち，*BMP2* は前述のように前胃腺が形成され始める6日胚で，前胃間充織と肺間充織にきわめて強い発現がみられた。このことは先に述べた条件に合致するので，われわれはその機能解析を行った。方法としては，*BMP2* またはBMPのアンタゴニストである *Noggin* の遺伝子をRCASウイルスに組み込み，それを間充織に特異的に感染させて間充織を上皮と組み合わせて培養した。前述のように前胃上皮，砂嚢上皮とも前胃間充織と組み合わせて培養すると，腺を形成して腺上皮細胞は *ECPg* を発現するが，このとき間充織に *BMP2* を過剰発現させると腺形成は著しく促進される。一方 *Noggin* ウイルスを感染させた間充織を用いると，上皮はけっして腺を形成せず，すべての上皮細胞は *cSP* を発現する内腔上皮へと分化する。このことから *BMP2* が腺形成に密接に関与することが示される[14)]（**図7.4**）。ここで重要なことは，砂嚢間充織に *BMP2* を過剰発現させても，間充織は，組み合わせた上皮に腺を誘導しないことであり，これは間充織の腺誘導作用は *BMP2* のみに帰せられるものではないことを示唆する。

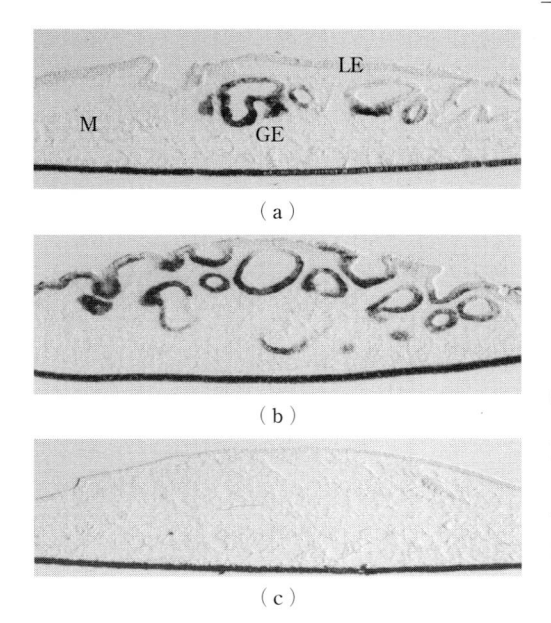

6日胚前胃間充織にコントロールウイルス（図（a）），BMP2ウイルス（図（b）），Nogginウイルス（図（c））を感染させて6日間培養し，ECPg発現を検出。LE：内腔上皮，GE：腺上皮，M：間充織

図7.4 前胃腺形成に対するBMP2の影響〔Narita, T. et al.（2000）より改変〕

　FGF（繊（線）維芽細胞成長因子）は，現在では少なくとも22種類のメンバーが知られている大きなファミリーをなす成長因子群である。とりわけFGF 10はその機能欠損（遺伝子欠損）マウスが，四肢と肺を完全に欠いていることがわかり，少なくともこれらの器官についてはFGF 10が発生の初期にきわめて重要なはたらきをしていることが示された。消化器官の形成におけるFGF 10の機能解析はあまり進んでいないので，われわれは実験的取り扱いに優れたニワトリ胚を用いてFGF 10の機能解析を行った。方法は in vitro および in vivo における FGF10 の過剰発現と機能抑制である。

　まず，FGF10 と，それと結合し得る受容体の発現を調べた[13]。FGF10 遺伝子は5〜6日胚前胃の間充織の周辺部で発現が始まり，その後，腺形成時には上皮直下の間充織での発現が強まる。腺が複合腺に発達するころには発現が低下する。砂嚢ではつねに弱い発現しかみられない。一方，FGF 10と結合し得る受容体FGFR 1 b，FGFR 2 bの遺伝子は，前胃でも砂嚢でも上皮に発現する。

　このことから，間充織のFGF 10が上皮の受容体を介して上皮分化に影響する可能性が示唆された。そこでFGF 10の機能解析実験を行った。前胃腺形成初期にFGF 10を過剰に発現すると，驚くべきことに腺形成やECPg発現が強く阻害された。一般的には成長因子は形態形成には促進的にはたらく場合が多いので，これはある意味で予想外の結果であった。一方，in vivo でFGF10 を強制発現すると，腺は形成されるがその上皮は多層化し，しかもその内腔側の細胞は cSP を発現してあたかも内腔上皮のように分化した。このような上皮では間充織に接する基底側で細胞増殖の著しい昂進が認められた。

以上の結果からわれわれは，FGF 10 の主要な作用は上皮の増殖率を制御して，それを介して細胞分化の速度をコントロールすることである，と考えている。in ovo（卵の中）の結果は，上皮細胞の増殖が異常に昂進した結果，上皮が多層化し，間充織からの影響を受けにくくなった内腔側の細胞が自律的に内腔上皮としての性質を獲得したのではないかと理解している[15]。

成長因子の重要なファミリーに EGF（表皮成長因子）がある。その受容体は Erb-b と呼ばれるがん遺伝子である。Erb-b は前胃や砂嚢の上皮に広く分布している。じつは Erb-b のリガンドは EGF のみではなく，前胃や砂嚢におけるそのリガンドはまだ確定していない。しかし，EGF を前胃の培養系に加えて Erb-b を刺激すると，EGF の濃度依存的に腺形成が阻害されて ECPg の発現も抑制される[16]。このときに上皮の細胞増殖が影響を受けているかなどはまだ解析されていないが，ここで述べた成長因子に関する研究は，多くの成長因子がそれぞれ少しずつ異なる役割を担いながら，上皮の形態形成と分化を調節していることを示している。

7.3.3 前胃腺形成に対する Notch-Delta シグナルの作用

前胃では発生の進行とともに上皮が腺上皮と内腔上皮に分化する。孵卵 9 日目ごろから腺上皮は特異的マーカーである ECPg を発現するようになり，ECPg を発現する細胞群と内腔上皮のマーカーである cSP を発現する細胞群との境界はきわめて厳密である。少なくとも in situ hybridization のレベルでは，二つの遺伝子をともに発現する細胞もどちらも発現しない細胞もほとんど見当たらない。すなわち，未分化な前胃上皮細胞は必ず腺上皮細胞か内腔上皮細胞に分化するという，二者択一の運命をもっている。上皮組織という二次元的に広がる細胞群のなかで，パッチ状にこのような運命決定が起こるしくみはどのようなものであろうか。これは前胃のみならず，多くの腺形成や皮膚における羽毛，うろこ，毛の形成などの領域決定プロセスとも共通したメカニズムがあると考えられ，その解析は器官形成の理解にとって重要であると思われる。

Notch-Delta シグナルは，このように明瞭な境界をもつ領域を決定することに関与していると考えられている。そこでわれわれは，前胃の発生における Notch-Delta シグナルを解析した。このシグナル伝達にかかわる因子の発現パターンについては前述のとおりである。

繰り返しいうと，このような解析はシグナル経路の強制的活性化と遮断による。また Notch-Delta シグナルの解析には，実際に Notch シグナルが細胞内ではたらいているかどうかを，Notch とともに転写調節にかかわる Su（H）の活性化を指標として可視化するレポーターコンストラクトを導入することで確認した。このコンストラクトは細胞に導入後数

7.3 消化器官形成の分子機構　　149

時間で発現するので，Notchシグナルをほとんどリアルタイムで観察することができる。

　まず，上皮内で*Delta*が発現している周囲の細胞ではNotch1が実際に活性化されていて，しかもこれらの細胞は内腔上皮のマーカーであるcSPを発現していないことが示された。また，このようなNotchシグナルが活性化された細胞はやがてその活性を失いつつ，腺上皮細胞へと分化することがわかった。すなわち，未分化上皮細胞はその二者択一の発生運命決定の前に，腺上皮への分化にコミットしながらすぐにはその分化の道を歩まない細胞があるということが示唆された。このような可能性をさらに確認するために，*Notch1*の強制発現コンストラクトを未分化上皮細胞に導入したところ，腺の形成が阻害され，細胞は未分化な状態，あるいは未成熟な腺上皮細胞の状態にとどまっていることが，多くの遺伝子発現の観察から詰論された。このような*Notch1*の強制発現の効果はNotchシグナルの抑制因子であるNumbやSu（H）の機能抑制型コンストラクトによって救済された。

　一方，これらの抑制因子を単独で強制発現すると上皮細胞は内腔上皮へと分化する。このようにNotchシグナルは前胃腺上皮の二者択一の発生運命の選択に重要なはたらきをしていることが示された[17]。この研究に基づく前胃上皮分化のモデルを図7.5に示す。

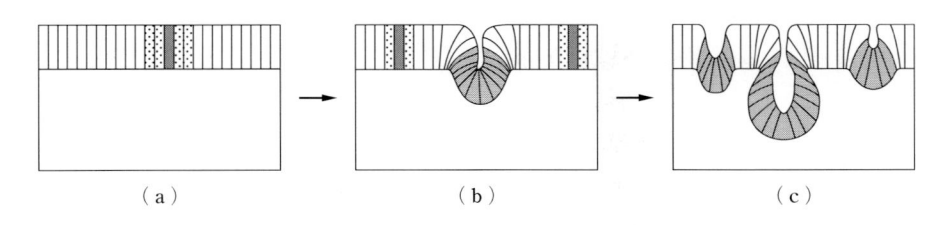

未分化で一様に見える上皮細胞（図（a））中に*Delta*を発現する細胞（黒色）が出現し，周辺の細胞にNotchシグナルを活性化する（点描で示した細胞）。これらの細胞はまもなく腺（灰色で示した細胞）を形成し（図（b）），これが繰り返されて多数の腺が形成される（図（c））。

図7.5　前胃腺形成に対するDelta-Notchシグナルの関与
〔Matsuda, Y. et al.（2005）より改変〕

7.3.4　前胃上皮の形態形成と細胞分化における sonic hedgehog の機能

前胃腺が形成されると，腺上皮細胞では多くの遺伝子がその発現を停止したり発現を低下させたりする。このことは，おそらく間充織からの因子や上皮内におけるNotchシグナルによって腺上皮としての運命が決定されると，一連のシグナルカスケードがはたらいて，一斉に遺伝子発現のパターンが変化することを示唆する。そのような遺伝子のなかでわれわれは，特に*sonic hedgehog*（*shh*）遺伝子[10]に注目してその機能を解析した。shhが受容体patched（ptc）に結合すると細胞内シグナル伝達系が活性化されて，最終的にはGli転写因子が標的遺伝子の転写を制御する。サイクロパミンという植物性アルカロイドがこのシグ

ナル伝達系を阻害することが知られており，shh のシグナル抑制剤として用いられる。

　未分化な前胃上皮に shh を強制発現させると，腺の形成はまったく起こらなくなる。一方，正常前胃が腺を形成しない特別な条件（貧栄養）下での培養にサイクロパミンを添加すると腺形成が促進される。つまり shh の発現低下は腺形成に必要であると考えられた。しかし，上皮を単独で培養してサイクロパミンを添加しても ECPg の発現はみられないので，shh は上皮に直接作用するのではないことがわかる。shh を上皮で強制発現すると上皮直下の間充織の ptc，Gli や BMP4 の発現が著しく増強されること，一方，サイクロパミン添加培養ではこれらの遺伝子発現が強力に抑制されることから，上皮の shh は間充織を介して腺形成を阻害しているのではないかとも考えられる[18]。しかし，間充織には腺形成に対応する領域的な分化がこれまで知られていないので，上述の仮説を検証することはこれからの問題である。

7.3.5　前胃腺上皮細胞における特異的遺伝子発現の機構

　以上に述べてきた成長因子や Notch シグナル，および shh などのはたらきで前胃上皮中に腺が形成されると，腺上皮はやがて特異的マーカー遺伝子である ECPg を発現する。ペプシノゲンは，少なくとも脊椎動物には広く分布する，酸性条件下で作用する消化酵素ペプシンの前駆体である。哺乳類でも鳥類でもペプシノゲン（遺伝子）には数種類が知られていて，大きくは成体型の A と C，および主として幼若個体で発現するプロキモシン型の3種類に区別される。ECPg はこの最後の群に分類される。ECPg の発現は9日胚から開始し，胚期後半にきわめて活発となり，孵化直前には発現が終了する。胚期ペプシノゲンと呼ばれるゆえんである。またその発現は完全に前胃腺上皮細胞に限定されている。

　われわれは ECPg のみならず，成体型の cpgA，cgcC をクローニングし，その発現調節領域の解析を行った[19]。その結果，どの遺伝子にも転写調節領域に Sox 転写因子と GATA 転写因子の結合配列が存在することを見いだし，これらの転写因子が重要な作用を担っていると考えた。特に胚期の前胃では Sox2 の発現が腺上皮細胞で低下し，一方 GATA5 の発現が上昇することから，それらの転写因子が関与していることを予想し，レポーターアッセイを行った。その結果，ECPg 遺伝子上流 1kb に存在する五つの GATA 結合配列のうち 3'側の三つがきわめて重要であり，これらの結合配列のいずれか一つに突然変異を入れると，レポーター遺伝子の発現は急激に低下することが示された。同時に，この同じ領域に存在する Smad や Nkx2.5 の結合配列は，必須でないことも確認できた。さらに，Sox2 の強制発現はレポーター遺伝子の発現を完全に抑制するが，その作用には上流 1kb に存在する1個の結合配列は必ずしも必要ではなく，Sox2 は間接的に ECPg 発現を抑制することが示唆された。以上の結果は，腺上皮細胞での ECPg の特異的発現は少なくとも二つの転写因

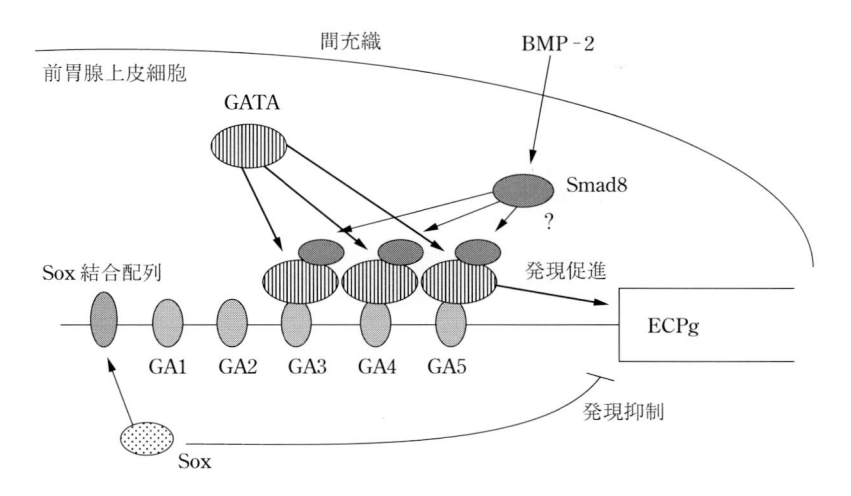

子，Sox 2 と GATA 5 の相対的な量によって促されることを示している[20),21)]（図 7.6）。また，*Smad8* が腺上皮で特異的に発現することから，間充織の BMP 2 によって活性化された *Smad8* が GATA 転写因子と協調的に作用する可能性も考えられる。

遺伝子上流の GATA 転写因子結合配列（GA 1～5）に GATA 因子が結合して *ECPg* の転写を促し，Sox 転写因子は Sox 結合配列に結合して，あるいは間接的に *ECPg* の転写を抑制する。*ECPg* の転写は両者のバランスで調節される。間充織因子 BMP によって活性化される Smad 8 も転写のコファクターとして作用するかもしれない。

図 7.6　*ECPg* 遺伝子の発現調節機構

7.3.6　初期胚における胃と腸の領域化の分子的解析

6 日胚砂嚢の上皮は，前胃間充織とともに培養すると *ECPg* を発現する。このことは，少なくともこの発生段階まで砂嚢上皮が異種間充織の誘導作用に対して反応性を維持していることを意味している。一方，小腸上皮は同じ条件下で腺形成や *ECPg* 発現を示さない。また，われわれの古典的な実験で，腸の後端から突出する尿嚢内胚葉も，前胃間充織存在下で腺は形成するが *ECPg* は発現しないことを明らかにした。このように，消化管の前方に位置する器官（食道，前胃，砂嚢）と後方の器官（腸と尿嚢）では，その内胚葉性上皮に質的な差があることが繰り返し確認されてきた。

それではこのような差異はいつから生じるのだろうか。これは消化器官の形成と分化を考えるうえで興味深い問題である。そこでわれわれは，胃域と腸の特異的マーカーを駆使してこの課題を再検討した。用いたマーカーは小腸のスクラーゼ，*IFABP*，*CdxA* と胃域の *ECPg*，*Sox2*，cSP である。

6 日胚の小腸上皮が前胃間充織の影響を受けないことはすでに述べたとおりである。小腸

上皮はあくまでも小腸上皮マーカーを発現し，胃上皮マーカーはまったく発現しない。そこで，小腸上皮のこの自律的な分化が消化器官間充織からの影響を必要とするかどうかを調べるために，小腸上皮を6日胚背中真皮と結合して培養した。この場合も小腸上皮は小腸マーカーを発現した。

つぎに，発生のごく初期の予定腸内胚葉は，前胃間充織に対する反応性を示すかどうかを調べるために，1.5日胚のまだ管になっていない内胚葉を取り，6日胚前胃間充織と結合して培養した。このとき上皮は *IFABP* と *CdxA* は発現したが，スクラーゼの発現は観察されず，一部の上皮は *cSP* を発現した。また，この内胚葉を砂嚢の間充織とともに培養すると，腸上皮マーカーの発現はみられず，ごく一部で *cSP* が発現した。このように，1.5日胚では，予定小腸内胚葉はわずかに胃域の上皮に分化する能力を所有しているように思われるが，一方で消化管間充織の存在下でも完全な消化管上皮には分化し得ないことがわかった。予定腸内胚葉は6日胚小腸間充織とともに培養されれば，もちろん腸上皮マーカーをすべて発現する。予定腸内胚葉を真皮と培養すると，胃や腸の上皮マーカーはまったく検出されず，それでも内胚葉全体のマーカーである *shh* は発現していた[22]。この時期の内胚葉を消化器官上皮に分化させられるのは，やはり消化管間充織であることがわかるのである[5]。

これまでのすべてのデータは，消化管はその成立直後，あるいは成立前から，前方と後方の二つの大きな領域に区別できることを示している。この区別はどのような分子機構に基づいているのだろうか。これは未解決な問題であるが，一つのヒントは，*CdxA* がショウジョウバエの *caudal* 遺伝子のホモログであるということである。*caudal* はその名のとおり，ハエの体の後半部を形成するのに重要であることが知られている。したがって鳥類（と哺乳類）で，そのホモログが消化管の後半部の特性を決定していると考えても不思議ではない。現在，*CdxA* が消化管後方上皮決定因子であるかどうかについて，解析が進行中である。

7.4 消化器官の発生と再生医療

7.4.1 ニワトリ胚消化器官の発生と幹細胞

幹細胞は，増殖能力を維持したまま，必要に応じて種々の（あるいは特定の）細胞に分化する能力をもっている細胞群である。多くの成体組織に幹細胞が発見され，その医療への応用が考えられていることはいうまでもない。消化器官では小腸の陰窩（クリプト）に存在する幹細胞が古くから有名である。また近年，肝臓，膵臓，唾液腺などからも幹細胞としての性質を保持している細胞が単離され，これらの細胞が多様な消化器官細胞へと分化する多能性をもっていることもしだいに明らかになっている。さらに，これらの細胞は消化器官のなかでの分化転換（腸上皮化生，胃上皮化生など）の原因として，さらには上皮細胞のがん化

にも関係している可能性が指摘されている．これらの幹細胞が発生の過程でどのように生じ，どのように保存されているかを理解することは，幹細胞生物学上も重要な問題である．

ニワトリ胚消化器官での幹細胞の研究はほとんど進んでいない．成体腸の幹細胞については相当の知見が蓄積されているが，発生におけるそれらの細胞の動態の研究は，適当なマーカーがなかったこともあって，皆無に等しい．

一般的に幹細胞は活発な増殖能をもっている．発生の途上では多くの細胞が細胞分裂を行うが，その子孫のうちでどのような資質をもった細胞が幹細胞になるのだろうか．

消化器官における幹細胞の研究は小腸が最も進んでいる．とりわけ，哺乳類では幹細胞の局在，遺伝子発現，およびその分化制御が活発に研究されている．マウス小腸では陰窩におよそ 30 個の基幹的幹細胞が存在し，さらにそれらが分裂して生じる潜在的幹細胞と呼ばれる細胞群が数世代にわたって存在すると考えられている．小腸全体における幹細胞の総数はマウスでは 7.5×10^5，ヒトでは 2.5×10^8 と見積もられている[23]．これらの細胞は小腸における細胞の膨大な消耗に対応して活発に増殖するが，その DNA 合成過程で生じる突然変異などを排除する機構も明らかにされつつある．

一方，哺乳類の胃における幹細胞研究は小腸ほど進んでいない．胃では胃腺の頚部に幹細胞の集団が存在し，そこから分裂した細胞は腺の内部に移動して主細胞や壁細胞へと分化し，一方，内腔へ移動する細胞は粘液産生細胞へと分化する．このときはまず，多分化能をもった幹細胞が，胃腺形成性幹細胞と単分化能性幹細胞へと分化し，前者が胃腺の細胞へ，後者が内腔の細胞へと分化する．

哺乳類小腸では，幹細胞における特異的遺伝子発現が調べられている．特に注目されるのは，神経幹細胞のマーカーとして知られる *Musashi-1* である．この遺伝子の産物は細胞間のシグナル伝達に重要な役割を果たす Notch シグナル（上述）を制御する因子で，Notch シグナルに阻害的にはたらく Numb の翻訳阻害によって幹細胞の非対称的分裂活性を調節する．*Musashi-1* の発現は陰窩の下から 4〜5 列目の，幹細胞と同じ位置の細胞にのみみられ，絨毛の細胞や陰窩の最奥部に存在するパネート細胞にはみられない[24]．

鳥類消化器官における幹細胞の研究は，まったくといっていいほど進んでいない．これはもちろん，哺乳類の研究が直接人間の消化器病の治療に結びつくのに対して，鳥類ではそうではないという事情があろう．しかし上述したように，鳥類消化器官の形成様式の多くは哺乳類のそれと類似しているので，鳥類で幹細胞に関する新たな知見が得られれば，それは哺乳類の幹細胞の理解にも資するところがあるであろう．われわれは，いくつかの観点から鳥類の胃と小腸における幹細胞の研究を進行させている．一つはニワトリ胃と小腸における *Musashi-1* の発現パターンの解析であり，もう一つは発生過程における増殖能保持細胞の局在である．ここでは *Musashi-1* の発現に関するデータを若干紹介する．

ニワトリ胚小腸では，*Musashi-1* mRNA の局在と免疫組織化学によるタンパク質の局在はよく一致していて，発生過程を通じて上皮と，間充織の最外側の筋肉層に強い反応がみられる。この状態は孵化直前までみられるが，陰窩が形成される孵化直前からヒヨコの時期になると上皮での発現は陰窩の奥の数個の細胞層に限定される。このことが孵化以前の上皮には将来の幹細胞が広く分布していることを示しているのか，あるいは *Musashi-1* の発現は単に増殖活性の高い細胞の存在を示しているのかは，現在のところ明らかではない。前胃での発現も発生途上では小腸と類似して，内腔上皮，腺上皮，および将来の筋肉層にみられる。しかし孵化後も複合腺の多くの（ほとんどの）上皮細胞がこの遺伝子を発現することは，小腸とは異なっている（図7.7）。なお，ニワトリ前胃腺では孵化後も明瞭な増殖帯のようなものが観察されないこと，哺乳類胃では *Musashi-1* の発現は必ずしも幹細胞の局在と一致しないというデータがあるので，鳥類や哺乳類でも胃では *Musashi-1* の機能は小腸のそれと異なるのかもしれない[25]。

いずれにしてもわれわれは，このようないくつかの遺伝子について詳細な発現解析を行うことが，幹細胞分化の道筋とメカニズムの解明に貢献できるであろうと考えている。

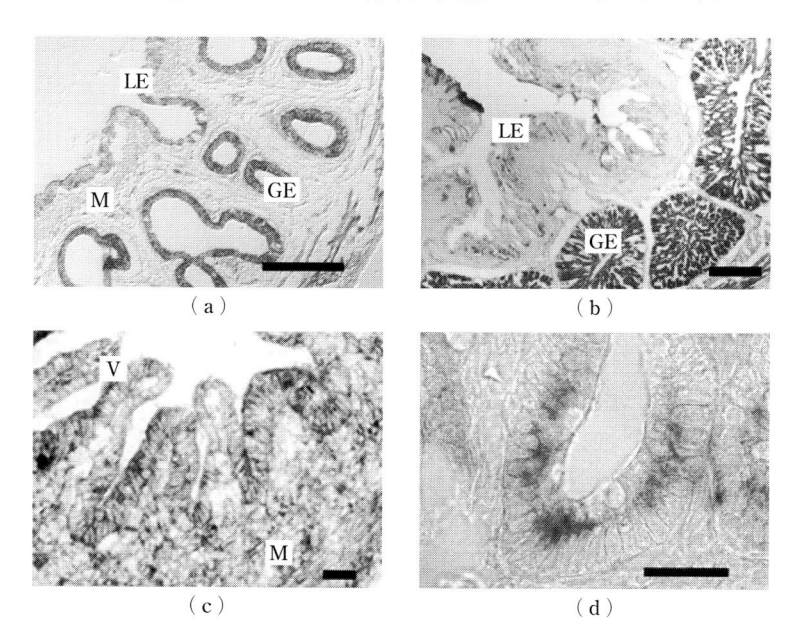

ニワトリ12日胚（図(a)，(c)）および孵化後2週間のヒヨコ（図(b)，(d)）の前胃（図(a)，(b)）と小腸（図(c)，(d)）における *Musashi-1* の *in situ* hybridization。孵化後の小腸では幹細胞が存在する陰窩に局在が認められるが，前胃では腺上皮細胞全体に反応がみられる。LE：内腔上皮，GE：腺上皮，M：間充織，V：繊毛。バーは200μm（図(a)，(b)），20μm（図(c)，(d)）

図7.7 前胃および小腸における *Musashi-1* の局在（口絵13参照）
〔Asai, E. et al. (2005) より改変〕

7.4.2 発生研究が再生医療に資すること

　器官形成過程の分子的機構の解析が再生医療に役立つであろうということは，容易に想像されることである。器官の再生は多くの場合，発生過程をモデルとして，できるだけそれになぞらえて形態形成と機能分化を人為的に惹起(じゃっき)するものだからである。しかし一方で，再生が必ずしも発生と軌を一にしなければならないということもない。再生医療の目的はとりあえず失われた，あるいは機能不全の臓器・器官の機能を代替できればよいからである。完全な形態と機能を備えた臓器を求めることは必ずしも要求されてはいない。そのような観点からすれば，とりあえず種々の細胞，基質，成長因子，サイトカインなどを経験則的に組み合わせて最適の条件を見いだす努力が，特に医療関係者の間では必要であり，また研究の主流になるであろう。われわれ発生生物学者の出番は，むしろその後方支援ということになるかもしれない。

　しかし翻って，上述の細胞，基質，種々の因子等の研究はもともと発生生物学や細胞生物学からの知見に基づいているものが多く，その意味ではこれらの基礎的研究分野からの貢献は依然として重要であろう。また，再生医療においては，臓器再生過程での遺伝子改変などの手技が有用になるかもしれない。これらの方法，技術もまた発生生物学などの分野で開発，洗練されるものが多い。

　しかし，発生研究が再生医療に資する最大の点は，やはり細胞分化や形態形成に関する基本的概念であろう。100年も前から明らかにされてきた器官形成における組織間相互作用の重要性は，いうまでもなく現在の再生医療でも絶対に無視することができない。このような基本的概念は，しばしば動物種を越えた研究から明らかになるものであり，現在の研究でいえばショウジョウバエ，ゼブラフィッシュ，線虫などからの知識が直接哺乳類の研究に適用されることも多い。われわれ発生生物学者は，一方で真理の探究という，いわば学問の大前提と直面しながら，他方ではその研究が直接・間接に再生医療などの応用と結びつくことを希求しているのである。

引用・参考文献

1) Okada T. S. : Epithelio-mesenchymal relationships in the regional differentiation of the digestive tract in the amphibian embryo, Wilhelm Roux' Archiv, **152**, pp.1–21 (1960)
2) Hayashi, K., Agata, K., Mochii, M., Yasugi, S., Eguchi, G. and Mizuno, T. : Molecular cloning and the nucleotide sequence of cDNA for embryonic chicken pepsinogen : phylogenetic relationship with prochymosin gene, J. Biochem., **103**, pp.290–296 (1988)
3) Takiguchi, K., Yasugi, S. and Mizuno, T. : Gizzard epithelium of chick embryos can express embryonic pepsinogen-antigen, a marker protein of proventriculus, Roux Arch.

Dev. Biol., **195**, pp 475-483 (1986)

4) Urase, K., Fukuda, K., Ishii, Y., Sakamoto, N. and Yasugi, S.: Analysis of mesenchymal influence on the pepsinogen gene expression in the epithelium of chicken embryonic digestive tract, Roux Arch. Dev. Biol., **205**, pp.382-390 (1996)

5) Hiramatsu, H. and Yasugi, S.: Molecular analysis of the determination of developmental fate in the small intestinal epithelium in the chicken embryo, Int. J. Dev. Biol., **48**, pp.1141-1148 (2004)

6) 福田公子，八杉貞雄：転写因子はどのようにして消化管発生にかかわるのか？，分子消化器病，**1**, pp.286-293 (2004)

7) Ahlgren, U., Pfaff, S. L., Jessell, T. M., Edlund, T. and Edlund, H.: Independent requirement for ISL 1 in formation of pancreatic mesenchyme and islet cells, Nature, **385**, pp.257-260 (1997)

8) Ishii, Y., Fukuda, K., Saiga, H., Matsushita, S. and Yasugi, S.: Early specification of intestinal epithelium in the chicken embryo: A study on the localization and regulation of CdxA expression, Dev. Growth Differ., **39**, pp.643-653 (1997)

9) Ishii, Y., Rex, M., Scotting, P. L. and Yasugi, S.: Region-specific expression of chicken Sox 2 in the developing gut and lung epithelium: Regulation by epithelial-mesenchymal interactions, Dev. Dyn., **213**, pp.464-475 (1998)

10) Narita, T., Ishii, Y., Nohno, T. and Yasugi, S.: Sonic hedgehog expression in developing chicken digestive organs is regulated by epithelial-mesenchymal interactions, Dev. Growth Differ., **40**, pp.67-74 (1998)

11) Tabata, H. and Yasugi, S.: Tissue interaction regulates expression of a spasmolytic polypeptide gene in chicken stomach epithelium, Dev. Growth Differ., **40**, pp.519-526 (1998)

12) Matsumoto, K., Saitoh, K., Koike, C., Narita, T., Yasugi, S. and Iba, H.: Differential expression of fos and jun family members in the developing chicken gastrointestinal tract, Oncogene, **16**, pp.1611-1616 (1998)

13) Shin, M. and Yasugi, S.: Expression of Fgf 10 and Fgf receptors during development of the embryonic chicken stomach, Mech. Dev., Gene Exp. Patterns, **5**, pp.511-516 (2005)

14) Narita, T., Saitoh, K., Kameda, T., Kuroiwa, A., Mizutani, M., Koike, C., Iba, H. and Yasugi, S.: BMPs are necessary for stomach gland formation in the chicken embryo: a study using virally induced BMP-2 and Noggin expression, Development, **127**, pp.981-988 (2000)

15) Shin, M., Noji, S., Neubüser, A. and Yasugi, S.: FGF10 is required for cell proliferation and gland formation in the stomach epithelium of the chicken embryo, Dev. Biol. (in press, 2006)

16) Takeda, J., Tabata, H., Fukuda, K. and Yasugi, S.: Involvement of the signal trasduction pathway mediated by epidermal growth factor receptor in the differentiation of chicken glandular stomach, Dev. Growth Differ., **44**, pp.501-508 (2002)

17) Matsuda, Y., Wakamatsu, Y., Kohyama, J., Okano, H., Fukuda, K. and Yasugi, S.: Notch signaling functions as a binary switch for the determination of glandular and luminal fates of endodermal epithelium during chicken stomach development, Development, **132**, pp.2783

-2793 (2005)

18) Fukuda, K., Kameda, T., Saitoh, K., Iba, H. and Yasugi, S.：Down-regulation of endodermal Shh is required for gland formation in chicken stomach, Mech. Dev., **120**, pp.801-809 (2003)

19) Sakamoto, N., Saiga, H. and Yasugi, S.：Analysis of temporal expression pattern and cis-regulatory sequences of chicken pepsinogen A and C, Biochem. Biophys. Res. Commun., **250**, pp.420-424 (1998)

20) Sakamoto, N., Fukuda, K., Watanuki, K., Sakai, D., Komano, T., Scotting, P. J. and Yasugi, S.：Role for cGATA-5 in transcriptional regulation of the embryonic chicken pepsinogen gene by epithelial-mesenchymal interactions in the developing chicken stomach, Dev. Biol., **223**, pp.103-113 (2000)

21) Watanuki, K. and Yasugi, S.：Analysis of transcription regulatory regions of embryonic chicken pepsinogen (ECPg) gene, Dev. Dyn., **228**, pp.51-58 (2003)

22) Hiramatsu, H. and Yasugi, S.：Molecular analysis of the determination of developmental fate in the small Intestinal epithelium in the chicken embryo, Int. J. Dev. Biol., **48**, pp.1141-1148 (2004)

23) Potten, C. S., Booth, C. and Hargreaves, C., 岡野栄之，中辻憲夫 編，佐藤俊郎 訳：小腸上皮幹細胞研究の新展開 再生医療へと動き始めた幹細胞研究の最先端，pp.59-68，羊土社 (2003)

24) Kayahara, K., Sawada, M., Takaishi, S., Fukui, H., Seno, H., Fukuzawa, F., Suzuki, K., Hirai, H., Kageyama, R., Okano, H. and Chiba, T.：Candidate markers for stem and early progenitor cells, Musashi-1 and Hes 1, are expressed in crypt base columnar cells of mouse small intestine, FEBS Lett., **535**, pp.131-135 (2003)

25) Asai, E., Okano, H. and Yasugi, S.：Correlation between Musashi-1 and c-hairy-1 expression and cell proliferation activity in the developing intestine and stomach of both chiken and mouse, Dev. Growth Differ., **47**, pp.501-510 (2005)

8 脊椎動物の眼の形成と再生

8.1 眼の器官形成の概略

　感覚器官の一つである眼は，脳（間脳）の一部が伸び出してできる網膜と表皮の前駆体（原基）である外胚葉から分化する水晶体（レンズ）からなる。眼のパーツとしての網膜と水晶体をそれぞれ独立に組織として分化させることは可能であるが，それを組み合わせただけでは物を見るための眼はできない。水晶体と網膜は同じ光軸をもち，水晶体を通った光は網膜の光受容体上に結像しなければならない。そのために，まず袋状の網膜原基（眼胞）が外胚葉のほうに向かって伸びていって，外胚葉の一部を裏打ちするように接する。この網膜原基が接した領域の外胚葉で，水晶体分化のための遺伝子調節プログラムが作動し始めて水晶体の細胞集団の分化を開始させる（図8.1）。この網膜原基と水晶体の発生が関連することによって，水晶体と網膜が一つの眼のなかで光軸を共有できるようになる。水晶体は以下に述べるような過程を踏んで楕円球状の構造へと発生する。水晶体の発生に応じて網膜の中央がくぼみ，光受容体をもった神経網膜組織が分化する。

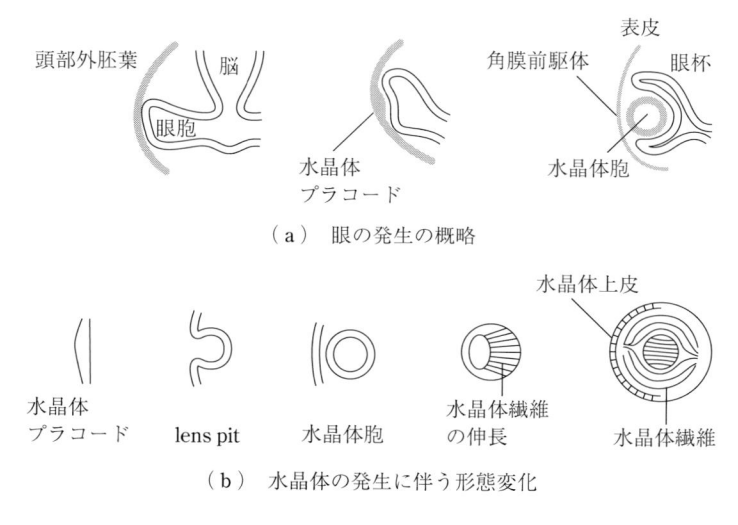

（a）眼の発生の概略

（b）水晶体の発生に伴う形態変化

図 8.1　眼の発生の概略

8.2 水晶体の発生

　図 8.1 に示したように，網膜原基が接した外胚葉は，最初は水晶体プラコード（肥厚した細胞層）の状態をとり，同時にクリスタリンの一部を発現し始める．ついで頭部の表面から内側にへこみ（lens pit），それが袋状の水晶体胞となって表面からくびり切れる．それまで lens pit につながっていた表面の外胚葉は，のちに角膜に分化する．つまり，水晶体と角膜とは，起源をたどれば兄弟のような関係にある．水晶体胞のなかの内側（網膜側）の部分の細胞群は水晶体繊維に分化して細長い細胞が束ねられた状態で肥厚し，胞の空間を埋めつくす．これによって透明な「レンズ」としての水晶体が完成する．水晶体胞の外側の細胞層は，薄い一層の水晶体上皮となり，その周辺（上皮側を北極に見立てたときの赤道帯近く）で細胞分裂して水晶体繊維細胞を追加していくための前駆体となる．

　水晶体繊維のなかでは，核やミトコンドリアなどの細胞内小器官やリボゾームが消失して光の散乱を防ぎ，クリスタリンと呼ばれる水晶体に固有の一群の安定なタンパク質を大量に蓄積している．これによって水晶体の透明性と高い屈折率を保っている．ヒトを含む多くの脊椎動物の水晶体は α-クリスタリン，β-クリスタリン，γ-クリスタリンの三つのクリスタリンのクラス（似かよった複数のタンパク質のグループ）を主要なタンパク質としてもつが，ニワトリなどでは δ-クリスタリンが γ-クリスタリンの代わりに存在している．そのほか動物種に応じてほかのクリスタリンと称する多様なタンパク質を含むこともある．クリスタリンに共通した特徴は，① 高濃度で存在しても可溶性を保つこと，② 安定で，一生の間，光にさらされても大きな変性をしないこと，である．いずれかの破綻によって白内障を生じてしまう．水晶体の発生に従って，クリスタリンのクラスごとにつぎの順序で発現される．α-クリスタリンは水晶体胞の時期から発現され始め，水晶体上皮から水晶体繊維への移行期にある細胞が β-クリスタリンの発現を始める．水晶体繊維が成熟すると γ-クリスタリンが発現される．つまり，クリスタリンの発現は $\alpha \to \beta \to \gamma$ の順で進行する．

　水晶体の発生は完全に自律的というわけではなく，細胞にはたらきかけるシグナル因子に依存している．少なくとも水晶体発生の初期（α および，β-クリスタリンを発現する時期）には，FGF（繊（線）維芽細胞増殖因子）系のシグナルが必須であり，さらに Wnt シグナルの作用が加わって，γ-クリスタリンを発現する成熟した水晶体繊維ができる．

8.3 水晶体分化の開始機構

　水晶体の分化の開始に注目しよう．網膜原基の作用によって外胚葉から水晶体を生じる現

象は水晶体誘導と呼ばれ，発生をつかさどるたくさんの分化誘導の代表例の一つとして注目されてきた．15年ほど前までは，網膜原基は強い作用をもち，接しさえすればどのような外胚葉をも水晶体に分化させるという誤解があった．しかし細胞標識を用いた正確な実験によってそれは否定され[1]，現在では，頭部の外胚葉の一部だけが網膜原基からの作用によって水晶体を生み出しうることが明らかになっている．

さらにその水晶体を生み出す外胚葉領域を詳しく調べると，Pax 6 という転写因子 DNA に結合して，遺伝子の転写を調節する因子をあらかじめ発現している場所に対応していることがわかった．Pax 6 は頭部外胚葉の将来両目を作る領域にかけて，正中線を含む広い領域で発現されている．この Pax 6 をもつ外胚葉領域に網膜原基が接すると，そこがどこであれ，その場所で水晶体をもった眼が発生する．左右1対の網膜原基が間脳からどのように伸び出して，どの位置で外胚葉と接するのかには個体差（個人差）があり，それが個体間での眼の間隔の違いを生む．先天異常などで単眼奇形を生じるのは，網膜原基が左右に分かれずに正中線上で突出することが原因である．

転写因子 Pax 6 だけでは水晶体は生まれない．網膜の作用は何であろうか．最近になって，それが外胚葉で SOX 2 というもう一つの転写因子の発現にスイッチを入れることであることがわかった[2,3]．Pax 6 と SOX 2 単独では転写調節機能（遺伝子を on/off する機能）はもたず，Pax 6 と SOX 2 が複合体を作り，その複合体を機能単位として作用して，水晶体の分化開始に必要なさまざまな遺伝子にスイッチを入れる．また，水晶体の成熟に必要な遺伝子群（つぎの水晶体の発生段階に必要な転写因子群のための遺伝子を含む）にもスイッチを入れて水晶体の発生を進める．図 8.2 は Pax 6 と SOX 2 が同時に作用して，外胚葉からの水晶体の分化を進行させる（水晶体プラコード→水晶体胞→水晶体繊維の分化）状況を示している．

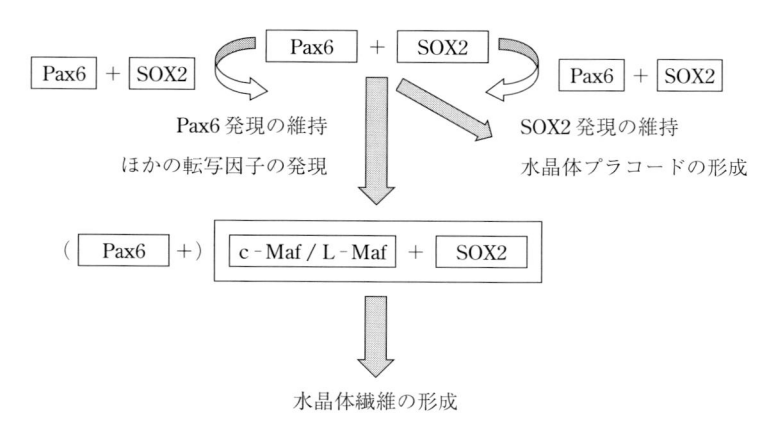

図 8.2　水晶体の初期発生にかかわる Pax 6，SOX 2 を中心とした転写因子とその作用

8.4 分化転換による水晶体分化 —下垂体と網膜から—

これまでに述べてきた道筋とは違う経路（組織起源）によって，水晶体分化が起きるケースが少なからずある．通常であれば水晶体以外の組織を生むはずであった細胞群から水晶体組織が分化する場合，あるいは，すでにある分化を遂げた細胞群が水晶体組織に変化する場合までさまざまな場合がある．水晶体分化の場合を含めて，通常の発生過程とは異なった経路で細胞分化が起きる現象は，分化転換（transdifferentiation）と総称される．分化転換はこのようにゆるやかに枠付けされる一群の現象であるが，それらの研究から細胞分化とは結局どのようなものであるのかという問いに重要なヒントが得られる．また，そのことから，分化転換を伴なったさまざまな組織再生機構を合理的に理解することが可能になる．このような観点から，下垂体原基からの水晶体分化，（神経性）網膜原基からの水晶体分化，胚の網膜色素上皮からの水晶体分化，という三つのケースを検討してみよう．

8.4.1 下垂体原基からの水晶体分化

先に述べたように，Pax 6 と SOX 2 という二つの転写因子の組合せが水晶体分化の基礎である．しかし水晶体以外でも，これらが共存する組織がある．その一つは下垂体（前葉）およびその原基（ラトケ嚢）である．下垂体原基は外胚葉に起源をもつ．外胚葉の前端が胚の裏側に伸び込んで口部外胚葉（oral ectoderm）を作り，その一部がさらに脳（視床下部）側に陥入（ラトケ嚢形成）することによってできる．

ラトケ嚢全体で Pax 6 と SOX 2 が発現されており，しかもニワトリ胚では δ-クリスタリンまでも発現されていて，水晶体との近縁性を感じさせる．しかし正常の発生では下垂体から水晶体を生じることはない．ところが，ある条件下では下垂体原基の大部分が水晶体に分化することが明らかになった．ゼブラフィッシュの *you-too*，*iguana* などの突然変異体は，分泌タンパク質ヘッジホッグ（Hh）に依存したシグナル系に欠陥をもち，胚の正中線に沿ってさまざまな組織形成の異常を示す．そして下垂体原基の大部分が水晶体に分化してしまうことを見いだした[4]．ニワトリの talpid 3 という Hh シグナル伝達に異常をもつ突然変異体でも，下垂体原基から水晶体を生ずる．*you-too* などの突然変異体の下垂体原基の発生は，Pax 6，SOX 2 に加えて Six 3 転写因子（これもまた水晶体の原基と共通）を発現するところまでは正常に進むが，Hh シグナルの欠陥のために，Lim 3，Nkx 2.2 など下垂体に固有の転写因子を発現することができない．その結果，下垂体原基が水晶体原基と同様の転写因子構成をもつことになり，ただちに水晶体に分化したのである（図 8.3）．

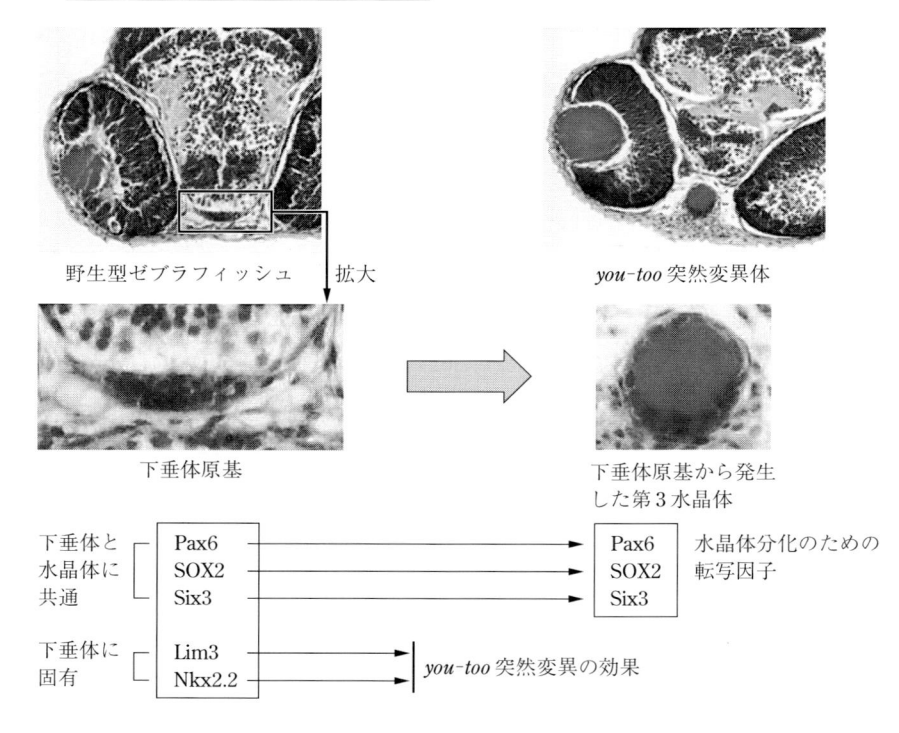

図 8.3 ゼブラフィッシュ *you-too* 突然変異体で起こる下垂体原基からの水晶体分化とそのしくみ

このことから，水晶体というのは（少なくとも頭部外胚葉に由来する組織では）Pax 6, SOX 2，(Six 3) 転写因子をもつナイーブな細胞群のデフォルト（default）の分化過程であると考えることができる。正常な発生過程では Pax 6, SOX 2, (Six 3) に加えて，ほかの転写因子（Lim 3, Nkx 2.2 など）が作用して，水晶体分化へのデフォルト状態を一気に通り過ぎて，より高次の組織分化へと向かうのである。

8.4.2 網膜原基からの水晶体分化

ニワトリ初期胚の網膜（原基）を取り出して断片化して培養条件下に置くと，高い効率で水晶体が分化する[5]。この網膜（原基）からの水晶体分化（後述）は，網膜の層分化が起こる前では特に効率良く進行するが，層分化とともに頻度が低下して網膜が完成すると起きなくなる。この過程を通じて SOX 2 の発現は網膜全体で持続するが，Pax 6 を発現する細胞群はしだいに限定されていく。この Pax 6 発現細胞の減少と，網膜からの水晶体分化効率の低下は関連しているようにみえる。8.10 節等で述べる網膜中の多分化能をもった幹細胞の減少として理解することもできる。実際，水晶体を生ずる網膜の培養では色素細胞をも生み出すのである[6]。網膜のなかの多分化能をもった幹細胞が，Pax 6, SOX 2 をあわせもつ

細胞の一部であるとすれば，二つの考え方の間には隔たりはない。

いずれにせよ層分化前の網膜原基は，Pax 6，SOX 2，（実際には Six 3 も）を発現しており，一方でまだ網膜固有の転写因子を十分にもたないために，水晶体分化へと向かい得るデフォルト状態に近く，培養条件下に置くことによって水晶体分化へと向かうのであろう。この機構の詳細については検討の余地があるとしても，網膜原基が培養条件下で水晶体に分化する基盤は，Pax 6，SOX 2 の共発現である。

8.4.3 網膜色素上皮からの水晶体分化

神経性網膜だけでなく，それを裏打ちする網膜色素上皮からも培養条件下で水晶体が分化する。この培養条件については Agata ら[7]によって詳しく調べられている。強い FGF 活性をもち，またメラニン色素合成を妨げる phenylthiourea を含む培地で培養すると，細胞はメラニン色素を失うだけでなく，培養条件に応じて一斉に色素上皮細胞に戻ることも水晶体分化に向かうこともできる，均一に近い細胞集団を得ることができる。この細胞集団は Pax 6 を発現している。これらの細胞は，水晶体分化に向かいうるデフォルトに近い状態をとっているのではないかと考えられる。

以上のモデルをまとめるとつぎのようになる。下垂体原基，網膜原基，培養された網膜色素上皮などでは，Pax 6，SOX 2 などの転写因子を中心とした水晶体分化へ向かいやすい状態が準備されており，それが分化転換を引き起こす基本機構である。その状態は，それまでその組織がたどってきた分化過程に依存していない。正常の発生では，その段階を一挙に通過して，おのおのの組織に固有の転写因子をもった状態に突入するために水晶体を生じることはない。

8.5 カエルの角膜からの水晶体再生

両生類では，水晶体を除去すると水晶体が再生するケースがある。一つはカエルの幼生にみられる角膜からの水晶体再生であり，もう一つは再生現象の古典的な代表例でもあるイモリの虹彩背側からの水晶体再生である（図 8.4）。これらの動物種では，虹彩と水晶体との組織的な結合が弱いために，水晶体を完全に除去できるので，確実に再生を実験的に誘起できる（両生類以外の動物種でも水晶体除去後に水晶体の再生を見たという報告はある。しかし，われわれが確認した限りでは，両生類以外の報告例は水晶体の摘出が困難であるために，しばしば眼に取り残されてしまう水晶体上皮から水晶体組織が発生したものであり，再生とはいえない。両生類以外では水晶体組織を完全に除去した眼からの水晶体の再生は確認されていない）。

(a) イモリ成体

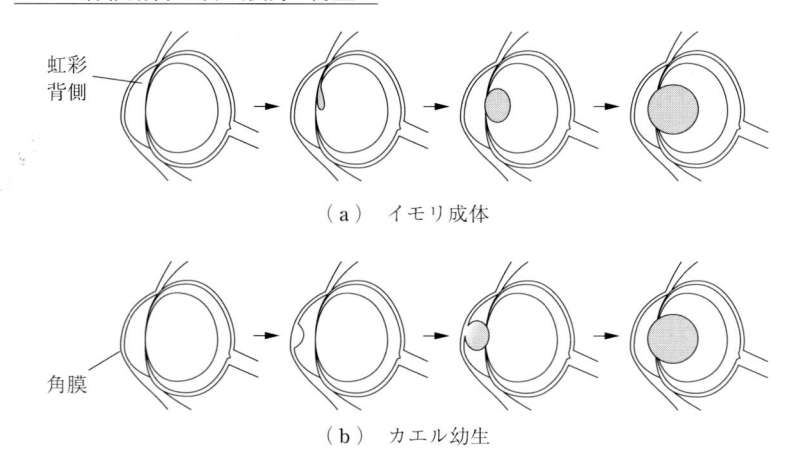

(b) カエル幼生

図 8.4 イモリで起こる虹彩背側からの水晶体再生とカエル幼生でみられる角膜からの水晶体再生

アフリカツメガエル（*Xenopus laevis*）の幼生（オタマジャクシ）の水晶体を除去すると角膜の外胚葉由来の部分（角膜外層, outer cornea）が前駆体となって水晶体が再生する。先に述べたように，角膜の外胚葉由来部分は水晶体とほとんど起源を同じくしており，最も近縁の細胞種からの水晶体再生である。水晶体の除去後，まず Pax 6 の発現が角膜に再開され，その後，水晶体発生にかかわる一群の転写調節因子が胚の水晶体発生を模倣するような順序で発現して水晶体の再生が起こる[8]。Rana 属のカエル（ツチガエルなど）でも同様な再生が起こるが，その時期はオタマジャクシ初期に限られる。アフリカツメガエルでも変態後の成体では水晶体の再生は起こらない。このことからつぎの説が支配的であった。

「発生が進むに従って組織は分化の可塑性を失う（組織全体の可塑性の低下，あるいは多分可能をもった幹細胞の喪失による）。このために，再生能が失われるのである」

古典的発生学的な学説がしばしば陥ってきたこの解釈は，しかし誤りである。Bosco を中心としたイタリアのグループは，カエル幼生にみられる角膜からの水晶体再生を客観的に研究して，つぎのことを示した。角膜片を眼房（水晶体と角膜の間）に移植する，あるいは一定濃度の FGF を含む培養液中で培養すると，角膜片から水晶体組織を生ずる[9]。この条件下での角膜からの水晶体分化は，幼生の角膜に限らず成体の角膜からでも起こる。つまり，成体になっても角膜自身は水晶体分化能を保持しているのである。成体の眼で水晶体再生が起こらないのは，FGF を中心とした水晶体再生開始のための分泌タンパク質が十分に分泌されないのか，それらが角膜外層に作用しないためである。

アフリカツメガエルの近縁である西ナイルツメガエル（*Xenopus tropicalis*）では，幼生でも水晶体再生はほとんど起こらない。この場合でも眼房内に角膜片を移植すると水晶体組織を生ずる。実際の水晶体再生では，単に水晶体組織を生ずるだけではなく，最終的に，本

来の水晶体の位置に，一定の大きさまで成長して止まるという調節を受けている。その機構は，組織形成一般におけるサイズの決定機構に属するものであろう。

8.6 イモリの虹彩背側からの2段階による水晶体再生

イモリは脊椎動物のなかで，成体の器官・組織を再生する能力において際立っており，再生研究のエースとして位置づけられるべきものである。これにもかかわらず，この動物種では遺伝子操作方法が確立していなかったために現代的な研究の対象としては評価されなかったきらいがある。しかし現在ではトランスジェニックイモリを作製する技術が確立している[10]。以下に述べるようにイモリならではの最先端の再生機構研究が可能である。

イモリでは，成体でも水晶体や網膜をみごとに再生する。ここでは，水晶体再生の機構の理解ついての最近の進展を述べる。網膜再生については本章の後半で詳しく解説する（水晶体が摘出されたイモリの眼で水晶体が完全に再生することは，ヨーロッパでは古くから知られていたらしいが，最初に（1894年）学術的な記述を行ったWolffにちなんで，イモリの水晶体再生はウォルフ再生と呼ばれることがある）。

水晶体に損傷を受けたり水晶体を摘出された眼では，必ず虹彩の背側から1個の水晶体を再生する（分化してメラニン色素を豊富にもつ虹彩からの透明な水晶体の再生は驚くべき現象ではあるが，虹彩は後述する網膜幹細胞の性質をもつ網膜毛様体辺縁部の延長と考えることもできる）。この神秘的ともみえる水晶体再生に関しては多大の研究が行われた。どのように虹彩片を，単離・分割・移植・培養しても，虹彩の背側の部分からしか水晶体を生じなかったために，虹彩背側（dorsal iris）が高尚な特異性をもつという見方が過去50年間の研究を支配してきた。水晶体摘出後に起こる再生の2段階の反応が，最初の段階から虹彩の背側部分に限って進行するという誤った見解が流布した。虹彩背側だけに水晶体の幹細胞が潜んでいるというモデルも検討された。

水晶体摘出後の組織の変化を調べると，2段階で進行することがわかる。

第1段階：虹彩の辺縁部全体で，色素顆粒の放出と細胞増殖が起こる。通常の水晶体再生では，この組織変化が虹彩背側で著しい[11],[12]（このために，第1段階の変化が背側の辺縁だけで起こるという記述も多いが，これは誤りである）。

第2段階：第1段階の変化を起こした虹彩辺縁部のなかで，背側部分だけからクリスタリンを合成する水晶体組織が現われ，成長して再生を完了する。

8.6.1 水晶体再生の第1段階

水晶体摘出後になんらかの分泌タンパク質が作用して，水晶体再生を引き起こすものであ

るとすれば，その分泌タンパク質を無傷の眼に一度作用させるだけで，水晶体再生反応が引き起こされるに違いない．この発想からHayashiらは，さまざまの分泌タンパク質を正常眼の眼房に一度だけ注入していった．その結果，FGF2を注入した場合だけ，第1段階の反応が生じ，その過程を経て虹彩背側から第2の水晶体を生んだ．もとの水晶体は第2の水晶体としばらくの間共存しているが，3週間後辺りから退縮して，そのあとは第2の水晶体が再生と同様に失われた水晶体の場所を占めるまで成長する[11]（図8.5）．

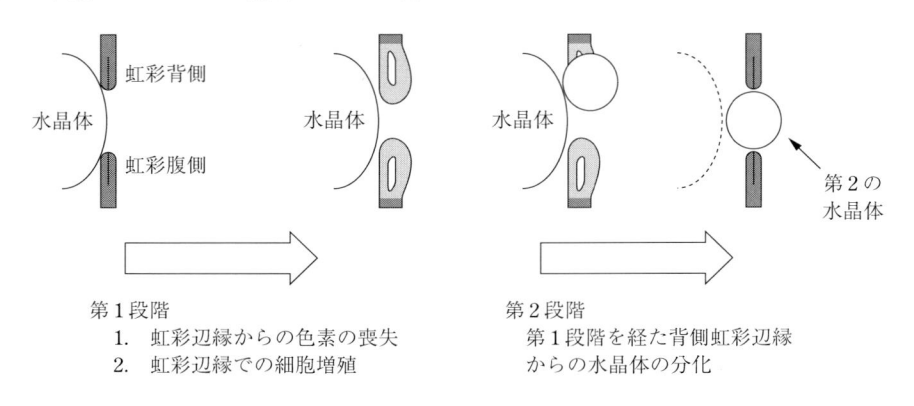

```
          第1段階                          第2段階
  1. 虹彩辺縁からの色素の喪失        第1段階を経た背側虹彩辺縁
  2. 虹彩辺縁での細胞増殖              からの水晶体の分化
```

図はFGF2の注入後の虹彩からの水晶体発生を示しているが，水晶体摘出の場合も（もとの水晶体がないこと，虹彩腹側の細胞増殖が控えめである点を除いて）組織の変化は同様である．

図8.5　FGF2の正常眼への注入，水晶体摘出によって開始される第2の水晶体は再生の二つの段階を経て進行する

二つの重要な点がある．第1点は，FGFのなかでもFGF2だけが活性をもっていることである．FGF2（basic FGF）と一般的には活性が似かよっているFGF1（acidic FGF）でも，まったく活性がない．実際に水晶体摘出眼の虹彩では，FGF2の発現とFGF2タンパク質含量が著しく上昇する．また，眼房内にFGF2を結合して不活性化するタンパク質を注入しつづけると第1段階の反応（色素の喪失と細胞増殖）が完全に抑制される．これらのことから水晶体の再生を起動する因子はFGF2であることに間違いない．

第2点はFGF2を注入した場合は第1段階の反応が背側，腹側の区別なく均一に起こることである．このことから第1段階の反応を起こす能力は背側腹側にかかわらず，虹彩に均等に備わっていることがわかる．水晶体摘出眼の虹彩で背側で第1段階の反応が著しいのは，FGF2の供給が背側に偏っていることを反映しているのであろう．今後の一つの課題は，水晶体摘出後にどのような機構でFGF2の産生にスイッチが入るのかということである．

この第1段階の反応において，細胞内の転写因子はどのような状況にあるであろうか．水晶体摘出前，あるいはFGF2注入前の虹彩は，Pax6をすでに弱く発現しているが，水晶体摘出やFGF2注入によってPax6の発現が著しく上昇する．それとともに，SOX2の発

現が開始される。つまり、第1段階反応は、Pax 6-SOX 2による、ただちに水晶体分化に迎える状態を作ることである。

8.6.2 水晶体再生の第2段階

第1段階の反応が背側と同様に進行しても、そのままでは虹彩腹側から水晶体が生ずることはない。さて、FGF 2の注入によって虹彩に均一に第1段階の反応を進行させた際に、背側だけで発現される分泌タンパク質があることにわれわれは気づいた。その分泌タンパク質を腹側の虹彩断片に作用させると、そこからも水晶体が生ずることがわかった。なぜ虹彩背側だけから水晶体が再生するのかという数十年にわたる研究課題に対する第1次近似的な答は、この分泌タンパク質が背側だけで合成されるからである。

虹彩の背腹は、その起源をたどれば虹彩背側は眼胞（網膜原基）の先端部に由来し、虹彩腹側は眼胞のより基部側に由来する。その発生初期の部域性の違いが、成体の虹彩における分泌タンパクの発現の違いをもたらしている可能性がある。

このように、再生過程は現代の発生生物学の理解に基づいて合理的に説明される発生現象の一つである。正常発生の理解が再生現象を説明し、正常の発生過程と再生過程を比較することによって、ある組織の発生に必須な要素を明らかにすることができる。

正常発生においても、再生過程においても、Pax 6とSOX 2の共発現が水晶体分化の準備として必須な条件であるとともに、あとわずかの刺激や反応の追加によってただちに水晶体が分化する条件である。その意味で水晶体の再生は、比較的に単純な組織再生である。次節で検討される網膜の再生は、ある面で共通性をもちながら、より高次の組織再構築を必要とするもので、その対比から組織再生の多様性を汲み取っていただきたい。

8.7 網膜の発生

網膜は脳と同じく、神経管に由来する。大脳のような中枢神経組織には、発達した美しい層構築がみられるが、網膜にも同様な整然とした層構造がみられる。したがって、脳神経系一般に共通した発生と分化の諸問題、すなわち細胞分裂、細胞系譜、細胞移動と分化形質の発現、細胞認識等が網膜の発生において詳細に研究されている。脳とは違って、眼は胚の外部からアプローチすることが可能なため、実験操作が容易であること、形態変化や発生異常が把握しやすい、網膜と脳の神経連絡が基本的には一方向性の視神経であること、また視覚系は高度に発達した神経系であることなどから、多くの研究者の関心を捉えている。

眼の発生のユニークな点は、神経管に由来する部分から網膜以外にさまざまな組織、色素上皮、毛様体、虹彩が発生することである（図8.6）。これらは非神経性の上皮組織であり、

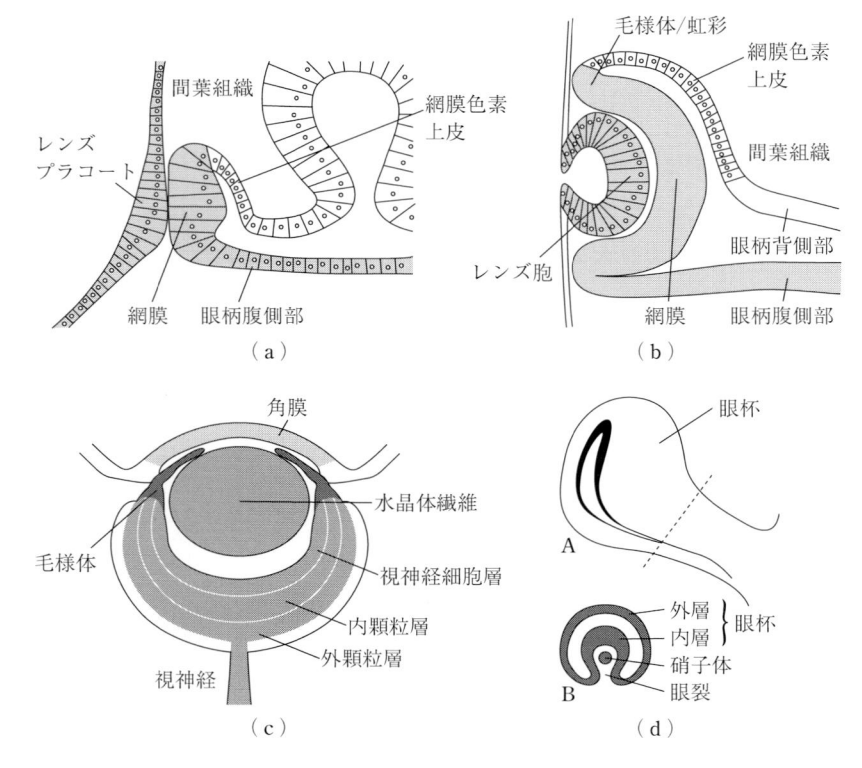

168   8. 脊椎動物の眼の形成と再生

眼胞からは網膜のほかに，色素上皮，毛様体，虹彩が発生する。眼胞は背と腹で発生の仕方が異なり，腹側では先端から基部方向にへこみができる。

図8.6 眼の発生の模式図

視覚のための重要な機能をもつことはいうまでもないが，網膜の再生を考えるうえで重要なポイントである。すなわち，後述するように，網膜再生の起源となる細胞がこれらの組織に存在すると考えられるからである。以下に，眼の器官発生の初期段階として眼胞から眼杯の形成過程と，網膜に特徴的な層構築形成過程の二つについて述べる。

8.7.1 眼胞から眼杯形成へ

すでに前節で述べたように，発生の初期に，前脳の一部が左右に膨出し眼胞となる（図8.6参照）。膨出した眼胞は表皮外胚葉とコンタクトし，相互作用によって眼杯となり，その結果，内外2層の構造となる。内側は網膜，外側は色素上皮に発生し，内外の境界部（眼杯の周縁部）は虹彩へ発生する。眼杯の形成過程では眼胞の腹側部分が先端から基部方向に向かってへこみ，このへこみはさらに基部方向へ進行する。その結果，腹側に溝ができる。これは視溝と呼ばれ，将来網膜視神経細胞の神経線維や網膜中心動脈の通り道となる。脳と眼杯をつなぐ部分は眼柄と呼ばれ，そのなか（視溝）を通る視神経は脳の腹側正中部で左右

交叉して（視交叉），対側の投射領域へ向かう。魚類，両生類，鳥類などでは，視神経は全交叉して，中脳視蓋と呼ばれる領域へ投射する。

さて，眼胞は領域によって発生運命が異なる。すなわち先端腹側領域は網膜に，背側基部領域は色素上皮に発生するが，この領域はどのように決定されるのだろうか。表皮外胚葉に由来するFGFシグナルが眼胞の網膜発生予定領域を決めることを示唆する報告は多い。

一方，眼胞とコンタクトしている表皮を除去してもこの領域化が起こるという報告もある。また，眼胞の周囲にある間葉組織に注目した研究もあり，表皮外胚葉と眼周囲間葉組織の両方との相互作用が必要であると考えられる[13),14)]。この領域化に関与する遺伝子として，多数の転写因子，Otx，Pax，Six，Rx，SOX などが知られており，その発現は BMP や Shh シグナルによって調節を受けるとされている[15)]。

8.7.2 眼胞の発生と背腹の問題

眼胞の領域決定と背腹軸形成が密接に関連していることは，背腹の逆転移植実験でも明らかにされた。初期胚眼胞を切除し，これを背腹を逆にしてホスト胚に移植する。このとき前後方向を変えないように（左眼胞を右眼胞跡に）移植して背腹逆転の影響を調べると，発生のある時期までは逆転移植しても正常な眼に発生し，その時期を過ぎると背腹のひっくり返った眼になる（視神経が背側を伸びる）（図8.7）。この中間の時期に逆転移植すると，眼杯

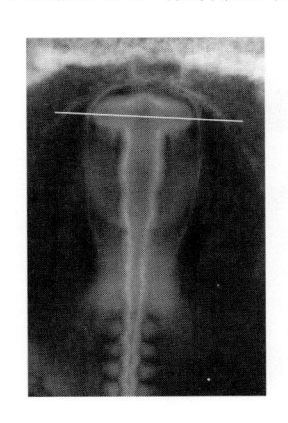

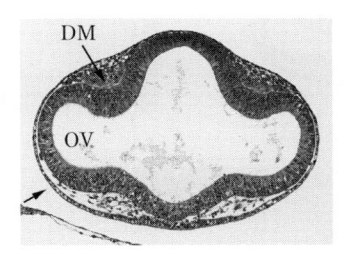

DM：背側間葉組織，OV：眼胞
矢印は表皮外胚葉を示す。

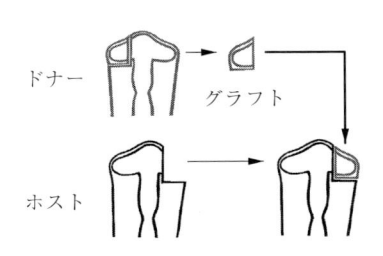

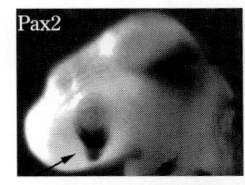

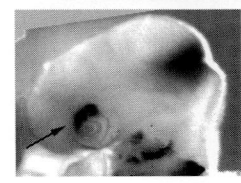

眼胞を含む脳の領域を横断面で観察すると，背側には間葉組織細胞が密に分布している。背腹の方向性がいつどのように決まるのかを眼胞の逆転移植実験で調べることができる。通常，腹側に発現する遺伝子 Pax 2 は，ある時期までに逆転移植すると正常な発現パターンを示すが，それ以降に逆転すると背側に発現する。

図8.7　ニワトリ初期胚と眼胞部分の組織図

が形成されず網膜の領域化と眼杯形成が起こらない。すなわち背腹軸の特異化は初期発生の早い時期に決定され，眼胞の領域化や正常な形態形成に重要な意味をもつ[16]。

　初期胚の眼杯を背と腹に二分して，それぞれを器官培養する。背側は色素上皮に腹側はおもに網膜に分化するので，すでに領域化が決まり発生運命が指示されていることがわかる[14]（図8.8）。ところが表皮や周囲の間葉組織を除去した眼胞を培養すると網膜だけに発生し色素上皮にはならない。このことは眼胞の発生運命にこれらの周囲組織がかかわることを示す。また，このような裸の眼胞を脳の背側部と共培養すると色素上皮へ発生するようになる。同時に眼胞の腹側に発現し，腹側構造，特に眼胞基部構造の発生に重要なPax 2の発現が抑制される。これらのことは眼胞の領域化には脳の背側構造がかかわっていることを示している。脳の背側に由来するシグナルが眼胞の背腹極性を決めるとするならば，そのシグナル分子は何であろうか。BMP 4とShhによる神経管の背腹極性化と同様のメカニズムで説明できるのか今後の課題である。これまで眼の形態形成における背腹軸の問題にはほとんど関心が払われていないだけに初期眼胞における背腹軸形成の分子メカニズムの解明が必要である。また，これは発生のつぎの段階である視神経投射マップ形成ともおおいに関連する。

(a)

(b)

(c)

(d)

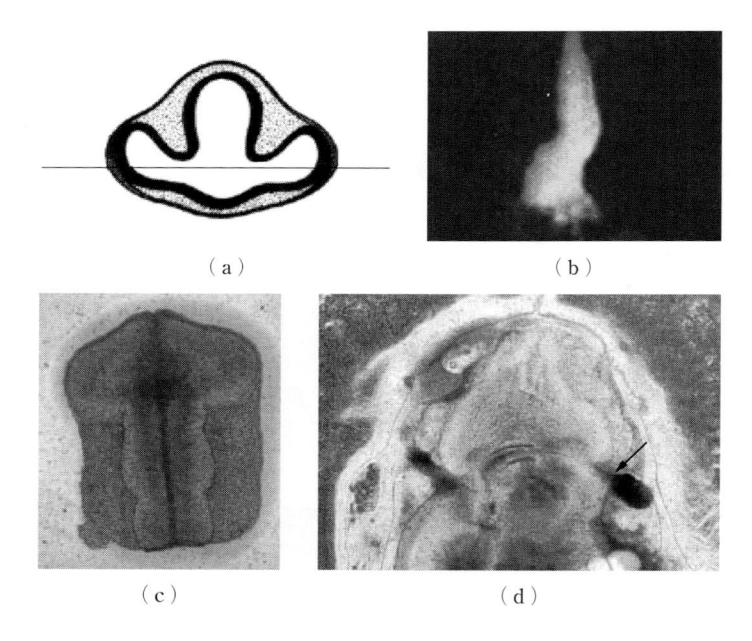

図8.8　眼胞の背と腹を分離して培養することによって，各領域の発生運命がいつどのようにして決まるのかを調べる。図（a）のラインで背と腹に胚を二分し，背側を培養メンブレンの上に載せたものが図（c）。3日後には図（d）にみられるように色素上皮組織が分化する。マーカー遺伝子Mitfの発現が認められる（図（b））。網膜マーカーは検出されないので，このステージの背側は二分されると網膜に発生しない（口絵14参照）。

8.7.3 網膜の層構築形成

つぎに網膜組織を特徴づける層構造形成についてみてみよう。網膜組織では，層ごとに特定のタイプの細胞が配列している（**図 8.9**）。発生中の網膜では，ほかの中枢神経組織と同様，分裂能をもつ細胞（多能性の網膜幹細胞）が層を横断する方向で上下運動を繰り返し，細胞数を増やす（幹細胞のエレベーター運動）。色素上皮に面した網膜最内層で細胞分裂が起こり，ここで最終分裂を終えた細胞は外側（レンズ側）に向かって移動を始める。この時点で，細胞はすでにどのタイプの細胞に分化するか決められていると考えられている。

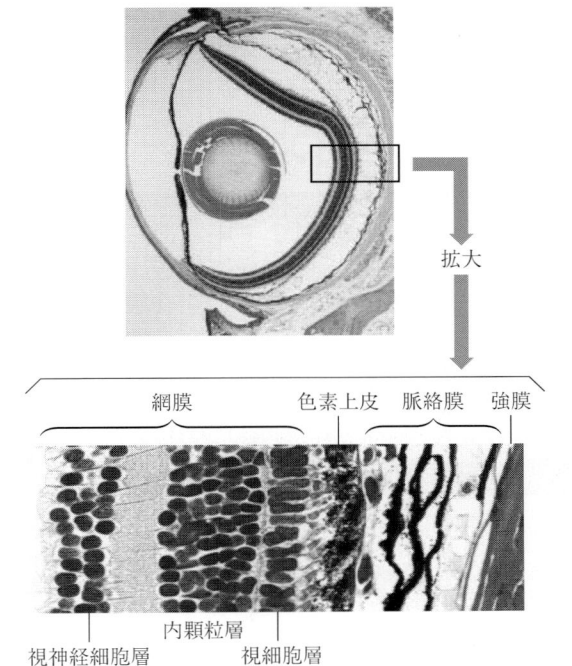

図 8.9 イモリの眼の組織図（口絵 15 参照）

網膜の層構造を示す。レンズ側から，視神経細胞層，内顆粒層，視細胞層（外顆粒層）が網膜を構成し，その外側には 1 層の色素上皮がある。さらにそれを包む結合組織として脈絡膜と強膜がある。脈絡膜は血管に富む組織で，多数のメラノサイトが分布するため黒くみえる。イモリの網膜再生では，この脈絡膜が重要な機能をもつ。

生まれる細胞のタイプには順番があり，マウスでは，まず視神経細胞が誕生し，続いて水平細胞，アマクリン細胞，錐状体視細胞などが先発グループとして，その後，双極細胞，桿状体視細胞，ミューラーグリア細胞が後発組として生まれる[17]。これらの細胞は各細胞タイプに組み込まれた遺伝子プログラムによって網膜の層構造内の位置を認識し，配列する。最も早く誕生する視神経細胞が網膜層構造形成の指揮をとるのではないかと報告されており，Shh がそのシグナル分子の一つとして機能しているらしい[18]。一方で，網膜の層構造形成には，ミューラーグリア細胞や網膜と隣接する色素上皮細胞が重要な機能をもつとも考えられている。

このような層構築のメカニズムは，発生中の網膜組織をいったん解離して旋回培養するこ

とにより，細胞凝集塊を再構築させる実験によって研究されている。解離したトリ胚網膜細胞を旋回培養して再集合体を作らせると網膜を構成する各神経細胞やグリア細胞が分化する[19]。集合体内部には多数のロゼッタ構造が形成されるが網膜層構造は作られない。ところが，網膜細胞を色素上皮細胞と共培養するかあるいは色素上皮細胞の培養から得た条件付け培養液（conditioned medium）を添加すると，網膜組織とそっくりの層構造が形成される（**図 8.10**)[20]。またミューラーグリア細胞の培養液にもこの効果がみられる。これらの細胞に由来する分泌性因子が層構築に必要であるといえる。さらに Nakagawa らは，同様の効果が前辺縁部（将来虹彩に発生する部分）の細胞にあり，これは前辺縁部の細胞が分泌するWnt-2bシグナルによるものであると報告している[21]。このように網膜組織の層構造形成は，網膜視神経細胞のほかに，周縁部の細胞，隣接組織である色素上皮，網膜内グリア細胞に由来する分泌性の分子よって支えられているといえる。

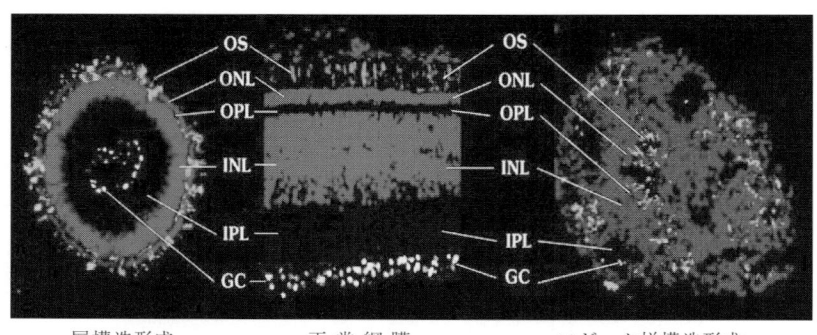

層構造形成　　　　正常網膜　　　　ロゼッタ様構造形成

図 8.10　解離したニワトリ胚網膜細胞を旋回培養して層構造形成過程を解析する。色素上皮細胞の培養から得た条件付け培地を網膜の培養に添加すると，正常網膜と同じ層構築がみられる。無添加の場合は多数のロゼッタ様構造を作る（口絵16参照）〔Layer, P.G., Robitzki, A., Rothermel, A., Willbold, E.：Of layers and spheres：the reggregate approach in tissue engineering, Trends Neurosci, **25**, pp.131-134（2002）より転載〕

8.8　網膜の再生

　網膜は脳と同様，中枢神経組織としての性質をもつが，いったいどの程度再生可能であろうか。網膜の再生は，脳の再生を考えるうえでもたいへん興味深い。意外と多数の動物種において，部分的ではあるが網膜再生が可能であると報告されている[22]。ただ，成体において網膜を除去したあとでも再生可能と報告されている動物は，いまのところ有尾両生類だけであり，特にイモリでは詳細に研究されている。ほかの動物では，網膜再生は発生の一定の時期までに限定されている。再生可能な時期の問題以外に，再生網膜の起源となる細胞タイプ

と再生プロセスにもいくつかのパターンがみられる[23]。ここでは，これまで実験的に明らかにされた網膜再生を動物種ごとに概観しながら，網膜再生にかかわる分子と再生起源細胞について述べる（**図8.11**）。

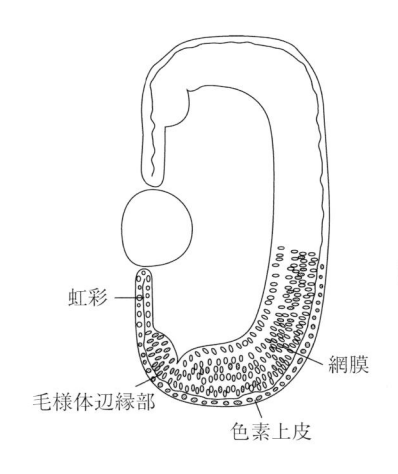

図8.11 再生網膜の起源となる細胞はさまざまな組織に分布する。いろいろな脊椎動物の眼のなかでみられる網膜の再生・修復過程で再生網膜組織の起源となる細胞の分布を示した。細胞の分布は，動物の種や発生のステージによって異なる。

8.9 両生類における網膜の再生

レンズ再生と同様に，両生類は網膜再生に関して最もよく研究されてきた動物である。特に，幼生期（オタマジャクシ）の動物では，網膜を外科的に除去した場合や網膜の一部を機械的・化学的に破壊した場合，完全な網膜が再生する。また，有尾両生類では成熟した個体においても，網膜を外科的に除去すると，完全に再生する（**図8.12**）。両生類の網膜再生で

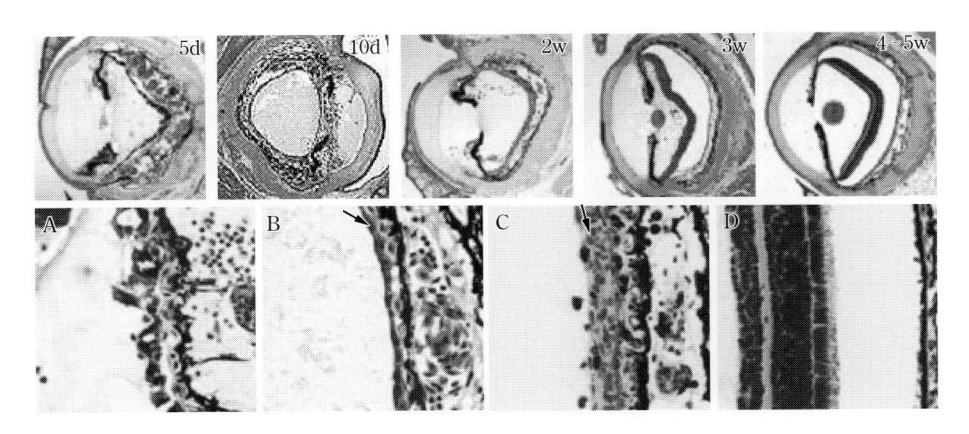

イモリを外科的に除去すると色素上皮細胞は増殖し神経細胞に分化する。4週間後にはもとの層構造が形成されている。

図8.12 イモリの網膜の再生過程（口絵17参照）

は，先に述べた毛様体辺縁部に存在する幹細胞に加えて，色素上皮細胞が分化転換して網膜幹細胞となることが重要である．色素上皮細胞が分化転換し，網膜を再生する過程は，詳細な形態学的観察だけでなく，色素上皮組織をホストの眼球内へ移植する実験や，最近では組織培養によって研究されている．

8.9.1 網膜の成長と網膜幹細胞

両生類の網膜では，個体の成長とともに眼も成長し，毛様体辺縁部の幹細胞から網膜細胞が供給されている（図8.13）．^{3}H標識したチミジンを動物に投与すると，投与直後には辺縁部の細胞が，続いて周辺部の網膜細胞が，さらに時間が経過すると後極側の分化した網膜細胞が^{3}Hチミジンによって標識される．このように，新しい神経細胞が成長に伴ない周辺領域から付加されている[24]．

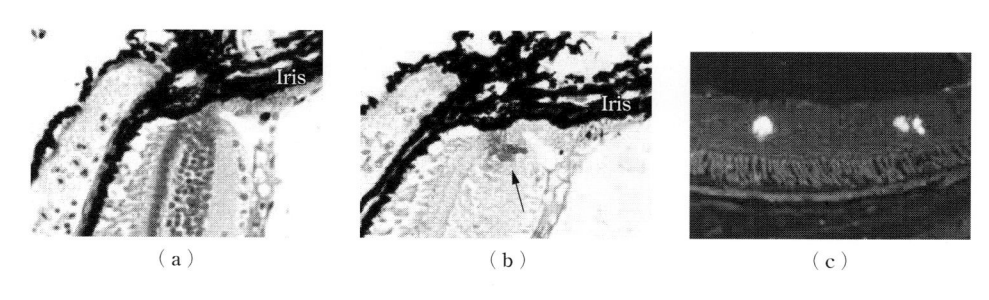

PCNA抗体によって，増殖能をもつ細胞を検出．毛様体の辺縁部（図（a），（b））や網膜の内顆粒層（図（c））に集まっている．これらの細胞は，通常は網膜細胞の付加に関与しているが，傷害時には組織の修復を行うと考えられる．

図8.13 アフリカツメガエルの網膜に存在する増殖性細胞の検出（口絵18参照）

この辺縁部の幹細胞は，多能性網膜幹細胞であることがカエル網膜で示されている．単一の細胞に蛍光トレーサーを注入，一定期間後に調べると，トレーサー標識されていた細胞にはすべてのタイプの網膜細胞が含まれていただけでなく，少数ながら色素上皮細胞も含まれていた．ただ，この辺縁部の幹細胞はすべてが分化全能性をもつわけでなく，分化能性にバラツキがみられるようである．

辺縁部の網膜幹細胞のほかに，網膜内にも増殖性の細胞が存在している．このような細胞は，カエルでは成体の網膜にも存在し，やはり網膜細胞の付加および部分的な傷害の修復にかかわっていると考えられている（図8.13（c））．

8.9.2 色素上皮細胞の分化転換と網膜再生

網膜を外科手術によって除去すると，再生するという現象は成体イモリで初めて記載され

た[25),26)]。それ以来，多数の研究がイモリで行われ，外科的に網膜を除去したあとの再生過程や，網膜中心動脈の切断による虚血後の網膜変性・再生過程がさまざまな手法によって研究されている。現在までのところ，個体レベルでの網膜の完全再生はイモリなど一部の有尾両生類でしか報告されていないので，網膜再生のモデル動物として非常に貴重な実験系である。

無尾両生類では，変態まではほぼ完全な網膜再生がみられるが，変態後はみられないとされてきた。しかし，Yoshii らが詳細に再検討を行った結果，アフリカツメガエルでは，イモリと同様，変態後もかなりよく再生能が維持されていることが明らかになった。今後新たな再生モデル動物としての可能性が期待できる。ここでは，詳しく調べられているイモリの網膜再生について述べる。

網膜再生は，二つの組織に由来する。一つはすでにみた，毛様体辺縁部にある幹細胞によるものであり，もう一つは色素上皮細胞の分化転換による。イモリの場合には，主として後者による部分が大きい[27)]。イモリの典型的な再生過程では，網膜を完全に除去した5〜6日後に，70〜80％の色素上皮細胞が Bromodeoxyuridine（BrdU）を取り込み，DNA 合成を開始するのが観察される（図8.14）。

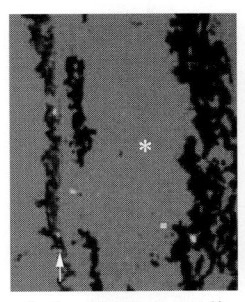

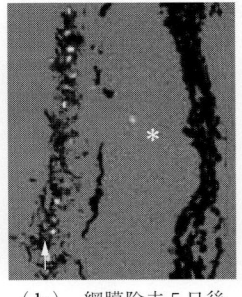

(a) 網膜除去4日後　(b) 網膜除去5日後

図8.14 イモリの網膜再生過程では網膜を除去したあと，5日後に多数の色素上皮細胞が BrdU を取り込み DNA 合成を開始する。図中の＊印は脈絡膜を示す（口絵19参照）

網膜除去後，ただちに分裂周期に入るのではなく，5日目まではほとんど BrdU を取り込まない。10日後にはほとんどの色素上皮細胞はメラニン顆粒を失い，さらに増え続ける（図8.12参照）。2週間後には新しい網膜構造と色素上皮層が分離し，その後，網膜の層構築が進行する。この過程は基本的には網膜の発生とよく似た細胞分化と層構築のパターンをたどるようである。30日後には，ほぼ完全な網膜層構造が再生する。

イモリの再生過程では，もとの色素上皮から網膜神経上皮が形成されるとともに色素上皮細胞も生まれる。このスイッチがどのような機構によるのか，そもそもすべての色素上皮細胞が増殖・再分化するのかよくわかっていないが，器官培養実験から推測するに，増殖によって基底膜（ブルーフ膜）から離れると色素上皮細胞は網膜幹細胞の形質を発現するが，基底膜にコンタクトしている細胞は色素上皮の性質を維持すると思われる。先に述べた，辺縁部の幹細胞研究で明らかにされたような単一細胞レベルでの解析が必要である。

8.9.3 培養下での色素上皮分化転換と神経分化

このように長い歴史をもつ両生類網膜再生の研究であるが，その再生の分子機構となると，不明の部分があまりにも多い．培養実験によって，これまでにいくつかの分子が網膜再生にかかわると考えられている．例えば，カエル幼生を用いた研究では，色素上皮細胞をラミニンでコートした培養ディッシュで培養すると神経細胞に分化することや，ヘパリン硫酸プロテオグリカン抗体を眼球内に投与すると網膜再生が起こらないこと，また，幼生の色素上皮をFGF2存在下で培養すると神経細胞へ分化することなどが報告されている．これらの結果は，FGF2シグナルが再生のキー分子であることを示唆している[28]．成体イモリでも，色素上皮が神経細胞に分化する器官培養系が最近になって報告され，やはりFGF2の

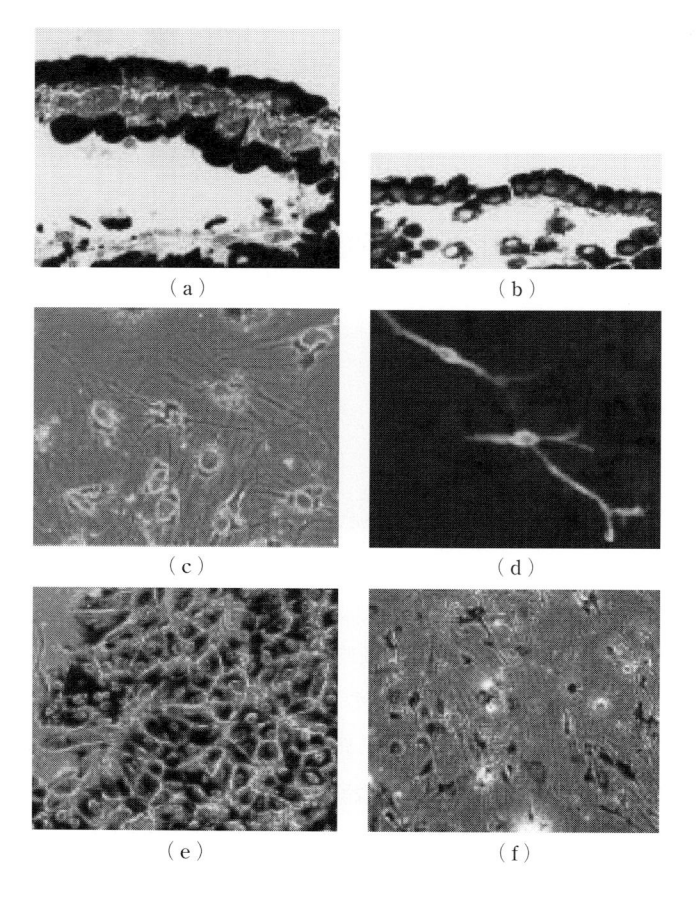

図8.15 イモリ色素上皮を器官培養して神経細胞分化を調べる．図（a）のように色素上皮を脈絡膜が付着したままで培養すると，増殖して2週間後には神経細胞が分化する（図（c），（d））．一方，色素上皮組織を脈絡膜から分離して単独で培養すると図（e）のように上皮形態を保ったままで増殖しない．そこにFGF2を添加すると神経細胞が分化する（図（f））（口絵20参照）．

最近，Mitsudaらによって，成体のイモリ網膜再生においてFGF-2が重要なシグナルであることが器官培養で明らかにされた（図8.15）[29]。イモリ組織の器官培養下にFGFシグナル阻害剤，SU 5402（受容体阻害剤）やU 0126（MAPK阻害剤）を投与すると増殖および神経細胞分化がほぼ完全に抑制される。この抑制は可逆的である。色素上皮細胞は阻害剤存在下で何か月も上皮構造を保ち，増殖しない静止状態であり続けるが，阻害剤を除去するとただちに増殖を開始，神経細胞に分化する。

また，逆に，FGF-2の添加によって色素上皮細胞の増殖と分化が促進される。おもしろいことに，色素上皮組織を単独で培養した場合には，増殖もしないし神経細胞にも分化しないが，基底膜（ブルーフ膜）を含む脈絡膜の上で共培養すると増殖し，神経細胞に分化する。色素上皮組織単独の培養にFGF 2を添加すると，やはり神経細胞に分化する。

網膜を除去後，脈絡膜内のFGF-2およびmRNAレベルが上昇することからつぎのようなシナリオが考えられる。すなわち，網膜を除去すると，脈絡膜の細胞，おそらく繊（線）維芽細胞でFGF 2遺伝子が活性化し，その結果，色素上皮細胞が増殖する。基底膜を離れた細胞は網膜神経細胞に分化する。この一連の過程は別の細胞増殖因子IGF 1の存在によって強く促進されることが培養によって明らかにされているので，成体においてもFGF 2以外の細胞成長因子が機能している可能性がある。今後，器官培養でこれらの問題をより詳細に解明することが必要である。

この器官培養下では，培養5〜6日後に色素上皮細胞はBrdUを取り込み，細胞周期に入る。その後，細胞は上皮形態を失って単独状態になり，色素顆粒を失い，しだいに長い突起を伸ばすようになる。種々の神経特異抗体や視物質抗体に陽性の細胞が出現することから多様な網膜神経細胞が分化していると考えられるが，培養下では網膜の層構築を再現することは困難である。一定の期間，器官培養した色素上皮をイモリの眼球内に戻すと，網膜の初期層構造が現れることから，層構築能も獲得していると予想される。

さらに，イモリの器官培養系による網膜再生の解析は，アフリカツメガエルにも応用された（Yoshiiら，未発表）。変態後3〜9か月のカエルで調べたところ，基本的にイモリの場合同様の結果が得られた。すなわち，色素上皮単独の培養では上皮形態をよく維持し，神経細胞には分化しない。脈絡膜と結合した状態では，増殖し，神経細胞に分化する。FGF 2に対する反応性もほぼイモリの場合と同様である。先に述べたように，アフリカツメガエルでも変態後に網膜再生することが明らかにされつつあり，生体においても，培養条件下でもイモリとほぼ同様の結果が得られている。

8.10 トリにおける網膜の再生

すでに述べたように，ニワトリ胚は，器官発生の研究にはたいへんポピュラーな実験材料であり，発生ばかりでなく，網膜再生の研究も古くから行われている。

8.10.1 ニワトリ初期胚でみられる色素上皮の分化転換

いまや古典的な実験であるが，ニワトリ初期胚（4日胚）の網膜を卵のなかで外科的に除去すると，色素上皮が分化転換して網膜を再生する[30]。ただし，網膜除去後，網膜の組織片を眼球内に戻すことが必要である。つまり，網膜由来の因子の存在下で色素上皮が網膜に分化転換するのである。この研究をさらに発展させ，トリ胚から網膜を除去したのち，眼球内にFGF2を投与することによって同様の結果が得られた[31]。これが網膜再生にかかわる具体的な分子を明らかにした最初の報告である。

トリ胚の分化転換は，初期胚においてだけみられる現象であり，分化転換能は5日胚以降急速に失われる。また，両生類の場合とは異なり，すべての色素上皮細胞は網膜細胞に分化し，再び色素上皮を形成しない。そのためか，再生した網膜は視神経細胞が脈絡膜側に，視細胞が障子体側に形成されるので，逆極性の網膜が発生する。トリ胚を用いた研究では，FGFシグナル経路が色素上皮の分化決定にかかわる転写因子Mitfの発現とリンクすることや[32),33]，Mitfに変異をもつウズラ胚では後極部の色素上皮が網膜に分化転換すること，この変異では色素上皮細胞のFGF2シグナル経路が活性化していることなどが示された[34),35]。このように，トリ胚の色素上皮の分化転換にはFGFシグナル経路とMitfの発現調節が重要であるが，これらの経路は，先述のように，両生類における網膜再生過程においても鍵となることが予想される。

8.10.2 網膜幹細胞

従来，鳥類や哺乳類の網膜では，器官発生期を除くと網膜再生は起こらないとされている。また，両生類のように個体の成熟後も網膜幹細胞が増殖・分化を続けることはないとされてきた。一方で，最近になって，ヒヨコの網膜にも，両生類と同様に毛様体周縁部に網膜幹細胞が存在することが明らかにされた[36]。ヒヨコの眼球が大きくなるに伴ない，これらの幹細胞は増殖してアマクリン細胞や双極細胞に分化するが，視細胞や視神経細胞には分化しない。ただし，FGF2やインスリンを眼球内に投与すると視神経細胞にも分化するので，多分化能性を維持していると考えられる。

さらに，FischerとReh[36]によると，高濃度のNMDA（N-methyl-D-aspartate）をヒ

ヨコの眼球内に投与すると，その神経毒性によって内顆粒層の神経細胞が変性する．2日後にはミューラーグリア細胞がBrdUを取り込み，Pax 6やChx 10などの幹細胞特異的な遺伝子を発現する．さらに，これらの細胞のうち少数の細胞は網膜神経細胞に分化することが示され，ヒヨコ網膜では，ミューラーグリア細胞が幹細胞能を維持していることが示唆されている．また，彼らは，FGF 2とインスリンを繰り返しヒヨコ眼球内に投与すると，神経毒NMDA投与の場合と同様，ミューラーグリア細胞がBrdUを取り込み，少数ではあるが神経細胞にも分化することを示している．これらの研究は，従来存在しないといわれていた成熟した鳥類の網膜組織内に，網膜の幹細胞が存在することを示している．また，グリア細胞の神経分化能と細胞成長因子の関係をも示唆しており，興味深い．

8.11　魚類における網膜の成長と再生

　魚類では胚発生が終わったあとにも，個体の成長に伴なって眼球も大きくなり，そのため，毛様体辺縁部の細胞には強い増殖・分化能がみられる．

8.11.1　毛様体辺縁部の幹細胞と網膜内幹細胞

　魚類では，毛様体辺縁部に増殖能をもつ細胞が存在し，これが網膜細胞に分化することは古くから知られている[37]．この辺縁部の網膜幹細胞は，桿状体視細胞を除くすべての網膜細胞に分化し，その供給源である．一方で，桿状体視細胞は，それが分布する外顆粒層内の増殖性前駆細胞から分化するとされている[38]．また，このほかに，ミューラーグリア細胞が幹細胞として機能するという報告もある．この辺縁部の細胞は，両生類の場合と同様に，Pax 6，Chx 10，Notchなどを発現する．

　ゼブラフィッシュでは，辺縁部の幹細胞の増殖，分化に異常が生じる変異体が分離されている[39),40)]．これらの変異体では，網膜発生はほぼ正常に進行するが，辺縁部の幹細胞分化に異常がみられる．辺縁部の細胞が増殖したのち，分化して網膜組織に移行する過程で変性死する．このことは，胚発生での網膜形成と個体の成長過程での辺縁部幹細胞の増殖と分化には，異なる調節経路があることを示している．今後，網膜再生を促進する条件を検討する場合，このことを考慮しておく必要がある．

　辺縁部の幹細胞以外に，網膜内顆粒層にも桿状体視細胞の幹細胞があり，これが分裂すると，ミューラーグリア細胞に沿って視細胞層（外顆粒層）に移動し，桿状体視細胞を供給する．この桿状体幹細胞は，魚の一生を通じて維持される．この細胞はPax 6を発現し，一方で最終分裂を終えて外顆粒層に移動する細胞ではNeuroDが発現する．このような視細胞分化にはIGF 1シグナルが関与しているようである．器官培養を用いた研究によると，

IGF 1 は桿状体前駆細胞の増殖を促進する。また，網膜内の IGF 1 レベルは成長ホルモン GH の影響を受ける[41]。個体の成長を制御する GH が眼組織内の IGF 1 を介して網膜幹細胞の増殖を調節していると考えられている。

8.11.2 網膜の再生

両生類のように，魚類の網膜が色素上皮の分化転換によって再生することはなさそうであるが，胚の時期には，色素上皮が網膜に分化転換すると報告されている[42]。ただし，その後，これに関する報告はない。胚発生終了後には，もはや色素上皮は網膜へ分化転換することはなく，成熟した魚類では，傷ついた網膜は毛様体辺縁部の幹細胞や外顆粒層内の桿状体前駆細胞から修復される。

外科的にキンギョの網膜の一部（後極部）を除くと，残された網膜組織の断端部に増殖細胞を含む再生芽組織が形成される。この組織が，不完全ながら次第に失われた部分を埋めることが観察されている。この再生芽は辺縁部の細胞に由来し，これが中心方向へ移動することによって形成されると考えられている。

最近では，成熟した個体での網膜再生は，おもに薬剤投与による網膜変性を起こすことによって研究されている。ウアバイン（Na-K-ATPase 阻害剤）やカイニン酸などの神経毒を眼球内に投与すると，分化した網膜細胞は変性するが，桿状体視細胞の幹細胞は影響を受けない。これが再生網膜の起源であるようである。桿状体幹細胞以外に，内顆粒層内の幹細胞が網膜細胞へ分化することや，ミューラーグリア細胞も同様に幹細胞能をもつことが示唆されている。再生網膜の起源に関しては，まだ不明の点が残っており，トレーサーの利用や，遺伝子マーカーなどを用い，より厳密な研究が必要であろう。再生時に機能するこれらの幹細胞には，網膜発生時の神経上皮細胞と同様，Pax 6, Vsx 1, Notch-3 などの遺伝子が発現すると報告されている[22]。

8.12 哺乳類の網膜再生

哺乳類の網膜は，果たして再生するのだろうか。網膜は，脳と同様の中枢神経組織であり，その再生については否定的であった。しかし，最近の研究によって，成熟した哺乳類の脳に神経幹細胞が存在し，神経細胞が新生することが明らかにされた。このような背景のもとに，哺乳類の網膜再生に対しても，さまざまな検討が加えられている。

まず，ラット胎仔の色素上皮が網膜に分化転換することが培養下で明らかにされた。13～14 日ラット胎仔の色素上皮は，FGF 2 存在下で培養すると，網膜のほぼすべての細胞に分化する。しかし，この分化転換能も発生が進むと急速に失われる。

いまのところ，成熟した哺乳類の網膜内に，鳥類のような網膜幹細胞が存在するという報告はないが，色素上皮の毛様体部分（pigmented epithelium of the ciliary marginal zone：PCM）には幹細胞が存在することが実験的に示されている。成体マウスのPCMをFGF 2存在下で培養すると，細胞は脱分化後，増殖を開始し，nestinやChx 10など網膜幹細胞の性質を発現する。さらに，これらの細胞から網膜特異的な形質を発現する細胞タイプが分化する。類似の網膜幹細胞が成体ラットの虹彩に存在することも報告されており[43),44)]，従来から考えられている以上に，成熟後の哺乳類にも網膜幹細胞が存在するようである。今後，いっそうの検討が必要である。ヒトに，このような幹細胞が存在する可能性についても検討されている。

8.13　網膜再生研究の今後

　網膜の発生がいくつかのステージを経て進むように，網膜再生もやはり段階的である。ステージの切替えには特定の遺伝子の発現調節が伴ない，このことが発生において明らかにされつつある。再生過程においても同じ一連のメカニズムがはたらいているのかどうか，今後の課題である。よりシンプルな再生系であるレンズ再生においてみたような解析が，網膜再生においても必要である。

　一方で，ここで述べたように網膜再生のパターンは，動物によってかなりバラエティーに富む。ある動物では網膜再生の幹細胞となる組織が，別の種ではまったく機能しない。色素上皮細胞がよい例で，両生類では再生の主役であるが，鳥類では初期胚でのみ網膜を再生することができる。眼胞発生において，網膜と色素上皮の領域化に関しては遺伝子発現調節のメカニズムがしだいに明らかにされつつある。同様の発現調節が，再生過程での色素上皮分化転換においても機能していると予想できるであろう。最近では，魚類や両生類の網膜再生が組織培養を用いて研究されており，種々の動物の網膜再生過程を一定程度再現することができるようになってきた。異なる動物種で同じタイプの細胞を同じ条件のもとに比較することが可能となった。

　今後の研究によって，上述のような動物種による違いにどんな意味があるのか明らかにできるであろう。研究の方向は，哺乳類まで含めて網膜再生をstem cell biologyのモデルとして捉えようとしつつあるが，一方で，みごとに再生したイモリの網膜を眺めていると，イモリの再生ストーリーを完全に解き明かすことの重要性を強く感じる。

引用・参考文献

1) Henry, J.J. and Grainger, R.M.：Inductive interactions in the spatial and temporal restriction of lens-forming potential in embryonic ectoderm of Xenopus laevis, Dev. Biol., **124**, pp.200-214（1987）
2) Kamachi, Y., Uchikawa, M., Tanouchi, A., Sekido, R. and Kondoh, H.：Pax 6 and SOX 2 form a co-DNA-binding partner complex that regulates initiation of lens development, Genes. Dev., **15**, pp.1272-1286（2001）
3) Kondoh, H., Uchikawa, M. and Kamachi, Y.：Interplay of Pax 6 and SOX 2 in lens development as a paradigm of genetic switch mechanisms for cell differentiation, Int. J. Dev. Biol., **48**, pp.819-827（2004）
4) Kondoh, H., Uchikawa, M., Yoda, H., Takeda, H., Furutani-Seiki, M. and Karlstrom, R. O.：Zebrafish mutations in Gli - mediated hedgehog signaling lead to lens transdifferentiation from the adenohypophysis anlage, Mech. Dev., **96**, pp.165-174（2000）
5) Okada, T.S., Yasuda, K., Araki, M. and Eguchi, G.：Possible demonstration of multipotential nature of embryonic neural retina by clonal cell culture, Dev. Biol., **68**, pp.600-617（1979）
6) Araki, M. and Okada, T.S.：Differentiation of lens and pigment cells in cultures of neural retinal cells of early chick embryos, Dev. Biol., **60**, pp.278-286（1977）
7) Agata, K., Kobayashi, H., Itoh, Y., Mochii, M., Sawada, K. and Eguchi, G.：Genetic characterization of the multipotent dedifferentiated state of pigmented epithelial cells in vitro, Development, **118**, pp.1025-1030（1993）
8) Mizuno, N., Mochii, M., Yamamoto, T.S., Takahashi, T.C., Eguchi, G. and Okada, T.S.：Pax-6 and Prox 1 expression during lens regeneration from Cynops iris and Xenopus cornea：evidence for a genetic program common to embryonic lens development, Differentiation, **65**, pp.141-149（1999）
9) Bosco, L.：Transdifferentiation of ocular tissues in larval Xenopus laevis, Differentiation, **39**, pp.14-15（1988）
10) Ueda, Y., Kondoh, H., Mizuno, N.：Generation of transgenic newt Cynops pyrrhogaster for regeneration study, Genesis, **41**, pp.87-98（2005）
11) Hayashi, T., Mizuno, N., Ueda, Y., Okamoto, M., Kondoh, H.：FGF 2 triggers iris-derived lens regeneration in newt eye, Mech. Dev., **121**, pp.519-526（2004）
12) Eguchi, G. and Shingai, R.：Cellular analysis on localization of lens forming potency in the newt iris epithelium, Dev. Growth. Differ., **13**, pp.337-349（1971）
13) Fuhrmann, S., Levine, E.M. and Reh, T.A.：Extraocular mesenchyme patterns the optic vesicle during early eye development in the embryonic chick, Development, **127**, pp.4599-4609（2000）
14) Kagiyama, Y., Gotouda, N., Sakagami, K., Yasuda, K., Mochii, M. and Araki, M.：Extraocular dorsal signal affects the developmental fate of the optic vesicle and patterns

the optic neuroepithelium, Dev. Growth. Differ., **47**, pp.523-536 (2005)

15) Chow, R.L. and Lang, R.A.：Early eye development in vertebrates, Annu. Rev., Cell. Dev. Biol., **17**, pp.255-296 (2001)

16) Uemonsa, T., Sakagami, K., Yasuda, K. and Araki, M.：Development of dorsal-ventral polarity in the optic vesicle and its presumptive role in eye morphogenesis as shown by embryonic transplantation and in ovo explant culturing, Dev. Biol., **248**, pp.319-330 (2002)

17) Young, R.W.：Cell differentiation in the retina of the mouse, Anat. Rec., **212**, pp.199-205 (1985)

18) Wang, Y.P., Dakubo, G., Howley, P., Campsall, K.D., Mazarolle, C.J., Shiga, S.A., Lewis, P.M., McMahon, A.P., Wallace, V.A.：Development of normal retinal organization depends on Sonic hedgehog signaling from ganglion cells, Nat. Neurosci., **5**, pp.831-832 (2002)

19) Fujisawa, H.：A completel reconstruction of the neural retina of chick embryo grafted onto the chorio-allantoic membrane, Dev. Growh. Differ., **13**, pp.25-36 (1971)

20) Layer, P.G., Robitzki, A., Rothermel, A., Willbold, E.：Of layers and spheres: the reaggregate approach in tissue engineering, Trends Neurosci, **25**, pp.131-134 (2002)

21) Nakagawa, S., Takada, S., Takada, R., Takeichi, M.：Identification of the laminar-inducing factor：Wnt-signal from the anterior rim induces correct laminar formation of the neural retina in vitro, Dev. Biol., **260**, pp.414-425 (2003)

22) Rio-Tsonis, K. and Tsonis, P.A.：Eye regeneration at the molecular age, Dev. Dyn., **226**, pp.211-224 (2003)

23) Hitchcock, P., Ochocinska, M., Sieh, A. and Otteson, D.：Persistent and injury-induced neurogenesis in the vertebrate retina, Prog. Ret. Eye Res., **23**, pp.183-194 (2004)

24) Raymond, P.A. and Hitchcock, P.F.：Retinal regeneration: common principles but diversity of mechanism, Adv. Neurol., **72**, pp.171-184 (1997)

25) Philipeaux, J.M.：Note sur production de l'oil chez la salamander aquatique, Gaz Med France, **51**, pp.453-457 (1880)

26) Griffini, L. and Marcchio, G.：Sulla regenerazione totale della retina nel tritoni, Riforma Medica, **5**, pp.86-93 (1889)

27) Ikegami, Y., Mitusda, S. and Araki, M.：Neural cell differentiation from retinal pigment epithelial cells of the newt：an organ culture model for the urodele retinal regeneration, J. Neurobiol., **50**, pp.209-220 (2002)

28) Reh, T.A. and Pittack, C.：Transdifferentiation and retinal regeneration, Semin. Cell. Biol., **6**, pp.137-142 (1995)

29) Mitusda, S., Yoshii, C., Ikegami, Y. and Araki, M.：Tissue interaction between the retinal pigment epithelium and the choroid triggers retinal regeneration of the newt Cynops pyrrhogaster, Dev. Biol., **280**, pp.122-132 (2005)

30) Coulombre, J.L. and Coulombre, A.J.：Regeneration of neural retina from the pigmented epithelium in the chick embryo, Dev. Biol., **12**, pp.79-92 (1965)

31) Park, C.M. and Hollenberg, M.J.：Basic fibroblast growth factor induces retinal regeneration in vivo,Dev. Biol., **134**, pp.201-205 (1989)

32) Galy, A., Neron, B., Planque, N., Saule, S., Eychene, A.：Activated MAPK/ERK kinase

(MEK-1) induces transdifferentiation of pigmented epithelium into neural retina, Dev. Biol., **248**, pp.251-264 (2002)

33) Nguyen, M. and Arnheiter, H. : Signaling and transcriptional regulation in early mammalian eye development : a link between FGF and MITF, Development, **127**, pp.3581-3591 (2000)

34) Mochii, M., Mazaki, Y., Mizuno, N., Hayashi, H. and Eguchi, G. : Role of Mitf in differentiation and transdifferentiation of chicken pigmented epithelial cell, Dev. Biol., **193**, pp.47-62 (1998)

35) Araki, M., Takano, T., Uemonsa, T., Nakane, Y., Tsudzuki, M., Kaneko, T. : Epithelia-mesenchyme interaction plays an essential role in transdifferentiation of retinal pigment epithelium of silver mutant quail : Localization of FGF and related molecules and aberrant migration pattern of neural crest cells during eye rudiment formation, Dev. Biol., **244**, pp.358-371 (2002)

36) Fischer, A.J. and Reh, T.A. : Identification of a proliferating marginal zone of retinal progenitors in postnatal chickens, Dev. Biol., **220**, pp.197-210 (2000)

37) Lyall, A.H. : The growth of the trout retina, Q. J. Microbiol. Sci., **98**, pp.101-110 (1957)

38) Raymond, P.A. and Hitchcock, P.F. : How the neural retina regenerates, Results. Probl. Cell. Differ., **31**, pp.197-218 (2000)

39) Fadool, J.M., Brockerhoff, S.E., Hyatt, G.A., Dowling, J.E. : Mutations affecting eye morphology in the developing zebrafish (Danio rerio), Dev. Genet., **20**, pp.288-295 (1997)

40) Link, B.A. and Darland, T. : Genetic analysis of initial and ongoing retinogenesis in the zebrafish : comparing the central neuroepithelium and marginal zone, Prog. Brain. Res., **131**, pp.565-577 (2001)

41) Otteson, D.C., Cirenza, P.F., Hitchcock, P.F. : Persistent neurogenesis in the teleost retina: evidence for regulation by the growth-hormone/insulin-like growth factor-I axis, Mech. Dev., **117**, pp.137-149 (2002)

42) Sologub, A.A. : Establishment of pigment epithelium differentiation and the stimulation of its metaplasia in bony fishes, Ontogenez, **6**, pp.39-45 (1975)

43) Tropepe, V., Coles, B.L., Chiasson, B.J., Horsford, D.J., Elia, A.J., Mcinnes, R.R., van der Kooy, D : Retinal stem cells in the adult mammalian eye, Science, **287**, pp.2032-2036 (2000)

44) Haruta, M., Kosaka, M., Kanegae, Y., Saito, I., Inoue, T., Kageyama, R., Nishida, A., Honda, Y., Takahashi, M. : Induction of photoreceptor-specific phenotypes in adult mammalian iris tissue, Nat. Neurosci., **4**, pp.1163-1164 (2001)

9 マウス神経の発生と再生

9.1 はじめに

いまや神経幹細胞は，再生医療を考えるうえで避けて通ることのできない話題になっている。神経幹細胞を移植すれば，あるいは生体内の神経幹細胞を刺激して増殖させれば，失った神経細胞を取り戻すことができるかもしれないからである。従来，中枢神経系の神経細胞は成体では増殖・分化しないと考えられていた。ところが神経幹細胞の研究が進むにつれ，成体でも神経の増殖が起きていることが見いだされた。この発見は，*in vitro* 培養系における神経幹細胞の増殖方法であるニューロスフェア法の開発がブレイクスルーになった[1]。

この Weiss の方法は，大脳皮質から単離した細胞を EGF や bFGF のような増殖因子の存在下で培養するというものであるが，これによってニューロスフェアと呼ばれる細胞塊として，神経幹細胞を培養条件で増殖させることができるようになった。このニューロスフェアは解離して継代することもでき，さらに培地から増殖因子を抜くことによって，神経幹細胞を，神経細胞およびオリゴデンドロサイト（oligodendrocyte）とアストロサイト（astrocyte）という2種類のグリアの合計3種類の細胞に分化させることも可能である。

このように，当初，神経幹細胞は培養条件下で自己複製能と神経系細胞への多分化能をあわせもつ細胞として定義されたが，この神経幹細胞の生体内での起源を探る研究が進むなかで，さまざまなことが明らかになるにつれ，この培養条件下での神経幹細胞の定義が必ずしも適当なものとはいえなくなってきている。本章では培養条件下での神経幹細胞だけではなく，生体内における広い意味での神経幹細胞やそれらの関連性に焦点を当てながら，マウスの神経発生における細胞分化のしくみについて解説する。

9.2 発生過程における神経幹細胞

脊椎動物において神経組織が外見的に同定され得るのは，神経胚（neurula）期である。この時期，前後軸に沿って背側外胚葉に溝が形成され，溝の両側に厚みのある平坦な神経板

9. マウス神経の発生と再生

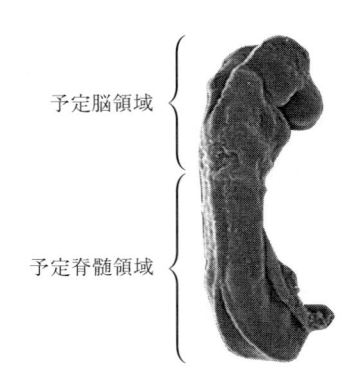

予定脳領域

予定脊髄領域

神経管が部分的に閉じていることがわかる

図 9.1 マウス神経胚（E8）の背側から観察した全体像〔文献 2〕より転載〕

(neural plate) が形成される。神経板の両端には隆起 (neural fold) が形成され，発生が進むにつれ，この隆起がさらに盛り上がり，両端の隆起が前方から後方へと融合し，神経管 (neural tube) が形成される（**図 9.1**）。

神経管内での細胞分裂は，神経管の内側，すなわち管腔に面した側（ventricular zone：VZ）で起こる（**図 9.2**（a），（b））。ここで分裂した神経幹細胞は，神経管外側（marginal

(a)　　　　　　　(b)

(c)

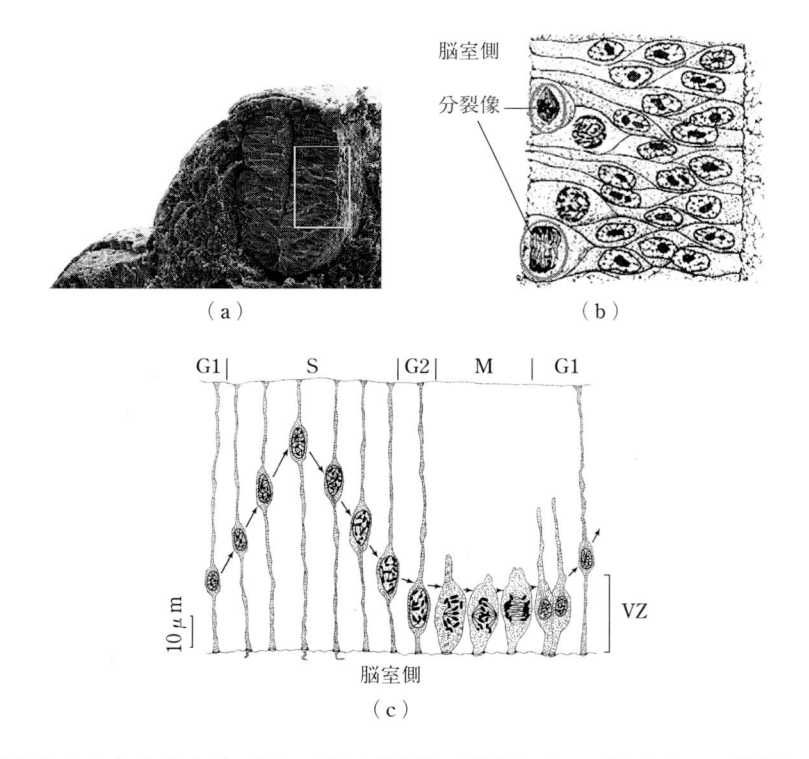

図（a）および（b）は，E9における神経管の断面図である。図（c）は，神経上皮細胞が，神経管壁内を移動しながら，VZ側で分裂することを示す模式図である。

図 9.2 マウス神経管壁における神経上皮細胞分裂の様子〔文献 3〕より転載〕

9.2 発生過程における神経幹細胞

zone：MZ）方向にプロセスを伸ばし細胞内で核が神経管外側まで移動する。細胞分裂するときは再び核が神経管内側に移動し，プロセスを短縮させ，そこで分裂する（図（c））。このVZでの分裂は，細胞が増殖して多層になったあとも維持される。なお，神経板，およびそれ以降の1層の細胞からなる神経管や多層の神経管形成以降のVZは，上皮構造をとるため，これらの構造を構成する細胞は神経上皮細胞（neuroepitherial cell）と呼ばれる。

神経胚期には神経管の前端で，前方から，prosencepharon, mesencephakon, rhombencephalon と呼ばれる三つの膨らみが生じ，それぞれ将来は，大脳半球，中脳，後脳～脳幹を形成する。これらの膨らみは神経管内で急速に細胞の増殖が起こることによる。すなわち，神経管前端ではVZで神経幹細胞が対称分裂によって増殖したのち，非対称分裂によって生じた神経前駆細胞が別の場所に移動し（migrate），精密な脳構造が構築される。その際，神経前駆細胞はVZ（脳室側）からMZ（脳軟膜側）への放射状方向の移動（radial migration）と接線方向への移動（tangential migration）を行う。その放射状方向の移動を支持するのがradial glia（放射状神経膠細胞）である。

radial glia は，細胞質をVZに置き，そこから長いプロセスを軟膜側に伸ばすことにより，神経層が厚くなったときでさえVZと軟膜に接触している。このような神経前駆細胞の放射状方向への移動および各領域での分化によって神経管壁に層構造が生じる。すなわち，脳室側から，VZ, SVZ (subventricular zone), IZ (intermediate zone), CP (cortical plate), MZ という層構造が生まれる（図9.3）。

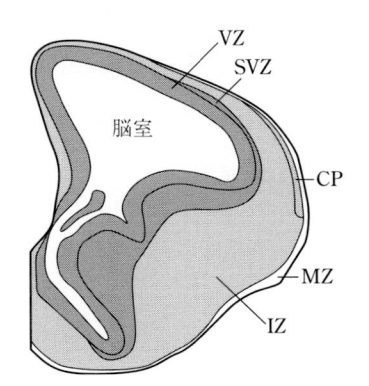

図9.3　ラット（E 16）大脳半球（横断面）における神経管壁の層形成〔文献4）より転載〕

このradial glia は出生後には消失する。その理由は，radial glia がアストロサイトに分化するからである。その後，radial glia が神経前駆細胞であることが明らかになったが，radial glia 由来のアストロサイトが神経前駆細胞となり得るかどうかは明らかではない。

一方，神経管の背腹方向に関しては腹側から背側に向かって分裂が進行し，神経管の腹側

では背側より先に神経幹細胞の増殖が止まる．その後，腹側の細胞は運動神経（motor-neuron）に分化するが，将来この領域の前駆細胞よりオリゴデンドロサイトが生じる．また，アストロサイトは，より背側の介在ニューロンに分化する領域の前駆細胞より生じることから，各グリアはその前駆細胞を異にする可能性が考えられた．

発生が進むにつれ神経細胞の産生は，時期特異的・組織特異的にグリアの産生にとって代わるようになる[5)~7)]．成体では中枢神経系全体でグリアの分化は起こるが，神経細胞の分化はSVZと海馬歯状回（hippoccampal dentric gyrus）でのみ起こる[8)]．

SVZは胎児期にはVZを裏打ちするように存在するが，発生が進むにつれしだいに薄い層になっていき，成体ではVZが消失しSVZの薄い層が残る．このSVZには四つの細胞タイプが観察される[9)]．まず，ependymal cell の層が脳室を裏打ちするように存在する．マウスでは，その層に隣接して鎖状に神経前駆細胞（タイプA細胞）が存在し，その周囲をアストロサイト（タイプB細胞）が取り巻いている．この鎖状の細胞集団中に，TA（transitory amplifying）細胞（タイプC細胞）が散在している（図9.4）．

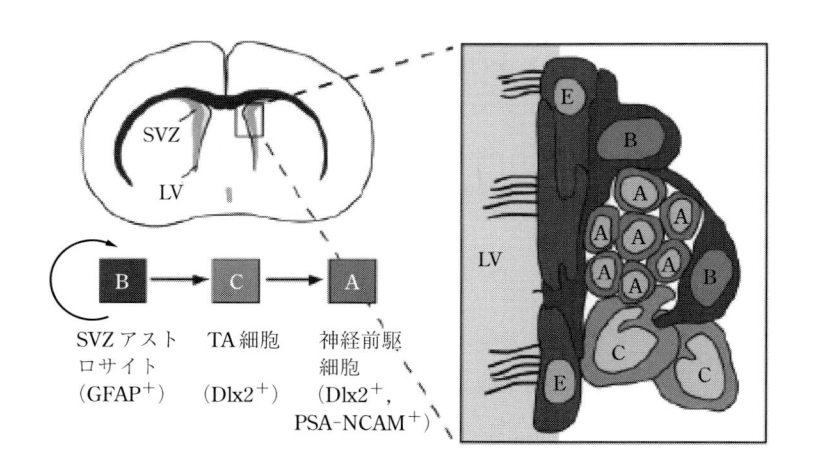

図中のAは鎖状に並んだ神経前駆細胞，BはSVZアストロサイト，CはTA細胞，Eはependymal cell，LVは側脳室を示す．括弧内はマーカーを示す．

図9.4 成体のSVZを構成する細胞タイプ〔文献11）より転載〕

このSVZ内に神経幹細胞が存在していることは，この領域にある細胞を培養するとニューロスフェアが得られることから示され[1)]，その後，アストロサイトが神経幹細胞であるということが明らかになった[10)]．

この神経幹細胞を含む鎖状の細胞集団は増殖しながら嗅球（olfactory bulb）に入っていく（rostral migratory stream）（図9.5）．TA細胞が最も活発に増殖している細胞である

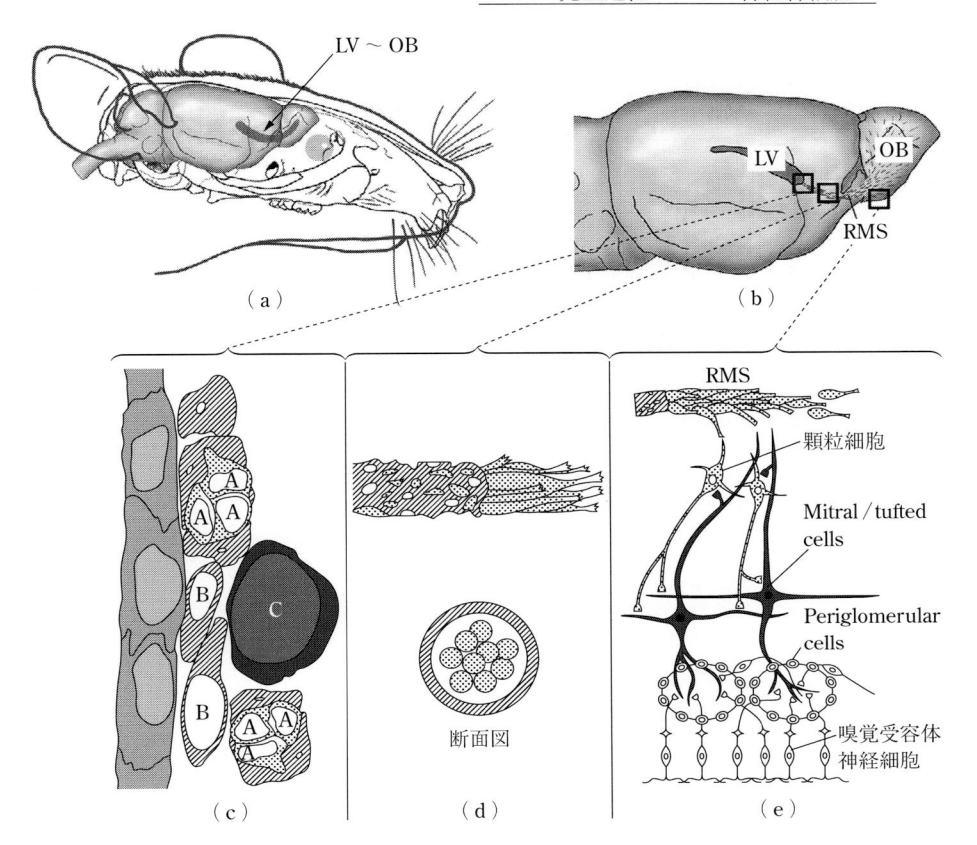

図 (a) は頭部の拡大図。矢印 (LV〜OB) で示した領域に沿って，神経前駆細胞が移動する。図 (b) は脳の拡大図。神経前駆細胞は LV (側脳壁) から OB (嗅球) へと移動する。図 (c) は SVZ の拡大図。B はアストロサイト，A が神経前駆細胞，C が TA 細胞を示す。図 (d) は RMS に沿った神経前駆細胞の移動。アストロサイト (B) が神経前駆細胞 (A) を取り囲むように存在する。図 (e) は神経前駆細胞 (A) の OB に入ったあとの分化の様子。

図 9.5 マウス脳内における RMS (rostral migratory stream)
〔文献 12) より転載〕

が，形態的にも免疫化学的にもグリアの特徴も神経細胞の特徴も備えていない。その後，TA 細胞は神経幹細胞由来の細胞であることが明らかになった[13〜15]。移動中に細胞分裂を終え，神経細胞 (olfactory granule cell, periglomerular granule cell, ほかの olfactory interneuron) に分化する神経前駆細胞もあるが，嗅球に入ってから最終分化する神経前駆細胞もある。いったん嗅球に到着すると分裂を終えた神経細胞は顆粒層に移動する。このような rostral migratory stream は成体になっても継続し，新たな嗅球の interneuron の供給源となる。

生体における神経細胞新生の二つ目の領域は海馬歯状回である[16〜18]。特に歯状回の granule 細胞層と hils の間にある SGZ（subgranular zone）において，神経細胞が活発に産生され，granule 細胞層へ移動し，そこで granule neuron として組み込まれる（図 9.6）。歯状回の場合，SVZ から嗅球への細胞の移動とは異なり，細胞の移動距離は短い。

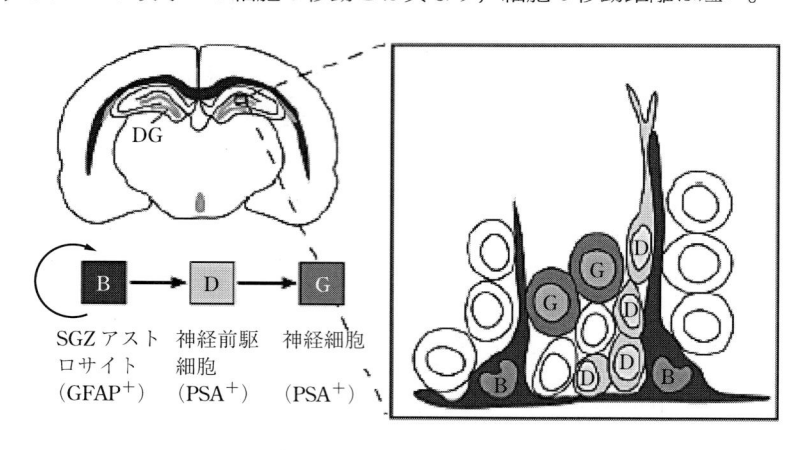

図中の B は SGZ アストロサイト，D は神経前駆細胞，G は顆粒神経細胞（granule neuron）を示す。括弧内はマーカーを示す。

図 9.6　成体の SGZ を構成する細胞タイプ
〔文献 11）より転載〕

歯状回にはアストロサイトは比較的少ない。新生細胞のほとんどが神経細胞であり，これらの神経細胞の前駆体は GFAP（glial fibrillary acidic protein）を発現することや形態上は radial glia に似ていることなどから，グリアとして分類されてきた細胞（SGZ アストロサイト）であると考えられた[19]。

9.3　グリアと神経幹細胞

9.3.1　神経前駆細胞としての radial glia

神経管形成初期においては神経幹細胞は神経上皮内で対称分裂により神経幹細胞を増やすという増殖期にある。その後，非対称分裂を行って神経幹細胞と神経前駆細胞を産生する。

脳の初期発生において，radial glia は神経前駆細胞の移動を支持する scaffold を形成するとともに，VZ においては最も活発に分裂する細胞である[13),20)]。radial glia はネスチンの発現など神経上皮細胞や神経幹細胞と特徴を共有している[21]。また，ウイルスを用いた lineage 解析からは，複数の神経細胞と一つの radial glia を含んだクローンが見いだされており，このことは radial glia が不等分裂をして，もとの radial glia を残しつつ，神経細胞を生産していることを示す。実際，radial glia を蛍光ラベルして追跡することなどにより，radial glia が胎児期に神経細胞に分化することが示された[22)～24)]。これらのことから radial glia 自身は，神経幹細胞として機能し得ることが示された。

　一方，radial glia はグリコーゲン顆粒を含有する[25]等，解剖学的にアストロサイトの特徴を有しているだけでなく，アストロサイトと多くのマーカーを共有していることが知られていた。例えば，げっ歯類の脳にある radial glia ではアストロサイトの代表的なマーカーである GFAP はほとんど検出されない[26]が，霊長類の脳では GFAP[27] を発現しており，動物種に関係なく脳脂質結合タンパク質[28]やグルタミン酸トランスポーター GLAST[29]など，ほかにアストロサイトと共通のマーカーも発現している。実際，神経分化完了後，多くの radial glia は，さらにアストロサイト（parenchymal astrocyte）に分化することから，radial glia はアストロサイトへの分化途中にある神経系細胞であると考えられていた[30),31)]。成体になると radial glia は存在しなくなるが，やはりアストロサイトや ependymal cell が radial glia 由来であることが知られている[31),32)]。

　ウグイス（songbird）の研究で，成鳥において radial glia に相当する細胞が神経前駆細胞としてはたらくこと[33)]や，哺乳類の脳でアストロサイトの特徴を有する細胞が神経幹細胞としてはたらくことが明らかにされ[10)]，radial glia が神経幹細胞の前駆細胞である可能性が示唆された。脳の神経幹細胞である SVZ アストロサイトへの分化も証明されている[34)]。これらのことから，radial glia が神経幹細胞となり得ることが示唆された。

　このように現在では，radial glia は，胎児期には神経前駆細胞の移動を支持するマトリックスを形成しながら，その後アストロサイトや神経幹細胞に分化すると考えられている。しかし radial glia のうち，どのサブセットが特定の神経系細胞に分化し得るのか，また，radial glia 由来のアストロサイトは神経幹細胞になり得るのか，分化するとすればすべてが神経幹細胞になるのか，それとも一部のサブセットが神経幹細胞になるのか，など厳密な細胞系統樹については不明な点が多い。

9.3.2　神経前駆細胞としてのアストロサイト

　これまで in vitro では，ニューロスフェアからアストロサイトを分化させることができたが，in vivo におけるアストロサイトがどのように生じるのかは明らかでない。たどることができるのは，オリゴデンドロサイトと共通の前駆体であるグリア前駆体細胞である。このグリア前駆体細胞は分化初期段階でＡ２Ｂ５抗原，PDGF 受容体 α，Nkx 2.2 を発現する。このグリア前駆体は，成体の脳や脊髄にも存在し，そこでは分裂細胞の 70％を占める。しかし，この細胞がどのようにアストロサイトに分化するか明らかにされていない。

　従来，GFAP は，アストロサイトのマーカーとしてアストロサイトを同定するのに用いられてきた。しかし最近，GFAP を発現している細胞が単一でなく，多様であることが明らかになってきた。例えば海馬にあるネスチン陽性細胞は２種類の細胞からなり，そのうち

の一種であるGFAP陽性細胞は，周囲に存在するネスチン陰性GFAP陽性アストロサイトが発現するマーカーS100βを発現しない[35]。すなわち，従来GFAP陽性細胞として知られるアストロサイトは必ずしも単一細胞タイプから構成されないことがわかる。

成体ではSVZおよびSGZに神経前駆細胞が存在するが，SVZにおいてはアストロサイトが神経前駆細胞であることが以下のような実験から示された[10]。

まず抗分裂剤であるAra-Cを用いて，ependymal cellsおよびSVZアストロサイトを残して，最も活発に分裂しているTA細胞（タイプC細胞）および神経芽細胞を除去すると，SVZは即座に再生する。これは，Ara-C投与後も分裂する唯一の細胞であるSVZアストロサイトからTA細胞が生じ，さらにTA細胞が分裂して，今度は神経芽細胞が生じ，嗅球に移動するためであった。

さらに，ウイルスを用いてSVZアストロサイトを特異的にラベルすると，多くのラベルされた神経細胞が嗅球に移動し，granule細胞およびperiglomerular細胞に分化した。そしてラベルされたSVZアストロサイトは，*in vitro*の培養系で神経幹細胞として自己増殖能と多分化能を示した。また，DNA合成に対してラベルした1か月後に依然としてラベルを取り込んでいるのはSVZアストロサイトだけであることから，*in vivo*においてもSVZアストロサイトは自己複製能を有することが示された。

SGZはGFAP陽性SGZアストロサイト（B細胞）およびGFAP陰性D細胞を含む。ここでもアストロサイトは*in vivo*における神経前駆細胞として機能する[19]。SVZの場合と同様にAra-Cを投与することにより，SGZアストロサイトが分裂しD細胞を通じてgranule細胞に分化することが示された。また，ラベルされたSGZアストロサイトは実際にgranule細胞に分化した。しかしこの領域の細胞を培養に移しても，自律増殖性と多分化能を有する神経幹細胞を得ることができない[36]が，その理由は明らかではない。SVZアストロサイトとの相同性からは，SGZアストロサイトも神経系細胞への多分化能を持ち得ると考えられる[37]。

このように，GFAP陽性のアストロサイトが生体における神経前駆細胞になり得ることが示されているが，GFAP陽性細胞のうち，すべてが神経前駆細胞として機能し得るのかなど細かい細胞の分類や分化過程はまだ明らかではない。

9.4 培養条件下での神経幹細胞

特定の神経組織をWeiss法により培養条件に移すと，ニューロスフェアを得ることができる。これは，神経組織に混入して存在する神経幹細胞がニューロスフェアとして増殖することによると考えられている。このニューロスフェアは，EGFやbFGFの存在下で自己複

製により増殖するが，培養液に含まれる成長因子を除去し接着性のあるプレートで培養することにより，神経細胞，アストロサイト，オリゴデンドロサイトの3種類の神経系細胞に分化させることができる。このニューロスフェアを形成する細胞は，in vivo で，どの細胞タイプに由来するか議論されてきた。

例えば初期発生における神経管を用いても，培養条件下では成長因子依存的に自己複製し，3種類の細胞に分化し得る神経幹細胞が得られる。しかし培養条件下で3種類の細胞に分化し得る能力をもつ細胞は，生体内では，もっと分化能が限定されているようである[38]。

初期発生において，神経管の腹側でbHLHタンパク質をコードする二つのOlig遺伝子が領域特異的に発現している。この領域はpMNドメインに対応し，腹側化因子であるShhに応答して運動ニューロンやオリゴデンドロサイトが分化する。Olig 1 と Olig 2 は Shh シグナルのターゲットであり，運動ニューロンやオリゴデンドロサイトの分化に必要十分であるが，アストロサイトの分化には関与しない[39],[40]。細胞運命予定図の作製，移植実験，細胞系譜のトレース等の結果を考慮して，オリゴデンドロサイトはニューロンに分化する神経管腹側の前駆細胞から分化することが示された。

そこで，Olig 2 のヘテロ接合マウスの神経管の背側半分（Olig 2 陰性）と腹側半分（Olig 2 陽性）から細胞を単離し，Weiss の方法に従ってニューロスフェアを作製すると，Olig 2 の発現にかかわらず，どちら側の細胞から樹立したニューロスフェアもオリゴデンドロサイトを含めて3種類の神経系細胞に分化した[41]。Olig 2 はオリゴデンドロサイトの分化に必須の遺伝子であるにもかかわらず，その発現のない背側細胞でも培養条件下ではオリゴデンドロサイトに分化したこと，また，in vivo ではアストロサイトの分化を抑制するにもかかわらず発現している腹側細胞でも培養条件下ではアストロサイトに分化したことは，培養条件下での分化が必ずしも生体内の条件を反映しているのではないことを示唆する。実際，培養液中でのニューロスフェアにおけるマーカーの発現を調べてみると，背側細胞の作るニューロスフェアの80％以上がOlig 2 陽性になっており，腹側細胞の作るニューロスフェアの30％以上がOlig 2 陰性になっている。

神経幹細胞を取り巻く微小環境が神経幹細胞の分化や形質の維持にとって重要であることは，想像に難くない。それでは，培養液に添加される増殖因子はどのようなはたらきをしているだろうのか。それは，FGF 非存在下でラット神経幹細胞を培養することにより明らかになった[41]。すなわち，FGF 非存在下では背側細胞から Oligo 2 陽性細胞は現れなかったのに対し，FGF 存在下では腹側化因子である Shh の発現誘導が観察され，Shh のアンタゴニストは Olig 2 陽性細胞の数を激減させた。このことは神経前駆細胞が培養条件下で再プログラミングされるという報告[42],[43]を支持する。

成体における神経幹細胞に関しては，当初，EGF 依存的にニューロスフェアを形成する

成体SVZ内の細胞は増殖をしていないサブセットではないかと考えられた[44]が，その後，EGFに反応する細胞は活発に増殖するTA細胞であることが示された[15]。この最近の報告によると，FACSで単離したTA細胞はニューロスフェア形成率が非常に高く，逆に，生体内でこの細胞を除去するとニューロスフェア形成細胞の70%が失われる。さらに，p27のノックアウトマウスではTA細胞が特異的に増えるという表現型を示すが，それに伴いニューロスフェア形成能も増加している[45]。

マウス個体で分裂中のGFAP陽性細胞を除去すると，そのマウスの神経組織からはニューロスフェアがまったく形成しなくなる[46],[47]。このことは，ニューロスフェアを構成する細胞がすべてGFAP陽性細胞，すなわちSVZアストロサイトに由来することを示唆する。TA細胞がSVZアストロサイトから生じることを考えると，これらの細胞のどれがニューロスフェア形成に対してより大きな割合を占めるかは明らかではない。

また，胚幹細胞をはじめとする幹細胞のマーカーであるLeX/SSEA-1（stage-specific embryonic antigen-1）は，神経幹細胞でも発現しており，LeX陽性細胞はすべてニューロスフェアを形成し得ることが示された[48]。LeX陽性細胞にはGFAP陽性細胞もGFAP陰性細胞も含まれるため，TA細胞とSVZアストロサイトの両方がニューロスフェアを形成し得ると考えられる。いずれにせよ，これらの細胞系譜にある細胞が培養条件下でEGF依存的にニューロスフェアを形成するのは間違いなさそうである。

一方，生体内で神経細胞が分化するためには，アストロサイト分化因子であるBMPを抑制するために，そのアンタゴニストであるnogginがependymal cellから分泌される必要がある[49],[50]。しかし培養条件下では，ependymal cellは神経幹細胞には寄与しないとされており[48]，ニューロスフェアが神経幹細胞としての潜在的能力を表すものであっても，*in vivo*の神経幹細胞の状態をそのまま反映したものではないようである[37]。

このように，初期発生においても，成体においても，培養条件下でニューロスフィアとして自己増殖し，三種類の細胞に分化し得る神経幹細胞は，生体内ではもっと分化能が限定されているようであり，培養条件下では体内の微小環境から解離した結果，潜在的な分化能力が顕在化したと考えられる。このことは，三種類の細胞に分化し得る細胞が生体内に存在しないということを意味しない。もっと早い時期に消失する可能性や，非常に数が少ないために培養下で特定できないのかもしれないからである。

9.5 マウスとほかの脊椎動物の神経前駆細胞の比較

9.5.1 radial glia

radial gliaはマウスなどの哺乳類では初期発生において，神経前駆細胞の移動を支持する

scaffoldを形成するが，神経形成が完成したのち radial glia は消失し，そこから分化した
アストロサイトが現れる．上述したように，このアストロサイトが神経前駆細胞として神経
細胞に分化する．一方，鳥類や爬虫類などほかの脊椎動物においては，成体脳でも radial
glia が存在する．この radial glia が神経幹細胞として神経細胞を生産しながら，その神経
細胞の移動を支持する[51),52)]．このため，そのような支持細胞を欠く哺乳類より，はるかに多
くの場所に新生神経細胞が組み込まれる[53)]．

　鳥類や爬虫類においては，神経幹細胞による再生は哺乳類より広範に起こる．例えばトカ
ゲでは，アセチルピリジンを投与して脳の一部を破壊しても radial glia は破壊された部分
を再生することができる[54)]．メキシコサンショウウオ（*axolotl*）では，脚や尾の再生時に，
脊髄における radial glia が脊髄の神経細胞のみならず，筋肉や軟骨など中胚葉系細胞をも
再生し得る[55)]．このような再生能力は本質的に鳥類や爬虫類に備わっているものかもしれな
いが，その原因として radial glia が成体でも残存しているためであるかもしれない．

9.5.2　アストロサイト

　マウス成体脳の SVZ に存在する神経幹細胞は，増殖しながら鎖状の細胞集団になって嗅
球に移動することが知られている．

　最近，ヒト脳では SVZ から嗅球へとつながる鎖状の細胞集団が存在せず，その代わりに
脳室壁を裏打ちするようにリボン状のアストロサイトが存在し，これが神経幹細胞であるこ
とが明らかになった[56)]．しかしながらこの神経幹細胞の系譜や嗅球における神経細胞新生と
の関連などは，まだ明らかではない．

9.5.3　網膜神経幹細胞

　網膜は，胚期に中心部分から周辺部分へと細胞が増殖して形成される部分と，のちに
CMZ（ciliary margin zone）と呼ばれる網膜端の増殖領域から新たな神経細胞が付加され
る部分からなる．この CMZ の最も先端にある細胞は，自己複製するとともに網膜細胞に分
化することから網膜幹細胞と呼ばれる．魚類や両生類においては，胚期には網膜の中心部分
のみが形成され，残りの大部分は CMZ 由来の細胞によって形成される．鳥類では CMZ 由
来の細胞数は，はるかに少なく，哺乳類になると外見上 CMZ 自体が存在せず，すべての網
膜細胞は中心部分から増殖した細胞によって形成されるというように，進化するに従って
CMZ の貢献が減少する[57)]（図 9.7）．

　しかし，マウスの網膜端由来の細胞を用いてニューロスフェアを得ることができるという
報告がある[59),60)]．ここでニューロスフェアを形成する細胞は，培養初期には色素を含んでい
るので，その由来は虹彩か毛様体上皮の色素上皮細胞であるようである．したがって，その

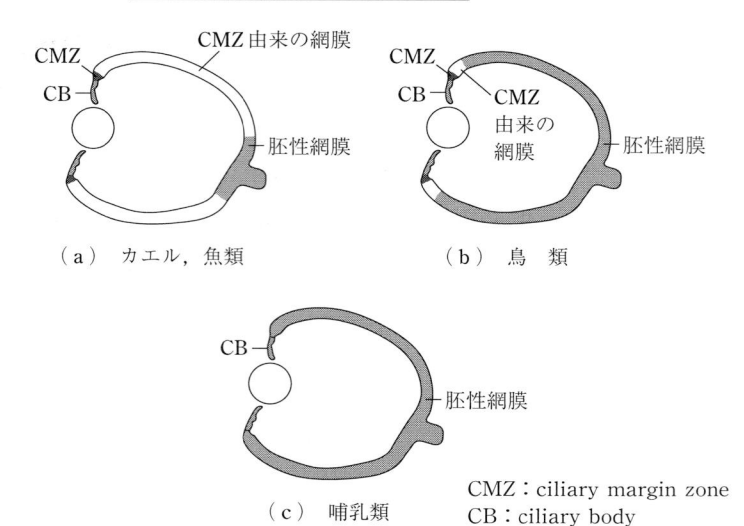

図9.7 異なる動物種における網膜発生の比較〔文献58）より転載〕

(a) カエル，魚類
(b) 鳥類
(c) 哺乳類

CMZ：ciliary margin zone
CB：ciliary body

機構は CMZ による神経細胞分化というより，むしろ網膜再生における細胞の分化転換によるのかもしれない[61]。

このように，マウスの網膜においては CMZ の存在が確認できないにもかかわらず，網膜端が神経分化能を有していることを示唆する実験結果がある。Shh のレセプターをコードする patched（ptc）遺伝子のヘテロ接合マウスにおいては，網膜端に細胞増殖する CMZ によく似た小さな領域が存在する[62]。この領域で BrdU を取り込むことのできる増殖している細胞は，Chx 10, Pax 6, ネスチンといった網膜前駆細胞のマーカーを発現している。しばらくすると，これらの細胞は網膜に取り込まれ，網膜細胞のマーカーを発現するようになる。さらに，ptc 変異を pro 23 his という視細胞変性の表現型を有する遺伝的背景に導入すると，網膜端が CMZ を有する動物と同様に反応し，細胞増殖が約 50％増加し，神経系細胞のマーカーである Tuj-1 や，視細胞で発現する recoverin を発現する細胞も現れる。Shh シグナリングは，CMZ 細胞の増殖にかかわることが知られており，patched（ptc）遺伝子のヘテロ接合マウスにおいては，おそらく，Shh シグナリングの活性化が起きているものと考えられる。

9.6 マウス成体における神経新生および神経再生

中枢神経系の神経細胞は成体では増殖・分化しないと考えられていたため，障害を受けても再生しないと考えられていた。マウスでは，SVZ および海馬では限定的ながら新たに神

経細胞が産生されていることが明らかになってきた。

　これらの新生神経細胞の機能は明らかではないが，成体脳での神経分化がつねに一定の割合で起こっているというものではなく，環境の変化に伴って増減するものであることも明らかになってきた。例えば，栄養豊富な環境で育てたマウス[63),64)]や，運動活動を活発にしたマウス[64),65)]や食事制限を施したマウス[66)]では，海馬における神経細胞の増殖が増加し，ストレスを与えたマウスでは神経細胞の増殖が減少する[67)]。なお，栄養豊富な環境で育てたマウスや運動活動を活発にしたマウスであっても，SVZの神経幹細胞の増殖は変化せず[64)]，このことは，成体で神経新生が起きる二つの領域において神経新生が異なる調節を受けていることを示唆する。

　また，側脳室の神経新生が起こる領域近傍で神経細胞を破壊すると新生神経細胞による再生が起こるが，これは神経新生が起こる領域から新生神経細胞が遊走した結果であると考えられている[68)]。このように神経前駆細胞の遊走により神経が再生する現象は，脳梗塞など局所貧血による神経損傷においても観察されている[69)~71)]。

　神経前駆細胞を神経新生が起こらない領域に移植しても，そこでは神経新生が起こらないばかりか移植細胞の分化を支持しない[72)]ことから，このような神経分化や神経再生のためには何らかのシグナルが必要であると思われる。例えば，さまざまな因子を直接，脳の神経分化を起こし得る領域に投与すると，内在性の神経幹細胞の増殖や神経幹細胞の決定を促進し得る[73)]ことから，これらの神経新生や神経再生は，神経幹細胞の微小環境における増殖因子や成長因子の作用によって特異的なシグナル伝達系が活性化されるためであるようだ[74)]。

9.7　神経幹細胞を用いた神経治療

　神経幹細胞を神経治療に用いるための方法として，神経幹細胞を導入するか（replacemenr），その場にある神経幹細胞を利用するか（recruitment），の二通りの手段がある[75)]。神経幹細胞を導入する場合は，適当な細胞集団を単離し，培養下で増殖させる必要がある。しかし，すでに述べたように，これらの細胞をもともと神経新生が起こらない領域に移植しても，神経細胞の分化は起こらない。したがって，あらかじめ移植ターゲットの神経細胞に分化させておくか，特定の細胞に分化させることのできるシグナル分子とともに移植させる必要がある。もともと存在する神経幹細胞を利用する場合は，神経分化をさせるシグナルだけを操作すればよい。それにより，細胞分裂せずに静止期にあった神経幹細胞を活発に細胞分裂させるようにする。また，骨髄由来の幹細胞など，ほかの細胞タイプの幹細胞も利用できるかもしれない。

9.8 お わ り に

　以上述べてきたように，生体内における神経幹細胞は少しずつ明らかにされてきているが，全貌が解明されるにはほど遠いといわざるを得ない。

　まず，最も基本的な疑問である，培養条件下で観察される三種類の神経系細胞に分化できる細胞は，生体内に存在するのであろうか。少なくとも培養条件下に移される時点の細胞は，すでにある程度細胞の運命が決定されているようである。しかしながら，このことは三種類の神経系細胞に分化できる細胞が存在しないことを意味しない。神経幹細胞は，もとをたどれば神経上皮に由来するのであり，この時点では多分化能を備えているのは明らかである。問題は，いったいどの時点で運命がどのように限定されるかということになる。

　神経上皮細胞は細胞運命が限定されると，いったいどのような細胞タイプになるのだろうか。神経幹細胞は神経上皮内では均等分裂をして増殖する。その後，不均等分裂を行って radial glia や神経細胞を産生する。radial glia は，さらに不均等分裂を行って神経細胞やアストロサイトを産生するか，あるいはそれ自身アストロサイトに分化する。従来，アストロサイトに分類されていた細胞のなかで，SVZ アストロサイトや SGZ アストロサイトは神経幹細胞として機能し，神経細胞を産生し得る。この流れのなかで，radial glia やアストロサイトは，いったい何種類のサブセットから構成され，各サブセットの細胞はどのような分化能を有するのか。この問題は，再生医療の際に移植すべき最適の細胞を選択するのに非常に重要な情報をもたらしてくれると思われる。

　生体内でどのような分化能を有するかは，その微小環境に依存することが大きい。培養条件下での FGF の投与が Shh シグナルを変化させるように，神経幹細胞は，培養条件下で明らかに生体内と異なる環境におかれている。このことが細胞移植に対し，有利にはたらくのか，不利にはたらくのか，それは生体内において神経前駆細胞がどのような微小環境におかれているかが解明された時点で明らかになるであろう。これによって神経細胞の再生医療に際し，どのようなストラテジーで臨むのがよいか明らかになってくると思われる。

　再生医療における一つの方向は，究極的に，生体内の神経細胞の分化過程を生体内で，あるいは培養条件下で人為的に再現することであろう。それによって，例えば網膜幹細胞のように本来有しない細胞を人為的に生体内に作出できる可能性もある。生体内において，局部的に神経細胞を増殖させることもできるかもしれない。また，培養条件下で微小環境を整えることにより，特定の段階にある神経系細胞を作り出したり，分化転換させたりするようなこともできるようになるかもしれない。これらのことは，細胞自身の遺伝子を操作したり，あるいは神経前駆細胞の微小環境を操作したりすることにより，神経分化にかかわるシグナ

ル伝達系を自由に操作できるようになって初めて可能になる。そのためには，生体内における神経細胞の分化過程を詳細に明らかにすることが神経再生医療成功のための，最も近道になると思われる。

引用・参考文献

1) Reynolds, B. A. and Weiss, S.：Generation of neurons and astrocytes from isolated cells of the adult mammalian central nervous system, Science, **255**, pp.1707-1710 (1992)
2) http://www.med.unc.edu/embryo_images/unit‐nervous/nerv_htms/nerv001.htm（2006年2月現在）
3) Jacobson, M.：Developmental Neurobiology（3 rd ed Plenum), p 45
4) Paxinos, G.：The Rat Nervous System（3 rd ed. Elsevier), p 42
5) McConnell, S. K.：Constructing the cerebral cortex：neurogenesis and fate determination, Neuron, **15**, pp.761-768（1995)
6) Temple, S.：The development of neural stem cells, Nature, **414**, pp.112-117（2001)
7) Malatesta, P., Hack, M. A., Hartfuss, E., Kettenmann, H., Klinkert, W., Kirchhoff, F. and Gotz, M.：Neuronal or glial progeny：regional differences in radial glia fate, Neuron, **37**, pp.751-764（2003)
8) Bayer, S. A. and Altman, J.：Development of the Telencephalon：Neural Stem Cells, Neurogenesis, and Neuronal Migration, The Rat Nervous System, pp.27-72（2004)
9) Doetsch, F., Garcia-Verdugo, J. M. and Alvarez-Buylla, A.：Cellular composition and three-dimensional organization of the subventricular germinal zone in the adult mammalian brain, J. Neurosci, **17**, pp.5046-5061（1997)
10) Doetsch, F., Caille, I., Lim, D. A., Garcia-Verdugo, J. M. and Alvarez-Buylla, A.：Subventricular zone astrocytes are neural stem cells in the adult mammalian brain, Cell, **97**, pp.703-716（1999)
11) Nature Neurosci, **6**, pp.1127-1134（2003)
12) Lennington, J. B. et al.：Reproductive Biology and Endocrinology, fig 1（2003)
13) Noctor, S. C., Flint, A. C., Weissman, T. A., Wong, W. S., Clinton, B. K. and Kriegstein, A. R.：Dividing precursor cells of the embryonic cortical ventricular zone have morphological and molecular characteristics of radial glia, J. Neurosci., **22**, pp.3161-3173（2002)
14) Conover, J. C. and Allen, R. L.：The subventricular zone：new molecular and cellular developments, Cell. Mol. Life. Sci., **59**, pp.2128-2135（2002)
15) Doetsch, F., Petreanu, L., Caille, I., Garcia-Verdugo, J. M. and Alvarez-Buylla, A.：EGF converts transit-amplifying neurogenic precursors in the adult brain into multipotent stem cells, Neuron, **36**, pp.1021-1034（2002)
16) Palmer, T. D., Takahashi, J. and Gage, F. H.：The adult rat hippocampus contains primordial neural stem cells, Mol. Cell. Neurosci., **8**, pp.389-404（1997)
17) Gould, E., Tanapat, P., McEwen, B. S., Flugge, G. and Fuchs, E.：Proliferation of granule

cell precursors in the dentate gyrus of adult monkeys is diminished by stress, Proc. Natl. Acad. Sci. USA., **95**, pp.3168-3171 (1998)

18) Eriksson, P. S., Perfilieva, E., Bjork-Eriksson, T., Alborn, A. M., Nordborg, C., Peterson, D. A. and Gage, F. H.：Neurogenesis in the adult human hippocampus, Nat. Med., **4**, pp.1313-1317 (1998)

19) Seri, B., Garcia-Verdugo, J. M., McEwen, B. S. and Alvarez-Buylla, A.：Astrocytes give rise to new neurons in the adult mammalian hippocampus, J. Neurosci., **21**, pp.7153-7160 (2001)

20) Hartfuss, E., Galli, R., Heins, N. and Gotz, M.：Characterization of CNS precursor subtypes and radial glia, Dev. Biol., **229**, pp.15-30 (2001)

21) Frederiksen, K. and McKay, R. D.：Proliferation and differentiation of rat neuroepithelial precursor cells in vivo, J. Neurosci., **8**, pp.1144-1151 (1988)

22) Malatesta, P., Hartfuss, E. and Gotz, M.：Isolation of radial glial cells by fluorescent-activated cell sorting reveals a neuronal lineage, Development, **127**, pp.5253-5263 (2000)

23) Miyata, T., Kawaguchi, A., Okano, H. and Ogawa, M.：Asymmetric inheritance of radial glial fibers by cortical neurons, Neuron, **31**, pp.727-741 (2001)

24) Noctor, S. C., Flint, A. C., Weissman, T. A., Dammerman, R. S. and Kriegstein, A. R.：Neurons derived from radial glial cells establish radial units in neocortex, Nature, **409**, pp.714-720 (2001)

25) Choi, B. H. and Lapham, L. W.：Radial glia in the human fetal cerebrum：a combined Golgi, immunofluorescent and electron microscopic study, Brain. Res., **148**, pp.295-311 (1978)

26) Sancho-Tello, M., Valles, S., Montoliu, C., Renau-Piqueras, J. and Guerri, C.：Developmental pattern of GFAP and vimentin gene expression in rat brain and in radial glial cultures, Glia, **15**, pp.157-166 (1995)

27) Levitt, P. and Rakic, P.：Immunoperoxidase localization of glial fibrillary acidic protein in radial glial cells and astrocytes of the developing rhesus monkey brain, J. Comp. Neurol., **193**, pp.815-840 (1980)

28) Feng, L., Hatten, M. E. and Heintz, N.：Brain lipid-binding protein (BLBP)：a novel signaling system in the developing mammalian CNS, Neuron, **12**, pp.895-908 (1994)

29) Shibata, T., Yamada, K., Watanabe, M., Ikenaka, K., Wada, K., Tanaka, K. and Inoue, Y.：Glutamate transporter GLAST is expressed in the radial glia-astrocyte lineage of developing mouse spinal cord, J. Neurosci., **17**, pp.9212-9219 (1997)

30) Schmechel, D. E. and Rakic, P.：A Golgi study of radial glial cells in developing monkey telencephalon：morphogenesis and transformation into astrocytes, Anat. Embryol. (Berl), **156**, pp.115-152 (1979)

31) Voigt, T.：Development of glial cells in the cerebral wall of ferrets：direct tracing of their transformation from radial glia into astrocytes, J. Comp. Neurol., **289**, pp.74-88 (1989)

32) Bruni, J. E.：Ependymal development, proliferation, and functions：a review, Microsc. Res. Tech., **41**, pp.2-13 (1998)

33) Alvarez-Buylla, A., Theelen, M. and Nottebohm, F.：Proliferation "hot spots" in adult

avian ventricular zone reveal radial cell division, Neuron, **5**, pp.101-109 (1990)

34) Merkle, F. T., Tramontin, A. D., Garcia-Verdugo, J. M. and Alvarez-Buylla, A. : Radial glia give rise to adult neural stem cells in the subventricular zone, Proc. Natl. Acad. Sci. USA., **101**, pp.17528-17532 (2004)

35) Filippov, V., Kronenberg, G., Pivneva, T., Reuter, K., Steiner, B., Wang, L. P., Yamaguchi, M., Kettenmann, H. and Kempermann, G. : Subpopulation of nestin-expressing progenitor cells in the adult murine hippocampus shows electrophysiological and morphological characteristics of astrocytes, Mol. Cell. Neurosci., **23**, pp.373-382 (2003)

36) Goldman, S. : Glia as neural progenitor cells, Trends Neurosci, **26**, pp.590-596 (2003)

37) Doetsch, F. : The glial identity of neural stem cells, Nat. Neurosci, **6**, pp.1127-1134 (2003)

38) Stiles, C. D. : Lost in space : misregulated positional cues create tripotent neural progenitors in cell culture, Neuron, **40**, pp.447-449 (2003)

39) Lu, Q. R., Sun, T., Zhu, Z., Ma, N., Garcia, M., Stiles, C. D. and Rowitch, D. H. : Common developmental requirement for Olig function indicates a motor neuron/oligodendrocyte connection, Cell, **109**, pp.75-86 (2002)

40) Zhou, Q. and Anderson, D. J. : The bHLH transcription factors OLIG 2 and OLIG 1 couple neuronal and glial subtype specification, Cell, **109**, pp.61-73 (2002)

41) Gabay, L., Lowell, S., Rubin, L. L. and Anderson, D. J. : Deregulation of dorsoventral patterning by FGF confers trilineage differentiation capacity on CNS stem cells in vitro, Neuron, **40**, pp.485-499 (2003)

42) Kondo, T. and Raff, M. : Oligodendrocyte precursor cells reprogrammed to become multipotential CNS stem cells, Science, **289**, pp.1754-1757 (2000)

43) Palmer, T. D., Markakis, E. A., Willhoite, A. R., Safar, F. and Gage, F. H. : Fibroblast growth factor-2 activates a latent neurogenic program in neural stem cells from diverse regions of the adult CNS, J. Neurosci., **19**, pp.8487-8497 (1999)

44) Morshead, C. M., Reynolds, B. A., Craig, C. G., McBurney, M. W., Staines, W. A., Morassutti, D., Weiss, S. and van der Kooy, D. : Neural stem cells in the adult mammalian forebrain : a relatively quiescent subpopulation of subependymal cells, Neuron, **13**, pp.1071-1082 (1994)

45) Doetsch, F., Verdugo, J. M., Caille, I., Alvarez-Buylla, A., Chao, M. V. and Casaccia-Bonnefil, P. : Lack of the cell-cycle inhibitor p 27 Kip 1 results in selective increase of transit-amplifying cells for adult neurogenesis, J. Neurosci., **22**, pp.2255-2264 (2002)

46) Imura, T., Kornblum, H. I. and Sofroniew, M. V. : The predominant neural stem cell isolated from postnatal and adult forebrain but not early embryonic forebrain expresses GFAP, J. Neurosci., **23**, pp.2824-2832 (2003)

47) Morshead, C. M., Garcia, A. D., Sofroniew, M. V. and van Der Kooy, D. : The ablation of glial fibrillary acidic protein-positive cells from the adult central nervous system results in the loss of forebrain neural stem cells but not retinal stem cells, Eur. J. Neurosci., **18**, pp.76-84 (2003)

48) Capela, A. and Temple, S. : LeX/ssea-1 is expressed by adult mouse CNS stem cells, identifying them as nonependymal, Neuron, **35**, pp.865-875 (2002)

49) Lim, D.A., Tramontin, A.D., Trevejo, J.M., Herreta, D.G. Garcia-Verdugo, J.M. and Alvarez-Buylla, A.：Noggin antagonizes BMP signaling to create a niche for adult neurogenesis, Neuron, **28**, pp.713-726（2000）

50) Doetsch, F.：A niche for adult neural stem cells, Curr. Opin. Genet. Dev., **13**, pp.543-550（2003）

51) Alvarez-Buylla, A., Garcia-Verdugo, J. M., Mateo, A. S. and Merchant-Larios, H.：Primary neural precursors and intermitotic nuclear migration in the ventricular zone of adult canaries, J. Neurosci., **18**, pp.1020-1037（1998）

52) Garcia-Verdugo, J. M., Ferron, S., Flames, N., Collado, L., Desfilis, E. and Font, E.：The proliferative ventricular zone in adult vertebrates：a comparative study using reptiles, birds, and mammals, Brain. Res. Bull., **57**, pp.765-775（2002）

53) Alvarez-Buylla, A. and Nottebohm, F.：Migration of young neurons in adult avian brain, Nature, **335**, pp.353-354（1988）

54) Font, E., Desfilis, E., Perez-Canellas, M., Alcantara, S. and Garcia-Verdugo, J. M.：3-Acetylpyridine-induced degeneration and regeneration in the adult lizard brain：a qualitative and quantitative analysis, Brain. Res., **754**, pp.245-259（1997）

55) Echeverri, K. and Tanaka, E. M.：Ectoderm to mesoderm lineage switching during axolotl tail regeneration, Science, **298**, pp.1993-1996（2002）

56) Sanai, N., Tramontin, A. D., Quinones-Hinojosa, A., Barbaro, N. M., Gupta, N., Kunwar, S., Lawton, M. T., McDermott, M. W., Parsa, A. T., Manuel-Garcia Verdugo, J. et al.：Unique astrocyte ribbon in adult human brain contains neural stem cells but lacks chain migration, Nature, **427**, pp.740-744（2004）

57) Kubota, R., Hokoc, J. N., Moshiri, A., McGuire, C. and Reh, T. A.：A comparative study of neurogenesis in the retinal ciliary marginal zone of homeothermic vertebrates, Brain. Res. Dev. Brain. Res., **134**, pp.31-41（2002）

58) Int. J. Dev. Biol., **48**, pp.1003-1014, fig 4（2004）

59) Tropepe, V., Coles, B. L., Chiasson, B. J., Horsford, D. J., Elia, A. J., McInnes, R. R. and van der Kooy, D.：Retinal stem cells in the adult mammalian eye, Science, **287**, pp.2032-2036（2000）

60) Ahmad, I., Tang, L. and Pham, H.：Identification of neural progenitors in the adult mammalian eye, Biochem. Biophys. Res. Commun., **270**, pp.517-521（2000）

61) Moshiri, A., Close, J. and Reh, T. A.：Retinal stem cells and regeneration, Int. J. Dev. Biol., **48**, pp.1003-1014（2004）

62) Moshiri, A. and Reh, T. A.：Persistent progenitors at the retinal margin of ptc＋/− mice, J. Neurosci., **24**, pp.229-237（2004）

63) Kempermann, G., Kuhn, H. G. and Gage, F. H.：More hippocampal neurons in adult mice living in an enriched environment, Nature, **386**, pp.493-495（1997）

64) Brown, J., Cooper-Kuhn, C. M., Kempermann, G., van Praag, H., Winkler, J., Gage, F. H. and Kuhn, H. G.：Enriched environment and physical activity stimulate hippocampal but not olfactory bulb neurogenesis, Eur. J. Neurosci., **17**, pp.2042-2046（2003）

65) van Praag, H., Christie, B. R., Sejnowski, T. J. and Gage, F. H.：Running enhances

neurogenesis, learning, and long-term potentiation in mice, Proc. Natl. Acad. Sci. USA., **96**, pp.13427-13431 (1999)

66) Lee, J., Duan, W., Long, J. M., Ingram, D. K. and Mattson, M. P.：Dietary restriction increases the number of newly generated neural cells, and induces BDNF expression, in the dentate gyrus of rats, J. Mol. Neurosci., **15**, pp.99-108 (2000)

67) Malberg, J. E., Eisch, A. J., Nestler, E. J. and Duman, R. S.：Chronic antidepressant treatment increases neurogenesis in adult rat hippocampus, J. Neurosci., **20**, pp.9104-9110 (2000)

68) Magavi, S. S., Leavitt, B. R. and Macklis, J. D.：Induction of neurogenesis in the neocortex of adult mice, Nature, **405**, pp.951-955 (2000)

69) Fallon, J., Reid, S., Kinyamu, R., Opole, I., Opole, R., Baratta, J., Korc, M., Endo, T. L., Duong, A., Nguyen, G. et al.：In vivo induction of massive proliferation, directed migration, and differentiation of neural cells in the adult mammalian brain, Proc. Natl. Acad. Sci. USA., **97**, pp.14686-14691 (2000)

70) Arvidsson, A., Collin, T., Kirik, D., Kokaia, Z. and Lindvall, O.：Neuronal replacement from endogenous precursors in the adult brain after stroke, Nat. Med., **8**, pp.963-970 (2002)

71) Kokaia, Z. and Lindvall, O.：Neurogenesis after ischaemic brain insults, Curr. Opin. Neurobiol., **13**, pp.127-132 (2003)

72) Suhonen, J. O., Peterson, D. A., Ray, J. and Gage, F. H.：Differentiation of adult hippocampus-derived progenitors into olfactory neurons in vivo, Nature, **383**, pp.624-627 (1996)

73) Peterson, D. A.：Stem cells in brain plasticity and repair, Curr. Opin. Pharmacol., **2**, pp.34-42 (2002)

74) Peterson, D. A.：Stem cell therapy for neurological disease and injury, Panminerva. Med., **46**, pp.75-80 (2004)

75) Hallbergson, A. F., Gnatenco, C. and Peterson, D. A.：Neurogenesis and brain injury：managing a renewable resource for repair, J. Clin. Invest., **112**, pp.1128-1133 (2003)

10 腎臓形成のメカニズムと再生への挑戦

10.1 はじめに

10.1.1 腎臓をめぐる現在の状況

　腎臓は老廃物を排出すると同時に，体内の電解質，水分の恒常性の維持に重要な役割を果たしている．腎機能が失われると水分と種々の毒性物質が蓄積し，意識混濁，肺水腫による呼吸困難，高カリウム血症などで死に至るため人工透析が必要となる．さらに腎臓は内分泌器官としても重要で，レニンを産生することによって血圧の調節にもかかわり，ビタミンDの活性化を通して骨代謝にもかかわる．よって長期透析患者においては血圧と骨の異常が高率に認められる．

　また，造血作用のあるエリスロポエチンの主要産生臓器であるため，腎不全では赤血球維持に異常をきたし，重度の貧血となる．このためかつては頻回の輸血が必要であり，それによってウイルス性肝炎，ひいては肝硬変，肝がんなどの被害を被った．エリスロポエチンの発見によってこの問題は解決されたが，それ以前に輸血を受けた人はこれからもこの問題から逃れることはできない．また，エリスロポエチンはほぼ一生にわたって週に数回投与する必要があり，医療費の高騰を招いている．

　日本で人工透析を受ける人は23万人を超え，この10年で2倍となった．現在，慢性腎不全の原因の第1位は糖尿病であり，今後も増える一方である．腎不全は難病指定とされ，その医療費はすべて国庫によって賄われるため社会的負担は大きい．このような状況にもかかわらず，腎機能がいったん悪化するとそれを改善させる画期的な治療法はいまだ存在せず，最終的には透析導入となる．この状況は10年前とほとんど変わっていない．

　腎臓は自然には再生しない器官であり，人工透析や腎移植技術が確立されたがゆえに，基礎研究や臨床においても新しい再生医療の取組みから遅れている感がある．本当に腎臓の機能を回復させる方法はないのだろうか．もし腎臓の幹細胞なるものが存在すれば，あるいはそれを別の細胞源から誘導できれば，それを移植することによって腎機能を改善できないだろうか．いますぐには難しいとしても，腎臓の発生を理解することで腎臓を再生する手立て

が考えられないだろうか。腎臓の発生に関する研究は始まったばかりであり、現在までにわかってきた腎臓発生の概要を解説しながら、腎臓という器官形成の複雑さ、おもしろさ、再生の可能生について考えていきたい。

10.1.2 慢性腎疾患に対する今日の治療法

糖尿病性腎症をはじめとする慢性腎炎や高血圧性腎硬化症等の腎疾患により、末期腎不全に陥った場合の治療法として、現在のところ、おもに二つの方法が行われている。一つは死体および生体からの腎移植であり、もう一つは血液または腹膜を介しての人工透析である。腎移植は免疫抑制剤の進歩に伴ない、生着率も9割程度と非常に高い成功率を収め、また損なわれた腎機能を完全に補うことができる点で根本的な治療法となり得る。しかし、慢性的なドナー不足や移植後の免疫拒絶抑制剤による発がんや感染症等の副作用のため、一般的な治療法とはなり得ていない。

一方、人工透析は技術の進歩もあり、飛躍的に慢性腎不全患者の予後を改善させた非常に成功した治療法である。しかし、患者に厳しい食事制限や定期的な通院治療等の、生活の質（quality of life）の低下を招くだけではなく、人工透析は腎臓の多彩な機能の一部である濾過機能を代償したに過ぎないことから生じるさまざまな長期合併症を引き起こす。また透析医療費は医療費全体の3％以上を占め、年間1兆円を超えようとしており、医療経済からみても大きな問題を生じている。したがって、末期慢性腎不全等の難治腎疾患に対する新しい根本的な治療法の開発が望まれている。

こうした従来の治療法に代わる新しい治療法として、再生療法が近年注目を浴びている。皮膚、骨、軟骨、角膜などについては、実際に患者に試用する臨床研究がわが国でも進められている。しかし腎臓においては、哺乳類では前腎、中腎という二つの胎生期の腎臓を経て後腎（最終的な腎臓）を形成するという発生過程の複雑さ、後腎においても特異的機能を有するように分化した多数の細胞種を含む構造上の複雑さ等の理由により、発生機構の解明や、それに基づく幹細胞生物学および再生医療の研究がほかの臓器に比べ大きく立ち遅れ、いまだ基礎研究の段階である。

10.2 腎臓の発生

10.2.1 腎発生の概要

腎臓は中間中胚葉から発生し、前腎、中腎、後腎の3段階を経て形成される（図10.1）。前腎、中腎のほとんどは、のちに退行変性し、哺乳類成体において機能する腎臓は後腎である。この後腎の形成は尿管芽と後腎間葉との相互作用から始まる。尿管芽のもととなるウォ

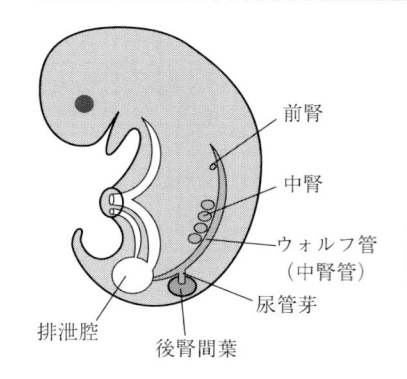

マウス胎生期 11.5 日目の腎臓発生の様子。尾部へと伸長したウォルフ管は途中で尿管芽を発芽し，後腎間葉へ侵入をはじめる。

図 10.1 後腎の発生

ルフ管（中腎管）は，後腎形成のまえに中腎と前腎の形成に寄与しているが，その後，体軸に沿って尾側へと伸長していき，途中で尿管芽と呼ばれる枝分かれを形成する。ヒトでは胎生 35 日目，マウスでは胎生 10.5 日目にこの尿管芽が枝分かれし，後腎間葉へ向かって伸び始める（図 10.2）。

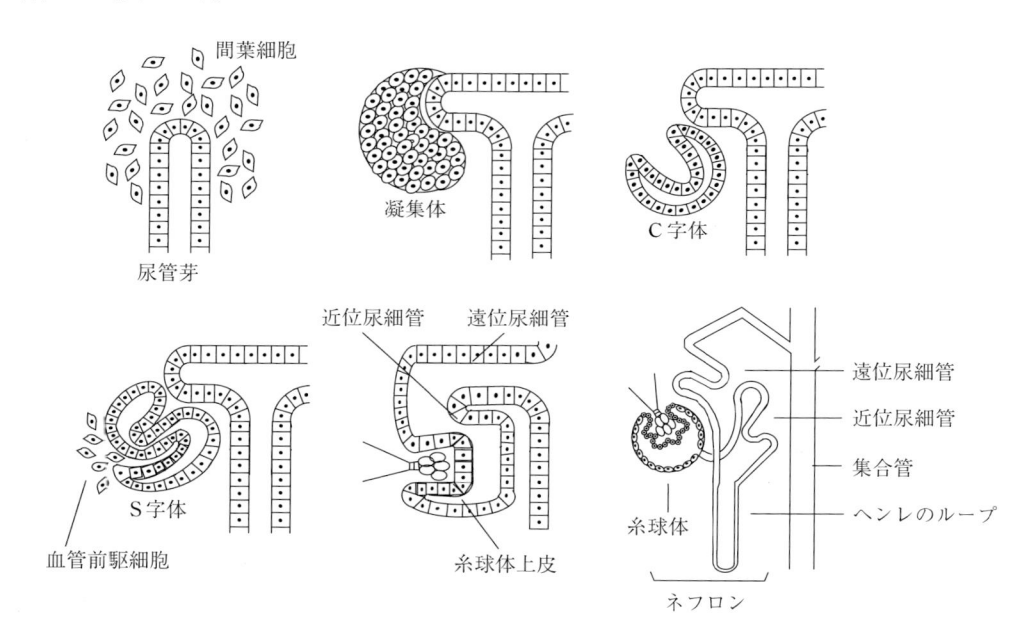

尿管芽が間葉細胞に侵入すると，間葉細胞は尿管芽のまわりに凝集体を作る。凝集体はC字体を経てS字体となり，血管前駆細胞を取り込みつつ，遠位で尿管芽と融合する。S字の部位ごとに遠位尿細管，近位尿細管，糸球体上皮へと分化する。糸球体，尿細管，集合管を合わせた腎臓機能の最小構成単位をネフロンと呼ぶ。

図 10.2 ネフロンの発生

マウス胎生 11.5 日目には尿管芽は後腎間葉に侵入し，間葉を凝集させ尿管芽のまわりにキャップ（帽子）状の構造を形成する。逆に後腎間葉は尿管芽の枝分かれを誘導し，自らはキャップの形を変化させながら上皮性の管へと分化を始める。後腎間葉は，まずコンマ型の凝

集体（C字体）を作り，その後S字型に変化する。このS字の下部の一部と中間部は近位尿細管とヘンレのループになり，また上部は遠位尿細管となり尿管芽と合流する。そしてS字の下部は半球状となりこの中央の隙間に毛細血管内皮細胞とメサンギウム細胞が入り込む。S字の底辺をなす2層の上皮はボウマン嚢および糸球体上皮細胞（足細胞）へと分化し，最終的に成熟した糸球体が形成される（図10.3）。

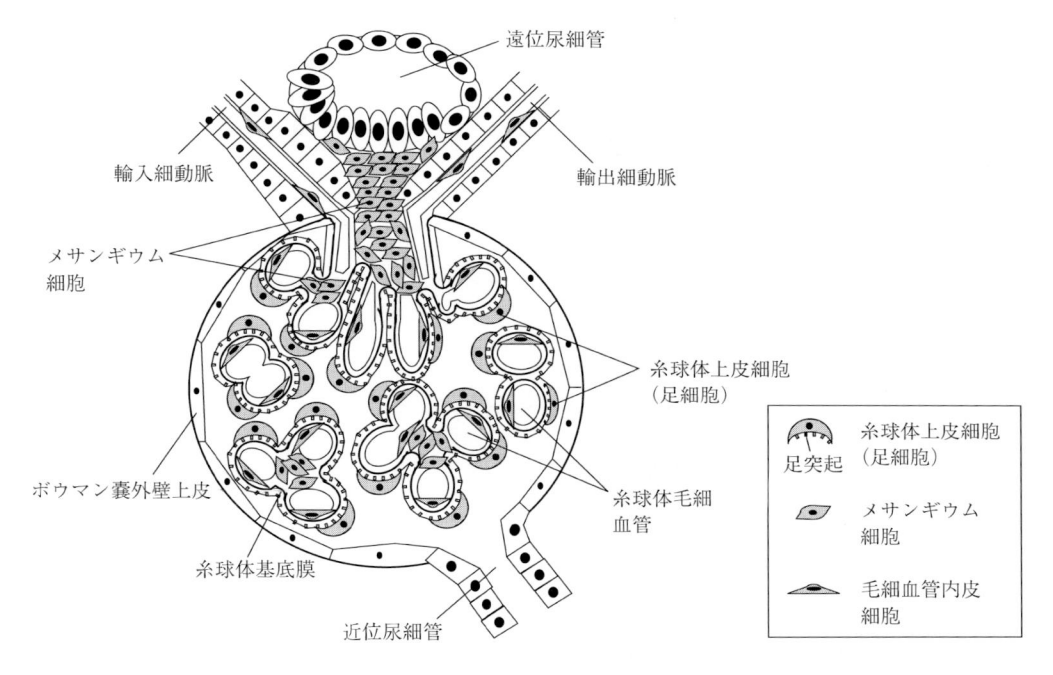

糸球体は，毛細血管網とその支持組織メサンギウムとそれらを覆う内外2層の糸球体上皮細胞，ボウマン嚢外壁上皮細胞からなる球状の小体で，輸入および輸出細動脈と接続しており，血管から原尿を尿細管へと濾過する。この際に毛細血管内皮細胞，糸球体基底膜，および足細胞の三者が濾過膜を形成し，血液の選択的透過を行う。

図 10.3　糸球体の構造

　糸球体は血液を濾過して原尿を生成する装置であり，ボウマン嚢に濾過された原尿は尿細管のさまざまなイオンチャネルにおいて再吸収を受ける。一方，尿管芽は分岐を重ね，集合管，尿管（腎臓と膀胱を結ぶ部分）となる。

　上述のとおり，間葉由来の遠位尿細管は尿管芽由来の集合管に合流するので，これで尿が腎臓から膀胱に向かって流れていくことになる。糸球体，尿細管，集合管を合わせた腎臓機能の最小構成単位をネフロンと呼ぶ。この分化プロセスが，分岐した尿管芽の枝一つひとつで行われ，最終的にヒトでは50万〜100万個のネフロンが形成される。これらから流れてきた尿は，小川が大河に注ぐように合流していき，最終的には左右1本ずつの尿管となり膀胱へと注ぐ（図10.4）。後腎間葉から糸球体，近位および遠位尿細管，ヘンレのループとい

図10.4 前腎，中腎，後腎の発生

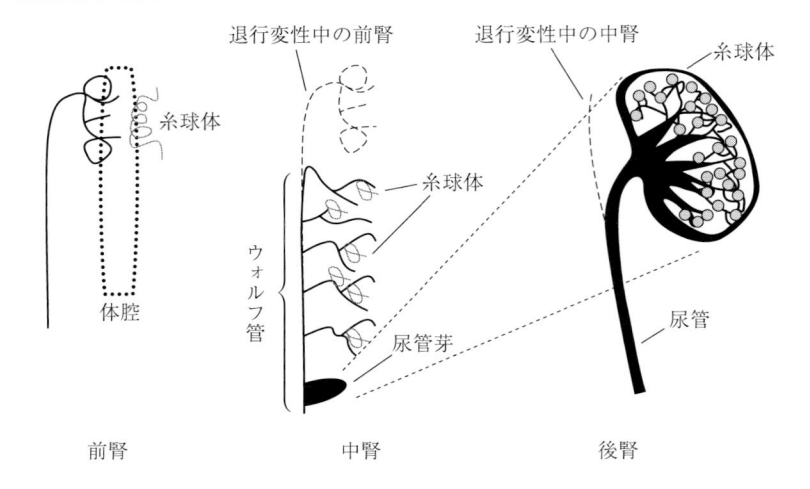

前腎は一つのネフロンからなる非常に単純な構造である。中腎はその尾側に発生し，数十のネフロンからなる。後腎はウォルフ管の最も尾側に尿管芽と呼ばれる突起が出現し，その周りに間葉組織が集合して生じる。この尿管芽と後腎間葉との相互作用によって，数百万ものネフロンをもつ後腎が完成する。

う腎臓としての機能をつかさどるかなりの部分が発生することになるため，後腎間葉は多能性をもった前駆細胞集団ともいえる。

後腎と比較して，前腎は一つのネフロンからなる非常に単純な構造である。中腎はその尾側に発生し，数十のネフロンからなる（図10.4）。哺乳類においては，中腎の一部は男性生殖器となるが，腎臓としての中腎は退行する。爬虫類，鳥類，哺乳類の最終的な腎臓は後腎であるが，魚類，両生類の最終的な腎臓は中腎である。例えばオタマジャクシは前腎であるが，成体のカエルは中腎を使っている。

10.2.2 Zincフィンガータンパク Sall 1 の単離

腎臓の発生にかかわる遺伝子を網羅的に単離しようと考えたとき，われわれはネフロンが数百万もある後腎より，1個しかない前腎のほうがアプローチが簡単ではないかと考えた。前腎はアフリカツメガエル（*Xenopus laevis*）で解析が進んでおり，特にアニマルキャップアッセイという予定外胚葉を培養して各種臓器を誘導する系が，東京大学の浅島らによって確立している（5章参照）。

アニマルキャップと呼ばれるアフリカツメガエル胚の動物極側の予定外胚葉領域は，正常では外胚葉組織である表皮や神経組織へと分化し，単独で培養すると不整形表皮となる。このアニマルキャップに対し，誘導因子であるアクチビンを適当な濃度で処理すると，筋肉，血球，脊索などの中胚葉組織に分化可能である。このアニマルキャップをアクチビンとレチ

ノイン酸の存在下に生理食塩水のなかで培養すると，わずか3日で三次元の立体構造をもった前腎管が形成されることが示されている．われわれはこの系に着目し，この前腎管を誘導する条件としない条件とで，遺伝子発現の差を検索した（**図10.5**）．

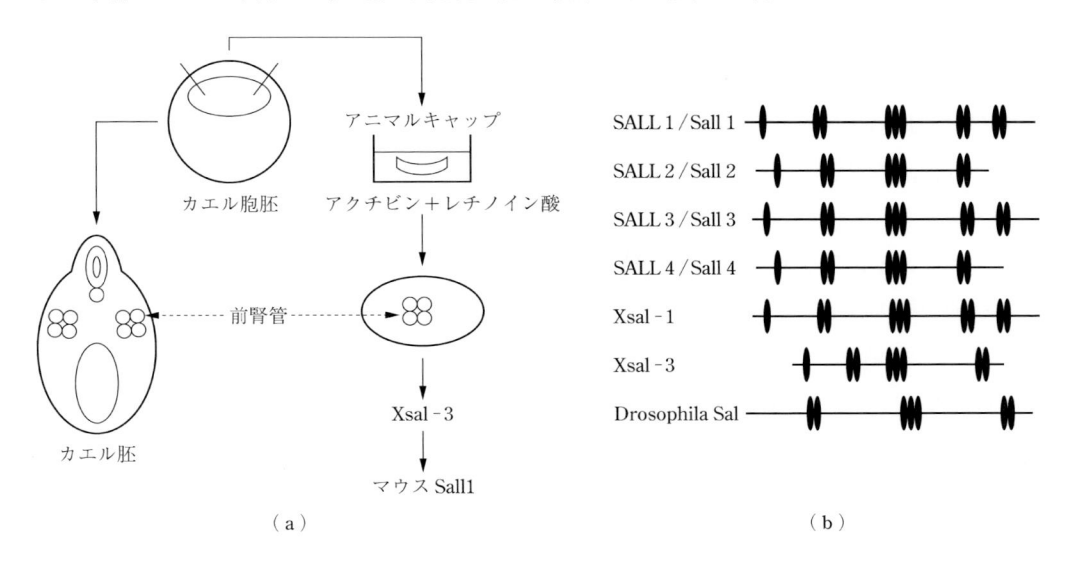

図（a）は，アフリカツメガエルのアニマルキャップアッセイを用いた Xsal-3 および Sall 1 のクローニング．図（b）は，Sall ファミリーの遺伝子構造（卵形が Zinc フィンガーモチーフ）．SALL（ヒト），Sall（マウス）．Xsal の番号とヒト，マウスの番号は必ずしも対応しない．

図 10.5 Zinc フィンガータンパク Sall ファミリー

そのなかで，処理後，9〜12時間のサンプルの比較から単離されたのが，Zinc フィンガードメインを8個もつ新規タンパクをコードする遺伝子で，これを Xsal-3 と名づけた．この遺伝子はショウジョウバエの spalt（sal）という遺伝子のホモログで，確かに前腎に発現していた．しかし，そのほかに中枢神経系，耳胞，鰓弓にも発現しており，前腎特異的とはいえなかった．さらにこの遺伝子をカエル受精卵に注入しても，何の変化も起こらなかったため，数あるハズレの遺伝子の一つと思われた．しかし，この遺伝子を指標にマウス後腎から新たな遺伝子が単離でき，これは配列からヒト SALL 1 のマウスホモログと考えられた（図10.5）．そしてこの遺伝子（Sall 1）の発現様式を調べたところ，興味深い事実が明らかになった．

Sall 1 は，尿管芽が後腎間葉に進入する以前（胎生10.5日）から間葉に発現し，侵入時（胎生11.5日）には後腎の尿管芽には発現しないが，それを取り囲む後腎間葉に非常に強く発現していた．つまり，Sall 1 は腎臓前駆細胞集団である後腎間葉に発現していたのである．Sall 1 は腎臓のほかに，中枢神経系，耳胞，心臓，肢芽，肛門などに発現しており，

Xsal-3 との一部類似性が認められた。さらに，中枢神経系では脳室周囲の神経幹細胞が存在する領域に，肢芽では progress zone という未分化細胞が増殖する部分で発現が認められ，腎臓に限らずほかの未分化細胞でも何らかの役割をもつ可能性が示唆された[1]。この Sall 1 の機能の重要性を直接的に証明するには Sall 1 ノックアウトマウス，すなわち Sall 1 だけを欠失したマウスを作成するのが最も効果的である。Sall 1 だけをもたないマウスが症状を呈した場合，それが Sall 1 の生体内での機能であるという証明になる。逆に何も起こらなければ，この遺伝子はたいして重要ではないのかもしれない。

10.2.3　ノックアウトマウスの作製方法

受精卵の第 1 段階である胚盤胞の内部細胞塊は，その後，胎児全体に分化する多能性幹細胞集団である。ここから樹立された細胞株が ES 細胞である（図 10.6）。ES 細胞とは embryonic stem cell（胚性幹細胞）のことで，この細胞は，未分化状態のままでほぼ無限に培養することが可能であると同時に，ある条件下で血液，神経，心臓の筋肉などさまざまな系列の細胞に分化させることができる。さらに未分化な ES 細胞を別の胚盤胞に注入し，それを子宮に戻すことによって，ES 細胞由来の細胞と胚盤胞由来の細胞が入り交じったキメラマウスが作製できる。つまり，ES 細胞からマウス個体が作製できるわけである。このマウスの生殖腺もキメラになっているので，その精子は ES 由来かホスト由来のどちらかになり，それが子孫に受け継がれることになる。

一方，ES 細胞は遺伝子操作が比較的容易で，相同組換えという方法を使って遺伝子のエ

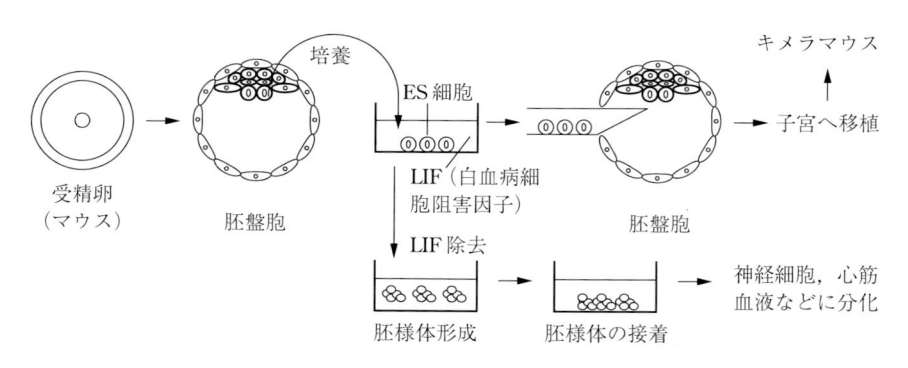

受精卵の第 1 段階である胚盤胞の内部細胞塊は，その後，胎児全体に分化する多能性幹細胞集団であり，ここから樹立された細胞株が ES 細胞である。マウスの場合，LIF（白血病細胞阻害因子）を使用すると効率良く樹立できる。ES 細胞をほかの胚盤胞へ注入し，さらにマウスの子宮へと移植すると ES 細胞由来の細胞と，受け手の胚盤胞由来の細胞の入り交じったキメラマウスが生まれる。ES 細胞を培養皿に付着させず，かつ，LIF なしの状態で培養すると，細胞どうしが凝集しマリモのような胚様体を形成する。これをさらに培養皿に張り付けて培養すると，胚様体がくずれ，さまざまな細胞が分化してくる。

図 10.6　ES 細胞の樹立と分化

10.2 腎臓の発生　211

クソンなりイントロンなり，好きなところを欠失させることができる（**図10.7**）。哺乳類は2倍体なので，二つある遺伝子座の一方が欠失したES細胞ができるわけである。そのうえでキメラマウスを作製し，それを正常なメスと交配させてES細胞由来の精子と正常なメスの卵子から子孫ができると，半分の子孫が欠失した遺伝子を受け継ぐ。これをヘテロ接合体と呼び，二つある遺伝子座の一方が欠失していることになる。このヘテロ接合体どうしを交配すると，メンデルの法則により4分の1の確率でホモ接合体，つまり二つの遺伝子座がともに欠失するマウスが完成する。これがノックアウトマウス作製の概要である。この遺伝子改変マウスの作製技術の開発によって生命科学は飛躍的に進歩を遂げた。

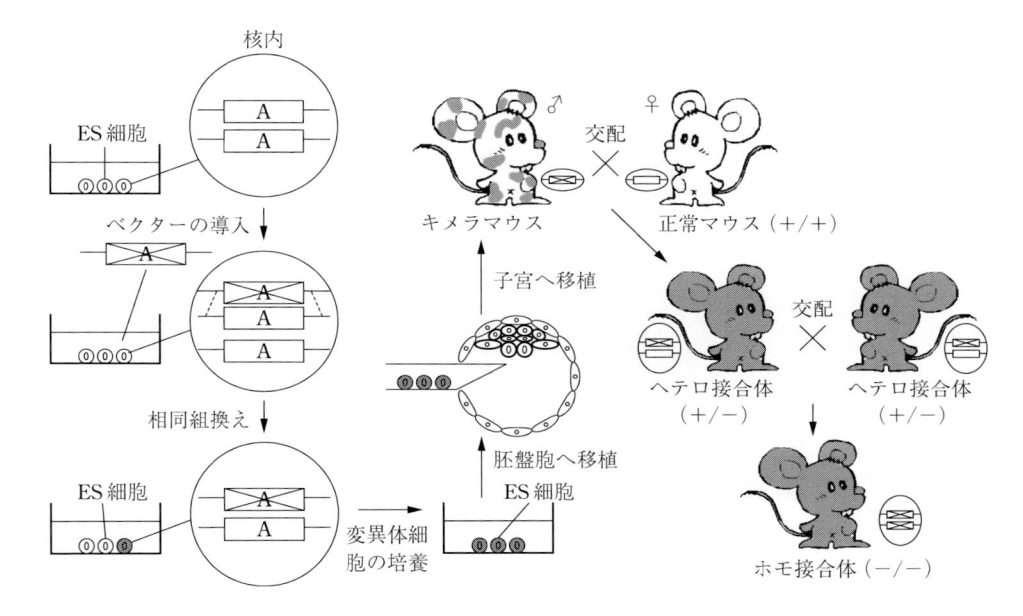

ES細胞は細胞内にベクターを導入することで，相同組換えを起こし，好きなところを欠失させることができる。このように目的の遺伝子を欠失させた変異体ES細胞のみを培養し，胚盤胞へと移植し，それを仮親のマウスの子宮へ移植するとキメラマウスが生まれる。このとき，ES細胞と胚盤胞の毛色が異なるように設定すれば，毛色の混じったマウスが生まれる。キメラマウスのオスと正常なメスとを交配させることで，ES細胞由来の精子（目的遺伝子を欠失している）と正常なメスの卵子から子孫ができると，二つある遺伝子座の一方が欠失したヘテロ接合体ができることになる。このヘテロ接合体どうしを交配すると，ホモ接合体，すなわち二つの遺伝子座をともに欠失するマウスが完成する。

図10.7 ノックアウトマウスの作製法

10.2.4　Sall1は腎臓発生に必須である

この技術を利用してSall1を欠失するマウスを作製した。ヘテロ接合体どうしを交配して生まれたマウスの4分の1が生直後に死亡し，これらはすべてホモ接合体，つまりSall1ノックアウトマウスであった。開腹してみると，腎臓が完全に欠損しているか非常に小さい

痕跡的な腎臓が認められるのみであった（**図 10.8**，口絵 21 参照）。Sall 1 は腎臓以外でも発現しているにもかかわらず，ほかの臓器には明らかな異常は認められなかった。これによって，Sall 1 は腎臓の発生にきわめて重要であることが証明された[1]。

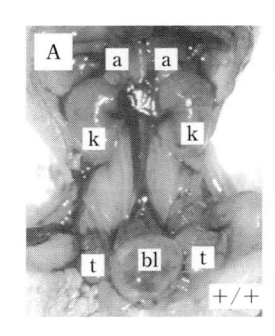

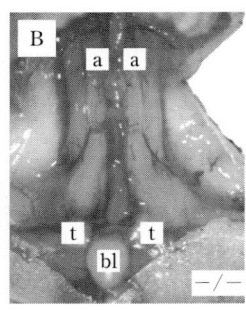

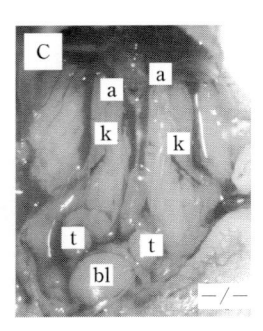

図A～Cは生直後の腎臓（図中のk）を示したものであり，図Aが正常マウス，図BとCがノックアウトマウスである。図Bでは腎臓の完全欠失が認められるが，図Cでは一部痕跡的な腎臓が認められる。また，図BとCでは，ともに膀胱（図中のbl）に尿は認められない。副腎（図中のa）と精巣（図中のt）は正常である。

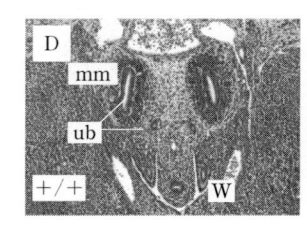

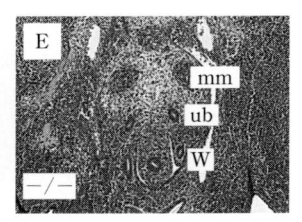

図D，Eは胎生 11.5 日の後腎を示したものであり，図Dが正常マウス，図Eがノックアウトマウスである。正常マウスでは，尿管芽（図中の ub）がウォルフ管（図中のW）から分岐し，その周囲に間葉細胞（図中の mm）が集合しているが，ノックアウトマウスでは間葉までは侵入していない。

図 10.8　Sall 1 ノックアウトマウスにおける腎臓異常（口絵 21 参照）

10.2.5　そのほかの Sall ファミリーの機能

ヒトとマウスでは Sall 1 以外にも Sall 2，3，4 と，合計四つの Sall 関連遺伝子が知られている（図 10.5 参照，ヒトは SALL 1，2，3，4 と大文字で記載される）。ヒトでのSALL 1 の変異は Townes-Brocks 症候群という遺伝病を起こすことが報告されている[2]。これは，多指症，外耳や内耳の異常を主体とし，時に腎臓や心臓の形成障害を伴うもので，常染色体優性遺伝の形態をとる。つまり，ヘテロの状態で症状を呈するわけで，マウスのSall 1 ヘテロ欠失体がまったく正常であることと一致しない。また，Sall 1 ホモ欠失体でも指や耳の異常は認められなかった。Townes-Brocks 症候群では，Sall 1 遺伝子の変異によ

ってC端を欠いたSall 1のN端のみの欠損型タンパクが発現していると考えられ，Sall 1のN端タンパクがSall 1を含むすべてのSallと相互作用し，Sallタンパクの機能を阻害するドミナントネガティブ体（内在性のものに打ち勝って阻害効果を示すもの）としてはたらくことに起因することが示唆されている[3]。

われわれが作製したSall 2欠失マウスは，外見上異常な表現型を示さず生存した[4]。また，Sall 1との二重欠失マウスを作成しても，Sall 1の表現型をさらに重篤にすることはなかった。Sall 3欠失体は周産期致死で咽頭や脊髄の発生に異常がみられるが，ほかの臓器では異常がみられない[5]。しかし，Sall 1とSall 3の二重欠失マウスを作製したことろ，指の形成に異常が生じた。これは，Sall 1とSall 3が一部の機能を補填し合っていることを示唆する。Sall 4は眼の動きや手の異常を特徴とし，聴覚の欠失，心臓や腎臓の異常等の症状を示す遺伝病Okihiro症候群の原因遺伝子である[6]。われわれがSall 4欠失マウスを作製したところ子宮着床直後に死亡し，さらにES細胞でもSall 4が必須であるということが判明している。つまり，腎臓とES細胞にSallファミリーを介して共通の機構が存在する可能性が出てきている。

10.3 腎臓発生の分子機構

ここで腎発生の機構を，おもに分子に焦点を当てて順に解説する。これによってSall 1がどの過程に重要なのかを含め，腎臓全体の発生について理解して欲しい。

10.3.1 腎発生開始シグナル

すでに述べたように，後腎の発生は後腎間葉とウォルフ管から伸びる尿管芽との相互作用で開始される。つまり後腎間葉から尿管芽へ，逆に尿管芽から後腎間葉へ，という2方向のシグナルが存在するわけである。まず前者について述べる（図10.9，10.10（a））。

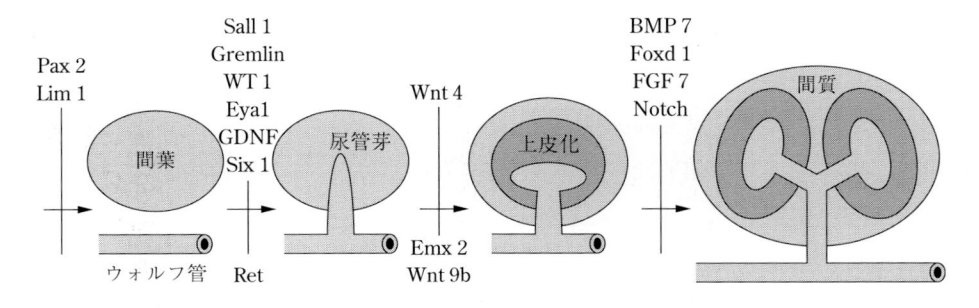

縦線は各遺伝子のノックアウトによって発生が障害される時期を示す。

図10.9 腎臓発生過程ではたらく遺伝子

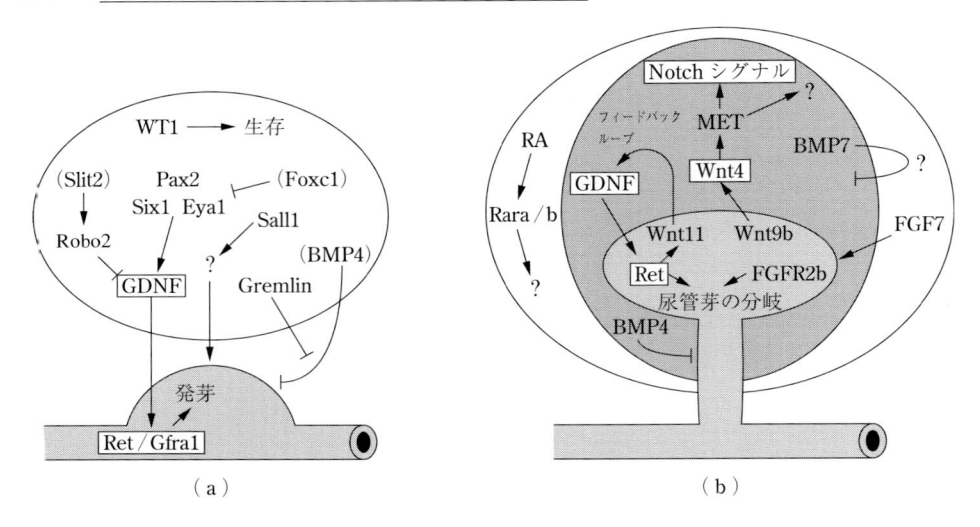

図（a）は胎生10.5マウス後腎間葉における遺伝子カスケード。括弧付きの遺伝子は後腎管よりも前部の間葉で発現し，尿管芽の異所的な発芽を抑えている。
図（b）は尿管芽の間葉への侵入後の遺伝子カスケード。

図10.10 腎発生における遺伝子の機能模式図

GDNF（glial-cell-line-derived neurotrophic factor）は，後腎間葉から分泌されるTGF-β（transforming growth factor-β）ファミリーに属する液性因子で，ウォルフ管に作用して尿管芽を発芽させ伸長させる機能をもつ，腎臓発生において非常に重要な分子である[7]。尿管芽には，GDNFの受容体分子であるRet（ret proto-oncogene）とその共同受容体のGfra1（GDNF family receptor α1）が発現しており，間葉で分泌されたGDNFは，このRetを介して尿管芽へとシグナルを伝える。このGDNF-Ret/Gfra1シグナルが入らないマウスでは，尿管芽が発芽しない，あるいは発芽しても伸長しないという表現型を示す[8),9)]。またRetは犬の腎臓由来であるMDCK細胞において，細胞接着性を減少させ運動性を高めることが知られている[10)]。つまり後腎間葉より分泌されたGDNFがRetを介して発芽部位の細胞増殖を促進し，さらに接着性を弱めることで尿管芽の発芽を可能にさせるというカスケードが示唆される。

ノックアウトマウスの解析によって，この時期の後腎間葉に発現しているPax2（paired box gene 2），Eya1（eyes absent homolog 1），Six1（sine oculis-related homeobox 1 homolog），といった転写因子はGDNFの発現制御を介して尿管芽の形成に必須であることが知られている。Pax2とSix1はGDNFのプロモーター領域に結合しGDNFの発現を直接的に制御しており[11)]，Eya1は脱リン酸化酵素活性をもちSix1と転写複合体を形成することでGDNFの発現を開始している[12)]。また逆に，後腎間葉よりも前部（頭側）の間葉には，Foxc1（forkhead box c1），BMP4（bone morphogenic protein 4），Slit2（slit homolog 2)といった尿管芽発芽シグナルを抑制する因子が発現している。転写因子 Foxc 1 は GDNF や Eya 1 の発現を抑制し,尿管芽が複数個発芽するのを抑えている[13]。同様に液性因子 Slit 2 は受容体 Robo 2（roundabout homolog 2）を介して GDNF の発現を抑制している。ただし,Slit 2,Robo 2 のノックアウトマウスでは Eya 1,Pax 2 の発現は上昇しておらず,Eya 1 や Pax 2 以外にも GDNF を制御するような未知の経路の存在が予想される[14]。

このように GDNF は尿管芽の発芽伸長に必須であるが,後腎間葉と尿管芽との相互作用の開始が GDNF によってすべて制御されているわけではない。BMP のアンタゴニストである Gremlin は,後腎間葉から分泌され,尿管芽の間葉への侵入に必須な役割をもつ。Gremlin のノックアウトマウスでは尿管芽の最初の発芽は起こるが,その後の伸長が起こらず,結果的に後腎間葉への侵入が阻害される[15]。BMP は GDNF とは独立に尿管芽の発芽や伸長を抑制していると考えられており,BMP のアンタゴニストである Gremlin の欠失によって BMP シグナルがさらに増強し,尿管芽の伸長が抑制されたと思われる。

さて,われわれの作成した Sall 1 ノックアウトマウスではどうだろうか。このマウスでは後腎間葉が形成されるが,小さく,尿管芽も形成される。しかし尿管芽は後腎間葉に侵入していないか,あるいは侵入しても,その後の分岐は著明に障害されていた（口絵21,図10.8参照）[1]。つまり Sall 1 は,上述の遺伝子群と同様,尿管芽の伸長という,後腎発生の最も初期段階の重要なステップに必須であることが判明した（図 10.9,10.10（a）参照）。後腎間葉に Sall 1 が発現することによって,尿管芽を引き寄せる何らかの因子が分泌されると考えられる。その一番の候補は当然 GDNF であるが,Sall 1 ノックアウトマウスの後腎間葉における GDNF の発現は失われていなかった。これは GDNF のほかに,Sall 1 の支配するもう一つ以上の何らかの液性因子が存在するか,もしくは尿管芽の発芽伸長に必須である別の機構が存在することを意味している。

10.3.2 尿管芽の分岐

GDNF-Ret/Gfra 1 シグナルは尿管芽の発芽だけでなく,尿管芽が後腎間葉に侵入した後の分岐（枝分かれ）にも重要なシグナルである（図10.10（b）参照）[16]。実際に前述の Foxc 1,BMP 4,Slit 2,Robo 2 等の GDNF シグナルを抑制する因子のノックアウトマウスでは腎肥大や集合管の多重形成など尿管芽の異常増殖・分岐が原因の表現型がみられる。

GDNF-Ret/Gfra 1 シグナル以外にも尿管芽の分岐にかかわる因子は同定されている。例えば,細胞表面タンパクである Glypican 3 のノックアウトマウスでは尿管芽や集合管の増殖能が高まっている[17]。Glypican 3 を含むプロテオグリカンファミリーには,ヘパラン硫酸鎖が修飾されており,これが FGF（fibroblast growth factor）や Wnt といったリガンドに

結合して，そのシグナル伝達に影響している。つまり Glypican 3 は尿管芽の増殖因子に対する応答性を低下させ，その増殖能を抑制するはたらきをもつと考えられている。また，間質（stroma）も尿管芽の分岐の制御をしている。間質は枝分かれした尿管芽や凝集した間葉の周辺に発生する組織である。間質ではレチノイン酸受容体 Rara/Rarb（retinoic acid receptor α/β）が共発現しており，尿管芽での Ret の発現を正に制御している[18]。しかし，どんな因子が間質から尿管芽へとシグナルを伝えているのかは依然不明である。FGF 7, 10 はその候補因子の一つであり，尿管芽周囲の間質に発現し，尿管芽に発現するレセプター FGFR 2 b を介して尿管芽の成長・分岐を制御している[19]。

このように，尿管芽の伸長・分岐の機構は GDNF-Ret/Gfra 1 シグナル以外にも，プロテオグリカン，種々の増殖因子，間質からのシグナル等，さまざまな異なる因子により複雑に制御されている。こういった分岐の機構は腎臓だけでなく，さまざまな臓器の形成にもかかわる。肺，肝臓，膵臓，乳腺，唾液腺などは分岐した管腔上皮の周りに間葉が集合して構成されるので，その分岐機構にかなり共通の分子，例えば BMP, FGF, sonic hedgehog（Shh）などを使用しており，これらは肢芽の形成にも共通している（図 10.11）。

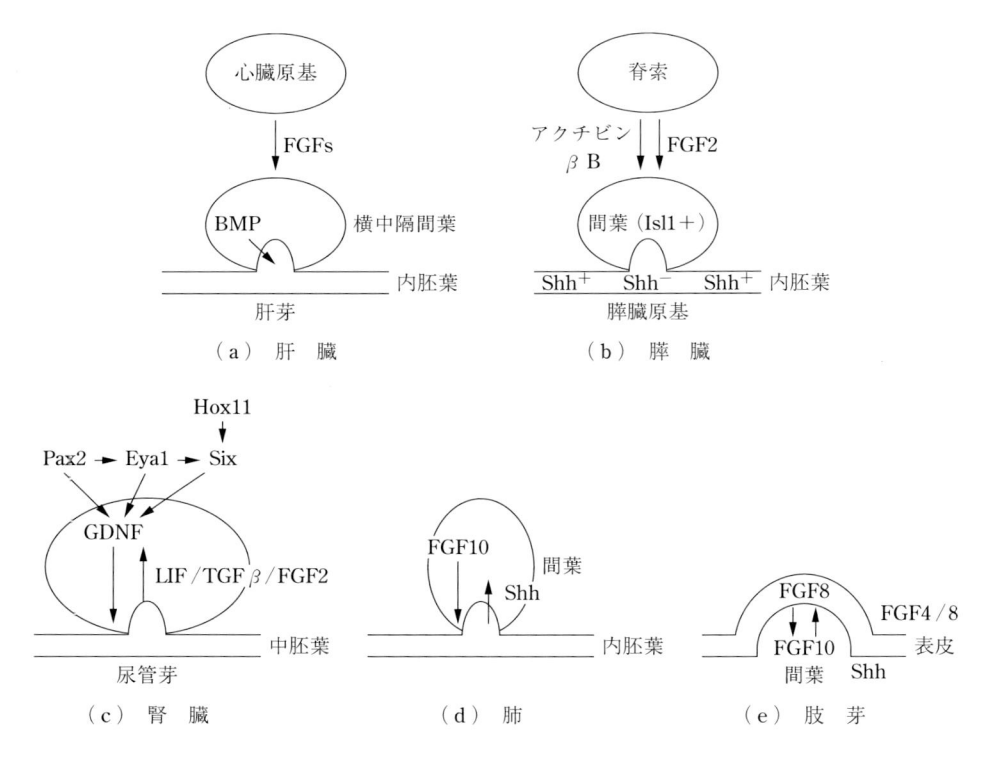

上皮の分岐機構にはかなり共通の分子，例えば BMP, FGF, sonic hedgehog（Shh）等がかかわっている。

図 10.11 さまざまな臓器における上皮-間葉相互作用の共通性

体内に向かって分岐していく管腔構造は，体外に向かって分岐していく肢芽の位相的な裏返し，つまり体内に伸びていく指と考えれば，その共通性が理解されるであろう．もちろん，大雑把な共通性とともに各臓器によって異なる点（例えばGDNFは腎臓のみではたらくなど）も存在することは理解しておかなければならない．

10.3.3 間葉の上皮化

今度は，尿管芽から後腎間葉へのシグナルについて述べる．たいていの臓器は上述の間葉と上皮（腎臓における尿管芽）と相互作用，および上皮の分岐で説明できるのであるが，腎臓はこれにさらにひとひねりが加わる．それは間葉自体も上皮になり（つまり管を形成し），尿管芽由来の上皮とつながるということである．この間葉の上皮化をMET（mesenchymal-to-epithelial transformation）と呼んでいる．このMETによって糸球体，近位および遠位尿細管，ヘンレのループという腎臓としての機能をつかさどるそのかなりの部分が分化してくることになる．

後腎間葉は，生体内では尿管芽の侵入後に上皮への分化を開始するが，in vitroの系を使えば尿管芽の侵入がなくとも上皮化することができる．後腎間葉は，例えば胎児脊髄との共培養により，尿管芽なくしてMETを起こし，糸球体，近位尿細管，遠位尿細管へと分化することができる．この本体はWnt 4であることが判明している[20),21)]．つまりWnt 4が間葉で発現するとそれが間葉自身にはたらき，METが促進されるということである．実際，脊髄からはWnt 4が分泌されているし，Wnt 4ノックアウトマウスではMETが起こらない（図10.9，10.10（b）参照）．しかしWnt 4は尿管芽では発現しておらず，尿管芽から分泌され後腎間葉を上皮化するような，真の誘導物質の同定が待たれていた．いままでに，LIF（leukemia inhibitory factor）やFGF 2，TGF-β等いくつかの候補因子が同定されており，実際にこれらの因子が後腎間葉にはたらくと間葉にWnt 4が発現し，その作用によりさらなる上皮化が進行する[22),23)]．しかし，その候補因子の多くがノックアウトマウスの解析において腎発生に軽度な表現系しか示さないなかで，尿管芽から分泌されるWnt 9 bが後腎間葉のMETに必須であるとの報告がなされた．

Wnt 9 bのノックアウトマウスでは，尿管芽は発芽し後腎間葉へ侵入するが，後腎間葉のMET後，マーカー遺伝子であるWnt 4やFGF 8，Pax 8が発現していない，つまりMETを起こさないことがわかった[24)]．これによってWnt 4の上流で，かつ尿管芽から分泌される最も初期の液性因子が同定されたことになる．つまり，後腎間葉のMET開始には間葉自身の分泌するWnt 4が必須であり，Wnt 4の発現誘導にはWnt 9 bを含めた尿管芽からのシグナル伝達が必須であると考えられる．このほかにも，尿管芽で発現しているホメオボックス型転写因子Emx 2（empty spiracles homolog 2）のノックアウトマウスでは，尿管芽

が発芽し後腎間葉に侵入するが，上皮化が誘導されず，その際に後腎間葉で発現するはずのWnt 4 が発現しないことがわかっている[25]。よって，この因子もWnt 9 b-Wnt 4 の経路にかかわっている可能性がある。

Wnt 4 を発現した後腎間葉は，Wnt の受容体である Frizzled を介して自立的に上皮化を進行させ，C 字体・S 字体から尿細管，糸球体へと転換していく。Frizzled には Wnt への結合能をもつ分泌型のホモログである sFrp（secreted Frizzled-related proteins）が存在するが，sFrp 1 は間質に発現して Wnt シグナルを抑制し，逆に sFrp 2 は上皮化の進行した部分に発現して Wnt シグナルを亢進することで上皮化の促進をしている[26]。上皮化の進行過程では Wnt ばかりでなく BMP シグナルもかかわっている。BMP 7 は間葉に発現し，そのノックアウトマウスでは間葉が S 字体を形成した辺りでアポトーシスが進行し発生が停止する[27]。また in vitro の実験系では，BMP 7 は間質の増殖を促進しつつ間葉の分化を抑制した。これは BMP 7 が間葉細胞のアポトーシスを抑制して生存させる機能をもつだけでなく，間質の増殖も制御することで間質から分泌される何らかの間葉上皮化制御因子の分泌量を制御し，結果的に間葉の上皮化を抑制する機能をもつためと考えられている[28]。

最近の興味深い報告に，Fraser 症候群の原因遺伝子 Fras 1（Fraser 1）とその結合タンパク，Grip 1 についての報告がある。Fraser 症候群では 45％の割合で先天性の腎臓欠失がみられる。Fras 1 は尿管芽の上皮細胞の基底側（間葉側）に発現している細胞外マトリックスタンパクである。そのノックアウトマウスの尿管芽は後腎間葉に侵入するが，後腎間葉に尿管芽からの誘導がかからず後腎間葉はアポトーシスを起こす。尿管芽の成長もそこで止まってしまう[29]。Grip 1 のノックアウトマウスも同様の表現型を示している。Grip 1 は PDZ ドメインをもつタンパク質で，後腎での発現位置は Fras 1 と共局在する。in vitro の実験で Grip 1 は Fras 1 とその PDZ ドメインどうしで結合することが示されており，その機能を考えるうえで発現局在，表現型と整合性がある[30]。このように，Fras 1/Grip 1 は尿管芽の後腎間葉と直接接触する基底側に発現することによって，間葉細胞の生存，上皮への分化を促進している。

10.3.4　糸球体形成

糸球体は，血液を濾過して原尿を生成する装置であり，腎臓において最も重要な機能の一つをつかさどる。糖尿病，慢性腎炎などではこの糸球体がおもに障害されるため，糸球体をどうやって再生できるかは臨床的に大きな問題である。糸球体は，毛細血管とその支持組織メサンギウムと，それらを覆う糸球体上皮とボウマン嚢上皮の二層の上皮から構成される（図 10.3 参照）。いわば，糸だまのように折りたたまれた毛細血管を上皮組織が包んだような形状をしており，この毛細血管は，内側から内皮細胞，基底膜，糸球体上皮細胞（足細

胞）という3層構造になっており，血液はこの障壁で濾過され原尿としてボウマン嚢に放出される。

糸球体上皮（足細胞）は後腎間葉由来の組織であるが，毛細血管とメサンギウム細胞は血管前駆細胞由来の組織である。この血管前駆細胞が，発生過程の腎臓内部で発生した内在性のものか，それとも外部の血管前駆細胞が入り込んだ外来性のものかは不明であるが，いずれにせよ糸球体形成過程では，糸球体上皮細胞が血管前駆細胞の分化を誘導するという機構がわかっている。

糸球体における血管内皮分化誘導因子としてはVEGF（vascular endothelial growth factor）が知られている。形成された糸球体上皮細胞から分泌されたVEGFは，VEGF受容体を発現する血管前駆細胞の血管内皮への分化を誘導する（図10.12）。これは糸球体上皮特異的にVEGFをノックアウトしたマウスで，血管内皮が形成されないことで証明される[31]。ついで血管内皮からPDGF-B（platelet-derived growth factor, B polypeptide）が分泌され，その受容体PDGFR-βを発現する血管前駆細胞が分化しメサンギウムが形成される。実際このPDGFR-βのノックアウトマウスでは血管周皮とメサンギウムが欠失することが報告されている[32]。つまり糸球体上皮細胞がVEGFを発現して血管内皮を呼び込み，さらに血管内皮がPDGF-Bを分泌してメサンギウム細胞を呼び込むという図式である。

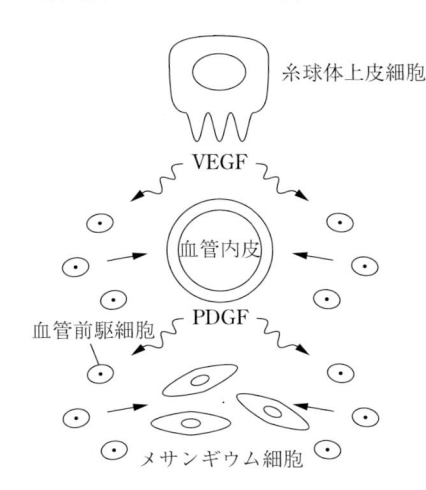

糸球体上皮細胞がVEGFを分泌して血管内皮の分化を誘導し，さらに血管内皮がPDGF-Bを分泌してメサンギウム細胞の分化を誘導する。

図10.12　糸球体上皮細胞からの誘導過程

また，糸球体上皮細胞の機能も近年注目を浴びている。この細胞は基底膜に向かって多数の足突起を出しているので，足細胞，podocyte（タコ足細胞の意味）とも呼ばれている（図10.3参照）。この多数の足突起どうしの間にはネフリン（nephrin）などの細胞外因子が伸び，それらが絡み合って非常に小さな分子の篩を形成している。これによって血液に含まれる大切なタンパクが尿に漏れないようになっており，これが障害されるとタンパク尿となり，いわゆるネフローゼ症候群が引き起こされる[33]。基底膜も細かい分子の篩を形成してお

り，糸球体は二重のメッシュをもつことになる。このように糸球体上皮細胞（足細胞）は上述したように VEGF を分泌して糸球体内に血管を呼び寄せるとともに，血管からのタンパクの漏出を防いでいる重要な細胞である。この発生機構が注目されているのも当然であろう。

　Notch シグナルは進化的によく保存された細胞内シグナル伝達経路で，多くの生物種で細胞運命の決定や組織発生に重要な役割をもつ。Notch シグナルは Notch の細胞内ドメイン NICD（Notch intracellular domain）が γ-secretase によって切断されることで活性化されるが，最近になって，この切断に必須である細胞膜タンパク Presenilin の欠如したマウス腎臓では，MET は開始されるものの C 字体・S 字体のほぼ完全な欠失が生じ，最終的に近位尿細管と糸球体上皮細胞（足細胞）が形成されないことが報告された[34]。また，Notch 2 活性の非常に低下したマウスの糸球体では，糸球体上皮の形成異常と，血管内皮とメサンギウム細胞の欠失が生じる[35]（C 字体・S 字体は形成される。前述の Presenilin の欠損は Notch 1～4 のシグナル伝達を阻害するので，よりシビアな表現型になったと考えられる）。ただし，糸球体の数そのものも大きく減少しており，Notch 2 シグナルが糸球体形成の複数の段階で必須であることは間違いない。

　MET を起こしたあと，後腎間葉がどの方向に分化するのかの運命決定機構は，長い間解明されていなかったが，このように Nocth シグナルが関与することがわかってきた。今後この過程を詳しく調べることによって，自由に糸球体や近位および遠位尿細管を作れるようになるためのヒントが得られるはずである。

10.4　尿の流れが発生を制御する

　これまでは，遺伝子のカスケードによって腎臓が発生することを述べてきたが，後期の腎臓発生，特に尿細管の増殖が適切にコントロールされ管が正しい太さに維持されるためには，さらに機械的刺激が必要なことが明らかになってきた。Pkd 1, 2 をはじめとする一群の遺伝子群の異常によって尿細管が異常に拡大し，腎囊胞を呈することが知られている[36]。特に pkd 1 の異常は常染色体優性遺伝する腎囊胞症（polycystic kidney disease, PKD）を呈し，透析に至る疾患のなかで遺伝性のものでは第 1 位を占めている。これらの遺伝子産物は尿細管に存在する繊毛（cilia）に局在することが判明し，尿が流れてこの繊毛が動かされることによって，カルシウム流入をはじめとするシグナル系が動き，尿細管の過増殖を抑えていると考えられる[37]。この繊毛によるシグナルが障害されると尿細管が増殖し過ぎて腎囊胞が形成されるわけである。

　おもしろいことに，繊毛のシグナルにかかわる遺伝子群のノックアウトマウスの多くは，左右軸の異常も伴う。臓器は完全な左右対称ではなく，肝臓は右に，脾臓は左にあるし，心

臓も左に寄っている。腸の位置も左右非対称である。これらの左右差は，発生初期の胎児のノードと呼ばれる場所で最初に決定されるが，ここには繊毛が生えており，繊毛が動くことによって右から左に向けてのわずかな液の流れができている。これによって遺伝子が左右非対称に発現することが明らかになっている[38]。Pkd 1, 2 をはじめとする繊毛の遺伝子群はここでもはたらいており，共通の遺伝子群が左右軸形成と腎嚢胞症に重要なはたらきをもっていることになる[39]。現在，この繊毛シグナルの下流が精力的に研究されている。

10.5 腎臓は再生できるか

腎臓に再生医療が応用されるのは，ほかの臓器と比較しても最後だろうと考える人が多い。膵臓ならインスリン産生性β細胞，パーキンソン病ならドーパミン産生ニューロンといったように，1種類の細胞を誘導できさえすれば治療が可能になる。しかし，腎臓においてはそういう細胞は存在せず，多種類を誘導したのち，それらが三次元立体構造をもって構築され，さらにそれが血管系と結合される必要がある。これが実現するのは現時点では確かに困難である。よって1種類の細胞が障害されているような病態，例えば podocyte だけが障害されている状態に，podocyte を誘導し治療するという方法が最も実現に近いと思われる。あるいは尿細管細胞を誘導し，あとに述べる細胞工学的デバイスと組み合わせることも考えられる。腎臓細胞を誘導するもとになる細胞としては，何が適切だろうか。可能性のあるものとして ES 細胞，骨髄幹細胞，成体，あるいは胎児の腎臓などが挙げられる（図 10.13）。

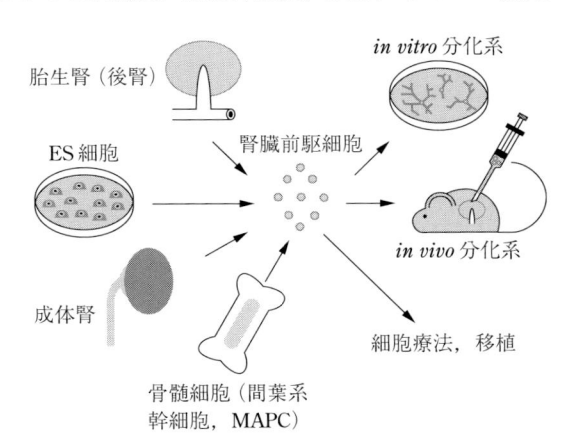

図 10.13 腎幹細胞研究および再生医療開発の展望

胎生腎（後腎間葉），ES 細胞，成体腎，骨髄細胞などから前駆細胞を誘導し，*in vitro* および *in vivo* のアッセイ系を確立したのち，細胞療法などの再生医療に活用する。

10.5.1 ES 細胞からの誘導

〔1〕 **ヒト ES 細胞の樹立** ES 細胞は前述のとおり多分化能をもつ細胞だが，1998 年にヒトの ES 細胞が樹立され，この分野は新たな展開を迎えた[40]。つまりマウスの場合と同様に，ヒト ES 細胞から各種臓器細胞を試験管内で作ってヒトに移植するということが夢物

語でなくなってきたわけである。

例えば，糖尿病治療のためにインスリンを産生する膵臓細胞を作って移植する，パーキンソン病にドーパミン産生細胞を移植する，アルツハイマー病や脊髄損傷に神経細胞を移植する，心筋梗塞に心筋細胞を移植する，といったことが考えられる。実際，ヒトES細胞から血液細胞や神経細胞，肝臓細胞は誘導できる。しかしヒトでもマウスでも三次元の立体構造を伴った形態形成は起こらず，しかも各種細胞が入り交じった状態で分化してくる。

移植を目標としたときに問題となるのは，目的とする純粋な細胞群を誘導単離することである。例えば，神経を誘導して移植したつもりが骨や肝臓などもできてしまったら不都合であるし，未分化状態のES細胞が残っていると，そこから奇形腫と呼ばれる腫瘍が生じることが明らかになっている。よって，できるだけ純粋な細胞集団を誘導し，集める方法を開発する必要がある。

〔2〕 **自分のES細胞は作れるか**　さて，ヒトES細胞から各種臓器の細胞が誘導可能になったとして，さらにどんな問題が残っているか。他人のES細胞から作った細胞の場合，当然，免疫による拒絶反応が出現する。それに対して自分自身のES細胞を作ってそれから目的細胞を誘導すれば，拒絶反応はあり得ないので理想的である。それにはクローン技術を使えば理論的には可能である（図10.14）。

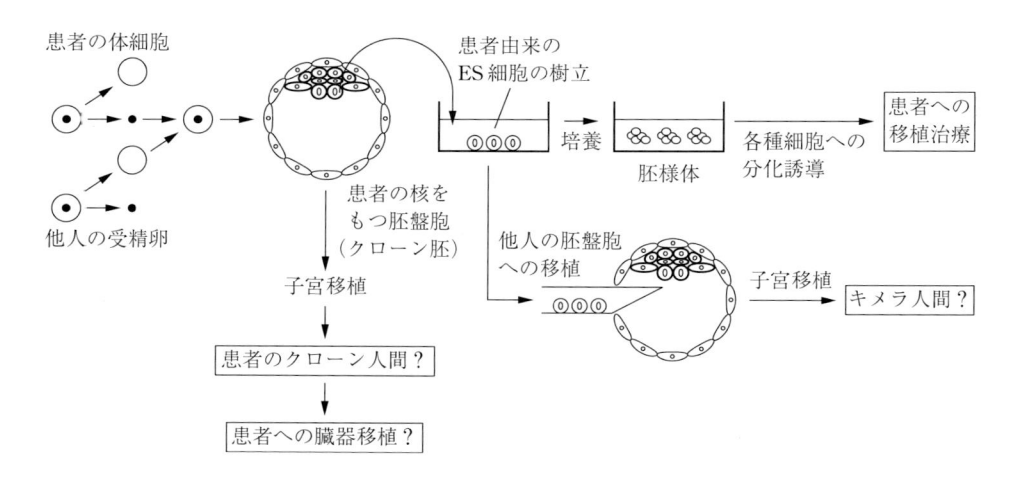

患者の体細胞，例えば皮膚の細胞から核を取り出し，他人から提供された核を除いた受精卵に入れ，患者由来の核をもった受精卵，そして胚盤胞を作る。そこから患者の核をもったES細胞を樹立し，患者に完全に適合する各種細胞を誘導し移植する。しかし，クローン化した胚盤胞をそのまま子宮に戻してしまうと，患者自身のクローン人間が生まれる可能性があり，それを自分の治療に使うという事態も考えられる。また患者のES細胞を他人の胚盤胞に戻して子宮移植を行うとマウスと同様にキメラ人間が誕生する可能性もある。このようにES細胞を使った治療は両刃の剣であることを理解しなければならない。

図10.14　ES細胞を使った医療の可能性

自分の体細胞，例えば皮膚の細胞の核を取り出して，核を抜いた受精卵に入れクローン胚を作る。これを胚盤胞の段階まで発生させそこから ES 細胞を樹立すれば，これは自分自身の ES 細胞である。この ES 細胞から作った細胞はすべて拒絶反応なしに自分に移植することができる。ES 細胞は無限に増えるし凍結保存もできるので，いったん作っておけば将来どんなところにも移植可能になるはずである。

一見，夢のような技術であるが，倫理的な問題がいくつもある。まず，クローン胚作成用の受精卵はどこから調達するのか。不妊治療用に体外受精した卵の余りがあるが，クローンを作るといって他人からもらえるのか。この受精卵は子宮に戻せばヒトが誕生するわけだが，これを使ってよいのか。また，核を自分のものに入れ替えたクローン胚も，同様に子宮に戻せば自分自身のクローン人間が生まれる可能性がある。これをばらばらにして ES 細胞を作ってよいのか。さらには ES 細胞を他人の受精卵に戻せばキメラ人間の作成が可能になるかもしれないし，遺伝子操作された人間が作られるかもしれない。つまりどこからが生命なのか，どういうルールのもとに行うのか，といったはっきりした厳しい規制を設けなければ，非常に危険なものになる可能性が高いのである。

現在，クローン人間作成はもちろん禁止されているが，2004 年 7 月に政府の生命倫理専門調査会により，再生医療の研究目的でのヒトクローン胚の作成容認の報告書が発表された。これにより ES 細胞を使った治療に現実味が増し，研究が加速すると考えられる。

〔3〕 **ES 細胞から腎臓誘導への試み**　ES 細胞からの腎臓誘導に関する報告はほとんどなく，ES 細胞を腎皮膜下に移植して形成された奇形腫（teratoma）中に，糸球体様構造が形成されることや[40]，肝細胞増殖因子（hepatocyte growth factor：HGF）や神経成長因子（nerve growth factor：NGF）下で分化させて，レニンを発現する細胞が誘導されたことぐらいである[41]。これはあとで述べるように，腎臓のアッセイが確立していないことが大きな原因であり，ほかの臓器に比べ立ち遅れている。

そもそもヒト ES 細胞自体がヒト受精卵（胚盤胞）から樹立されているので，ES 細胞はヒトの生命を犠牲にして作られたと考えることもできる。胚盤胞は，現在，数多く行われている妊娠中絶の胎児よりもずっと早期であるが，それはヒトの生命といえるのだろうか。こういった問題からヒト ES 細胞の樹立はタブーとされ，米国においても政府予算は下りなかった。そこでこの規制を受けないベンチャー企業が出資して，ヒト ES 細胞が樹立されたわけである[40]。いったんヒト ES 細胞ができてしまうと企業の独走を許しては危険だという機運が生まれ，1999 年にクリントン政権下の米国ではヒト ES 細胞の研究が解禁されたが，その後，保守派のブッシュ政権下では厳しく制限されている。日本では厳しい制限付きで認められ，京都大学が国産のヒト ES 細胞の樹立に成功している。科学的・倫理的な厳密な審査を通過した研究室だけが，このヒト ES 細胞を使用できるしくみになっている。

10.5.2　骨髄幹細胞からの誘導

　ES細胞以外に使える幹細胞はないのであろうか。骨髄に存在する間葉系幹細胞はその候補である。間葉系幹細胞からは，骨，脂肪，骨格筋，さらには心筋細胞までも分化誘導可能である。骨髄細胞の一部を精製し，心筋梗塞を起こしたマウスの心臓に注入したところ，心臓の筋肉となって生着したとの報告もある。間葉系幹細胞は，本人の骨髄から分離可能なので倫理的問題は存在しない。ただし，ES細胞のようにほぼ無限に未分化のまま増殖させることは，いまのところできていないし，あらゆる種類の細胞に分化できるわけではないので，その可能性は限られるが一部は実用化されつつある。

　骨髄中のもう一つの幹細胞である血液幹細胞にも，移植によって同様の多分化能があることが多く発表されている。しかし近年，ES細胞が骨髄細胞や神経細胞と融合すること，さらに骨髄細胞が肝臓，神経，心臓の細胞と融合することが判明し，移植により証明される分化能は単なるホストの細胞と融合したものである疑いが生じている[42]～[44]。

　これによって，一度はES細胞から体性幹細胞に傾きかけた流れが止まり，両者併存の形で研究が進んでいる。腎臓においても骨髄や造血幹細胞を移植した場合，メサンギウム細胞や尿細管細胞に分化したとの報告がある[45],[46]。しかし，特に後者は細胞融合の可能性は否定されていない。

　将来的には，まずES細胞からの誘導方法を確立したのち，体細胞を未分化な状態に戻し（つまりES細胞化し），誘導をかけるということを目指すことになると思われる。そのためには核のリプログラミング機構の解明なども必須であろう。つまり，幹細胞と体細胞とでは何が共通で，何が異なるのかを明らかにすることが重要であり，その意味でSallファミリーが幹細胞と腎臓ではたらいているというわれわれの結果は，この問題にヒントを与えてくれるのではないかと期待している。

10.5.3　成体腎からの腎臓前駆細胞単離

　臨床的な応用面から考えて，体性幹細胞からの細胞療法や臓器再生が検討されている。骨髄，神経，皮膚，肝臓，生殖腺など多くの臓器において臓器特異的体性幹細胞が同定されているが，腎臓においては現時点で明らかなものは報告されていない。

　候補として，近年注目されたside population（SP）細胞がある。DNA結合色素のHoechst 33342を強く排出する性質で定義された細胞群で，骨髄中では造血幹細胞の分画に含まれる[47]。よって，ほかの臓器でもSP細胞に体性幹細胞を含む可能性があると考えられた。しかし，成体ラット腎のSP細胞を経静脈的に移植した報告[48]をはじめ，腎においてSP細胞が成体腎の幹細胞であると考えられる報告はまだない。

10.5.4　胎児腎臓からの腎臓前駆細胞単離

このように，腎臓の再生を目指して，腎臓幹細胞あるいは前駆細胞の同定や骨髄幹細胞やES細胞等を用いて，腎臓前駆細胞の誘導を目指す研究が多数行われている．しかし移植により証明される分化能は，単なるホストの細胞と融合したものである疑いが生じている．こうした現状を打破するためには，腎臓前駆細胞を検出する試験管内，および生体内のアッセイ系を構築する必要がある．つまり，誘導をかけるもとの細胞が何であれ，誘導された細胞が本当に腎臓幹細胞なのか，前駆細胞なのかを判定する手段の開発が，腎臓の再生研究をするうえでは急務となる．では，そういったアッセイ系を開発するうえでのポジティブコントロールとして何を用いればよいだろうか．

マウスやラットの発生中の後腎を一塊として，新生マウスの腎臓に移植すると，ホストの腎臓にドナー由来の後腎組織が生着し，機能的に統合された尿細管や糸球体の細胞に分化することが報告されている．また最近，胎性期のヒトの後腎をマウスの腎皮膜下に移植すると分化したネフロンとともに囊胞を形成し，そのなかに尿が産生されていることが報告された[49]．これらの結果は移植された後腎細胞が成体内で分化能をもつことを示している．

また胎生期のマウス後腎間葉にレトロウイルスを用いて，まばらにLacZ遺伝子を導入し発生を進ませたところ，ボウマン囊上皮から遠位尿細管まで一つのネフロンの各部分の上皮にLacZ発色がみられたという結果は，後腎間葉に前駆細胞が存在することを示している[50]．

つまり，ポジティブコントロールとして腎臓に分化することが自明であり，前駆細胞の存在が示唆される後腎間葉をまず利用するのが成功の可能性が高いと考えられる．この点でSall1は後腎間葉に発現しているので，間葉を効率よく集めるのに非常によい道具となる．

われわれはSall1遺伝子座に蛍光タンパク質を発現するEGFP遺伝子を導入したマウスを作成し，EGFPによる蛍光を指標としてSall1を発現する細胞をソートし，そのなかの一細胞から増殖し，多分化能を有する前駆細胞を単離する実験系の確立を行っている[51]．いったん，この系が開発されれば，後腎間充織のみならず，骨髄，成体腎，ES細胞を含むさまざまな細胞から，腎臓前駆細胞を単離していくことができるはずである．そして，これを*in vitro*で未分化なまま増幅し，必要に応じて移植して腎機能を回復させることが究極の目標となる．

10.5.5　細胞工学を用いた移植可能なバイオ人工腎臓

以下に，細胞と工学系を使った試みを述べる．この細胞を最終的にどこから誘導するかが上述の課題と密接に関連する．

〔1〕　**バイオ人工糸球体装置**　　一般的な人工透析では，濃度勾配による拡散と静水圧による限外濾過により不要物を除去しているが，糸球体の機能に類似した限外濾過主体の透析

膜が開発されてきた．これは，構造上内腔の狭い有孔ポリメリック中空ファイバーにより可能となったが，タンパクや血栓の付着による劣化が問題となる．それに対し，コラーゲンやラミニンなどの細胞外基質を付着させたファイバーの上に自己の血管内皮細胞を裏打ちすることで，長期間の生物適合をもたせたバイオ人工糸球体装置が考案された[52]．さらに抗凝固能をもった遺伝子を導入すれば，内腔が狭く血栓で閉塞しやすい性質も改善できる[53]．

〔2〕 **バイオ人工尿細管装置**　一方で，尿細管機能である再吸収による電解質のバランス維持は，人工膜だけでは不十分である．これは尿細管に存在するさまざまな channel, transporter によって初めて成り立つ．よってこのような機能をもったものは，上記で述べた血管内皮細胞を付着させたバイオ人工糸球体装置と同様に，今度は細胞外基質を付着させたポリメリックファイバーに尿細管細胞を裏打ちしたバイオ人工尿細管装置を作成することで実現できる（図10.15）．これは同時に尿細管細胞で行われているアンモニアやグルタチオン等に対する，一部の代謝機能も代替していることが示された[54]．

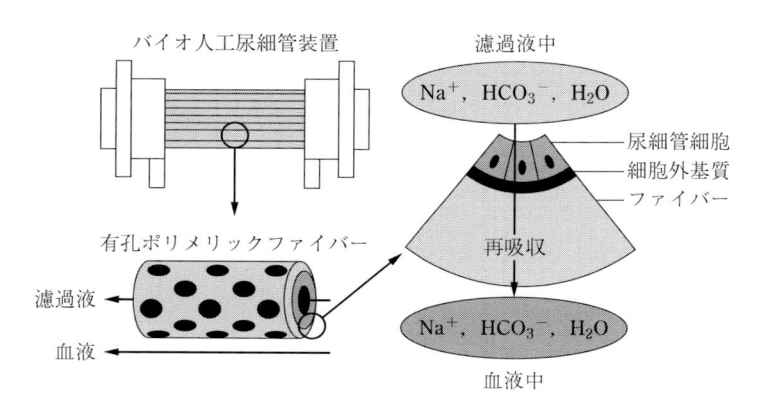

有孔ポリメリックファイバーの内側に細胞外基質を裏打ちし，尿細管細胞を付着させる．ファイバー内腔を通る濾過液より電解質や水が，ファイバー外を流れる血液へ向かって再吸収される．

図10.15 バイオ人工尿細管の概念

〔3〕 **臨床治験に入ったバイオ人工腎臓**　以上により，人工糸球体装置から限外濾過された原尿を人工尿細管装置により再吸収させ，最後の排泄液を尿とすることが可能となる．ブタの尿細管細胞を裏打ちしたバイオ人工尿細管装置と人工糸球体装置からなる装置を腎不全状態のイヌにつなげた実験が行われ有効性が示された[55]．さらに，現在，ヒトの尿細管細胞を裏打ちしたバイオ人工尿細管装置が開発され，これを組み込んだ体外式のバイオ人工腎臓が確立され，米国で実際に臨床治検が行われている（図10.16）[56]．

今後，これらの装置の大きさが体内に収められる程度となり，限外濾過と再吸収の効率のバランスがとれれば，それを移植することで，血液透析から離脱または，非常に回数を減じ

10.5 腎臓は再生できるか

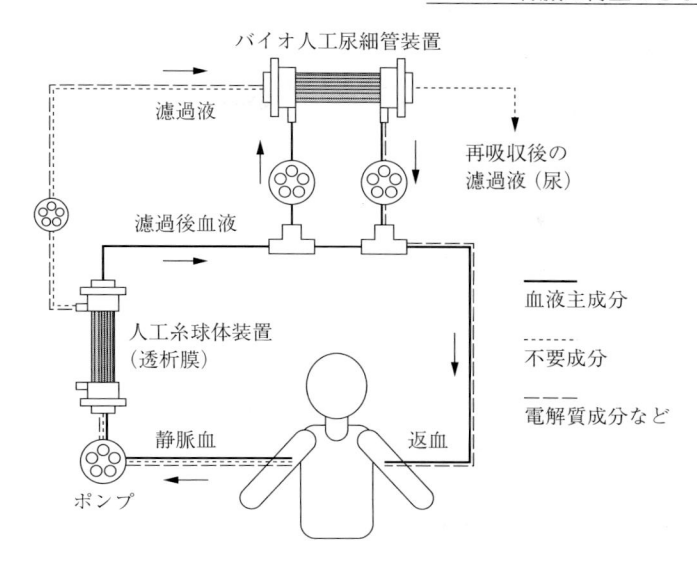

濾過液を尿細管細胞を裏打ちしたポリメリックファイバーよりなるバイオ人工尿細管装置に通すことで，電解質などの再吸収と代謝機能が代替され，最終濾過液はより尿に近いものとなる．矢印は血液などの流れる方向を示す．

図 10.16 体外式バイオ人工腎臓の概略図

ることができ，また排尿による排泄も可能であると考えられる．ただし，分化した血管内皮細胞や尿細管細胞がポリメリックファイバー上で長期間維持されるかどうかが鍵となる．

10.5.6 ブタからの腎臓移植

試験管内で腎臓全体を誘導するにはまだ時間がかかる．そこで別の方法として，ブタの腎臓を移植する方法も試みられている．

〔1〕**異種腎移植の壁，αGal 抗原** 　生体や死体からの腎移植はドナー不足が問題になることより，そのドナーをヒト以外の動物に求めることが考えられている．腎移植が始められたころ，ヒツジやブタをドナーとした症例があったが，移植腎は数時間のうちに壊死してしまう．その原因は糖鎖抗原である galactoseα1-3 galactoseβ1-4 N-acetylglucosamine（αGal）抗原を主体とする異種抗原と自然抗体による超急性拒絶反応が起こるためである[57]．αGal 抗原をもたないヒヒやチンパンジーの腎臓をヒトに移植し，最長 9 か月生着したという報告はあるものの，これらの猿類は臓器の大きさがヒトに適していないことや動物愛護の面，移植需要に応えられる頭数の準備が難しいなど異種移植の対象として好ましくない点も多い．そこで現在では，αGal 抗原の問題を解決することでブタが異種移植の対象として相応しいと考えられている．これはブタとヒトが臓器の大きさや形の解剖学的な点も，血液生化学的な点も似ていることや，食用として飼育法が確立し，無菌飼育も可能で動物愛

護の面からも問題が少ないことによる。

〔2〕 **α1,3GT 遺伝子ノックアウトブタによる試み**　まずはレシピエント側の抗αGal 抗体や補体の除去や活性化抑制が試みられ，超急性拒絶反応がある程度抑えられることが示された。しかし完全な除去や抑制は不可能で，またレシピエントとしてヒトを考えた場合，抗体や補体の除去などで易感染状態を起し得ることが問題となる。そこでクローン技術を応用した，αGal 抗原生成酵素であるα1,3 galactosyltransferase（α1,3 GT）遺伝子のノックアウトブタの作成が試みられた[58),59)]。現在，α1,3 GT 遺伝子ノックアウトブタからヒヒに対し腎臓移植し，最長 80 日生存したことが報告されている[60)]。この場合でも残った拒絶反応を抑えるため，免疫抑制剤投与と胸腺，脾臓摘出術も同時に行なわれている。ヒト以外の動物からの移植であるため，未知の感染症の存在などの問題も考えられる。

10.6　お わ り に

腎臓再生が困難なものであることは間違いない。しかし，腎臓発生の機構を突きつめることで得られるヒントも，また多いはずである。尿管芽と後腎間葉との相互作用から腎臓発生は開始するので，この過程における GDNF やそれ以外の機構の解明は，その一つになるだろう。また，同じ間葉細胞が糸球体から尿細管までさまざまな分化系をもつようになる機構は，まだ十分に明らかになったとはいえない。尿管芽や間質が，分泌する因子の濃度勾配によるものなのか，間葉細胞自身のプログラムによるものなのか，どのような機構で間葉の分化制御が行われているのか，非常に興味深い問題である。なぜなら，*in vivo* での間葉の分化制御機構の解明は，*in vitro* における間葉細胞の分化制御につながるからである。腎臓の再生医療とからめて，将来的に重要な課題になると思われる。腎臓は，ほかの臓器に先駆けて，腎移植や人工透析などの代替医療が進み確立されてきたが，それ以降の再生医療が遅れ気味である。腎臓内科学，発生生物学，分子生物学，組織工学など，さまざまな分野の知識を集学的に結晶化した研究が進められることを期待したい。

引用・参考文献

1) Nishinakamura, R., Matsumoto, Y., Nakao, K., Nakamura, K., Sato, A., Copeland, N. G., Gilbert, D. J., Jenkins, N. A., Scully, S., Lacey, D. L., Katsuki, M., Asashima, M. and Yokota, T.：Murine homolog of SALL 1 is essential for ureteric bud invasion in kidney development, Development, **128**, 16, pp.3105-3115 (2001)
2) Kohlhase, J., Wischermann, A., Reichenbach, H., Froster, U. and Engel, W.：Mutations in the SALL 1 putative transcription factor gene cause Townes-Brocks syndrome, Nat.

Genet., **18**, 1, pp.81-83 (1998)
3) Kiefer, S. M., Ohlemiller, K. K., Yang, J., McDill, B. W., Kohlhase, J. and Rauchman, M. : Expression of a truncated Sall 1 transcriptional repressor is responsible for Townes-Brocks syndrome birth defects, Hum. Mol. Genet., **12**, 17, pp.2221-2227 (2003)
4) Sato, A., Matsumoto, Y., Koide, U., Kataoka, Y., Yoshida, N., Yokota, T., Asashima, M. and Nishinakamura, R. : Zinc finger protein Sall 2 is not essential for embryonic and kidney development, Mol. Cell. Biol., **23**, 1, pp.62-69 (2003)
5) Parrish, M., Ott, T., Lance-Jones, C., Schuetz, G., Schwaeger-Nickolenko, A. and Monaghan, A. P. : Loss of the Sall 3 gene leads to palate deficiency, abnormalities in cranial nerves, and perinatal lethality, Mol. Cell. Biol., **24**, 16, pp.7102-7112 (2004)
6) Kohlhase, J., Heinrich, M., Schubert, L., Liebers, M., Kispert, A., Laccone, F., Turnpenny, P., Winter, R. M. and Reardon, W. : Okihiro syndrome is caused by SALL 4 mutations, Hum. Mol. Genet., **11**, 23, pp.2979-2987 (2002)
7) Pichel, J. G., Shen, L., Sheng, H. Z., Granholm, A. C., Drago, J., Grinberg, A., Lee, E. J., Huang, S. P., Saarma, M., Hoffer, B. J., Sariola, H., and Westphal, H. : Defects in enteric innervation and kidney development in mice lacking GDNF, Nature, **382**, 6586, pp.73-76 (1996)
8) Schuchardt, A., D'Agati, V., Larsson-Blomberg, L., Costantini, F., and Pachnis, V. : Defects in the kidney and enteric nervous system of mice lacking the tyrosine kinase receptor Ret, Nature, **367**, 6461, pp.380-383 (1994)
9) Enomoto, H., Araki, T., Jackman, A., Heuckeroth, R. O., Snider, W. D., Johnson Jr, E. M., and Milbrandt, J. : GFR alpha 1-deficient mice have deficits in the enteric nervous system and kidneys, Neuron, **21**, 2, pp.317-324 (1998)
10) Tang, M. J., Worley, D., Sanicola, M. and Dressler, G. R. : The RET-glial cell-derived neurotrophic factor (GDNF) pathway stimulates migration and chemoattraction of epithelial cells, J. Cell. Biol., **142**, 5, pp.1337-1345 (1998)
11) Brophy, P. D., Ostrom, L., Lang, K. M. and Dressler, G. R. : Regulation of ureteric bud outgrowth by Pax 2-dependent activation of the glial derived neurotrophic factor gene, Development, **128**, 23, pp.4747-4756 (2001)
12) Li, X., Oghi, K. A., Zhang, J., Krones, A., Bush, K. T., Glass, C. K., Nigam, S. K., Aggarwal, A. K., Maas, R., Rose, D. W. and Rosenfeld, M. G. : Eya protein phosphatase activity regulates Six 1-Dach-Eya transcriptional effects in mammalian organogenesis, Nature, **426**, 6964, pp.247-254 (2003)
13) Kume, T., Deng, K. and Hogan, B. L. : Murine forkhead/winged helix genes Foxc 1 (Mf 1) and Foxc 2 (Mfh 1) are required for the early organogenesis of the kidney and urinary tract, Development, **127**, 7, pp.1387-1395 (2000)
14) Grieshammer, U., Le, M., Plump, A. S., Wang, F., Tessier-Lavigne, M. and Martin, G. R. : SLIT 2-mediated ROBO 2 signaling restricts kidney induction to a single site, Dev. Cell., **6**, 5, pp.709-717 (2004)
15) Michos, O., Panman, L., Vintersten, K., Beier, K., Zeller, R. and Zuniga, A. : Gremlin-mediated BMP antagonism induces the epithelial-mesenchymal feedback signaling

controlling metanephric kidney and limb organogenesis, Development, **131**, 14, pp.3401-3410 (2004)

16) Sainio, K., Suvanto, P., Davies, J., Wartiovaara, J., Wartiovaara, K., Saarma, M., Arumae, U., Meng, X., Lindahl, M., Pachnis, V. and Sariola, H.: Glial-cell-line-derived neurotrophic factor is required for bud initiation from ureteric epithelium, Development, **124**, 20, pp. 4077-4087 (1997)

17) Cano-Gauci, D. F., Song, H. H., Yang, H., McKerlie, C., Choo, B., Shi, W., Pullano, R., Piscione, T. D., Grisaru, S., Soon, S., Sedlackova, L., Tanswell, A. K., Mak, T. W., Yeger, H., Lockwood, G. A., Rosenblum, N. D. and Filmus, J.: Glypican-3-deficient mice exhibit developmental overgrowth and some of the abnormalities typical of Simpson-Golabi-Behmel syndrome, J. Cell. Biol., **146**, 1, pp.255-264 (1999)

18) Batourina, E., Gim, S., Bello, N., Shy, M., Clagett-Dame, M., Srinivas, S., Costantini, F. and Mendelsohn, C.: Vitamin A controls epithelial/mesenchymal interactions through Ret expression, Nat. Genet., **27**, 1, pp.74-78 (2001)

19) Qiao, J., Uzzo, R., Obara-Ishihara, T., Degenstein, L., Fuchs, E. and Herzlinger, D.: FGF-7 modulates ureteric bud growth and nephron number in the developing kidney, Development, **126**, 3, pp.547-554 (1999)

20) Stark, K., Vainio, S., Vassileva, G. and McMahon, A. P.: Epithelial transformation of metanephric mesenchyme in the developing kidney regulated by Wnt-4, Nature, **372**, 6507, pp.679-683 (1994)

21) Kispert, A., Vainio, S. and McMahon, A. P.: Wnt-4 is a mesenchymal signal for epithelial transformation of metanephric mesenchyme in the developing kidney, Development, **125**, 21, pp.4225-4234 (1998)

22) Barasch, J., Yang, J., Ware, C. B., Taga, T., Yoshida, K., Erdjument-Bromage, H., Tempst, P., Parravicini, E., Malach, S., Aranoff, T. and Oliver, J. A.: Mesenchymal to epithelial conversion in rat metanephros is induced by LIF, Cell, **99**, 4, pp.377-386 (1999)

23) Plisov, S. Y., Yoshino, K., Dove, L. F., Higinbotham, K. G., Rubin, J. S. and Perantoni, A. O.: TGF beta 2, LIF and FGF 2 cooperate to induce nephrogenesis, Development, **128**, 7, pp.1045-1057 (2001)

24) Carroll, T. J., Park, J.S., Hayashi, S., Majumdar, A., McMahon, A. P.: Wnt 9 b plays a central role in the regulation of mesenchymal to epithelial transitions underlying organogenesis of the mammalian urogenital system, Dev. Cell., **9**, 2, pp.283-292 (2005)

25) Miyamoto, N., Yoshida, M., Kuratani, S., Matsuo, L. and Aizawa, S.: Defects of urogenital development in mice lacking Emx 2, Development, **124**, 9, pp.1653-1664 (1997)

26) Yoshino, K., Rubin, J. S., Higinbotham, K. G., Uren, A., Anest, V., Plisov, S. Y. and Perantoni, A. O.: Secreted Frizzled-related proteins can regulate metanephric development, Mech. Dev., **102**, 1-2, pp.45-55 (2001)

27) Dudley, A. T., Lyons, K. M. and Robertson, E. J.: A requirement for bone morphogenetic protein-7 during development of the mammalian kidney and eye, Genes. Dev., **9**, 22, pp.2795-2807 (1995)

28) Dudley, A. T., Godin, R. E. and Robertson, E. J.: Interaction between FGF and BMP

signaling pathways regulates development of metanephric mesenchyme, Genes. Dev., **13**, 12, pp.1601-1613 (1999)

29) Vrontou, S., Petrou, P., Meyer, B. I., Galanopoulos, V. K., Imai, K., Yanagi, M., Chowdhury, K., Scambler, P. J. and Chalepakis, G. : Fras 1 deficiency results in cryptophthalmos, renal agenesis and blebbed phenotype in mice, Nat. Genet., **34**, 2, pp.209-214 (2003)

30) Takamiya, K., Kostourou, V., Adams, S., Jadeja, S., Chalepakis, G., Scambler, P. J., Huganir, R. L. and Adams, R. H. : A direct functional link between the multi-PDZ domain protein GRIP 1 and the Fraser syndrome protein Fras 1, Nat. Genet., **36**, 2, pp.172-177 (2004)

31) Eremina, V., Sood, M., Haigh, J., Nagy, A., Lajoie, G., Ferrara, N., Gerber, H. P., Kikkawa, Y., Miner, J. H. and Quaggin, S. E. : Glomerular-specific alterations of VEGF-A expression lead to distinct congenital and acquired renal diseases, J. Clin. Invest., **111**, 5, pp.707-716 (2003)

32) Soriano, P. : Abnormal kidney development and hematological disorders in PDGF beta-receptor mutant mice, Genes. Dev., **8**, 16, pp.1888-1896 (1994)

33) Kestila, M., Lenkkeri, U., Mannikko, M., Lamerdin, J., McCready, P., Putaala, H., Ruotsalainen, V., Morita, T., Nissinen, M., Herva, R., Kashtan, C. E., Peltonen, L., Holmberg, C., Olsen, A. and Tryggvason, K. : Positionally cloned gene for a novel glomerular protein ―nephrin― is mutated in congenital nephrotic syndrome, Mol. Cell., **1**, 4, pp.575-582 (1998)

34) Wang, P., Pereira, F. A., Beasley, D. and Zheng, H. : Presenilins are required for the formation of comma- and S-shaped bodies during nephrogenesis, Development, **130**, 20, pp. 5019-5029 (2003)

35) McCright, B., Gao, X., Shen, L., Lozier, J., Lan, Y., Maguire, M., Herzlinger, D., Weinmaster, G., Jiang, R. and Gridley, T. : Defects in development of the kidney, heart and eye vasculature in mice homozygous for a hypomorphic Notch 2 mutation, Development, **128**, 4, pp.491-502 (2001)

36) Delmas, P. : Polycystins : from mechanosensation to gene regulation, Cell, **118**, 2, pp.145-148 (2004)

37) Nauli, S. M., Alenghat, F. J., Luo, Y., Williams, E., Vassilev, P., Li, X., Elia, A. E., Lu, W., Brown, E. M., Quinn, S. J., Ingber, D. E. and Zhou, J. : Polycystins 1 and 2 mediate mechanosensation in the primary cilium of kidney cells, Nat. Genet., **33**, 2, pp.129-137 (2003)

38) Nonaka, S., Tanaka, Y., Okada, Y., Takeda, S., Harada, A., Kanai, Y., Kido, M. and Hirokawa, N. : Randomization of left-right asymmetry due to loss of nodal cilia generating leftward flow of extraembryonic fluid in mice lacking KIF 3 B motor protein, Cell, **95**, 6, pp.829-837 (1998)

39) McGrath, J., Somlo, S., Makova, S., Tian, X. and Brueckner, M. : Two populations of node monocilia initiate left-right asymmetry in the mouse, Cell, **114**, 1, pp.61-73 (2003)

40) Thomson, J. A., Itskovitz-Eldor, J., Shapiro, S. S., Waknitz, M. A., Swiergiel, J. J., Marshall, V. S. and Jones, J. M. : Embryonic stem cell lines derived from human blastocysts, Science, **282**, 5391, pp.1145-1147 (1998)

41) Schuldiner, M., Yanuka, O., Itskovitz-Eldor, J., Melton, D. A. and Benvenisty, N. : Effects of eight growth factors on the defferentiation of cells derived from human embryonic stem cells, Proc. Natl. Acad. Sci. USA., **97**, 21, pp.11307-11312 (2000)

42) Terada, N., Hamazaki, T., Oka, M., Hoki, M., Mastalerz, D. M., Nakano, Y., Meyer, E. M., Morel, L., Petersen, B. E. and Scott, E. W. : Bone marrow cells adopt the phenotype of other cells by spontaneous cell fusion, Nature, **416**, 6880, pp.542-545 (2002)

43) Ying, Q. L., Nichols, J., Evans, E. P. and Smith, A. G. : Changing potency by spontaneous fusion, Nature, **416**, 6880, pp.545-548 (2002)

44) Alvarez-Dolado, M., Pardal, R., Garcia-Verdugo, J. M., Fike, J. R., Lee, H. O., Pfeffer, K., Lois, C., Morrison, S. J. and Alvarez-Buylla, A. : Fusion of bone-marrow-derived cells with Purkinje neurons, cardiomyocytes and hepatocytes, Nature, **425**, 6961, pp.968-973 (2003)

45) Masuya, M., Drake, C. J., Fleming, P. A., Reilly, C. M., Zeng, H., Hill, W. D., Martin-Studdard, A., Hess, D. C. and Ogawa, M. : Hematopoietic origin of glomerular mesangial cells, Blood, **101**, 6, pp.2215-2218 (2003)

46) Kale, S., Karihaloo, A., Clark, P. R., Kashgarian, M., Krause, D. S. and Cantley, L. G. : Bone marrow stem cells contribute to repair to repair of the ischemically injured renal tubule, J. Clin. Invest., **112**, 1, pp.42-49 (2003)

47) Goodell, M. A., Brose, K., Paradis, G., Conner, A. S. and Mulligan, R. C. : Isolation and function properties of murine hematopoietic stem cells that are replicating in vivo, J. Exp. Med., **183**, 4, pp.1797-1806 (1996)

48) Iwatani, H., Ito, T., Imai, E., Matsuzaki, Y., Suzuki, A., Yamato, M., Okabe, M. and Hori, M. : Hematopoietic and nonhematopoietic potentials of Hoechstlow/side population cells isolated from adult kidney, Kidney. Int., **65**, 5, pp.1604-1614 (2004)

49) Dekel, B., Burakova, T., Arditti, F. D., Reich-Zeliger, S., Milstein, O., Aviel-Ronen, S., Rechavi, G., Friedman, N., Kaminski, N., Passwell, J. H. and Reisner, Y. : Human and porcine early kidney precursors as a new source for transplantation, Nature. Med., **9**, 1, pp.53-60 (2003)

50) Herzlinger, D., Koseki, C., Mikawa, T., al-Awqati, Q. : Metanephric mesenchyme contains multipotent stem cells whose fate is restricted after induction, Development, **114**, 3, pp.565-572 (1992)

51) Osafune, K., Takasato, M., Kispert, A., Asashima, M., Nishinakamura, R. : Identification of multipotent progenicors in the embryonic mouse kidney by a novel colony-forming assay, Development, **133**, 1, pp.151-161 (2006)

52) Humes, H. D., MacKay, S. M., Funke, A. J. and Buffington, D. A. : The bioartificial renal tubule assist device to enhance CRRT in acute renal failure, Am. J. Kidney. Dis., **30**, 5-4, pp.28-31 (1997)

53) Rade, J. J., Schulick, A. H., Virmani, R. and Dichek, D. A. : Local adenoviral-mediated expression of recombinant hirudin reduces neointima formation after arterial injury, Nat. Med., **2**, 3, pp.293-298 (1996)

54) Humes, H. D., MacKay, S. M., Funke, A. J. and Buffington, D. A. : Tissue engineering of

a bioartificial renal tubule assist device : In vitro transport and metabolic characteristics, Kidney. Int., **55**, 6, pp.2502-2514 (1999)

55) Humes, H. D., Buffington, D. A., MacKay, S. M., Funke, A. J. and Weitzel, W. F. : Replacement of renal function in uremic animals with a tissue-engineered kidney, Nat. Biotechnol., **17**, 5, pp.451-455 (1999)

56) Humes, H. D., Weitzel, W. F. and Fissell, W. H. : Renal cell therapy in the treatment of patients with acute and chronic renal failure, Blood. Purif., **22**, 1, pp.60-72 (2004)

57) Sandrin, M. S., Vaughan, H. A., Dabkowski, P. L. and McKenzie, L. F. : Anti-pig IgM antibodies in human serum react predominantly with Gal(alpha 1-3)Gal epitopes, Proc. Natl. Acad. Sci. USA., **90**, 23, pp.11391-11395 (1993)

58) Phelps, C. J., Koike, C., Vaught, T. D., Boone, J., Wells, K. D., Chen, S. H., Ball, S., Specht, S. M., Polejaeva, I. A., Monahan, J. A., Jobst, P. M., Sharma, S. B., Lamborn, A. E., Garst, A. S., Moore, M., Demetris, A. J., Rudert, W. A., Bottino, R., Bertera, S., Trucco, M., Starzl, T. E., Dai, Y. and Ayares, D. L. : Production of alpha 1,3-galactosyltransferase-deficient pigs, Science, **299**, 5605, pp.411-414 (2003)

59) Kolber-Simonds, D., Lai, L., Watt, S. R., Denaro, M., Arn, S., Augenstein, M. L., Betthauser, J., Carter, D. B., Greenstein, J. L., Hao, Y., Im, G. S., Liu, Z., Mell, G. D., Murphy, C. N., Park, K. W., Rieke, A., Ryan, D. J., Sachs, D. H., Forsberg, E. J., Prather, R. S. and Hawley, R. J. : Production of alpha-1,3-galactosyltransferase null pigs by means of nuclear transfer with fibroblasts bearing loss of heterozygosity mutations, Proc. Natl. Acad. Sci. USA., **101**, 19, pp.7335-7340 (2004)

60) Yamada, K., Yazawa, K., Shimizu, A., Iwanaga, T., Hisashi, Y., Nuhn, M., O'Malley, P., Nobori, S., Vagefi, P. A., Patience, C., Fishman, J., Cooper, D. K. C., Hawley, R. J., Greenstein, J., Schuurman, H-J., Awwad, M., Sykes, M. and Sachs, D. H. : Marked prolongation of porcine renal xenograft survival in baboons through the use of alpha 1,3-galactosyltransferase gene-knockout donors and the cotransplantation of vascularized thymic tissue, Nat. Med., **11**, 1, pp.32-34 (2005)

11 消化器領域における幹細胞分離と医療応用

11.1 はじめに

　現在，分析から統合へ生物学全体のパラダイムシフトが生じている。ヒューマンゲノムプロジェクトの完了により，どんなに詳細に構成要素を分析しても生命現象の実体は必ずしも解明できないということが明確な共通認識になり，遺伝子群からタンパク質群へ，細胞から組織・臓器・個体へと，さまざまな要素を統合（再構成）していく作業の重要性が改めて認識されているといえる。

　幹細胞生物学（stem cell biology）は，幹細胞からさまざまな成熟細胞が分化していくプロセスを明らかにすることにより，組織や臓器が構成されていくしくみを明らかにする学問である。すなわち，統合という観点から幹細胞を頂点とする細胞社会の成り立ちを明らかにすることがその目的である。再生医学（regenerative medicine）とは，このような生物学的なしくみを最大化あるいは最適化して利用することにより，医療を目的とした人為的な組織や臓器の再構成を試みる作業のことを指す。

　幹細胞生物学と再生医学の相互関係においては，要素的知見の供給 → 医療応用という強いモチベーションに基づく作業の実施 → 実施された作業に基づく新たな問題点の明確化 → さらなる知見の集積，という好ましい研究サイクルが徐々にではあるが着実に形成されつつある。本章では，統合，あるいは再構成という生物学的コンセプトを背景因子として意識しつつ，肝臓の幹細胞について，さらにその幹細胞から分化する各種細胞（組織の構成要素）の統合による臓器の再構成へ向けた展望について最近の知見を論じてみる。

11.2 幹細胞とは

　血液や皮膚など再生能力の高い組織ではもちろんのこと，中枢神経系や肝臓・膵臓などの固形臓器などにおいても，多分化能（複数の異なった機能をもつ成熟細胞へ分化する能力）および自己複製能（不均等分裂により自己と同じ幹細胞を維持する能力）を兼ね備えた幹細

胞（stem cell）の存在が，つぎつぎと明らかになっている．

　幹細胞は，組織を構成する細胞系譜の根幹に位置する，いわば組織や臓器の種子ともいえる細胞であり，この分化・増殖機構に基づいて組織の恒常性が維持されている（**図11.1**）．現在，最も純化が進んでおり（幹細胞の実体が明確になっており）幹細胞システムの成り立ちが解明されているのは造血系である．すなわち造血系を構成する血液細胞はすべてが造血幹細胞から分化・派生することが明らかにされており，細胞分化の系統樹が描かれている．

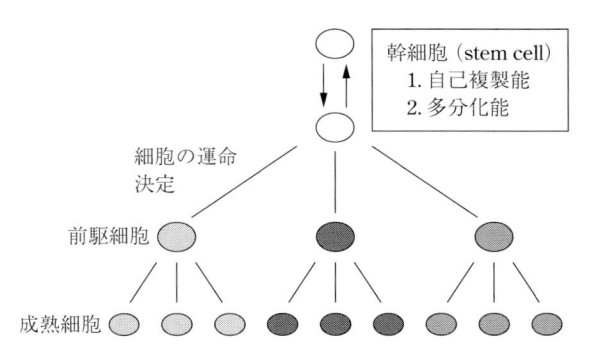

図11.1 幹細胞システムの成り立ち

　一般的に幹細胞の組織中における存在頻度は極端に低く，きわめてまれな細胞集団として存在している．例えば造血幹細胞が数多く存在しているとされる骨髄ですら，厳密な手法により造血幹細胞の存在頻度を解析すると，約0.004％であることが判明している．すなわち，全骨髄細胞中の2～3万個当りにわずかに1個の造血幹細胞が含まれているにすぎない[1]．

　臨床的にも造血系における幹細胞の利用が進んでいる．すなわち，造血幹細胞の移植による造血系の再構築が，細胞療法として臨床的に確立している（骨髄移植，造血幹細胞移植）．さらに，G-CSF（granulocyte-colony stimulating factor），EPO（erythropoietin）などの分化促進因子の投与による造血前駆細胞の分化や増殖の制御に基づく再生誘導法が医療として実践されており，目覚ましい恩恵をもたらしている．

　21世紀における臨床医学の大きな目標の一つは，このような再生（再構成）という治療概念を，肝臓や膵臓などのような固形臓器においても実現させることである．そのためには，固形臓器における組織幹細胞の選択的な分離・同定とその分化・増殖に関する制御機構を解明していくことが必須である．

11.3　フローサイトメトリーを用いた幹細胞分離法

　近年，生体組織中にわずかにしか存在しない幹細胞を純化して回収するための基盤技術が確立し，さまざまな組織における幹細胞の分離・同定が急速に進みつつある．すなわち，蛍光標識モノクローナル抗体とフローサイトメトリー（flow cytometory：FCM，あるいは

fluorescence activated cell sorting：FACS）を用いた，細胞表面に存在するさまざまな機能分子の発現解析による，精度の高い幹細胞分離法が確立されてきた。

その基本原理は，細胞の表面に存在している分子（表面抗原）の発現パターンに基づいて細胞を定義づけ，その相対頻度を定量化することにある。すなわち，蛍光色素が標識されたモノクローナル抗体を細胞表面分子に結合させレーザー光で励起させると，細胞はさまざまな蛍光を発する。この発せられた蛍光強度を電気信号に変換することで，一つひとつの細胞膜表面上の各種分子の存在頻度を定量的に解析可能となる。また，使用する蛍光色素により蛍光の波長が異なるので，その違いを利用していくつかの種類の異なる蛍光色素を用いた多重染色を行うことにより，1個の細胞表面にある種々の分子を多元的に解析できる。このような手法を組み合わせることにより，ヘテロな細胞集団中からある特定の細胞表面分子の発現パターンを有する細胞のみを高い精度で同定し，選択的に分離することにより，幹細胞のような存在頻度の低いまれな細胞を純化・回収することが技術的に可能となる。

また，最近では細胞表面分子の発現によらない手法も確立されている。すなわち，Hoe-

フローサイトメトリー

通常，生体内から単離・回収した細胞群は，さまざまな細胞が混在するヘテロな細胞集団である。このなかから特定の細胞分画を純化することが可能な装置がフローサイトメトリーである。おのおのの細胞は細胞膜表面に多くの機能分子を発現しているが，これらの分子の発現パターンを蛍光標識されたモノクローナル抗体を用いて解析することにより，特定の細胞分画のみを生きたまま選択的に分離・回収することができる。幹細胞のように数千〜数万個に1個しか存在しないマイナーポピュレーションを純化することのできる数少ない手法の一つであり，幹細胞研究によく利用されている。

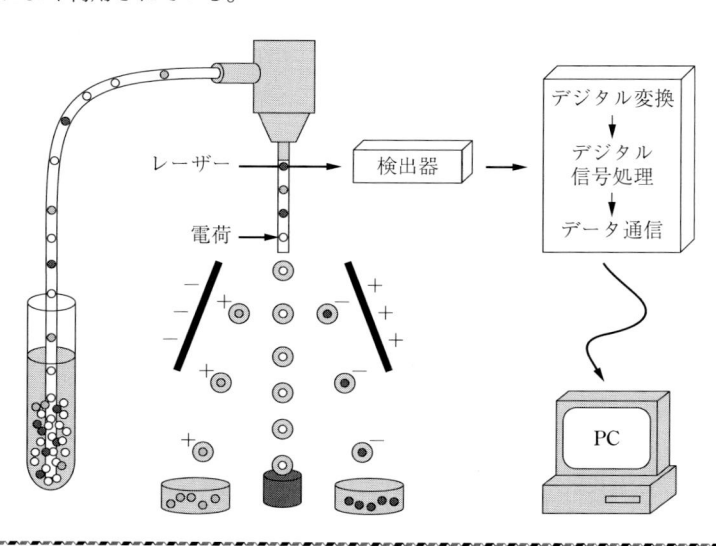

chst 33342というDNA結合色素で染色した骨髄細胞をUVレーザーにより励起させると，450〜675〔nm〕という二つの波長を暗く発現している。細胞すなわち色素を排出する性質をもつ細胞集団が存在することが明らかとなっている。この細胞画分はSP（Side Population）細胞と呼ばれ，高い幹細胞活性を有することが示されている。

このように幹細胞生物学領域では，フローサイトメトリーを用いることにより，生体中にごくわずかにしか存在しない組織幹細胞を生きたまま分離・回収する実験技術（セルソーティング）がすでに確立されている。

11.4 肝臓における幹細胞システム

従来，肝臓の恒常性は個々の成熟した肝細胞の単純な複製により維持されていると考えられてきた。ところが最近になって，肝小葉門脈域に増殖能の高い肝細胞が存在すること，肝細胞と胆管細胞の両方へ分化可能な前駆細胞が存在することなどが示唆されており，肝臓にも幹細胞システムが存在すると考えられるようになってきた。

肝細胞や胆管細胞の分化・増殖の機構や様式については，ほとんど解明が進んでいないが，現時点では一つの仮説により理解されている。すなわち，肝細胞と胆管細胞はヘリング管上皮細胞を介して組織学的に連続した構造をとっていることから，このヘリング管上皮細胞もしくはその周囲に幹細胞/前駆細胞が存在するのではないかと考えられている。さらに，これらの門脈域に存在する幹細胞/前駆細胞から，中心静脈域に向かい肝細胞の増殖および分化過程が存在するのではないかという仮説があり，これをstreaming liver theoryと呼んでいる（図11.2）。これは，サイミジンにより分裂期にある細胞を標識すると，標識された肝細胞の存在部位が経時的に門脈域から中心静脈域へ変化するという実験から推察されてい

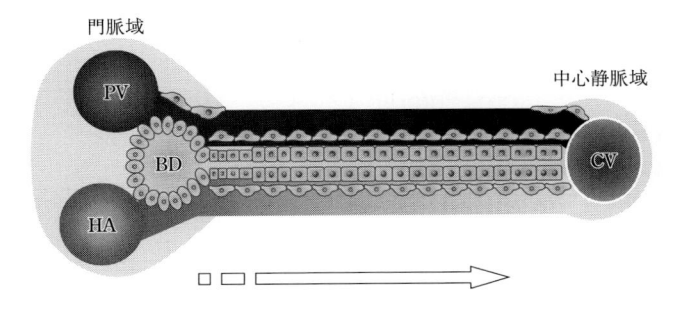

門脈域から中心静脈域に向かう方向性を有して肝細胞の増殖と分化が生じていると考えられている（streaming liver theory）。
PV：門脈，BD：小葉間胆管，HA：肝動脈，CV：中心静脈。

図11.2 肝細胞の分化プロセス

る。実際，肝小葉の部位により肝細胞の表現型が異なることや周囲の細胞外マトリックスの種類が大きく異なることは，肝細胞索の構造と肝細胞の分化とが密接にかかわっていることを示唆している。このように，ヘリング管もしくはその周囲に肝幹細胞/前駆細胞が存在するのではないかと考えられている。それらが本当に幹細胞としての機能をもっているか否かを検証するために，肝幹細胞のみをほかの種々の細胞群から分離・回収してその特性を解析することが，肝臓における再生制御の実現に向けて最も重要な研究課題であるといえる。

11.5 肝臓における組織幹細胞の分離・同定

われわれは，個体中にごく少数しか存在しない造血幹細胞を純化する手段として，FACS (fluorescence activated cell sorting) と蛍光標識モノクローナル抗体を用いた精度の高い細胞分離法を確立し，その機能解析を行ってきた[2]。そこで同様の実験手法を用いて，単離

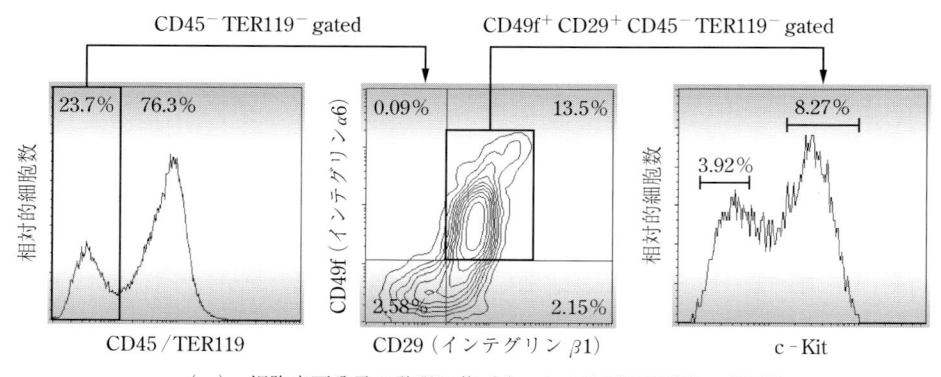

(a) 細胞表面分子の発現に基づくマウス胎仔肝臓細胞の分画化

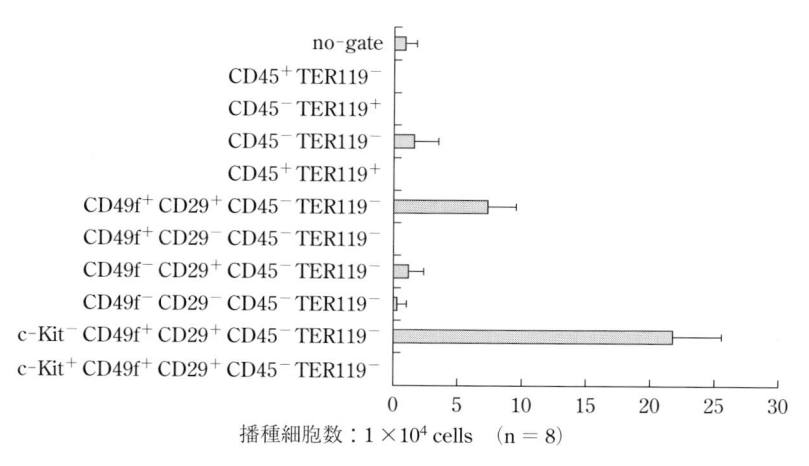

(b) 各細胞分画におけるクローン性コロニー形成率

図11.3 フローサイトメトリーを用いた肝幹細胞の分離〔文献4）より引用〕

した肝細胞集団のなかから少数しか存在せず，かつ形態によって区別することが難しい肝幹細胞（hepatic stem cell）を純化・回収し，それらの機能解析を行うことを試みている。まず，肝幹細胞の解析系として in vitro におけるコロニーアッセイ法を確立し，クローン性コロニーを形成する胎仔肝細胞（hepatic colony forming unit in culture：H-CFU-C）を効率良く誘導可能な培養条件を見いだした[3]。このコロニー形成能を指標として，FACSで分離したマウス胎仔肝臓中のさまざまな細胞画分の増殖能について解析を行った。すなわち，胎仔肝臓中の非血球細胞画分（CD 45$^-$ TER 119$^-$ 細胞）における α6インテグリン（CD 49 f）と β1インテグリン（CD 29），さらに c-Kit（stem cell factor receptor）の発現を指標として，細胞を画分しコロニー形成能を検討した。その結果，c-Kit$^-$ CD 49 f$^+$ CD 29$^+$ CD 45$^-$ TER 119$^-$ 細胞画分中に，増殖能の高い細胞が限定的かつ高頻度に存在することが明らかとなった（図11.3）。

この細胞の多分化能について，1個の c-Kit$^-$ CD 49 f$^+$ CD 29$^+$ CD 45$^-$ TER 119$^-$ 細胞から派生したコロニーにおける分化マーカーの発現を検討した結果，肝細胞マーカーと胆管細胞マーカーを発現した細胞がそれぞれ存在することが確認された（図11.4）。したがって，c-Kit$^-$ CD 49 f$^+$ CD 29$^+$ CD 45$^-$ TER 119$^-$ 細胞は，肝細胞と胆管細胞の二種類の異なった細胞に分化可能で多分化能をもっていることが明らかとなった[4]。

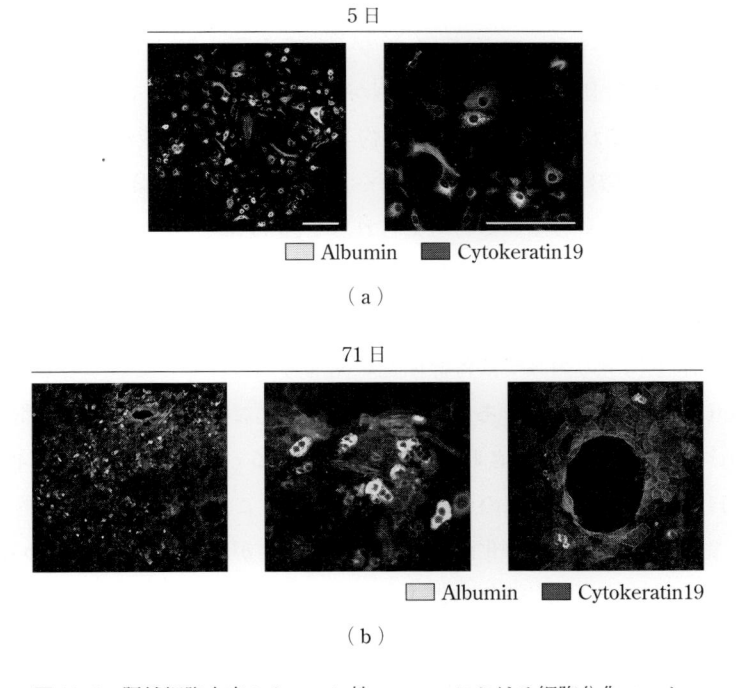

図11.4 肝幹細胞由来のクローン性コロニーにおける細胞分化マーカーの発現解析（口絵22参照）〔文献4）より引用〕

また，胎仔肝細胞を前処置を施したレシピエント脾臓内へ移植し，長期間にわたる組織再構築能を検討可能な実験系を確立した．その結果，移植されたドナー細胞はレシピエント脾臓内で増殖し，肝小葉的構築を少なくとも120日以上にわたって維持することが判明した．同様の実験系を用いて c-Kit$^-$CD 49 f$^+$CD 29$^+$CD 45$^-$TER 119$^-$ 細胞の機能解析を行ったところ，ほかの細胞画分を移植した場合には生着はまったく確認されなかったのに対し，この細胞画分を移植した場合にのみドナー由来細胞による肝組織の再構築が確認された．

これらの結果は，マウス胎仔肝臓内の c-Kit$^-$CD 49 f$^+$CD 29$^+$CD 45$^-$TER 119$^-$ 細胞中に高い増殖能と多分化能，さらに長期組織再構築能をもった多能性肝幹細胞が存在することを強く示唆する[5],[6]．$\alpha 6\beta 1$ インテグリン（CD 49 f$^+$CD 29$^+$）は，門脈周囲に限局して存在する細胞外マトリックスであるラミニンに特異的なレセプターである．したがって，この細胞は，肝幹細胞が存在するのではないかと予測されている門脈周囲に存在する細胞であると考えられ，妥当な結果であるといえる．

11.6　肝幹細胞の純化と自己複製

c-Kit$^-$CD 49 f$^+$CD 29$^+$CD 45$^-$TER 119$^-$ 細胞は，胎仔肝臓中の約4～5％を占める細胞群であるが，さらに細胞表面マーカーを追加して細胞分離の精度を上げ，胎仔肝臓中の約0.3％を占めるにすぎないマイナーなポピュレーションである c-Met$^+$c-Kit$^-$CD 49 f$^{+/low}$CD 29$^+$CD 45$^-$TER 119$^-$ 細胞に限定して同様の細胞が高頻度に存在することを明らかにしている（図11.5）[5]．そして，これらの細胞の一部（約2％）は，多分化能を維持したまま6か月以上にわたり in vitro で増殖可能なことがクローンソーティングを繰り返す実験により証明されており，自己複製能を有していると考えられる（図11.6）．また，これらの細胞に培養系でレトロウイルスベクターを用いて遺伝子を導入し，肝臓組織や胆管組織を再構築することも可能としている（図11.7）．

さらに，幹細胞生物学の領域では各幹細胞が従来考えられていたよりも幅の広い分化の可塑性（plasticity）を有すること，あるいは，より未分化な各臓器共通の幹細胞が存在することが示唆されている[6]～[10]．純化された肝幹細胞である c-Met$^+$c-Kit$^-$CD 49 f$^{+/low}$CD 29$^+$CD 45$^-$TER 119$^-$ 細胞のもつ分化の可塑性を解析したところ，肝臓と発生学的由来が近縁の膵臓，小腸，胃などへの潜在的分化能を有していることが判明した[5]．すなわち，c-Met$^+$c-Kit$^-$CD 49 f$^{+/low}$CD 29$^+$CD 45$^-$TER 119$^-$ 細胞は，培養系において膵臓・小腸・胃などの分化マーカーを発現し，腸管粘膜下や膵管内に移植すると腸管上皮細胞や膵細胞へ分化することが可能であることが示されている（図11.7）．

すなわち，高い増殖能，多分化能，自己複製能，可塑性，長期組織再構築能などを兼ね備

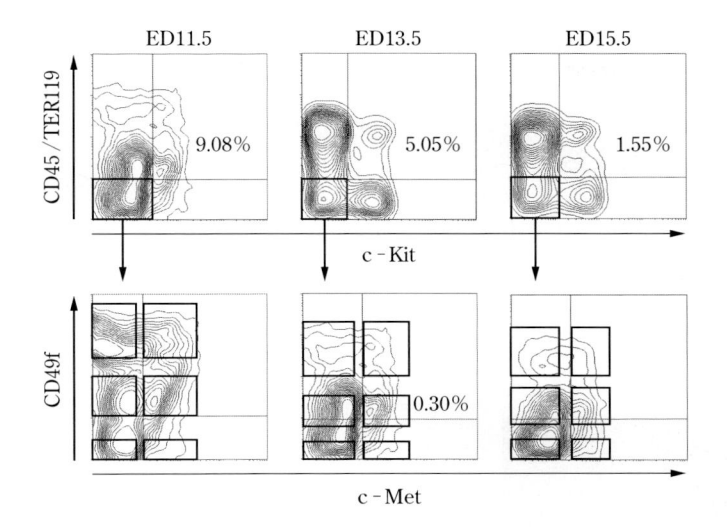

(a) マウス胎仔肝臓細胞における c-Met の発現解析

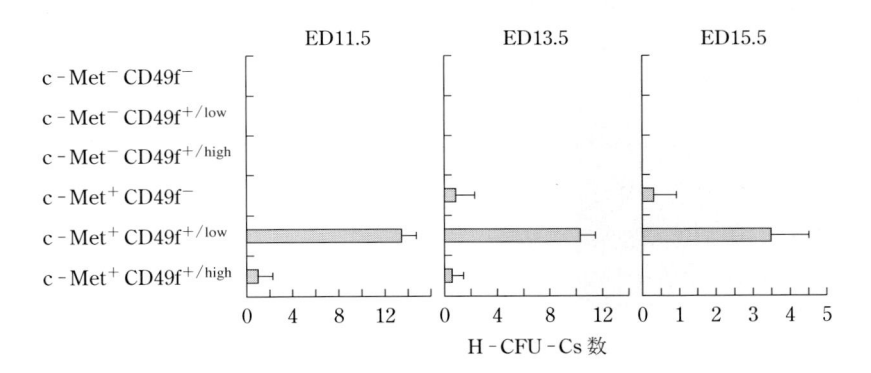

(b) 各細胞分画におけるクローン性コロニー形成率

H-CFU-C は hepatic colony forming unit in culture。培養開始後 5 日目に 100 個以上の細胞に分裂することが可能な高増殖能を有する肝前駆細胞。ED は embryonic day。

図 11.5 肝幹細胞の純化〔文献 5) より引用〕

えた肝幹細胞が同定・分離されたといえる。今後，この細胞のプロスペクティブな解析系を用いて肝幹細胞の分化・増殖・自己複製機構を解明するとともに，肝臓における幹細胞システムの制御をいかに人為的に行えばよいのかを，複数のアプローチで検討していくことが重要である。

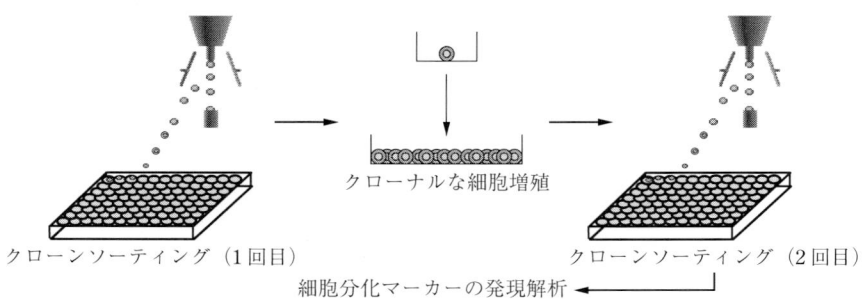

242   11. 消化器領域における幹細胞分離と医療応用

(a) 自己複製能を証明するための実験系

コロニー番号	ラミニンコートウェル 1 2 3 4 5 6 7 8 9 10 11 12	%
Hepatocyte markers		
albumin	＋＋＋＋＋＋＋－＋＋＋	91.7
α-fetoprotein	＋＋＋＋＋＋＋－＋＋＋	91.7
α-1-antitrypsin	－＋－－－－－－＋－－	16.7
glucose-6-phosphatase	＋＋＋＋＋＋＋＋－＋＋	91.7
dipeptidylpeptidase IV	＋＋＋＋＋＋＋＋＋＋＋＋	100
tryptophan-2, 3-dioxygenase	＋－－－＋－＋－－－－	25.0
Cholangiocyte markers		
cytokeratin 19	＋＋＋＋＋＋＋＋＋＋＋＋	100
thymosin β4	＋＋＋＋＋＋＋＋＋＋＋＋	100
biliary glycoprotein	＋＋＋＋＋＋－＋＋＋＋＋	91.7
γ-glutamyltranspeptidase	＋＋＋＋＋＋＋－＋－＋＋	83.3
vinculin	＋＋＋＋＋＋＋＋＋＋＋＋	100
Miscellaneous		
cytokeratin 18	＋＋＋＋＋＋＋＋＋＋＋＋	100
cytokeratin 8	＋＋＋＋＋＋＋＋＋＋＋＋	100
HNF-4	＋＋＋＋＋＋＋＋＋＋＋＋	100
TTR	＋＋＋＋＋＋＋＋＋＋＋＋	100
c-met	＋＋＋＋＋＋＋＋＋＋＋＋	100
HPRT	＋＋＋＋＋＋＋＋＋＋＋＋	100
Hepatocyte functional genes		
tryptophan-2, 3-dioxygenase	＋－－－＋－＋－－－－	25.0
glutathione S-transferase	－－＋＋－－－＋＋＋＋	58.3
glutamine synthetase	－＋＋－－＋－＋－＋－	50.0

(b) クローンソーティング（2回目）で形成されたクローン性コロニーにおける細胞分化マーカーの発現解析

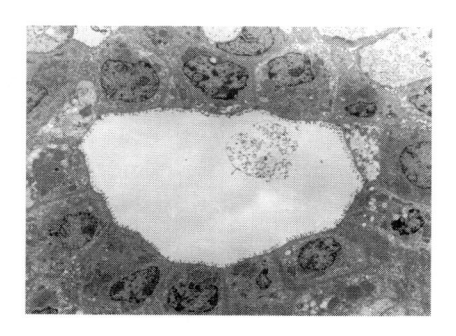

(c) クローンソーティング（2回目）で形成されたクローン性コロニー内に形成された胆管様構造の電子顕微鏡像

図 11.6 純化された肝幹細胞の自己複製〔文献5) より引用〕

11.6 肝幹細胞の純化と自己複製　243

EGFP-トランスジェニックマウス

EGFP$^+$ c-Met$^+$ CD49f$^{+/low}$
c-Kit$^-$ CD45$^-$ TER119$^-$
細胞のクローンソーティング

培養系における幹細胞クローンの増幅

細胞移植

レトロウイルスベクターによる遺伝子導入

H-CFU-C

EGFPでマーキングされたH-CFU-C

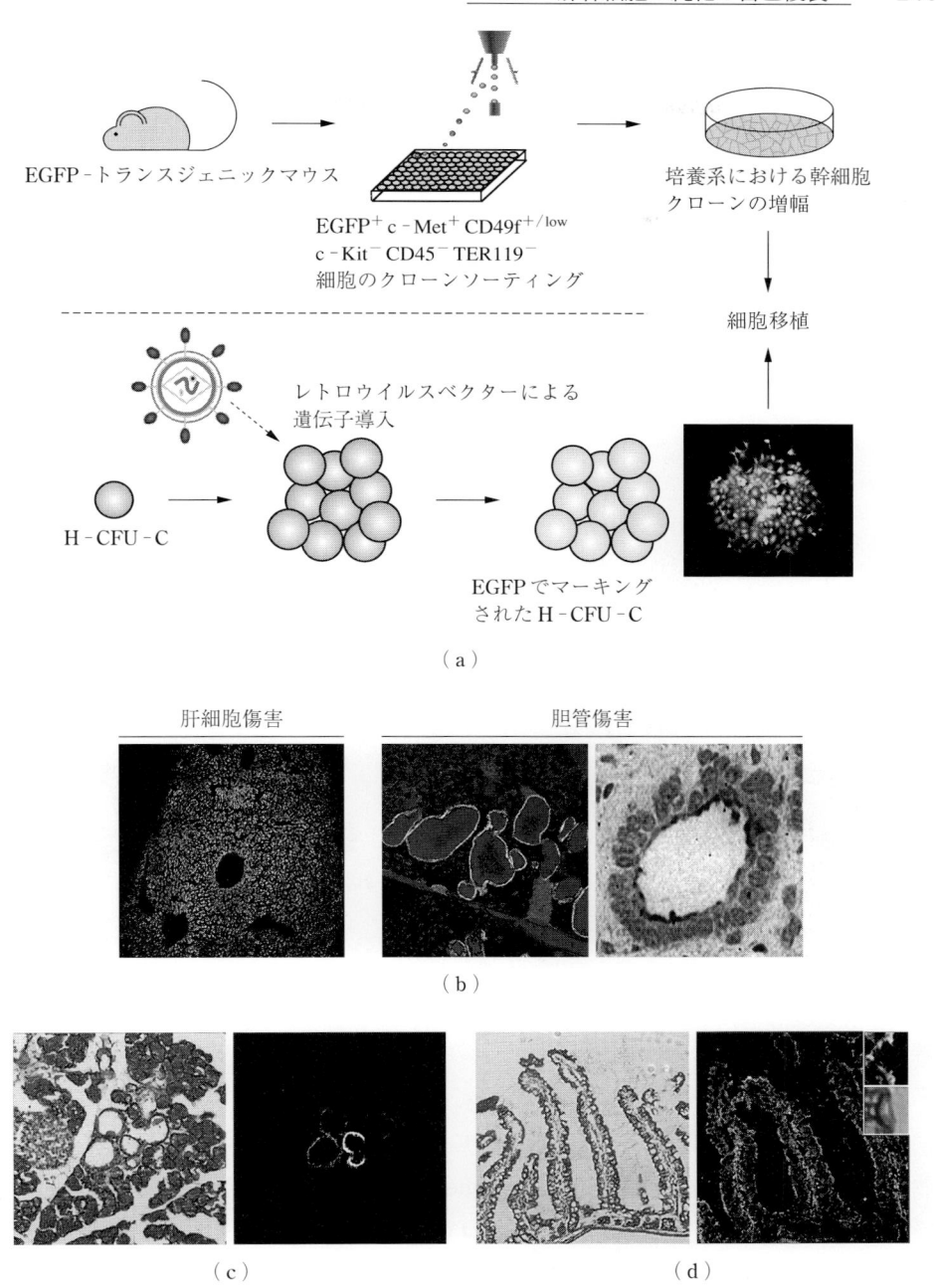

(a)

肝細胞傷害　　　　胆管傷害

(b)

(c)　　　　(d)

図11.7 図（a）はマーキングされた肝幹細胞を用いた細胞移植〔文献5）より一部改変〕。図（b）はマーキングされた肝幹細胞由来の肝小様構造と胆管構造。胆管構造内部には粘液の分泌が観察される。図（c）はマーキングされた肝幹細胞由来の腸管上皮細胞。図（d）はマーキングされた肝幹細胞由来の膵管上皮細胞（図（b）～（d）は口絵23参照）。

11.7 膵臓における組織幹細胞の分離・同定

膵臓を構成する細胞には，ランゲルハンス氏島（膵島）を形成する4種類の内分泌細胞（β細胞，α細胞，δ細胞，γ（PP）細胞），外分泌細胞，膵管細胞がある。これらの複数の細胞群は，すべて膵幹細胞（pancreatic stem cell）から分化・派生してくるものと考えられている（図11.8）。

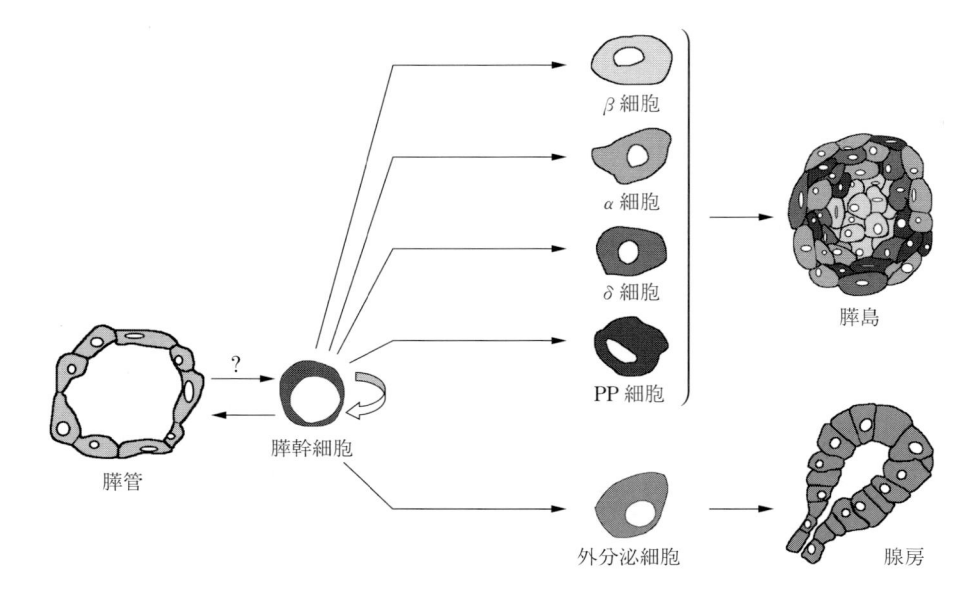

図11.8 膵臓における幹細胞システム

FACSと蛍光標識モノクローナル抗体を用いた造血幹細胞や肝幹細胞の分離法と同様の実験手法を用いて，単離した膵細胞集団のなかから少数しか存在せず，かつ形態によって区別することが難しい膵幹細胞を分離・回収し，それらの機能解析を行うことを試みられている。まず，膵幹細胞の解析系として in vitro におけるコロニーアッセイ法を確立し，クローン性コロニーを形成する新生仔膵細胞（epithelial-like colony：EC）を効率良く誘導可能な培養条件を見いだした（図11.9）[11]。このコロニー形成能を指標として，FACSで分離したマウス新生仔膵臓中のさまざまな細胞画分の増殖能について解析を行った。すなわち，胎仔肝臓中の非血球細胞画分（CD 45$^-$TER 119$^-$細胞）における c-Kit（stem cell factor receptor）と c-Met（hepatocyte growth factor receptor）の発現を指標として細胞を画分化し，コロニー形成能を比較検討した。その結果，c-Kit$^-$c-Met$^+$CD 45$^-$TER 119$^-$細胞画分中に，増殖能の高い細胞が限定的かつ高頻度に存在することが明らかとなった（図

11.7 膵臓における組織幹細胞の分離・同定　　*245*

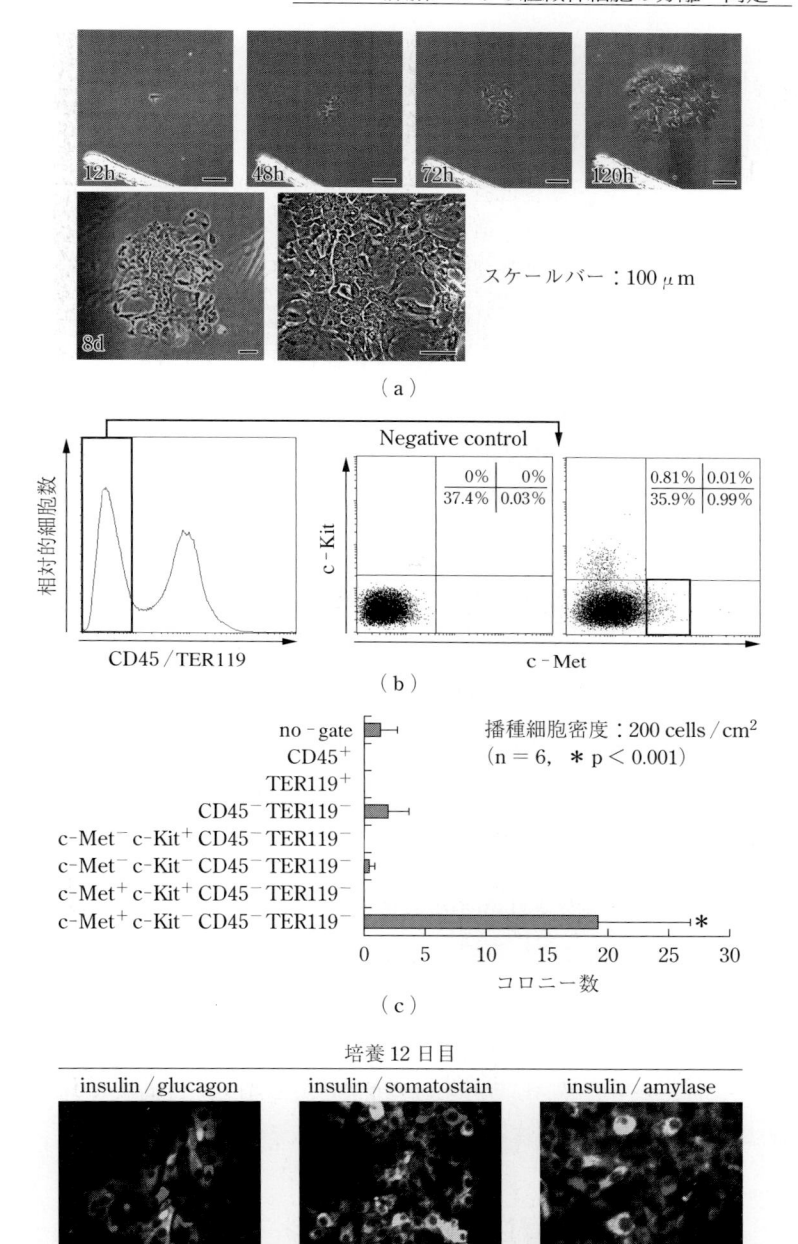

図11.9　図（a）は膵幹細胞由来のクローン性コロニー〔文献12）より引用〕。図（b）は細胞表面分子の発現に基づくマウス新生仔膵臓細胞の分画化。図（c）は各細胞分画におけるクローン性コロニー形成率。図（d）はクローン性コロニーにおける細胞分化マーカーの発現解析（口絵24参照）〔文献12）より引用〕。

11.9 (b), (c))[12]。

この細胞の多分化能について，1個のc-Kit⁻c-Met⁺CD 45⁻TER 119⁻細胞から派生したコロニーにおける分化マーカーの発現を検討した結果，インスリン，グルカゴン，ソマトスタチンなどの膵内分泌細胞マーカー，アミラーゼなどの膵外分泌細胞マーカー，サイトケラチン19などの膵管上皮細胞マーカーを発現した細胞がそれぞれ存在することが確認された（図11.9（d））。したがって，c-Kit⁻c-Met⁺CD 45⁻TER 119⁻細胞は，膵臓を構成する複数の異なった細胞系列に分化可能で多分化能をもっていることが明らかとなった。

さらに，新生仔膵臓におけるc-Metの発現部位を検討したところ，膵前駆細胞の予想存在部位である膵管上皮の一部とともに，血管内皮細胞の一部にも発現が認められることが判明した。そこで，細胞分離の精度を上げることを目的として，c-Kit⁻c-Met⁺CD 45⁻TER 119⁻細胞をさらに血管内皮細胞マーカーであるFlk-1の発現に基づいて，c-Kit⁻c-Met⁺Flk-1⁺CD 45⁻TER 119⁻細胞とc-Kit⁻c-Met⁺Flk-1⁻CD 45⁻TER 119⁻細胞に分けて解析を行ったところ，クローン性コロニー形成能を有する細胞はc-Kit⁻c-Met⁺Flk-1⁻CD 45⁻TER 119⁻細胞画分中にのみ存在することが明らかとなった。これらの細胞の一部は，多分化能を維持したまま長期間にわたり，*in vitro*で増殖可能なことがクローンソーティングを繰り返す実験により証明されており，自己複製能を有していると考えられる。すなわち，FACSによる精度の高い細胞分離法を用いて，ほかの組織と同様，膵幹/前駆細胞が分離・同定されたといえる[12]。

これらの細胞に培養系でレトロウイルスベクターを用いて遺伝子を導入し移植を行ったところ，膵臓組織の一部が再構築されることが明らかとなった。さらに，この膵幹/前駆細胞の有する可塑性を解析したところ，膵臓と発生学的由来が近縁の肝臓，小腸，胃などへの潜在的分化能を有していることが示唆された。すなわち，クローナルな培養系において，各種膵細胞の分化マーカーだけでなく，肝臓・胆管・小腸・胃などの分化マーカーを発現することが確認された。従来から膵臓内には肝細胞に分化できる細胞が含まれることが示唆されており[13]，膵幹細胞もほかの消化器官への可塑性を有すると考えられる。

11.8 消化器官における幹細胞システムの階層性

このように肝臓と膵臓の幹細胞が類似した表現型を示し，ともにほかの消化器官への可塑性を有していることが解明されつつあるが，腸管および唾液線の幹/前駆細胞においても同様の可塑性が存在することが明らかとなりつつある。すなわち，消化器系においては「幹細胞システムの階層構造」というモデルで可塑性を説明できる可能性がある（図11.10）。

食物の消化・吸収・代謝という一連の消化機能は，腸管・肝臓・膵臓・唾液腺など複数の

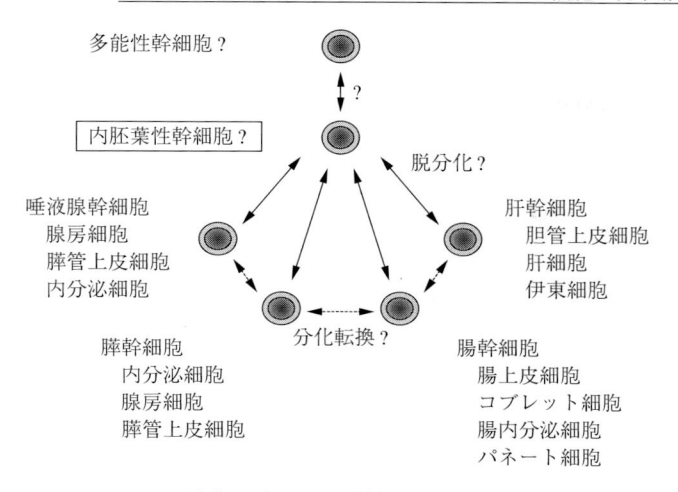

図 11.10 消化器系における幹細胞システムの階層性

臓器によって担われているのが大きな特徴である。幹細胞システムの制御機構が機能の恒常性維持を主軸に構成されているとすれば，消化器官においては各臓器間の相関・連携に基づく細胞社会の調和を制御するメカニズムが存在すると仮定することができる。幹細胞システムの階層構造は，このような消化器系の特徴を理解するうえでは重要な考え方である。また，発生学的には肝臓や膵臓などはすべて前腸からの出芽（budding）により形成されることから，特に胎仔の腸管には，腸・肝臓・膵臓に共通する内胚葉性幹細胞（endodermal stem cells）が存在することが示唆されている。

11.9 腸管細胞を用いたインスリン産生細胞の分化誘導

消化器系（digestive system）の成り立ちが，幹細胞システムの階層構造に基づいているとすれば，細胞分化の可塑性は比較的生じやすいことが予測される。実際，胃・十二指腸・空腸などには開腹手術例の1.1％，剖検例のじつに2.5％に異所性膵臓（ectopic panncreas）が認められるという臨床的観察が存在し，腸管から膵臓への可塑性が高い頻度で生じることが推察される[14]。

われわれは，未分化な腸管上皮細胞の有する可塑性を利用したインスリン産生細胞の異所的な分化誘導を試みている[15]。もともと，腸管上皮には腸内分泌細胞（enteroendocrine cells）が存在し，グルカゴン・セロトニン・ガストリン等の多種類（17種類といわれている）に及ぶホルモンを産生している。これらの腸内分泌細胞は膵内分泌細胞と同じくneurogenin 3（ngn 3）陽性細胞を介して分化することが報告されており[16]，膵内分泌細胞と発生学的に近縁の細胞系列であることが推測されている（**図11.11**）。通常，この腸内分泌細

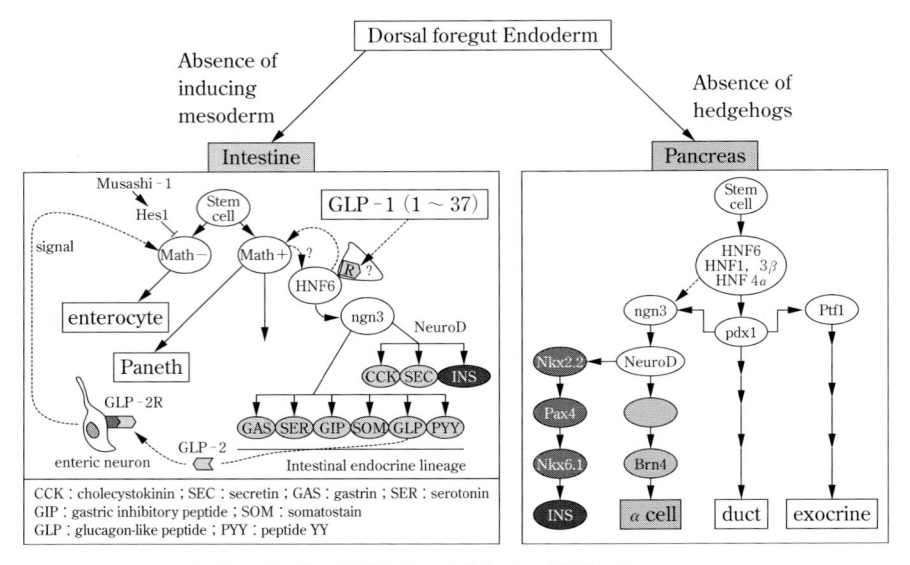

図 11.11 腸管上皮細胞と膵臓細胞の分化経路の類似性〔Marjorie, J. et al：Neurogenin 3 is differentially required for endocrine cell fate specification in the intestinal and gastric epithelium, EMBO. J., **21**, pp.6338-6347 (2002), Jason, C. et al：The intestinal stem cell niche：There grows the neighborhood, PNAS, **98**, pp.12334-12336 (2001) より転載〕

胞がインスリンを分泌することはないが，glucagon-like peptide-1（1〜37）を作用させることによりインスリン分泌能を誘導することが可能である。

　胎生 17.5 日マウスの十二指腸・小腸・膵臓・肝臓・膵臓からそれぞれ細胞を単離し，GLP-1（1〜37）を 5, 10, 50 nmol/L 添加し 8 日間の培養を行い，インスリンや各種転写因子の発現を半定量 RT-PCR・免疫染色法にて解析した。その結果，小腸上皮細胞においてのみ，用量依存的な GLP-1（1〜37）添加によるインスリン遺伝子発現の誘導活性が観察された（図 11.12（a））。さらに，ngn 3, neuroD, pax 4, nkx 6.1, hnf 6 などの膵 β 細胞の分化・成熟に重要な転写因子の発現誘導が観察された。Pdx-1 は，胎生期の小腸上皮細胞においてはつねに発現していた。GLP-1（1〜37）によるインスリンならびに転写因子群の発現誘導作用は exendin（9〜39）により阻害された。また，GLP-1（7〜36），GLP-1（7〜37），betacellulin, activinA, HGF, VEGF 添加によるインスリンならびに転写因子群の発現誘導作用は認められなかった。したがって，小腸上皮細胞におけるインスリン発現の誘導は GLP-1（1〜37）に特異的な作用であることが示唆された。

　培養液中にグルコースを添加しインスリン分泌量の変化を ELISA 法で測定したところ，インスリンは培養液中に分泌されており，グルコース添加により分泌量がわずかではあるが増加することが判明した（図 11.12（b））。この培養系はクルードな初代培養系であるため，単一細胞当たりのインスリン分泌能を膵 β 細胞と比較することは困難である。小腸上皮

11.9 腸管細胞を用いたインスリン産生細胞の分化誘導

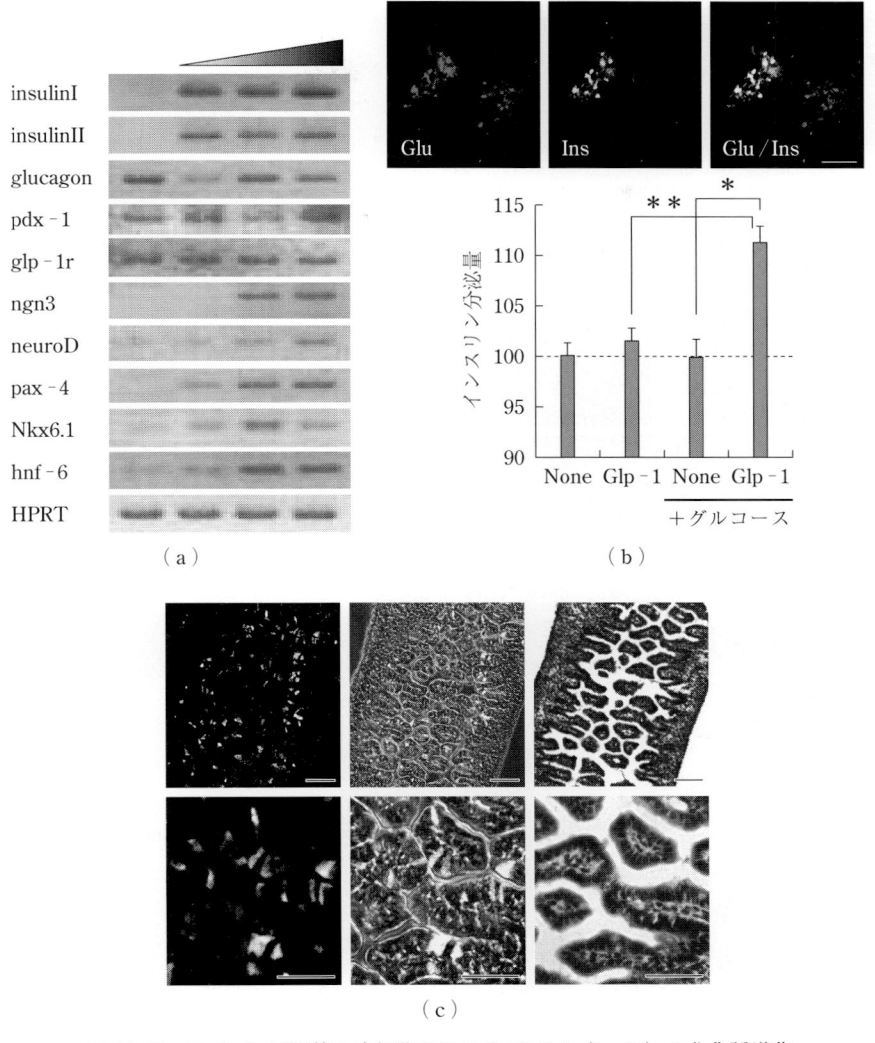

図11.12 図（a）は腸管上皮細胞におけるGLP-1（1〜37）の分化誘導作用。図（b）は腸管上皮細胞由来インスリン産生細胞の機能解析。図（c）は生体内におけるGLP-1（1〜37）の分化誘導作用。緑色はインスリン（口絵25参照）〔文献15）より引用〕。

細胞から分化誘導されたインスリン産生細胞の機能解析は今後の課題である。さらに，GLP-1（1〜37）の生体内誘導活性を検証するため，妊娠10.5日マウスへの連日投与（9日間）を行い，出生した新生仔の腸管上皮におけるインスリン発現を免疫染色法により検討した。その結果，特に空腸上皮細胞の一部に散在性にインスリン産生細胞が存在することが観察された（図11.12（c））。GLP-1（1〜37）存在下にコラーゲン包埋器官培養を行った胎仔小腸の糖尿病マウスへの腹腔内移植による治療効果を検討したところ，明らかな血糖降下

作用および体重減少の抑制作用が確認された(**図 11.13（a）**)．治療効果が認められた糖尿病マウスから移植した空腸組織片を摘出しインスリンの免疫染色を行ったところ，腸管由来のインスリン分泌細胞によるクラスターが形成されていることが判明した(図 11.13（b）)．

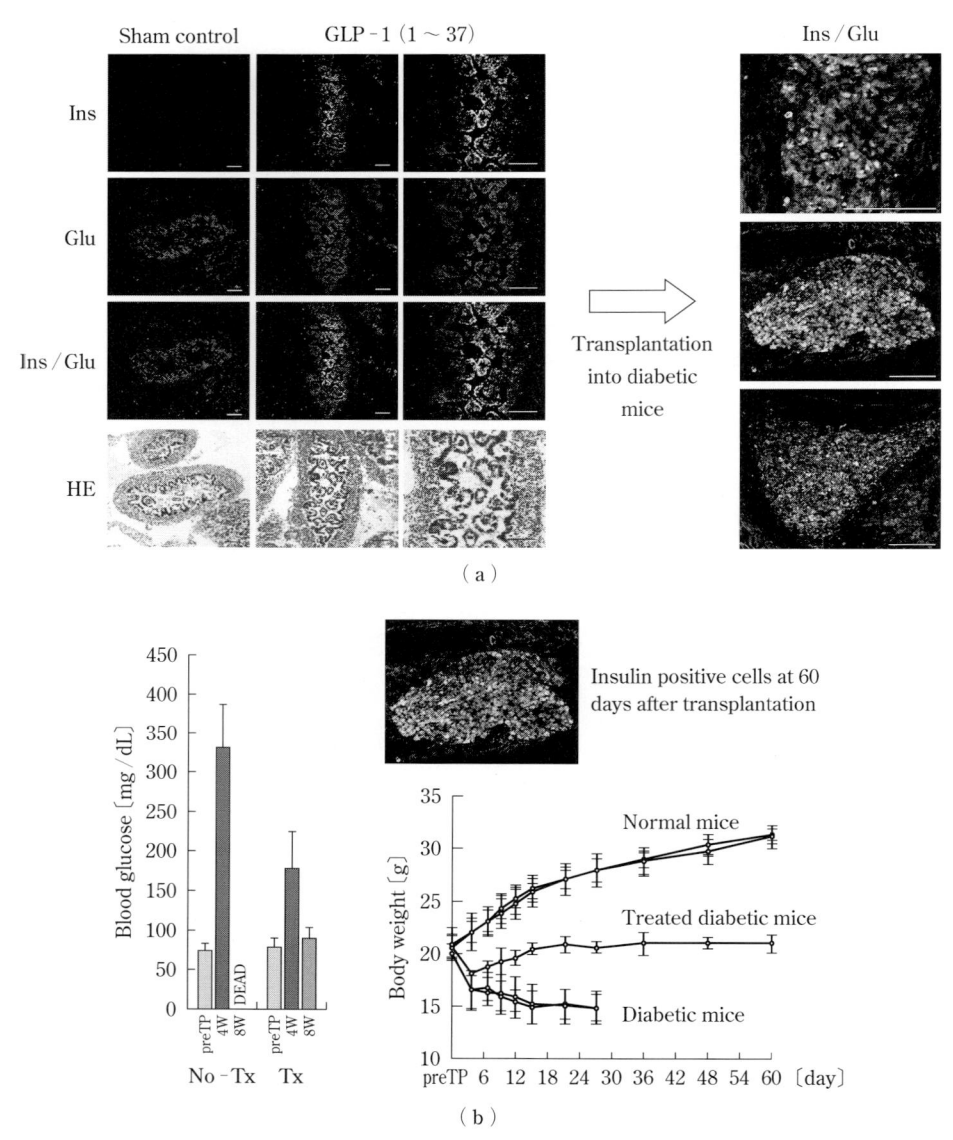

(a)

(b)

図 11.13 図（a）は糖尿病マウスに移植された腸管上皮細胞由来インスリン産生細胞によるクラスター形成．GLP-1（1～37）添加による器官培養のあと，糖尿病マウスに移植されたマウス胎仔腸管における腸管上皮細胞由来インスリンおよびグルカゴン産生細胞によるクラスター形成．図（b）は腸管上皮細胞由来インスリン産生細胞による治療効果（口絵 26 参照）〔文献 15〕より引用〕

このように，GLP-1（1～37）の作用により小腸上皮細胞においてインスリン分泌細胞が分化誘導されることが示された．すなわち，成熟した腸内分泌細胞をインスリン産生細胞へと分化転換させる，もしくは腸幹細胞あるいはより未分化な内胚葉系幹細胞からインスリン産生細胞を新たに分化誘導することを人為的に制御できる可能性がある．

11.10 再生医学の方法論

発生生物学や幹細胞生物学における中心的命題は，「部分」から「全体」ができあがるしくみを明らかにすることである．すなわち，受精卵や幹細胞という「部分」から，個体や臓器という「全体」が創り出されるプロセスを解明することが学問的ゴールである．現時点においてこれらの研究は，ようやく緒についたという発達段階にあり，再生医学もこれに同調しつつ進歩しているため，現時点における方法論は限られたものでしかない．現在の到達点を確認し，臨床的有益性を真摯に検証するとともに，今後の展開について思案を巡らせることこそが最も重要な作業であろう．

11.10.1 幹細胞移植

造血幹細胞移植による造血系の再構成が臨床的に確立されているように，幹細胞移植は再生医学の方法論として最重要視されてきた．ところが，移植前処置として致死量の放射線照射や大量化学療法が必要であることから推測されるように，幹細胞が生着し再構成に至る条件として，重度組織傷害の存在が必須であることがほかの幹細胞においても確認されてきた．したがって人為的に重度の臓器障害を惹起させることに対する妥当性，幹細胞移植による治療効果の確実性，一時的な臓器機能補助療法に関する信頼性などが十分に担保される必要性があり，臨床的な期待度は一歩後退しているのが現状である．

今後，幹細胞の生着・分化・増殖等に有利な微小環境が存在する疾患や病態を選択すること，すなわち，臨床的に適応を絞ることが重要な視点となっていくことが予想される．また，本質的には幹細胞移植から組織移植へとステップアップするための技術開発が重要な課題となっていくと考えられる．一方，幹細胞からの直接的な再構成ではなく，血管新生因子の分泌能を有する骨髄単核球を用いた血管新生療法などに進歩がみられており，細胞移植による間接的サポートを介した再構成という手法は進展する可能性がある．

11.10.2 内在性幹細胞/前駆細胞の分化増殖の誘導

現在，granulocyte-colony stimulating factor（G-CSF），erythropoietin（EPO）などの各種増殖因子の投与による造血前駆細胞に対する再生誘導療法が実践されており，臨床的

に目覚ましい恩恵をもたらしている。今後このような内在性の自己幹細胞/前駆細胞の分化制御による"再構成"という治療概念を，肝臓，膵臓，心臓などのような固形臓器を対象として実現化させることが重要な研究課題である。さまざまな臓器不全症における一時的機能補助療法の進歩を背景として，自己臓器の再生誘導療法の開発が重要な臨床的課題となっていくことが予想される。造血系における増殖因子の臨床応用の成功は，造血幹細胞の分化・増殖機構の理解を背景として達成されたことは明らかであり，固形臓器における同様の基盤科学の発展が必須であるといえる。

11.10.3 幹細胞の可塑性を利用した再生誘導

さまざまな幹細胞が，従来考えられていたよりも幅の広い分化の可塑性（plasticity）を有すること，あるいは成熟分化した細胞が未分化性を再獲得することなどが示唆されている。これらの学問的な新知見が，再生医学における革新的方法論の開発へと発展しつつある。すなわち，疾患臓器そのものではなく患者自身の他臓器中に存在する幹細胞を標的とした分化転換の誘導という手法である。例えば，造血幹細胞による肝臓の再構築や[7]，肝臓や腸管におけるインスリン分泌細胞の異所性分化誘導による糖尿病治療などが報告されている[15),17)]。このような生理的条件下では低い頻度でしか生じていない現象を，人為的に最大化することが可能となりつつある。その一例として，glucagon-like peptide-1 という生理活性ペプチドを作用させることにより，腸管上皮細胞においてインスリン分泌細胞を誘導することが可能であることが示されている[15)]。

11.10.4 胚性幹細胞の分化誘導

ヒト胚性幹細胞（embryonic stem cell：ES 細胞）の樹立法が確立されたことから，ES 細胞から移植治療用のさまざまな細胞を細胞工学的アプローチにより工業的に生産することが，現実的な目標として掲げられるようになっている。実際，血液・神経・心筋細胞・膵 β 細胞などでは，ES 細胞の分化誘導系が確立されつつある。実験の再現性などに関する科学的な議論は必要ではあるが，全体として研究は着実に進展している。最近，核移植というクローン技術を用いたヒトクローン ES 細胞の樹立が報告された[18)]。この技術により，患者自身の遺伝情報を有した ES 細胞が樹立できることが実現化したため，理論的には拒絶反応を起こすことのない自己細胞を無限に供給可能な技術基盤が形成されたといえる。一方，クローン技術を用いたとしても，任意の提供者からの卵子は必要であり，ヒト胚操作に関する倫理的議論を深めていくことが社会的に必須である。

11.11 将来の展望

　現時点において，幹細胞生物学の知見の多くは細胞レベルの理解にとどまっている。すなわち，一つの幹細胞から複数の異なる機能細胞が分化・派生することが解明されているのにすぎない。今後，これら複数の細胞群，さらに複数の異なる幹細胞システムどうしが，どのようなメカニズムに基づいて統合されつつ，組織や臓器を立体的な構造をとりつつ構成していくのかを明らかにすることが必要である。同様に，再生医学という観点からも，「何らかの手法で幹細胞から治療に有益な機能細胞を作り出す」ということが検討されているにすぎないのが現状である。しかし，肝細胞移植と肝臓移植の臨床的有効性を比較すれば明らかになるように，「細胞を利用する」という方法論には医療技術としての限界が存在する。すな

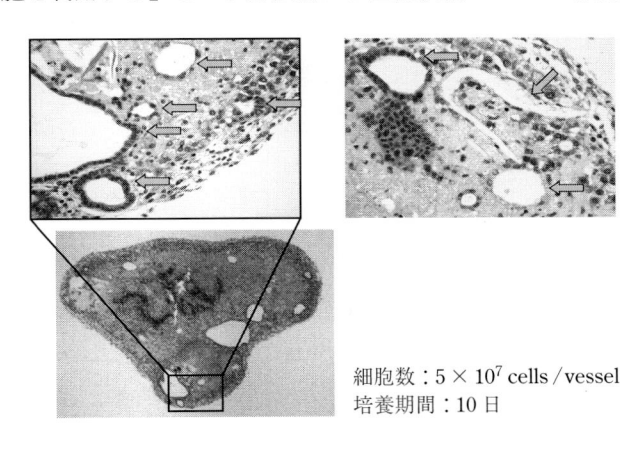

細胞数：5×10^7 cells/vessel
培養期間：10日

（a）微少重力培養装置を用いて再構成された肝組織スフェロイド

連続組織切片の観察 H&E Stain

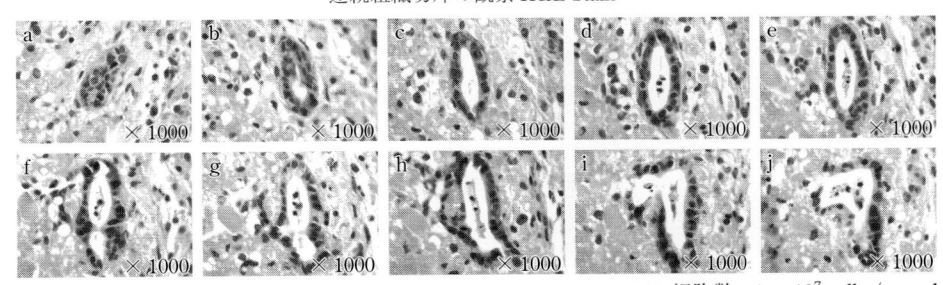

細胞数：1×10^7 cells/vessel
培養期間：10日

（b）三次元的に再構成された胆管構造

図 11.14　単離した細胞群から三次元的な組織構造を再構成

わち，今後の再生医学は，幹細胞を用いて高次組織や臓器を再構成することを指向するようになっていくと思われる。例えば，米国航空宇宙局（NASA）により，微小重力環境における三次元培養法による組織工学に関する研究がすでに開始されている。実際，地上で模擬微小重力環境を創出することができる回転培養装置を利用して，単離した細胞群から三次元的な組織構造を再構成できることが明らかとなっている（図11.14）。実際の個体発生や器官形成が，子宮内羊水中という模擬微小重力環境において進行することを考えると，斬新なトライアルとして今後の発展が期待できると考えられる。

　肝臓や心臓などの血管構築を伴った複雑な構造を有する臓器を作り出すことについては，実現化までにまだ大きな距離があると思われる。しかし，例えば膵幹細胞から複数種類の内分泌細胞を分化誘導し，それらを三次元的に再構成して組織化を行い，膵ランゲルハンス氏島（膵島）を人為的に作り出すというような，「微小組織エレメントの創出」については，近未来における実現化の可能性を有する手法として大きな期待がもてる。

11.12　お わ り に

　20世紀の臨床医学の一つの成果として，腎不全患者に対する人工腎臓（血液透析）と腎臓移植の関係に代表されるように，人工臓器と臓器移植が車の両輪のごとく臓器不全症の治療を支えるという，医療体系が構築されてきた。すなわち"臓器の置換"という治療概念である。ところが，移植用臓器の絶対的な不足や，完全埋込み型人工臓器の開発における技術的限界などが明らかになっており，今後の飛躍的な進展を期待することは困難になりつつある。人工臓器による機能補助を行いつつ再生誘導療法を実施し，それでも機能回復が認められない場合に臓器移植を行うといった，より多くの選択肢を有するより強固な医療体系の構築が目指されるべきである。このような融合的な医療体系を構築することができれば，移植用臓器の絶対的な不足という問題点を間接的なアプローチで解決できる日がくるかもしれない。再生医学の臨床的な位置づけを考えるうえで，重要な視点である。

引用・参考文献

1) Osawa, M., Harada, K., Hamada, H. and Nakauchi, H.：Long-term lumphohematopoietic reconstitution by a single CD 34-low/negative hematopoietic stem cell, Science, **273**, pp.242-245 (1996)
2) Taniguchi, H., Toyoshima, T., Fukao, K. and Nakauchi, H.：Presence of hematopoietic stem cells in the adult liver, Nature Medicine, **2**, 2, pp.198-203 (1996)
3) Taniguchi, H., Kondo, R., Suzuki, A., Zhen, Y., Takada, Y., Fukunaga, K., Seino, K.,

Yuzawa, K., Otsuka, M., Fukao, K. and Nakauchi, H. : Clonogenic colony forming ability of flowcytometrically isolated hepatic stem/progenitor cells in the murine fetal liver, Cell Transplantation, **9**, 5, pp.697-700 (2000)

4) Suzuki, A., Zhen, Y. W., Kondo, R., Kusakabe, M., Takada, Y., Fukao, K., Nakauchi, H. and Taniguchi, H. : Flowcytometric separation and enrichment of multipotent hepatic progenitor cells in mouse developing liver, Hepatology, **32**, 6, pp.1230-1239 (2000)

5) Suzuki, A., Zhen, Y.W., Kaneko, S., Onodera, M., Fukao, K., Nakauchi, H. and Taniguchi, H. : Clonal identification and characterization of self-renewing pluripotent stem cells in the developing liver, J. Cell. Biol. **156**, 1, pp.173-184 (2002)

6) Petersen, B.E., Bowen, W.C., Patrene, K.D. et al. : Bone marrow as a potential source of hepatic oval cells, Science, **284**, pp.1168-1170 (1999)

7) Lagasse, E., Connors, H., Al-Dhalimy, M. et al. : Purified hematopoietic stem cells can differentiate into hepatocytes in vivo, Nat. Med., **6**, pp.1229-1234 (2000)

8) Kondo, T. and Raff, M. : Oligodendrocyte precursor cells reprogrammed to become multipotential CNS stem cells, Science, **289**, pp.1754-1757 (2000)

9) Krause, D.S., Theise, N.D., Collector, M.I., Henegariu, O., Hwang, S., Gardner, R., Neutzel, S., Sharkis, S.J. : Multi-organ, multi-lineage engraftment by a single bone marrow-derived stem cell, Cell, **105**, 3, pp.369-377 (2001)

10) Jiang, Y., Jhangirdar, B.N., Reinhardt, R.l. et al. : Pluripotency of mesenchymal stem cells derived from adult marrow, Nature, **418**, pp.41-49 (2002)

11) Suzuki, A., Taniguchi, H. et al. : Establishment of clonal colony-forming assay system for pancreatic stem/progenitor cells, Cell Transplantation, **11**, pp.451-453 (2002)

12) Suzuki, A., Nakauchi, H. and Taniguchi, H. : Prospective isolation of multipotent pancreatic progenitors using flow-cytometric cell sorting, Diabetes, **53**, 8, pp.2143-2152 (2004)

13) Rao, M.S., Dwivedi, R.S., Yeldandi, A.V. et al. : Role of periductal and ductular epithelial cells of the adult rat pancreas in pancreatic hepatocyte lineage, A change in the differentiation commitment, Am. J. Pathol **134**, pp.1069-1086 (1989)

14) Nakao, T., Yanoh, K. and Itoh, A. : Aberrant pancreas in Japan. Review of the literature and report of 12 surgical cases, Med. J. Osaka. Univ., **30**, pp.57-63 (1980)

15) Suzuki, A., Nakauchi, H. and Taniguchi, H. : Glucagon-like peptide-1 (1-37) converts intestinal epithelial cells into insulin-producing cells, Proc. Nat. Acad. Sci. USA., **100**, pp. 5034-5039 (2003)

16) Jenny, M., Uhl, C., Roche, C. et al. : Neurogenin 3 is differentially required for endocrine cell fate specification in the intestinal and gastric epitheliumm, EMBO J., **21**, pp.6338-6347 (2002)

17) Kojima, H., Fujimiya, M., Matsumura, K. et al : NeuroD-betacellulin gene therapy induces islet neogenesis in the liver and reverses diabetes in mice, Nat. Med., **9**, 5, pp.596-603 (2003)

18) Hwang, W.S., Ryu, Y.J., Park, J.H. et al : Evidence of a pluripotent human embryonic stem cell line derived from a cloned blastocyst, Science, **12**, 303, pp.1669-1674 (2004)

索　引

【あ】
アクチビン　208
アストロサイト　109, 195
アストロタクチン　119
アニマルキャップ　90
アニマルキャップアッセイ　92, 208
アフリカツメガエル　112, 164, 208

【い】
位置価　22, 71
一次神経管形成　111
位置情報　23
　――の概念　20
位置情報回復の法則　23
位置情報モデル　11
位置番号　22
イモリ　172

【う】
ウォルフ管　205

【え】
遠位再生の法則　23
遠位尿細管　207
塩基性線維芽細胞成長因子　94
遠近軸　22
延髄　115

【お】
オーガナイザー　96
オリゴデンドロサイト　109

【か】
外顆粒層　119
介在挿入再生　22
外套層　117
海馬　121, 135
外胚葉　110
灰白質　118
蓋板　116
外分泌　103

【き】
角膜　163
下垂体原基　161
カドヘリン　114
顆粒細胞　119
幹細胞　4, 69, 152
間充織　141
桿状体視細胞　180
完全円周則　24
間脳　115
眼杯　168
眼胞　158, 168
間葉の上皮化　217

【き】
器官形成　90
器官培養　142
傷口の修復過程　33
傷修復　32
傷上皮　64
基節　28
キメラマウス　210
嗅覚　130
嗅神経　124
境界溝　119
境界モデル　24
極座標モデル　24
魚類　110
近位尿細管　207
筋衛星細胞　72

【く】
区画　24
クチクラ　21
グリア　109
クリスタリン　159
クロマトイド小体　5
クローン胚　223

【け】
形質転換成長因子-β　92
脛節　28
系統発生　132
血管新生　103
血管内皮細胞　103

血球血管芽細胞　103
結合組織　139
血島　103
原口上唇部　96
原腸形成　110
原腸胚　110

【こ】
虹彩　167
虹彩背側　165
後腎　100, 205
後腎間葉　205
後神経孔　114
コオロギの卵　26
個体発生　132
コンパートメント　24

【さ】
再生芽　5, 21, 64
　――の誘導　39
最短挿入則　24
細胞外凝集物質　33
細胞周期　117
細胞成長因子　90
細胞分化　90
砂嚢　140, 145
3,3′,5-triiodo-thyronine　45
サンドイッチ培養法　92
3齢の幼虫　37

【し】
視蓋　123
色素上皮　167
色素上皮細胞　171
糸球体　207
糸球体層　128
始原生殖細胞　8
視床　115
視床下部　115
嗅球　115
終脳　115
上衣下層　136
上衣細胞　109
上衣層　117

消化管	140	繊 毛	220	ニワトリ胚期ペプシノゲン	
消化器官	139	【そ】		遺伝子	142
小 腸	151			【ね】	
上皮-間充織相互作用	141	僧帽細胞層	128		
上皮細胞	207	足細胞	207, 219	ネフロン	207
上皮細胞増殖因子	28	【た】		【の】	
上皮組織	139				
腎移植	205	腿 節	28	脳	109
神経因子	69	大脳半球	115	脳梗塞	121
神経核	117	脱分化	39, 69	脳室層	117
神経芽細胞	119	多分化能	90	濃度勾配説	92
神経管	111, 167	【ち】		ノックアウトマウス	210
神経幹細胞	109, 185			【は】	
神経冠細胞	112	中 腎	100, 205		
神経溝	112	中腎管	206	胚性幹細胞	121, 210
神経褶	112	中心蝶番点	113	背側側方蝶番点	113
神経上皮	117	中枢神経	109	背腹軸	170
神経上皮細胞	187	中脳胞	115	パーキンソン病	121
神経組織	92	中胚葉	110, 140	白 質	118
神経胚	111	中胚葉組織	92	爬虫類	110
神経板	111	中胚葉誘導	94	【ひ】	
人工透析	205	鳥 類	110		
心 臓	98	【つ】		皮 質	117
心臓形成	98			皮質板	120
腎 臓	100	爪	28	ヒト ES 細胞	222
——の再生	225	【て】		【ふ】	
——の発生	204				
腎臓前駆細胞	225	底 板	116	附 節	28
【す】		転写因子	144	フタホシコオロギ	20
		転 節	28	プラナリア	1
水晶体	158	【と】		プルキンエ細胞	119
水晶体上皮	159			プロフェノールオキシダーゼ	
水晶体繊維	159	特異的遺伝子発現	150	（PPO）カスケード	33
膵 臓	102	ドナー	23	ブロモデオキシウリジン	135
【せ】		トリヨードチロニン	45	分化転換	175
		【な】		分泌シグナル分子	25
生殖顆粒	8			【へ】	
生殖細胞	8	内顆粒層	119		
生殖細胞連続説	17	内胚葉	110, 140	ペプシノゲン	140
成長因子	144	内胚葉器官	92	辺縁層	118
脊 索	110	内分泌	103	変 態	123
脊椎動物	110	【に】		ヘンレのループ	207
切断片	23			【ほ】	
ゼブラフィッシュ	161	二次神経管形成	111		
前 胃	140, 145	二重勾配説	92	放射状グリア	119
線維芽細胞成長因子	92	二分脊椎	114	放射状神経膠細胞	187
旋回培養	171	ニューロスフェア	193	ボウマン嚢	207
前後軸	22	ニューロン	109	ホスト	23
前 腎	100, 205	尿管芽	205, 207	哺乳類	109
前神経孔	114	ニワトリ	112		
前脳胞	115	ニワトリ胚	140		

【ま】

マウス	112

【み】

ミクログリア	109
脈管形成	103
ミューラーグリア細胞	171

【む】

無脳症	114
無尾両生類	63

【め】

メサンギウム細胞 207

【も】

網膜幹細胞	195
網膜原基	158
網膜色素上皮	163
網膜視神経細胞	168
網膜神経幹細胞	195
毛様体	167
毛様体辺縁部	174

【ゆ】

誘導	110
誘導能	143
誘導物質	90
有尾両生類	63

【ら】

ラトケ嚢	161

【り】

領域化	151
両生類	90, 110
菱脳胞	115

【れ】

レチノイン酸	76, 100
レチノイン酸受容体	216

【A】

Activin	90, 116
Activin レセプター	94
AEC 因子	67
AER	65
al	25
Angiopoietin	103
aristaless	25
armadillo	31

【B】

bFGF	94
BMP	15, 111, 145, 146
Bmp	39
BMP 4	214
BrdU	7, 135
bruno	8

【C】

caudal	31
CdxA	146
Chordin	111

【D】

dachshund (dac)	29
Decapentaplegic	25
Distal-less (Dll)	29
Dorsalin	116
Dpp	25
dsRNA	37

【E】

ECPg	142
EGF	28, 148
ES 細胞	121, 210
Eya 1	214

【F】

FGF	15, 147
FGF ファミリー	92
FGF 2	166, 176
Follistatin	111

【G】

GATA 結合配列	150
GDNF	214
GFAP	192
Gremlin	215
Gryllus bimaculatus	20

【H】

Hedgehog	25
Hh	25
homothorax (hth)	29
HOM/Hox 遺伝子	13
Hox 遺伝子群	74
hunchback	31

【I】

IGF 1	177
in situ hybridization (ISH) 法	27

【J】

Jun N-terminal kinase (JNK) シグナル経路	33

【M】

MET	217
Mitf	178
Musashi-1	153

【N】

nanos	8
Nodal	94
Noggin	111
Notch	145, 148
nymphal RNAi (nRNAi) 法	30

【P】

parental RNAi (pRNAi) 法	30
Pax 2	214
Pax 6	160
PDGF-B	219
podocyte	219

【R】

RA	76
radial glia	187, 190, 195
Ret	214
RNA 干渉 (RNAi) 法	30
RNA 干渉法	8
rostral migratory stream	189

【S】

Sall 1	209
SGZ アストロサイト	192
Shh	39, 79, 116
Six 1	214
Slit 2	214
Sonic Hedgehog	79
sonic hedgehog	149

SOX 2	160	TH 受容体	46	Wingless	25
spalt	209	TH 初期応答性遺伝子	50	Wnt	39
spike	81	TR	46	Wnt 4	217
subgranular zone	190	TRE	48	Wnt 9 b	217
SVZ	188	TRβ	49		

【X】

SVZ アストロサイト	192			Xsal-3	209

【T】

【V】

		vasa	8	X 線	5
T_3	45	VEGF	219		
TA 細胞	188	ventricular zone	186		

【Z】

TGF-β	116			ZPA	79
TGF-β スーパーファミリー	92	**【W】**			
TH 応答性配列	48	Wg	25		

―― 編 著 者 略 歴 ――

1967 年　東京教育大学理学部卒業
1972 年　東京大学大学院博士課程修了（動物学専攻）
　　　　理学博士（東京大学）
1974 年　横浜市立大学助教授
1986 年　横浜市立大学教授
1993 年　東京大学教授（教養学部）
1996 年　東京大学大学院教授（総合文化研究科）
　　　　現在に至る

再生医療のための発生生物学
Developmental Biology for Regenerative Medicine
© Makoto Asashima　2006

2006 年 4 月 27 日　初版第 1 刷発行

| 検印省略 | 編 著 者 | 浅　島　　　誠 |

発 行 者　株式会社　コ ロ ナ 社
　　　　　代 表 者　牛 来 辰 巳
印 刷 所　萩原印刷株式会社

112-0011　東京都文京区千石 4-46-10
発行所　株式会社　コ ロ ナ 社
CORONA PUBLISHING CO., LTD.
Tokyo　Japan
振替 00140-8-14844・電話(03)3941-3131(代)
ホームページ　http://www.coronasha.co.jp

ISBN 4-339-07251-6　　　（大井）　　（製本：愛千製本所）
Printed in Japan

無断複写・転載を禁ずる
落丁・乱丁本はお取替えいたします